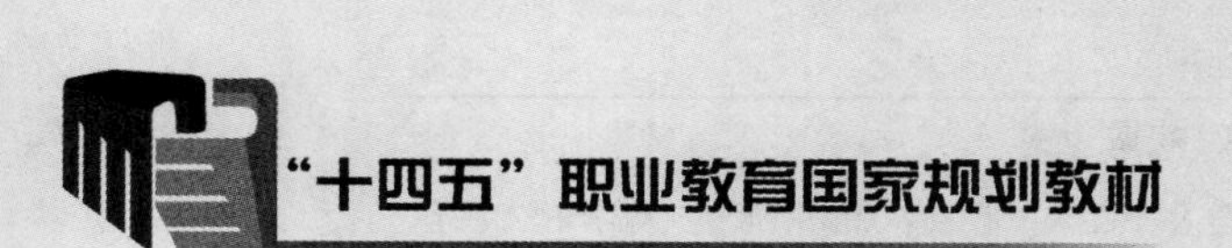

机械制图

JIXIE ZHITU

主　编／段接会
参　编／陈　玫　陈锡宗　于顺良
张彦书　单士友

扫描二维码获取相关资源

北京师范大学出版集团
BEIJING NORMAL UNIVERSITY PUBLISHING GROUP
北京师范大学出版社

图书在版编目(CIP)数据

机械制图/段接会主编. —北京：北京师范大学出版社，2014.8(2024.6重印)
ISBN 978-7-303-17417-1

Ⅰ. ①机… Ⅱ. ①段… Ⅲ. ①机械制图-高等专业学校-教材 Ⅳ. ①TH126

中国版本图书馆CIP数据核字(2013)第321462号

图书意见反馈：gaozhifk@bnupg.com 010-58805079
营销中心电话：010-58802755 58800035
编 辑 部 电 话：010-58806368

出版发行：北京师范大学出版社 www.bnupg.com
北京市西城区新街口外大街12-3号
邮政编码：100088
印 刷：天津中印联印务有限公司
经 销：全国新华书店
开 本：787 mm×1092 mm 1/16
印 张：19
字 数：420千字
版 次：2014年8月第1版
印 次：2024年6月第10次印刷
定 价：38.80元

策划编辑：庞海龙 责任编辑：庞海龙
美术编辑：高 霞 装帧设计：天泽润
责任校对：李 菡 责任印制：马 洁 赵 龙

前言

党的二十大报告指出，教育、科技、人才是全面建设社会主义现代化国家的基础性、战略性支撑。培养造就大批德才兼备的高素质人才，是国家和民族长远发展大计。坚持尊重劳动、尊重知识、尊重人才、尊重创造。完善人才战略布局，坚持各方面人才一起抓，建设规模宏大、结构合理、素质优良的人才队伍。加快建设国家战略人才力量，既要努力培养更多"大师、战略科学家、一流科技领军人才和创新团队、青年科技人才"，也要努力造就更多"卓越工程师、大国工匠、高技能人才"。大会制定的大政方针和战略部署为新时代新征程职业教育教材编写指明了前进方向、提供了根本遵循。本书根据最新颁布的《技术制图》和专业制图国家标准，采用"项目导向、任务驱动"的全新模式编写，从培养实用型、技能型和技术应用型人才的目的出发，在教材内容的选取上，力求做到"实用、够用"。在教学内容的广度和深度的处理上，兼顾学生后续学习和提高的需要，同时参照有关职业技能鉴定标准中应知应会内容，突出职业教育实用性的特点。

本书编写中立足贯彻落实党的二十大精神，以习近平新时代中国特色社会主义思想这一课程思政主线为统领，以各专业知识模块为载体，从专业维度、社会维度、价值维度等多方面入手，结合典型案例挖掘符合"机械制图"课程特点的德育元素，构建集知识、能力、价值于一体的教材内容体系，旨在打造培根铸魂、启智增慧，引领教育教学改革、支撑创新人才培养的优秀教材，为培养德智体美劳全面发展的社会主义建设者和接班人提供坚实有力支撑。

本书具有如下四个主要特点：

(1)内容以实用为目的，根据绘图和识图实际需要组织教学内容，删减了不必要的画法几何内容，以突出绘图和识图的重点内容。

(2)以生产实际中的典型实例为主线，项目任务学习目标明确。每个模块开始设场景描述，明确相关知识和技能点；每个项目设知识目标和技能目标；每个任务设任务描述、知识链接、实践操作、操作训练、思考与练习及任务检测等环节，使学生学有目的，学以致用，能极大地提高学生的学习积极性。

(3)文字叙述力求通俗简练，注重分析解题思路和作图步骤，注重培养学生的空间想象能力，从而使学生快速解决图—物相互转换的问题。

(4)互动性强，书中适当设置了“小提示”“想一想”“职业知识拓展”等小栏目，对于激发学生的学习兴趣，强化互动交流，实现因材施教及分层次教学有重要促进作用。

在本书编写过程中，参考了许多专家、学者的著作和文献，编者在此一并表示衷心的感谢！

由于作者水平有限，时间仓促，书中难免有错误和不妥之处，恳请广大读者批评指正。

目录

模块1 制图的基本知识与技能

场景描述

在制造业迅猛发展的今天，大规模的工业化生产制造出了先进的交通运输工具、精密的仪器设备及琳琅满目的电子产品，为我们的生活带来了极大的便利。图1-1所示是生活中我们常见的一些机械零件的图片，这些零件是怎样制造出来的呢？零件是按照一定的工艺过程制造出来的，而工艺制定的初始依据就是图纸。

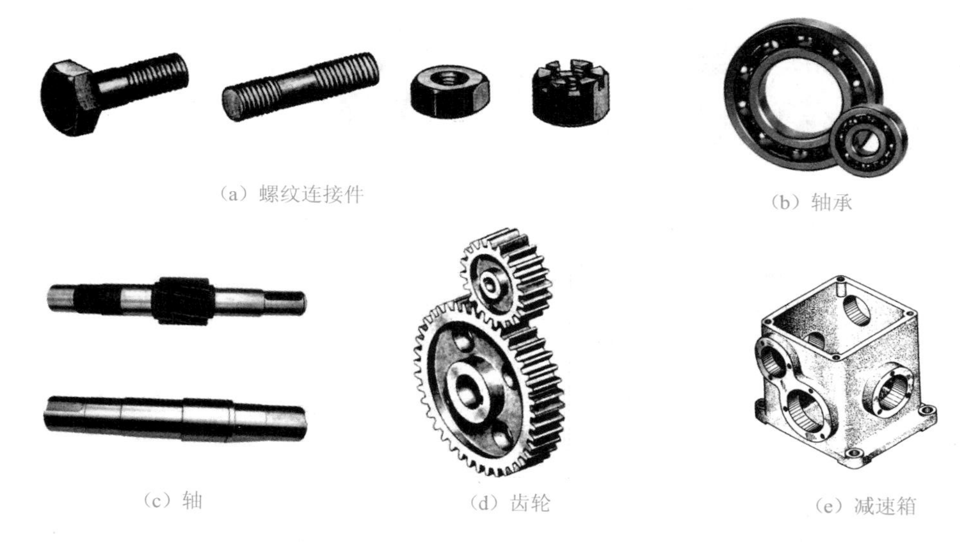
(a) 螺纹连接件　(b) 轴承　(c) 轴　(d) 齿轮　(e) 减速箱

图1-1　机器零件

现代化的工业生产离不开图纸资料，在人类文明的发展史上，图形与语言、文字一样，是人们认识自然、表达和交流思想的基本工具。早在中国古代，人们就开始用图来表达工程对象，秦汉至魏晋南北朝时期是中国制图科学化的开端，天文仪器的制作带动了机械制图技术的提高。宋代是中国古代工程制图发展的全盛时期。时至今日，中国作为世界制造大国，正向制造强国迈进，图学学科相关理论和方法是产品设计和工程设计的重要工具，正面临新的发展机遇。在许许多多领域的工程设计中，设计人员都是通过工程图样来表达他们的设计思想的。如图1-4所示，机械图样是用于表达机器及其零部件的形状、结构和大小的图样，是按照国家标准规定和投影原理绘制的，它是产品加工和检验的依据，是工业生产中的重要技术文件，也是交流技术思想的“通用语言”。

本模块我们将介绍机械制图国家标准的有关规定、常用绘图工具的使用和常见几何图形的画法等知识，通过实践训练，培养遵循国标、严谨认真、耐心细致、精益求精的工匠精神，以成为新时代高素质技术技能人才为目标，建立职业自豪感，夯实制图学习基础。

相关知识与技能点

1)《机械制图》国家标准中关于图纸幅面和格式、比例、字体、图线和尺寸注法等的相关规定。

2)绘图工具和仪器的使用及常用几何图形的作图方法。

3)手工绘制平面图形。

项目1 机械制图的基本知识

知识目标

1. 认识机械图样。
2. 了解《机械制图》国家标准的基本规定。
3. 能正确使用常用的绘图工具。

技能目标

掌握并遵守《机械制图》国家标准的基本规定，正确和熟练使用常用的绘图工具和仪器进行绘图。

任务1 认识机械图样

任务描述

本任务是初步认识表达机械零部件的机械图样，如图1-2所示为齿轮油泵和齿轮的立体图。

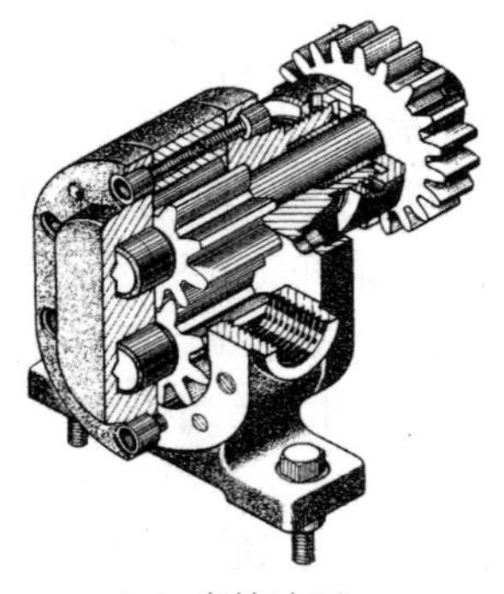

(a) 齿轮油泵

(b) 齿轮

图 1-2 齿轮油泵和齿轮的立体图

明细栏格式如图 1-8 所示。明细栏用于装配图中表示各装配零件的详细资料，一般安排在标题栏上方。

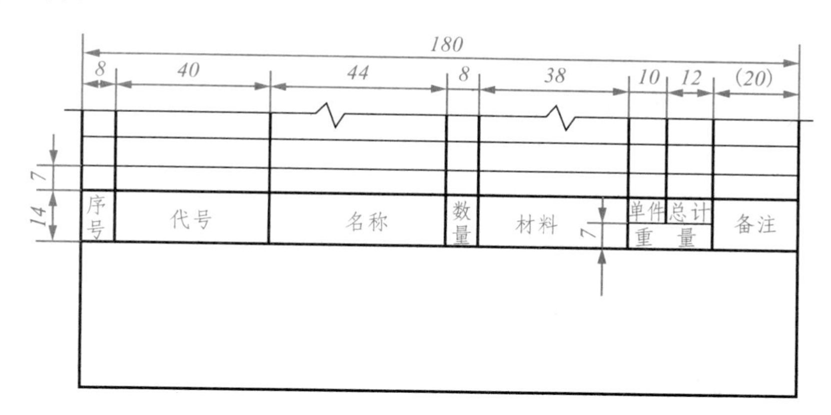

图 1-8　装配图明细栏

2. 比例(GB/T 14690—1993)

比例是指图样中图形与其实物相应要素的线性尺寸之比。国家标准规定当需要按比例绘制图样时，应由表 1-2 规定的系列中选取适当的比例。必要时，也允许选取表 1-2 中带括号的比例。

表 1-2　绘图比例(摘自 GB/T 14690—1993)

种　类	比　例
原值比例	1∶1
放大比例	2∶1，5∶1，1×10^n∶1，2×10^n∶1，5×10^n∶1，(2.5∶1)，(4∶1)，(2.5×10^n∶1)，(4×10^n∶1)
缩小比例	1∶2，1∶5，1∶1×10^n，1∶2×10^n，1∶5×10^n，(1∶1.5)，(1∶2.5)，(1∶3)，(1∶4)，(1∶6)，(1∶1.5×10^n)，(1∶2.5×10^n)，(1∶3×10^n)，(1∶4×10^n)，(1∶6×10^n)

注：n 为正整数

小提示：

1)比例符号应以“:”表示。比例的表示方法如 1∶1，1∶500，20∶1 等。

2)比例一般应标注在标题栏中的比例栏内。必要时，可在视图名称的下方标注比例，示例如下所示。

$$\frac{I}{2:1}\qquad\frac{A}{1:100}\qquad\frac{B-B}{10:1}$$

3)无论采用何种比例，图形中所注的尺寸数值均指机件的实际大小，与所选用的比例无关。

如图 1-9 所示是用不同比例绘制的图形。

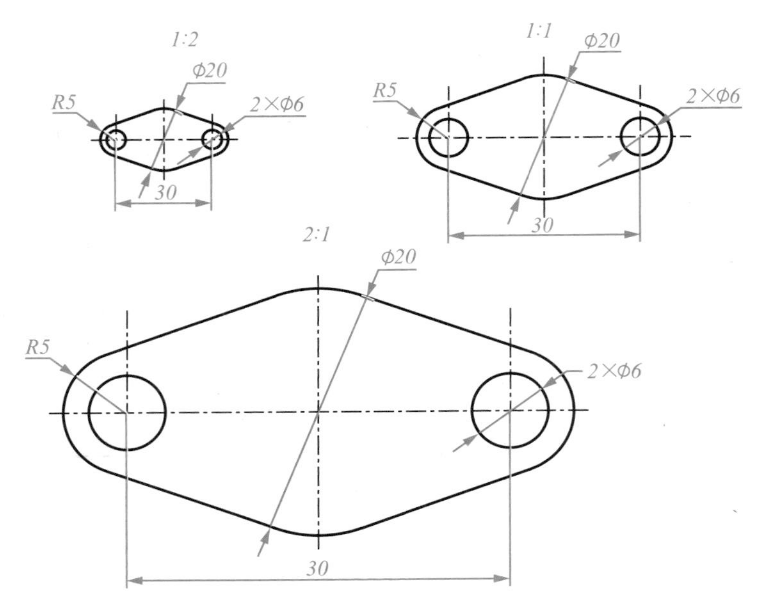

图 **1-9**　采用不同比例绘制的同一物体的图形

3. 字体(GB/T 14691—1993)

图样中书写字体必须做到：字体工整、笔画清楚、间隔均匀、排列整齐。字体高度用 h 表示，其公称尺寸系列为：1.8mm、2.5mm、3.5mm、5mm、7mm、10mm、14mm、20mm。字体高度代表字体的号数。

(1)汉字

汉字应写成长仿宋体，并应采用国家正式公布推行的简化字。汉字的高度不应小于3.5mm，其字宽一般为 $h/\sqrt{2}$。字母和数字分 A 型和 B 型，A 型字体的笔画宽度为字高的1/14，B 型字体的笔画宽度为字高的 1/10。在同一图样上，只允许选用一种形式的字体。

长仿宋体汉字示例如图 1-10 所示。

10号　工程字体长仿宋体

7号　字体工整笔画清楚排列整齐

5号　装配技术要求对称不同轴线热处理

3.5号　螺栓母钉汽缸活塞滑块齿轮带轮弹簧连接箱体拉杆

图 **1-10**　长仿宋体汉字示例

(2)字母和数字

字母和数字可写成斜体和直体，斜体字字头向右倾斜，与水平基准线成 75°。用作指数、分数、极限偏差、注脚等的数字及字母，一般应采用小一号的字体，如图 1-11 所示。

0123456789

(a) 阿拉伯数字

(b) 大写拉丁字母

abcdefghijklmnopq
rstuvwxyz

(c) 小写拉丁字母

(d) 罗马数字

图 1-11　阿拉伯数字、拉丁字母和罗马数字示例

4. 图线(GB/T 17450—1998、GB/T 4457.4—2002)

(1)线型

图线基本线型如表 1-3 所示，共有 8 种，其中 1 是连续线，2～8 为不连续线。

表 1-3　基本线型

序号	图线名称	图线型式、图线宽度	一般应用	图　例
1	粗实线	宽度：*d* 优先选用 0.5mm、0.7mm	可见轮廓线、可见过渡线	可见轮廓线　不可见轮廓线
2	细虚线	宽度：*d* 约为粗线宽度的 1/2	不可见轮廓线、不可见过渡线	剖面线
3	细实线	宽度：*d* 约为粗线宽度的 1/2	尺寸线、尺寸界线、剖面线、重合断面的轮廓线、辅助线、引出线、螺纹牙底线及齿轮的齿根线	尺寸界线　尺寸线　重合断面的轮廓线

续表

序号	图线名称	图线型式、图线宽度	一般应用	图　例
4	细点画线	宽度：d 约为粗线宽度的 1/2	轴线、对称中心线、轨迹线、节圆及节线	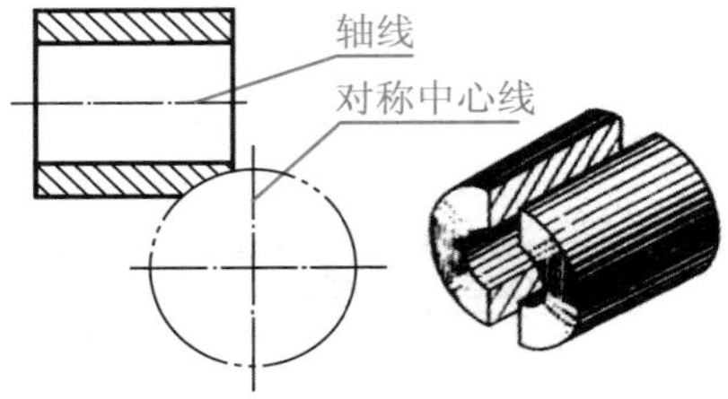 轴线 对称中心线
5	细双点画线	宽度：d 约为粗线宽度的 1/2	极限位置的轮廓线、相邻辅助零件的轮廓线、假想投影轮廓线、中断线	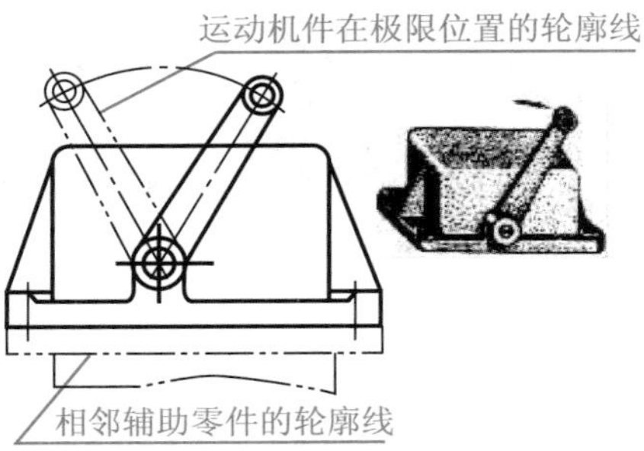 运动机件在极限位置的轮廓线 相邻辅助零件的轮廓线
6	细波浪线	宽度：d 约为粗线宽度的 1/2	机件断裂处的边界线、视图与局部剖视图的分界线	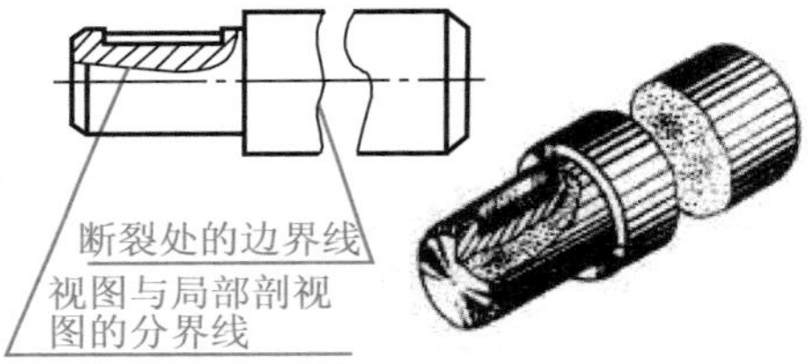 断裂处的边界线 视图与局部剖视图的分界线
7	细双折线	宽度：d 约为粗线宽度的 1/2	断裂处的边界线	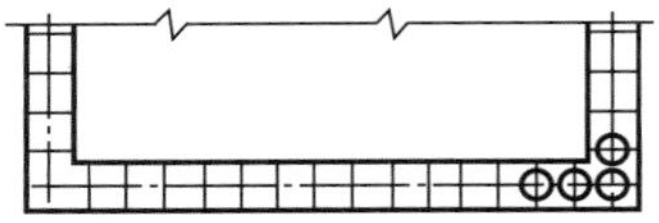
8	粗点画线	宽度：d 优先选用 0.5mm、0.7mm	有特殊要求的线或表面的表示线	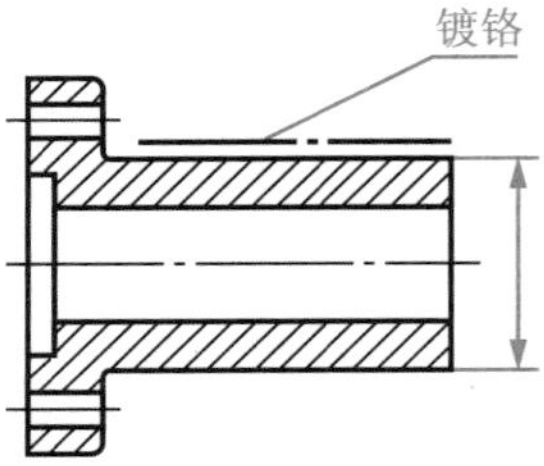 镀铬

标准规定了九种图线宽度，所有线型的图线宽度(d 表示图线宽度)应按图样的类型和尺寸在下列数系中选择：0.13mm、0.18mm、0.25mm、0.35mm、0.5mm、0.7mm、1mm、1.4mm、2mm。图线的宽度分粗线、中粗线、细线三种，粗线、中粗线、细线的

宽度比例为 4∶2∶1。在同一图样中，同类图线的宽度应一致。一般粗线和中粗线宜在 0.5～2mm 选取，应尽量保证在图样中不出现宽度小于 0.18mm 的图线。

图线的应用示例如图 1-12 所示。

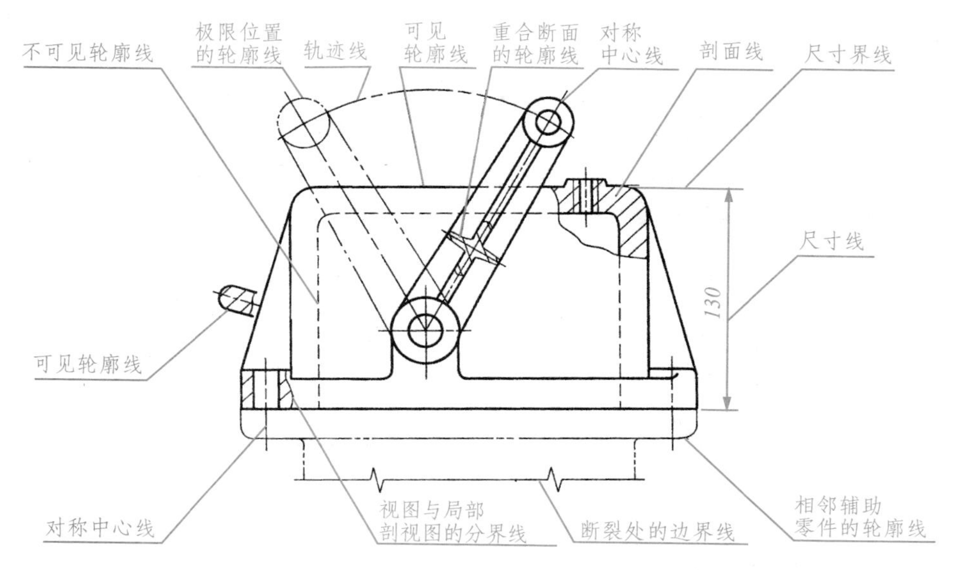

图 1-12　图线的应用示例

(2)图线线素的长度

通常采用虚线的短画长 2～6mm，间隔 1mm，点画线的长画为 15～20mm，间隔 3mm。

(3)图线重叠

画线的顺序：轴线、对称中心线→可见轮廓线→不可见轮廓线→双点画线。

5. 尺寸标注(GB/T 16675.2—1996、GB 4458.4—2003)

图形只能表达零件的形状，零件的大小则通过标注尺寸来确定。国家标准规定了标注尺寸的一系列规则和方法，绘图时必须遵守。

(1)基本规定

1)图样中的线性尺寸，以毫米为单位时，不需注明计量单位代号或名称。若采用其他单位则必须标注相应计量单位或名称。

2)图样中所注的尺寸数值是零件的真实大小，与图形大小及绘图的准确度无关。

3)零件的每一尺寸，在图样中一般只标注一次。

4)图样中所注尺寸是该零件最后完工时的尺寸，否则应另加说明。

5)在保证不引起误解的情况下，可简化标注。

(2)尺寸要素

一个完整的尺寸，包含以下四个尺寸要素。

1)尺寸界线：用来表示所标注尺寸的起始和终止位置，表示尺寸的度量范围。

尺寸界线用细实线绘制。尺寸界线一般自图形轮廓线、轴线或对称中心线引出，超出尺寸线终端 2～3mm。也可直接用轮廓线、轴线或对称中心线代替尺寸界线，如图 1-13(a)所示。线性尺寸的尺寸界线一般与所注的线段垂直，必要时允许倾斜，但两尺寸界线仍然相互平行。角度的尺寸界线应沿径向引出，弦长及弧长的尺寸界线应平行于弦的垂直平分线，如第 14 页图 1-18 所示。

2)尺寸线：用来表示尺寸度量的方向，尺寸线用细实线绘制在尺寸界线之间。尺寸线必须单独画出，如图 1-13(a)所示。不能与图线重合或在其延长线上，图 1-13(b)中尺寸 3 和 8 的尺寸线标注不正确。并应尽量避免尺寸线之间及尺寸线与尺寸界线之间相交，图 1-13(b)中尺寸 14 和 20 标注不正确。

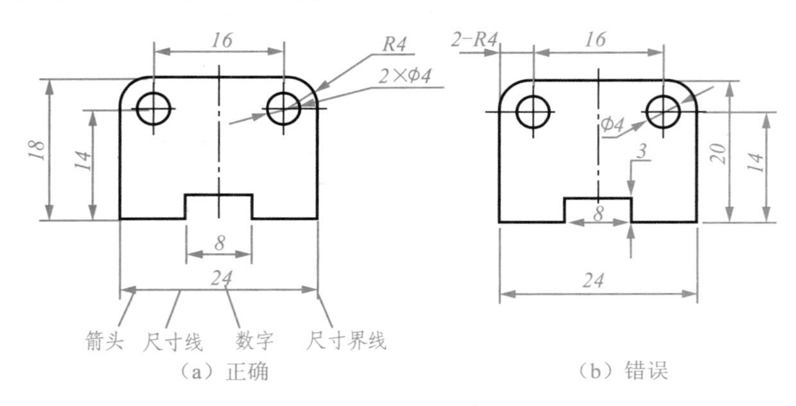

图 1-13　尺寸的组成及尺寸标注正误对比

标注线性尺寸时，尺寸线必须与所标注的线段平行，相同方向的各尺寸线的间距要均匀，间隔应大于 7mm，以方便注写尺寸数字和有关符号。标注角度和弧长时，尺寸线应画成圆弧，圆心是该角的顶点，尺寸线不得用其他图线代替，如图 1-19 所示。

3)尺寸线终端：有两种形式，即箭头和细斜线，如图 1-14 所示。箭头适用于各种类型的图形，箭头的尾部宽度等于图形中可见轮廓线的宽度 d，长度为 $4d$～$5d$。箭头尖端与尺寸界线接触，不得超出也不得留有间隙，如图 1-15 所示。

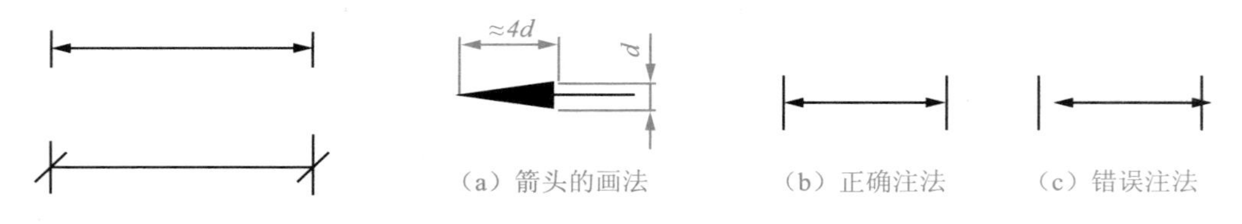

图 1-14　尺寸线终端两种形式

图 1-15　箭头画法正误对比

细 45°斜线的方向和画法如图 1-14 所示，当尺寸线终端采用斜线形式时，尺寸线与尺寸界线必须相互垂直，并且同一图样中只能采用一种尺寸线终端形式。当画箭头的空间不够时，允许用圆点或斜线代替箭头，也可用单边箭头。

4)尺寸数字：表示尺寸度量的大小，同一张图样中数字大小应一致。线性尺寸数字一般应注在尺寸线的上方，也允许写在尺寸线的中断处。

小提示：尺寸数字的标注应注意以下事项：

1)线性尺寸数字的方向应以图纸右下角的标题栏为基准，使水平字头朝上，铅直尺寸字头朝左，倾斜尺寸的尺寸数字都应保持字头仍有朝上的趋势(垂直 30°范围内尽量不注倾斜尺寸)，如图 1-16(a)、图 1-16(b)所示。对非水平方向的尺寸，其数字可水平标注在尺寸线的中断处，如图 1-16(c)所示，但机械图样上较少采用后一种注法。

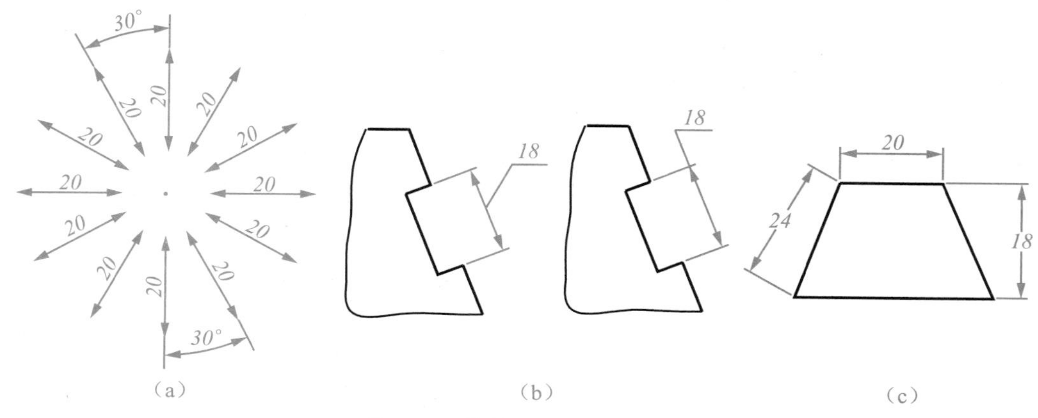

图 1-16 线性尺寸的数字注法

2)尺寸数字不允许被任何图线通过，否则，应将图线断开，如图 1-17(a)、图 1-17(b)所示。

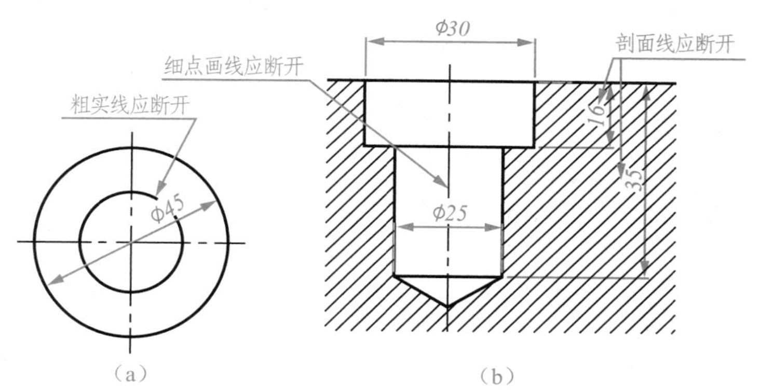

图 1-17 尺寸数字不可被任何图线通过

(3)常用的符号及缩写(表 1-4)

表 1-4 常用符号和缩写词

名称	符号或缩写词	名称	符号或缩写词
直径	ϕ	正方形	□
半径	*R*	45°倒角	C
球半径	*SR*	深度	↧
球直径	*S*ϕ	沉孔或锪平	⌴
厚度	*t*	均布	EQS

(4)各类尺寸注法示例

1)线性尺寸注法：标注线性尺寸时，尺寸线必须与所标注的线段平行。尺寸界线一般应与尺寸线垂直(必要时才允许倾斜)，并超出尺寸线 2～3mm。线性尺寸的数字应按图 1-16(a)中所示的方向注写，并尽可能避免在图示 30°的范围内标注尺寸，当无法避免时，可按图 1-16(b)所示的方法进行标注。

2)角度尺寸注法：标注角度时，尺寸界线应沿径向引出，尺寸线画成圆弧，圆心是角的顶点，尺寸数字一律水平书写，即字头永远朝上，一般标注在尺寸线的中断处，如图 1-18(a)、图 1-18(b)所示，必要时也可按图 1-18(c)的形式标注。角度尺寸必须注明单位。

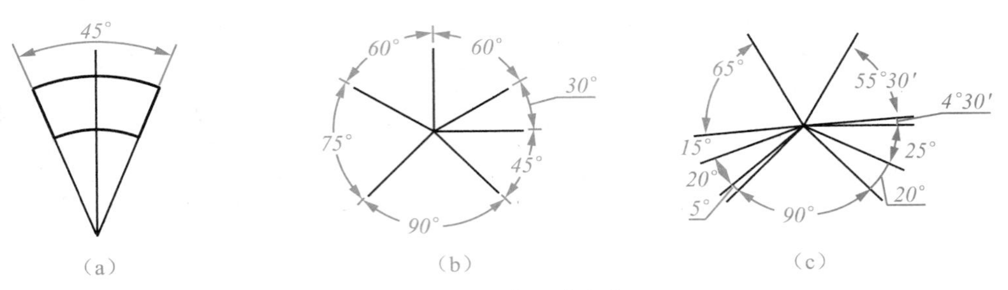

图 1-18　角度尺寸注法

3)圆、圆弧及球面尺寸的注法：

①标注圆的直径尺寸时，尺寸线应通过圆心，尺寸数字前应加注符号“ϕ”，如图 1-19 所示。标注圆弧的半径尺寸时，尺寸线的一端一般应画到圆心，尺寸数字前应加注符号“*R*”，如图 1-19 所示。圆的直径和圆弧半径的尺寸线的终端应画成箭头。

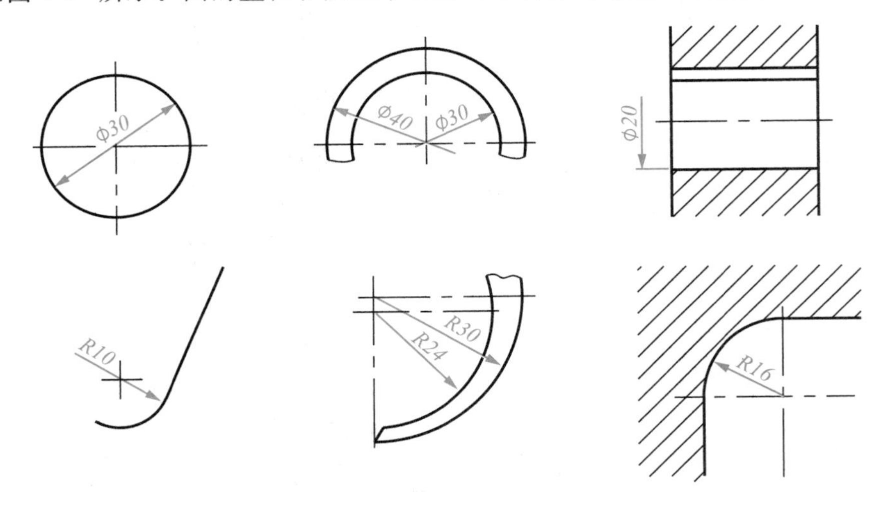

图 1-19　圆及圆弧尺寸的注法

②当圆弧的半径过大或在图纸范围内无法按常规标出其圆心位置时，可按图 1-20(a)的形式标注；若不需要标出其圆心位置时，可按图 1-20(b)所示的形式标注。

③标注球面的直径或半径时，应在尺寸数字前分别加注符号“*S*ϕ”或“*SR*”，如图 1-21 所示。

④圆、圆弧以及球面的尺寸数字方向均按图 1-19、图 1-20、图 1-21 所示的方法标注。

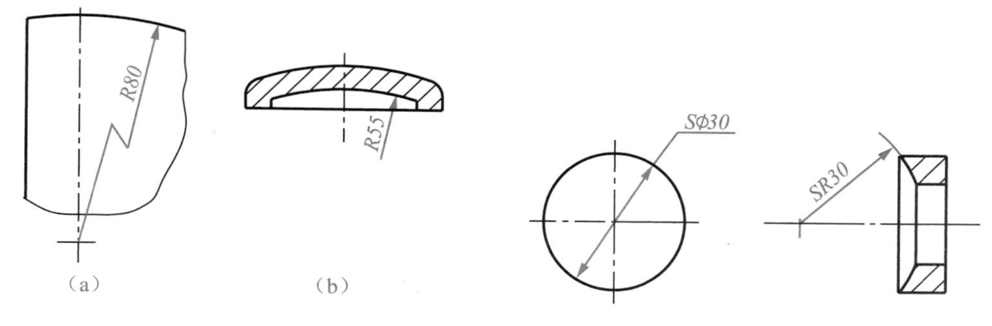

图 1-20　大圆弧尺寸的注法

图 1-21　球面的尺寸注法

4)小尺寸的尺寸注法：对于小尺寸在没有足够的位置画箭头或注写数字时，箭头可画在外面，或用圆点代替两个箭头，尺寸数字也可采用旁注或引出标注，如图 1-22 所示。

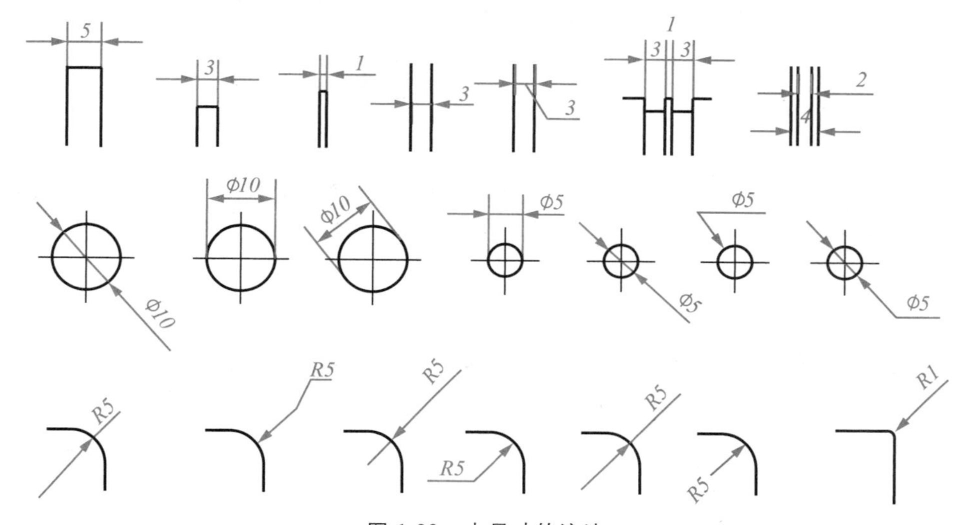

图 1-22　小尺寸的注法

5)弦长和弧长的标注：标注弦长时，尺寸界线应平行于弦的垂直平分线。标注弧长尺寸时，尺寸线用圆弧，并应在尺寸数字上加注符号"⌒"，如图 1-23 所示。

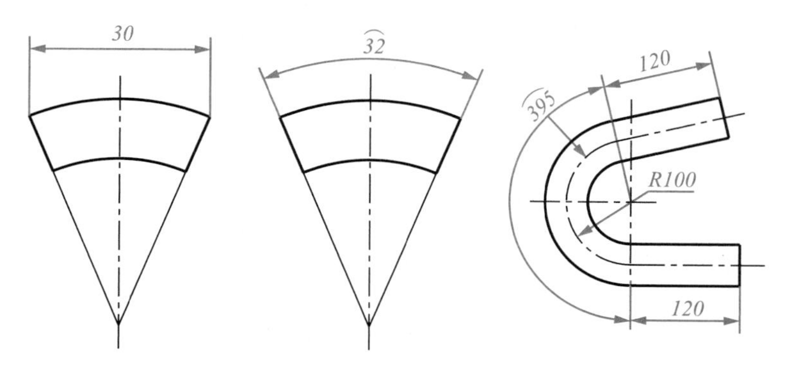

图 1-23　弦长和弧长的标注

6)板状零件的尺寸注法：标注板状零件的尺寸时，在厚度的尺寸数字前加注符号“t”，如图 1-24 所示。

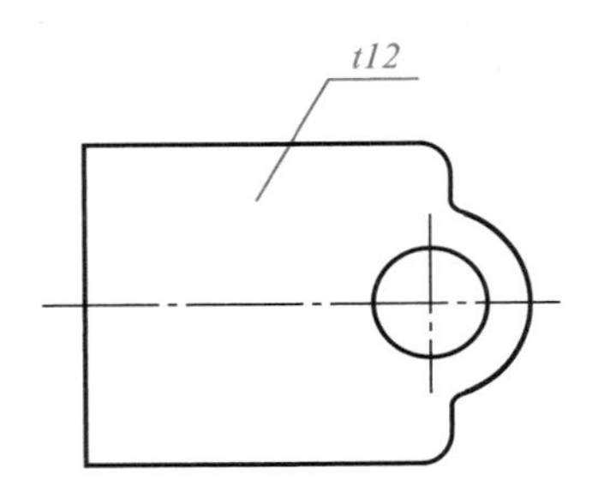

图 1-24　板状零件厚度的标注

以下用正误对比的方法，列举了初学标注尺寸时的一些常见错误，如图 1-25 所示。

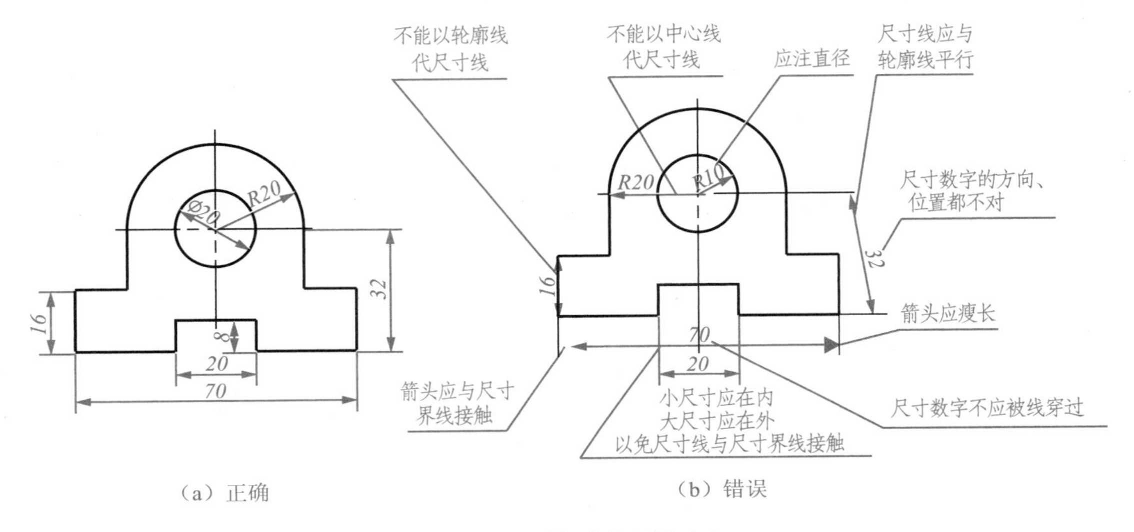

（a）正确　　（b）错误

图 1-25　尺寸标注的正误对比

(5)尺寸标注时应注意的问题

1)数字：同一张图上基本尺寸的字高要一致，一般采用 3.5 号字，不能根据数值的大小而改变字符的大小。字符间隔要均匀，字符格式应严格按国标的规定书写。

2)箭头：同一张图纸上尺寸线箭头的大小应一致。机械图样中尺寸线箭头应是闭合的实心箭头。

3)尺寸线：相互平行的尺寸间距应相等，尽量避免尺寸线相交。

实践操作

标注如图 1-26(a)、图 1-26(b)所示平面图形的尺寸，尺寸数值从图上直接量取并圆整。

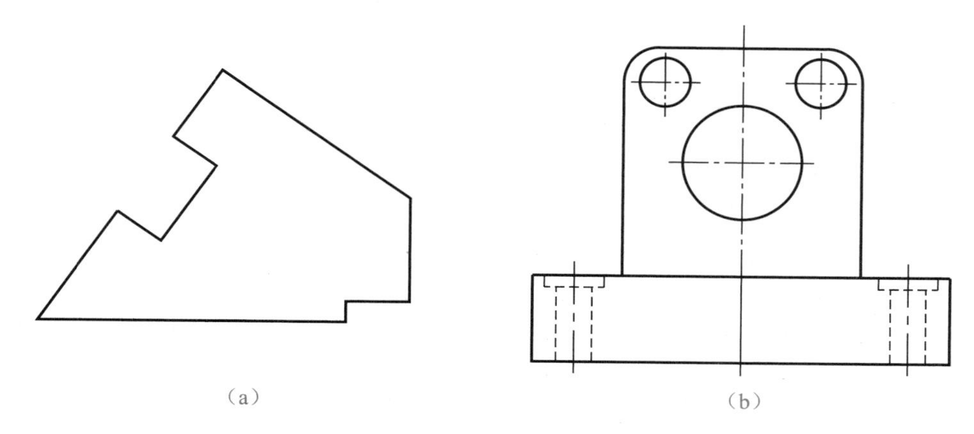

图 1-26　尺寸标注

思考与练习

1)图线的类型有哪些？写出它们的应用场合。

2)图纸幅面有几种？它按什么规则加长？

3)按“字体工整、笔画清楚、间隔均匀、排列整齐”的标准书写长仿宋体汉字 100 字。

4)指出图 1-27(a)所示图形中标注的错误，并在图 1-27(b)中给予改正。

5)标准是质量的技术基础，是世界通用的语言。近年来我国积极实施标准化战略，以标准助力创新发展、协调发展、绿色发展、开放发展、共享发展。为什么说标准是解决全球发展不平衡问题的“金钥匙”？请你认真研读党的二十大报告，深刻领会中国式现代化的中国特色和本质要求。

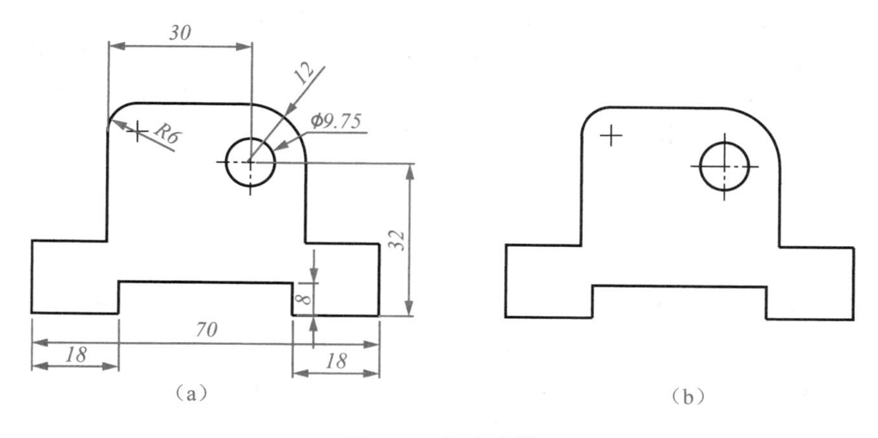

图 1-27　标注改错

任务检测

"《机械制图》国家标准的基本规定"知识自我检测评分表

项目	考核要求	配分	评分细则	评分记录
图幅、比例的规定	能说出图纸幅面及格式的规定； 知道比例的规定	10分	＋5分/项	
线型	能说出图线的形式、主要用途及画法	15分	表述正确＋5分 图线规范＋10分	
字体	会规范书写长仿宋汉字、阿拉伯数字及常用字母，了解其规格	25分	书写认真规范＋15分；表现出色＋10分	
尺寸标注	掌握尺寸标注的基本规则、尺寸的组成、常用尺寸的标注方法	50分	能说出注意事项＋5分 会正确标注＋30分；会改错＋15分	

任务3　绘图工具及其使用

任务描述

"工欲善其事，必先利其器"，正确使用绘图工具和仪器，是保证绘图质量、提高绘图速度的一个重要方面。因此，必须养成正确使用绘图工具及仪器的良好习惯。

本任务是学习如何正确和熟练地使用常用手工绘图工具和仪器进行绘图。

知识链接

常用的绘图工具主要有：图板、丁字尺、三角板、圆规等。绘图用品包括铅笔、图纸、橡皮、胶带纸、小刀等。在绘图前应把这些工具、仪器、用品准备好。下面介绍几种常用的绘图工具、用品及其使用方法。

1. 图板与丁字尺

图板是用作画图的垫板，要求表面平坦光洁，用作导边的左边必须平直，图纸用胶带纸固定在图板上。丁字尺由尺头和尺身两部分组成。丁字尺与图板配合使用，主要用来画水平线，如图1-28所示。画图时，应使尺头始终紧靠图板左侧的导边，以保证尺身的工作边始终处在正确的水平位置。

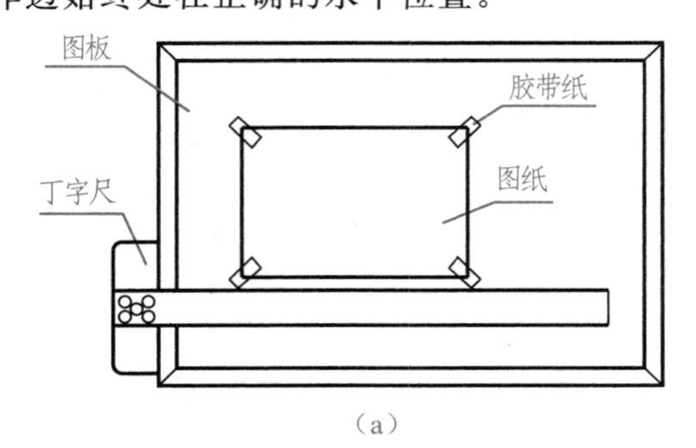

(a)

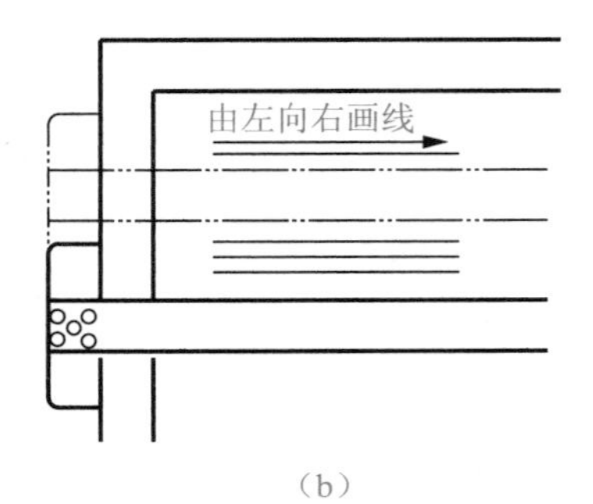

(b)

图1-28　图板与丁字尺的用法

2. 三角板

一副三角板有两块，包括45°和30°-60°各一块。三角板和丁字尺配合使用，可画垂直线和30°、45°、60°以及$n\times15°$的各种斜线，如图1-29所示。此外，利用一副三角板，还可以画出已知直线的平行线或垂直线。

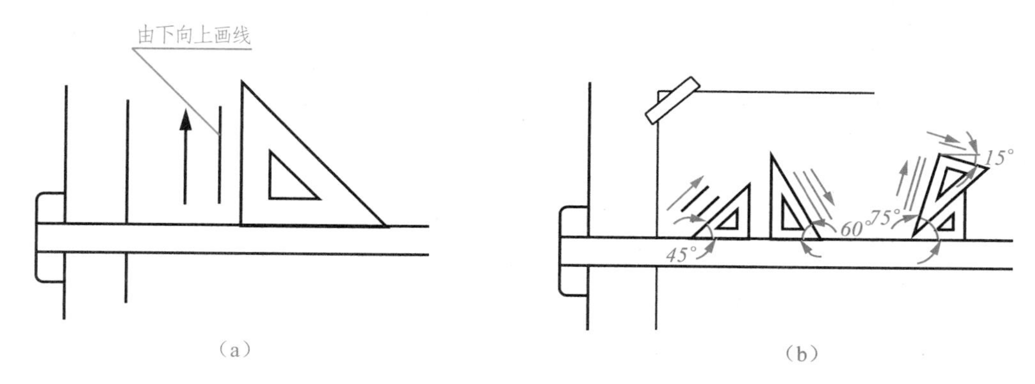

图1-29　三角板的用法

3. 圆规

圆规是画圆及圆弧的工具。在使用圆规前，应先调整好针脚，使针尖略长于铅芯，如图1-30(a)所示。在用圆规画图时，应将圆规向前进方向稍微倾斜；画较大圆时，应使圆规两针脚都与纸面垂直，如图1-30(b)所示。

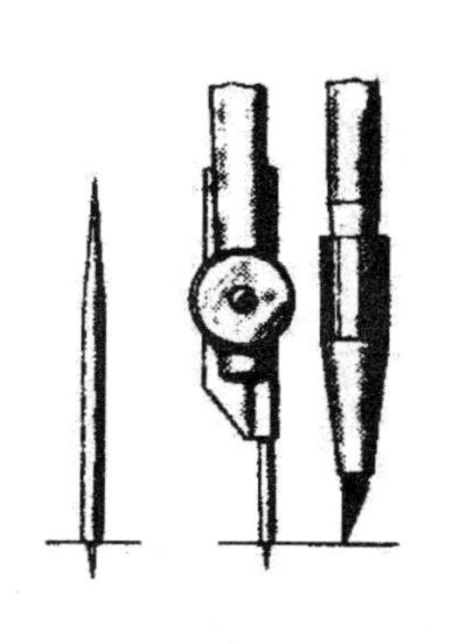

(a) 针尖应比铅芯稍长

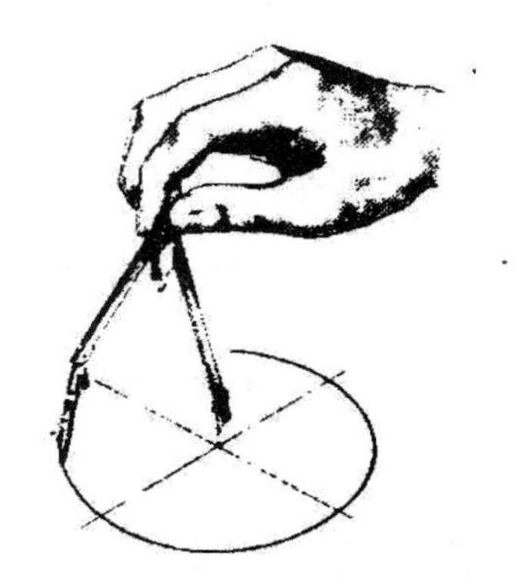

(b) 画大圆时，两针脚应与纸面垂直

图1-30　圆规的用法

4. 分规

分规用于等分和量取线段。分规两针尖应平齐，如图1-31(a)所示。截取尺寸时，先用分规在三棱尺上量取所需尺寸，然后再量到图纸上去。等分直线段可用试分法，如图1-31(b)所示。

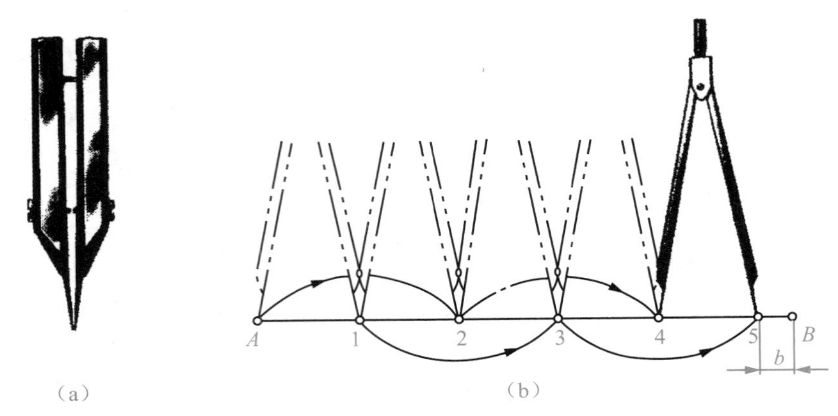

图 1-31　分规的用法

5. 铅笔

绘图用铅笔的铅芯分别用 B 和 H 表示其软、硬程度，如图 1-32(a)所示。绘图时根据不同使用要求，应备有以下几种硬度不同的铅笔：B 或 2B 铅笔用来画粗实线；H 或 HB 铅笔用来写字；H 或 2H 铅笔用来画细实线或打底稿。画粗实线的铅笔芯磨成矩形，如图 1-32(b)所示，其余可磨成锥形，如图 1-32(c)所示。

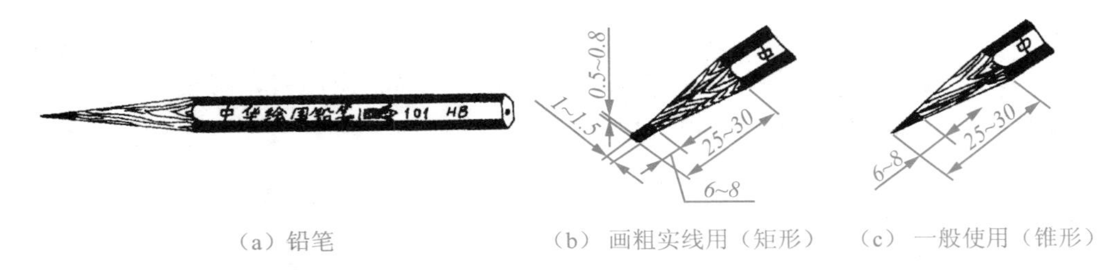

图 1-32　铅笔的削法

6. 曲线板

曲线板用于画非圆曲线。已知曲线上的一系列点，用曲线板连成曲线的画法如图 1-33所示。

图 1-33　曲线板的用法

先徒手将这些点轻轻地连成曲线；接着从一端开始，找出曲线板上与所画曲线吻合的一段，沿曲线板画出这段曲线。用同样的方法逐段描绘曲线，直到最后一段，值得注意的是前后描绘的两段曲线应有一小段(至少三个点)是重合的，这样描绘的曲线才显得圆滑。

实践操作

1)在图板上固定图纸，利用丁字尺练习水平线的画法。

2)在图板上，利用丁字尺和三角板，练习各种垂直线及相互平行直线的画法。

3)利用圆规绘制直径为 10mm、40mm 和 120mm 的圆。用分规将长度为 50mm 的直线四等分。

操作训练

借助你手中的绘图工具和仪器，用 1∶1 的比例，在 A4 图纸上绘制如图 1-34 所示的图形，完成尺寸标注。绘制标题栏，并填写标题栏中的文字。

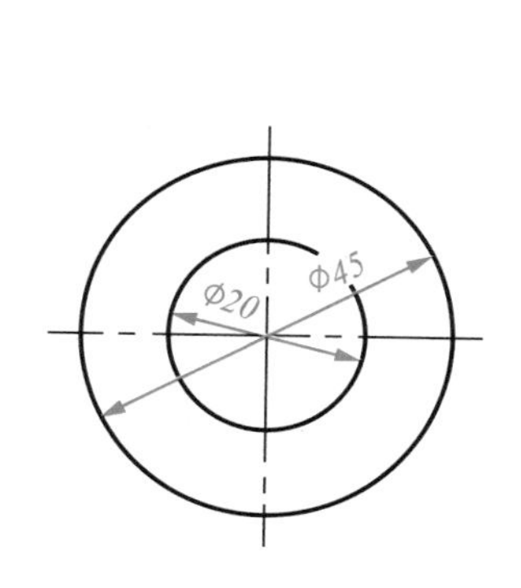

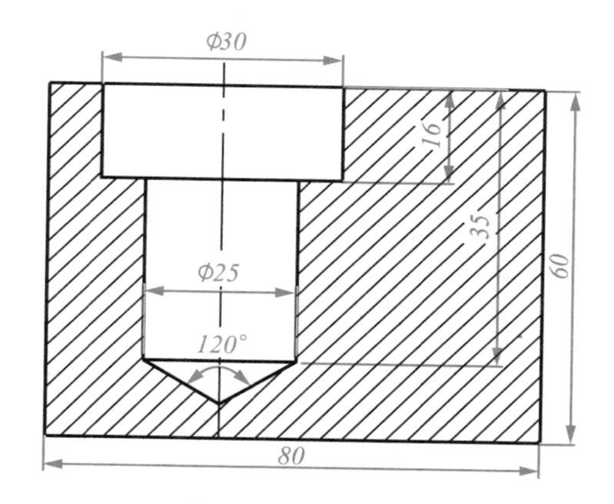

图 1-34　绘图练习

任务检测

“绘图工具及其使用”知识自我检测评分表

项目	考核要求	配分	评分细则	评分记录
使用绘图工具	掌握铅笔的正确使用方法	10 分	能区分不同标号＋5 分；会正确使用＋5 分	
	会用图板、三角板、丁字尺配合作图	60 分	操作规范，姿势美观＋10 分；方法得当，图样准确＋50 分	
	会用圆规、分规作图	30 分	使用得当，图线规范＋30 分	

项目2 机械制图的基本技能

1. 掌握等分圆周和作正多边形的方法。
2. 理解斜度和锥度的概念，掌握其画法和标注。
3. 掌握圆弧连接的作图原理和作图方法。

1. 正确和熟练地使用常用绘图工具和仪器进行绘图。
2. 掌握简单平面图形的分析方法和作图步骤。
3. 能正确绘制图形中的各类图线，做到正确、规范、清晰。

任务1 绘制平面图形：五角星

任务描述

虽然机件的轮廓形状千变万化，但它们基本上都是由直线、圆弧和其他一些曲线所组成的几何图形。五角星作为象征符号，可以视觉化为五边形——一种有着五条边和五个角的几何图形。本任务我们学习使用圆周等分的方法绘制如图1-35所示的五角星，欣赏其图形之美，理解其作为一个图形元素纳入我国国旗的内涵及重要象征意义，增进爱国之情、报国之志，在制图学习中传承“大国工匠”精神。

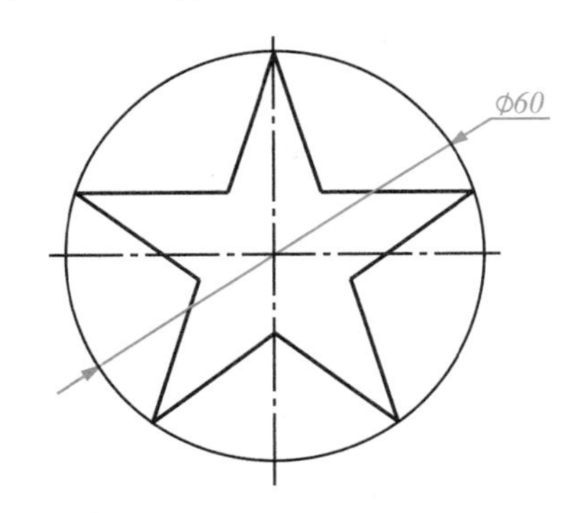

图1-35 五角星平面图

知识链接

依照给定的条件，准确地绘出预定的几何图形称为几何作图。机器零件的轮廓形状虽然各不相同，但分析起来，都是由直线、圆弧和其他一些非圆曲线组成的几何图形。熟练掌握和运用几何作图的方法，将会提高绘制图样的速度和质量。等分圆周和作正多边形是制图的基本技能，也是学习常用几何图形画法的基础，常见的有直线段的等分和圆周的等分。

1. 直线段的等分

通常采用平行线法将已知线段分成 n 等份。如图 1-36 所示，将线段 AB 进行 8 等分，其操作步骤如下。

1）过已知线段 AB 端点 A，作任意角度的直线 AC。一般情况下 AC 与 AB 的夹角为锐角。

2）用分规在 AC 上以任意相等长度截得 1、2、3、4、5、6、7、8 八个点。

3）连接端点 B 和 8，并过 7、6、5、4、3、2、1 各点作线段 $8B$ 的平行线，分别与 AB 相交，得等分点 7′、6′、5′、4′、3′、2′、1′，即完成对线段 AB 的等分。

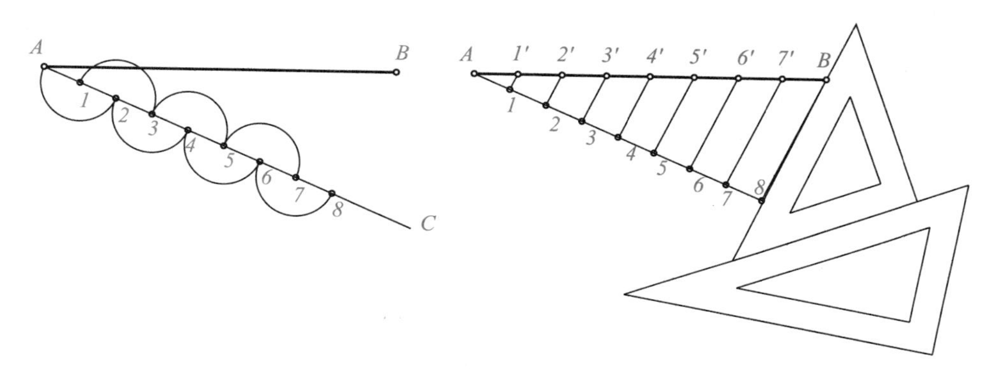

图 1-36　等分直线段

2. 等分圆周和作正多边形

正多边形边数不同，其绘制方法也不同。如图 1-37 所示，正六边形作图方法如下：

正六边形的画法

1）以 $R=D/2$ 为半径作一圆，交中心线于 A、B、C、D 各点，以 A、B 或 C、D 为圆心，以同一半径 R 画弧，即可将圆周六等分；顺次连接各等分点，即得到一个圆内接的正六边形，如图 1-37(a)所示。

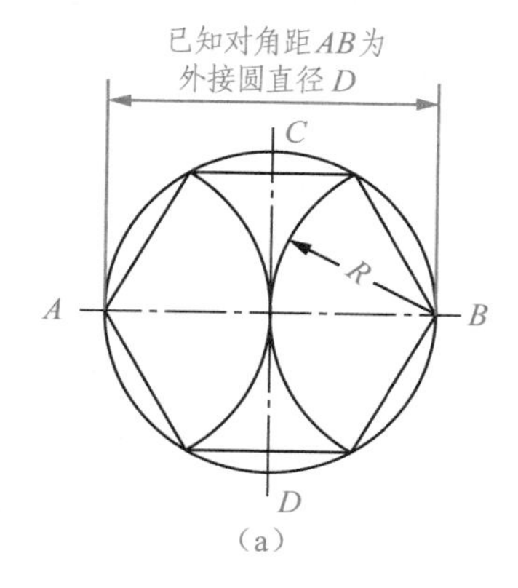

(a)

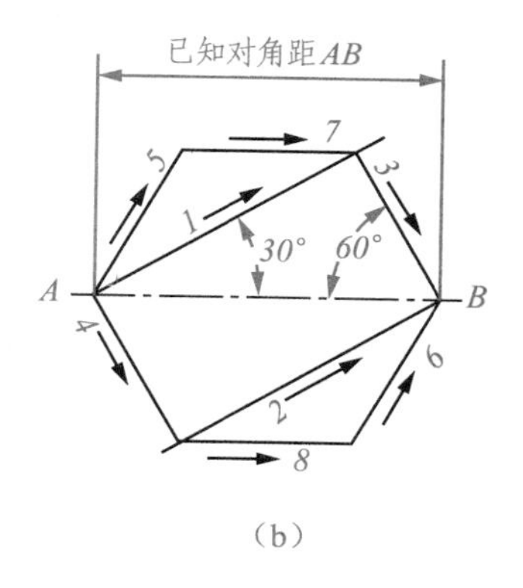

(b)

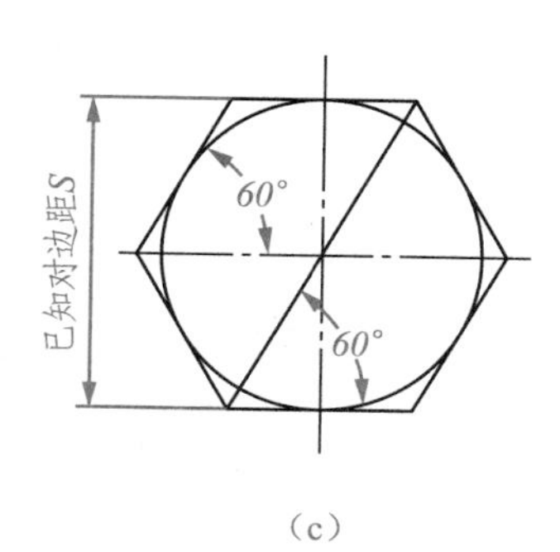

(c)

图 1-37　正六边形的画法

2)已知对角距 AB，用 30°-60°三角板及丁字尺，按图 1-37(b)中所标注的顺序画线，即可得到一个正六边形，其中 1 和 2 为作图用辅助线。

3)以已知的对边距 S 为直径作一圆，用 30°-60°三角板及丁字尺作圆的切线，即可画出一个外切于圆的正六边形，如图 1-37(c)所示。

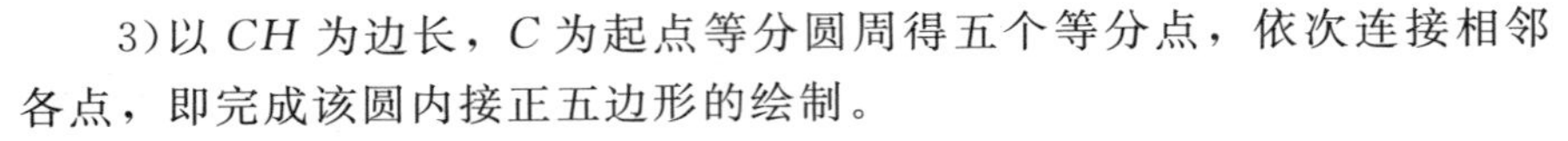

实践操作

实践操作

如图 1-38 所示，具体作图步骤如下：

1)作一直径为 60mm 的圆，并求出半径 OB 的中点 G。

2)以 G 为圆心，GC 为半径作圆弧，交 AO 于点 H，直线段 CH 即为该圆内接正五边形的边长。

3)以 CH 为边长，C 为起点等分圆周得五个等分点，依次连接相邻各点，即完成该圆内接正五边形的绘制。

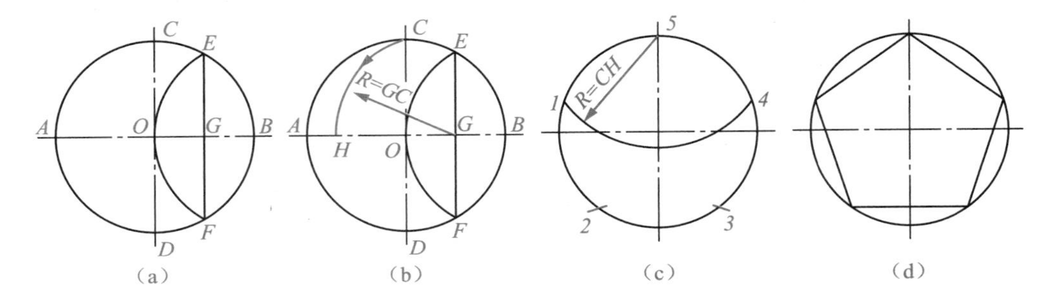

图 1-38　五等分及作五边形

4)按照图 1-39(a)所示连接正五边形各顶点。

5)擦去多余线条，完成五角星平面图形的绘制，如图 1-39(b)所示。

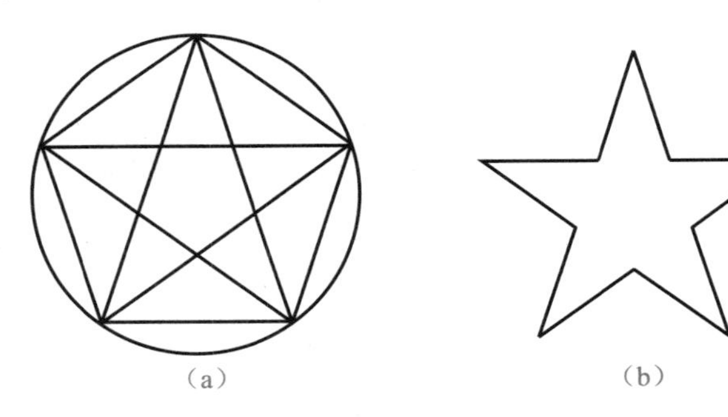

图 1-39　五角星平面图形的绘制

操作训练

试用丁字尺和三角板将圆周进行 4、6、8、12、24 等分。(提示：操作方法如图 1-40 所示)

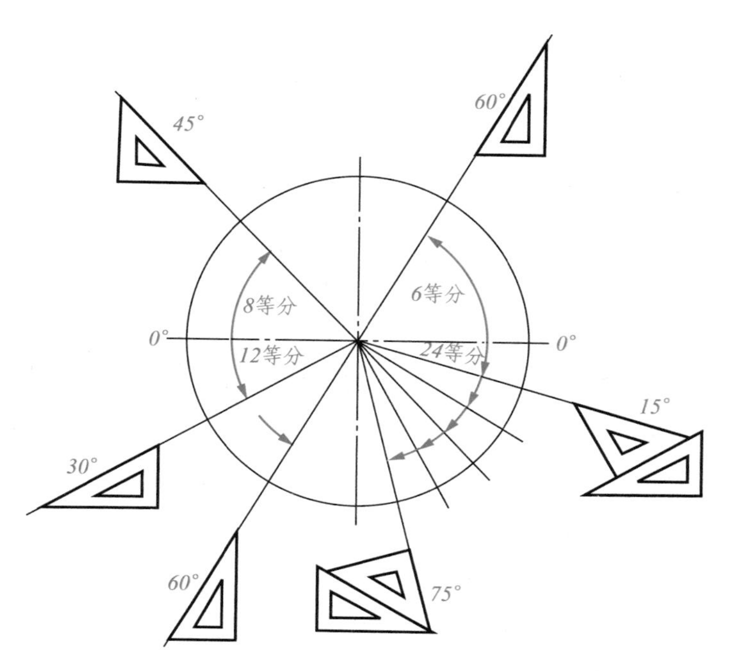

图 1-40　用丁字尺和三角板等分圆周

思考与练习

1)你能在图 1-39 上把五角星变大吗？动手试一试，看谁画得快？

2)绘制一个对边距离为 60mm 的正六边形。

任务检测

“绘制平面图形：五角星”知识自我检测评分表

项目	考核要求	配分	评分细则	评分记录
绘制平面图形	掌握线段的等分方法	20 分	描述准确，作图正确+20 分	
	掌握常用的圆周等分和作正多边形的方法	60 分	步骤清晰，作图正确+60 分	
	能正确使用尺规作图	20 分	工具使用规范，图面清晰+20 分	

任务2　绘制平面图形：角铁

任务描述

角钢俗称角铁，是两边互相垂直呈直角形的钢材，广泛应用于各种建筑结构和工程结构。试绘制如图 1-41 所示角铁的平面图，并标注尺寸。

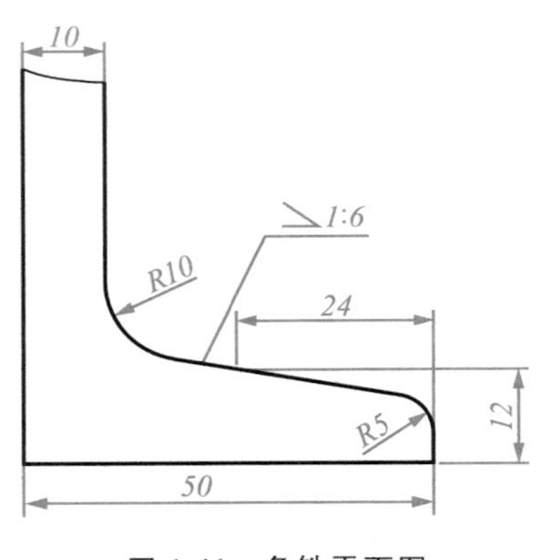

图 1-41　角铁平面图

知识链接

1. 斜度

斜度是指一直线(或平面)相对于另一直线(或平面)的倾斜程度。如机械图样中铸造件的拔模斜度。斜度的大小用该两直线或两平面间夹角的正切值来表示，如图 1-42(a)所示。

$$斜度(K)=\frac{H-h}{L}=\tan\alpha$$

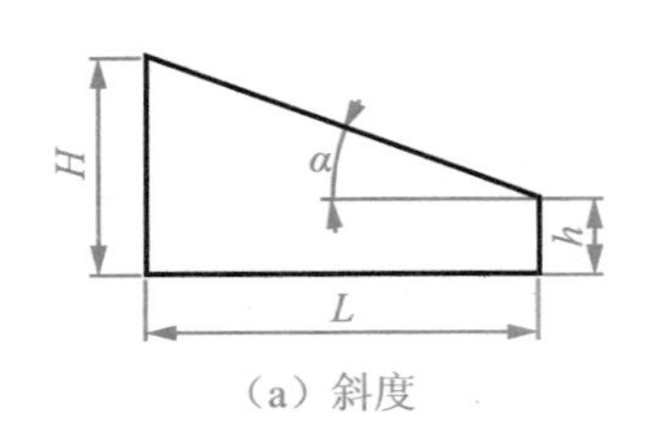

(a) 斜度

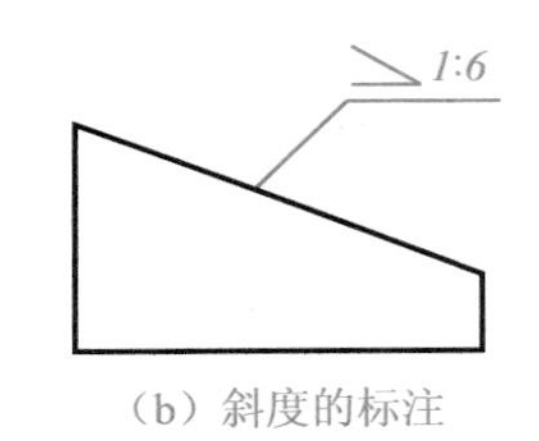

(b) 斜度的标注

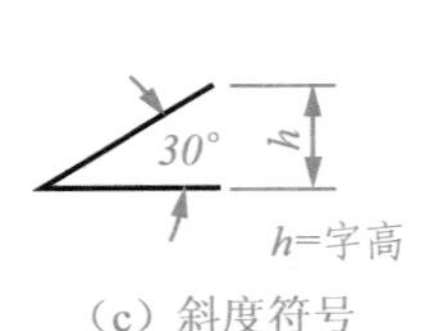

(c) 斜度符号

图 1-42　斜度

2. 斜度符号及其标注

斜度在图样中写成 1∶n 的形式，斜度应标注在指向具有斜度的轮廓线的引出线上，标注时要在数字前加注斜度符号，符号的方向应与斜度一致，如图 1-42(b)、图 1-42(c)所示。

3. 斜度的画法

过已知点作斜度的方法如图 1-43 所示，具体作图步骤如下：

1)作如图 1-43(a)所示的斜键。

2)作 $OB \perp OA$，在 OA 上取 10 个单位长度，在 OB 上取 1 个单位长度，连接图中的 10 和 1，即为 1∶10 的参考斜度线。

3)按尺寸定出 C 点，过 C 点作参考斜度线的平行线，即为所求。

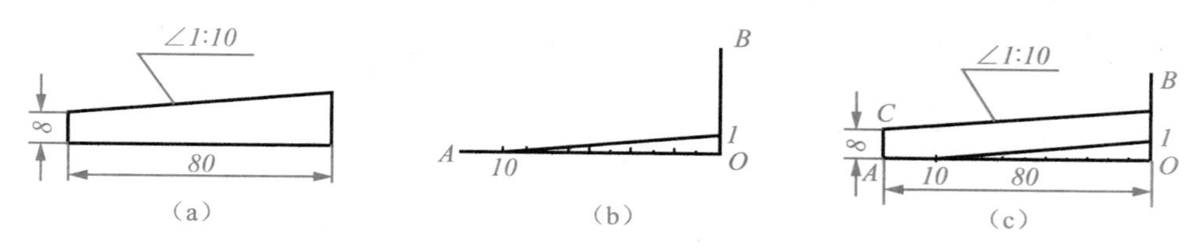

图 1-43　斜度的画法

实践操作

1)根据已知尺寸 50，12，10，24，完成如图 1-44(a)所示的图形。

2)过 K 点作 1∶6 的斜度线，作图方法如图 1-44(b)所示。

3)根据给定的尺寸 $R10$ 和 $R5$，完成圆弧连接图，如图 1-44(c)所示。

4)检查无误后，擦去多余的图线，完成角铁轮廓线的描粗加深，并完成相关尺寸的标注，如图 1-44(d)所示。

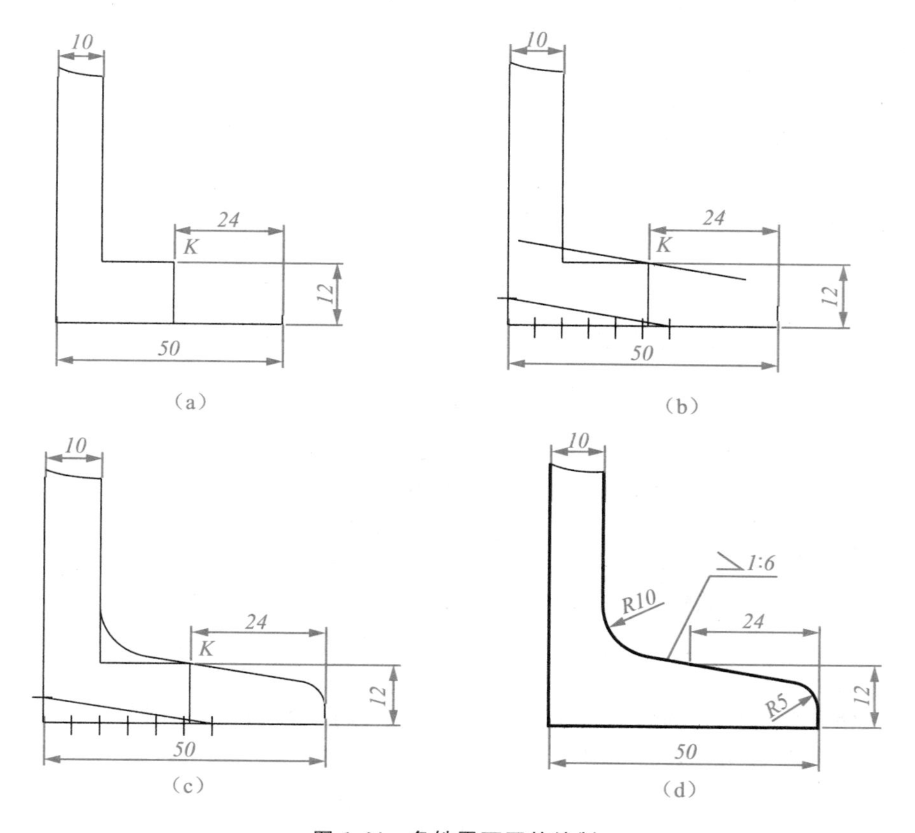

图 1-44　角铁平面图的绘制

操作训练

将斜度改为 1∶10，按 2∶1 的比例绘制如图 1-41 所示角铁的平面图。

思考与练习

1)斜度的概念是什么？它在图样中怎样标注？

2)简述画斜度的方法和步骤。

3)斜度的应用参见模块 4 项目 3 的任务 1。

任务检测

“斜度的画法”知识自我检测评分表

项目	考核要求	配分	评分细则	评分记录
概念	能准确说出斜度的概念及表示法	20 分	叙述准确，概念清晰+20 分	
画法	能正确作图，正确标注	50 分	图线规范+30 分，标注+20 分	
运用	能灵活、规范作图	30 分	能灵活应用+30 分	

任务 3　绘制平面图形：阶梯轴

任务描述

绘制如图 1-45 所示阶梯轴的平面图。

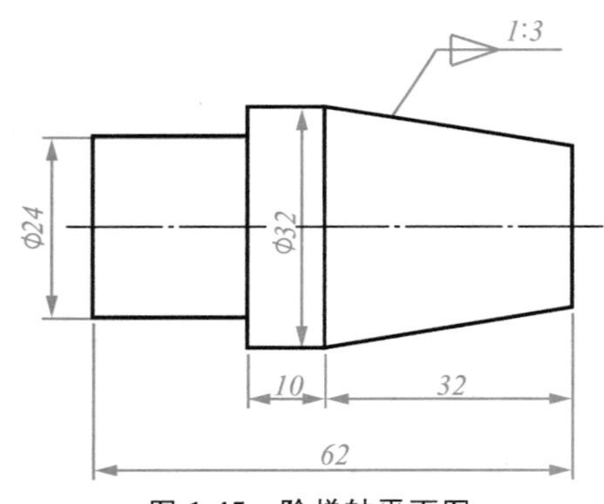

图 1-45　阶梯轴平面图

知识链接

要完成该阶梯轴的绘制，首先要掌握锥度的知识。

1. 锥度

锥度是指正圆锥体底圆直径与锥高之比。对于圆锥台，其锥度则为上、下底圆直径之差与圆锥台高度之比，如图 1-46(a)所示：

$$锥度\ C=\frac{D}{L}=2\tan\frac{\alpha}{2}$$

2. 锥度符号及标注

锥度的标注应按 GB/T 15754—1995 规定表示，如图 1-46(a)所示，锥度 $C=2\tan\frac{\alpha}{2}=\frac{D}{L}=\frac{20}{60}=1:3$。而在图 1-46(b)中，锥台锥度$=\frac{D-d}{l}=\frac{18-8}{50}=\frac{10}{50}=1:5$。图 1-46(c)为锥度图形符号的画法，线宽为 $h/10$，符号所示的方向应与锥度的方向一致。

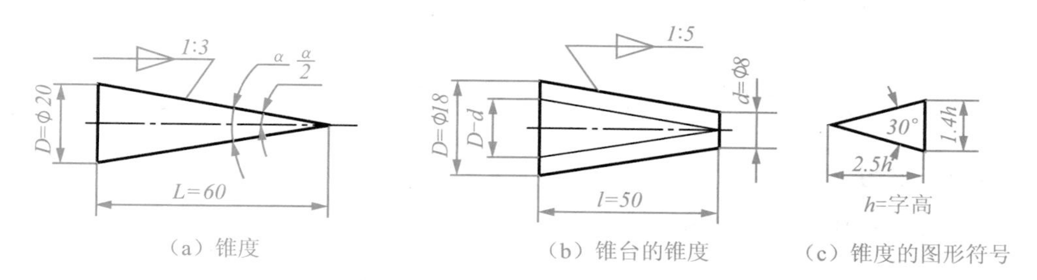

图 1-46　锥度符号及其标注

3. 锥度的画法

如图 1-47(a)所示带锥度 1∶5 的图形，其作图步骤如下：

1)如图 1-47(b)所示，从 O 点向小端方向取 5 单位长度，得点 C。在 O 点上下各取半个单位长度，得两个 B 点。连接点 B 和 C 得两条 BC 线，即为 1∶5 的参考锥度线。

2)如图 1-47(c)所示，过两 A 点分别作两条 BC 线的平行线，即为所求。

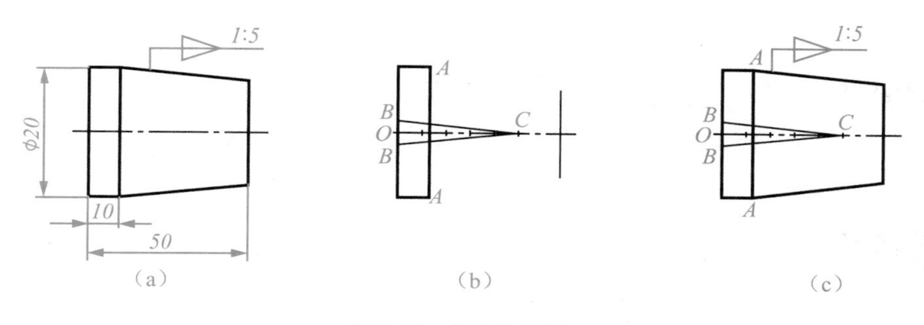

图 1-47　锥度的画法

实践操作

1)根据给定的尺寸 62、ϕ24、ϕ32、10、32，完成如图 1-48(a)所示图线的绘制。

2)作锥度，如图 1-48(b)所示。

3)检查无误后，擦去多余图线，加深、描粗图线，标注相关尺寸和符号，完成阶梯轴平面图的绘制，如图 1-48(c)所示。

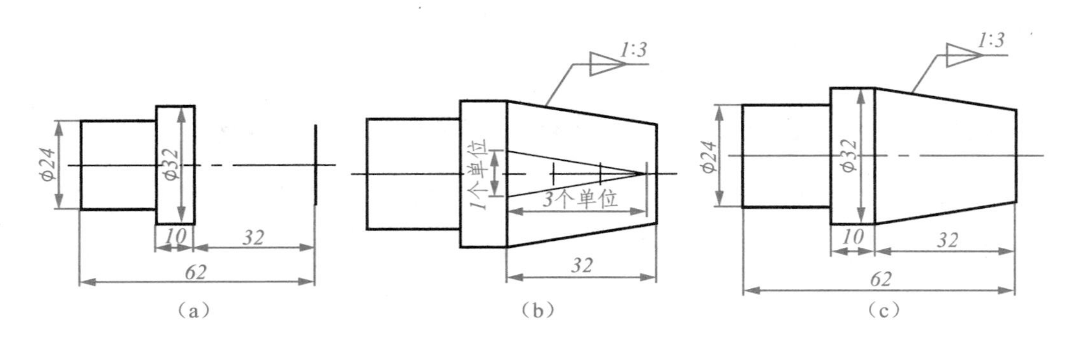

图 1-48　阶梯轴平面图的绘制

操作训练

选择合适的绘图比例，绘制如图 1-49 所示带锥度的机件，完成尺寸标注。

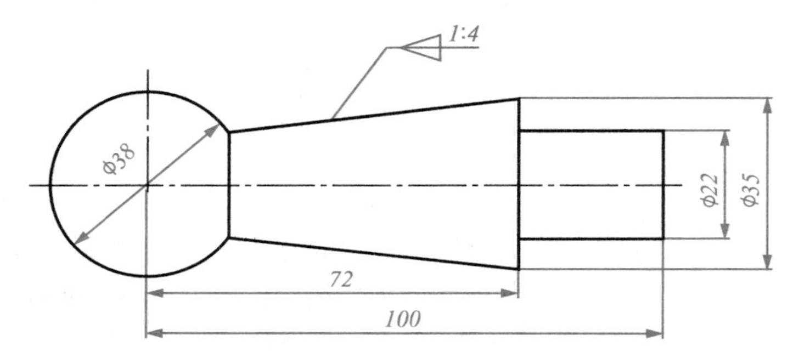

图 1-49　带锥度的机件

思考与练习

1)锥度的概念是什么？它在图样中怎样标注？它与斜度的区别是什么？

2)简述画锥度的方法和步骤。

任务检测

“锥度的画法”知识自我检测评分表

项目	考核要求	配分	评分细则	评分记录
概念	能准确说出锥度的概念及表示法	20 分	叙述准确，概念清晰＋20 分	
画法	能正确作图，正确标注	50 分	图线规范＋30 分，标注＋20 分	
运用	能灵活、规范作图	30 分	能灵活应用＋30 分	

任务 4　绘制平面图形：手柄

任务描述

绘制如图 1-50 所示手柄平面图。要正确绘制该平面图，就必须掌握圆弧连接的作图方法，并能够对平面图形的尺寸进行正确的分析。

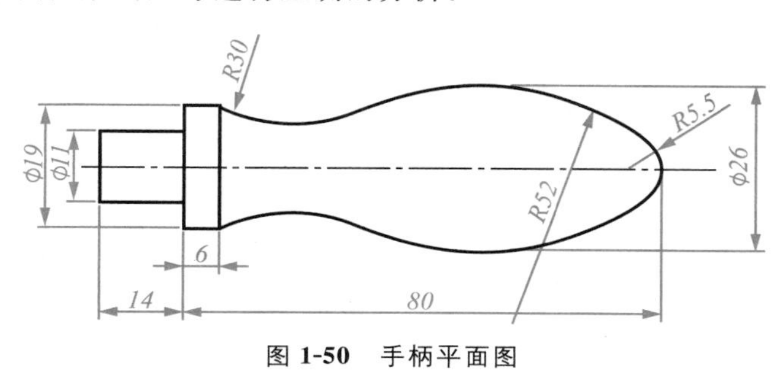

图 1-50　手柄平面图

知识链接

1. 圆弧连接

圆弧连接就是用一段已知半径的圆弧与另外两条已知线段(直线或圆弧)光滑连接(即相切)的作图方法。两个切点称为连接点。要连接光滑必须准确地作出连接圆弧的圆心和切点，所以圆弧连接的作图步骤可归结为：(1)求连接弧的圆心；(2)找出连接点即切点的位置；(3)在两切点之间画连接圆弧。作图方法见表 1-5。

表 1-5　圆弧连接作图示例

	已知条件	作图方法和步骤		
		1. 求连接弧圆心 O	2. 求连接点(切点)A、B	3. 画连接圆弧并描粗
圆弧连接两已知直线	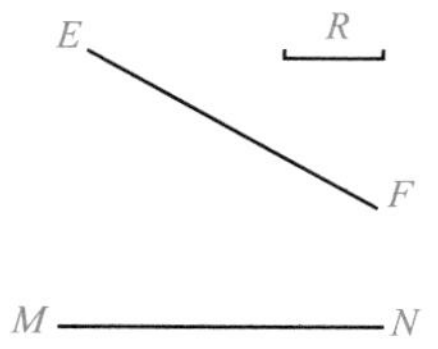	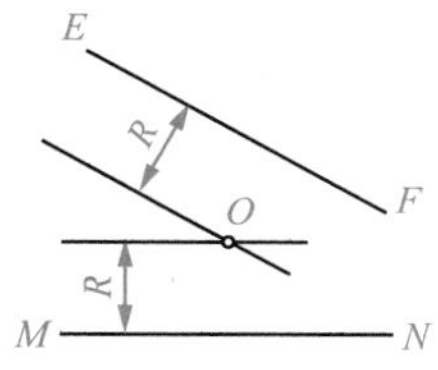	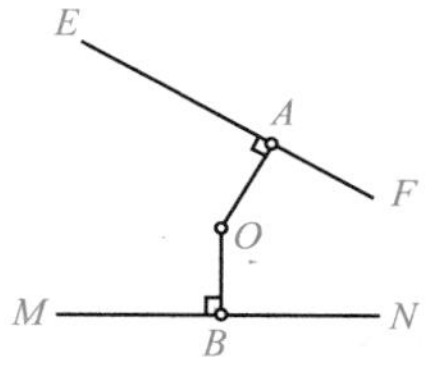	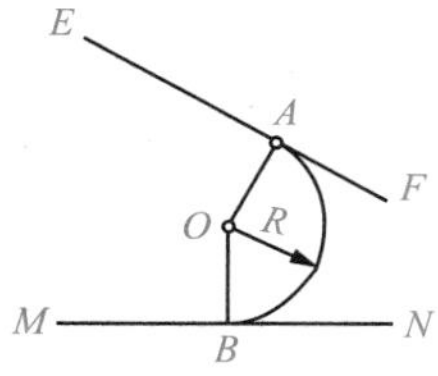
圆弧连接已知直线和圆弧	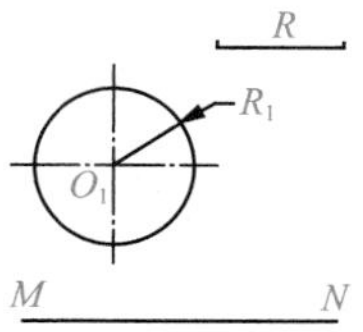	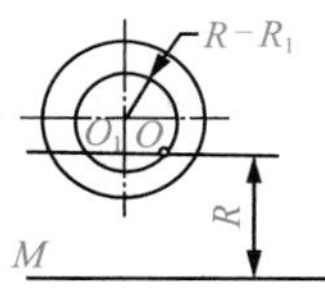	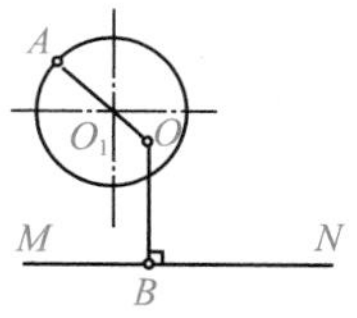	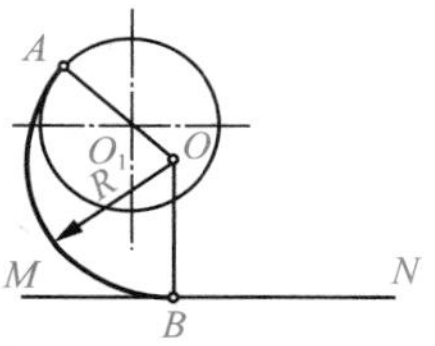

续表

	已知条件	作图方法和步骤		
		1. 求连接弧圆心 O	2. 求连接点(切点)A、B	3. 画连接弧并描粗
圆弧外切连接两已知圆弧	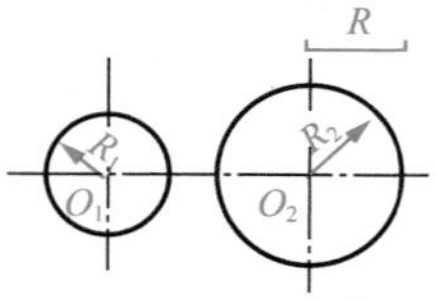	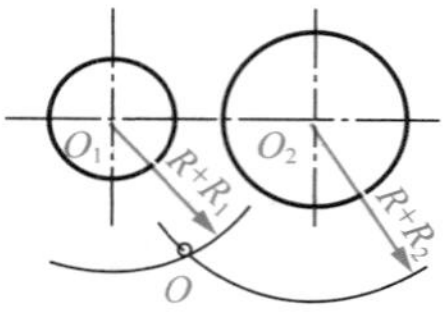	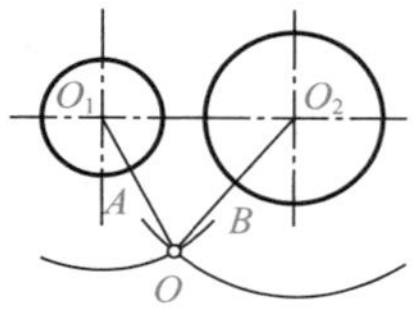	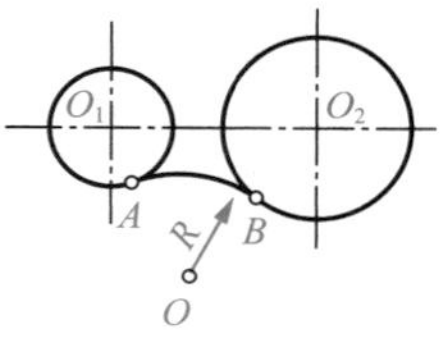
圆弧内切连接两已知圆弧	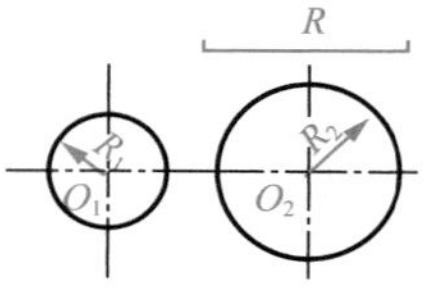	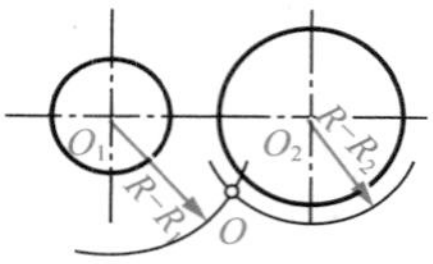	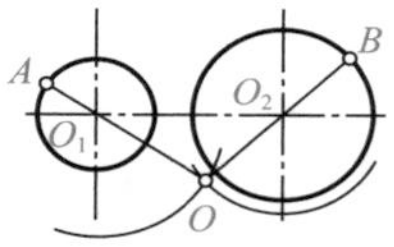	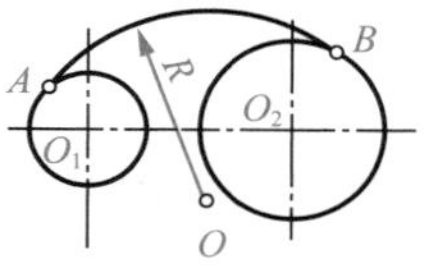
圆弧分别内外切连接两已知圆弧	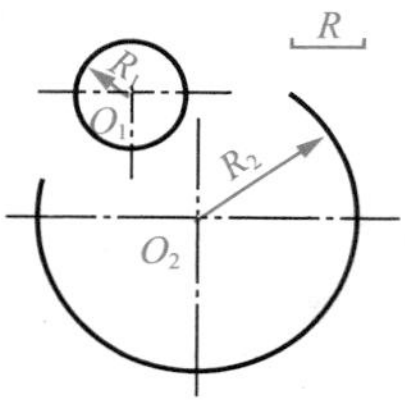	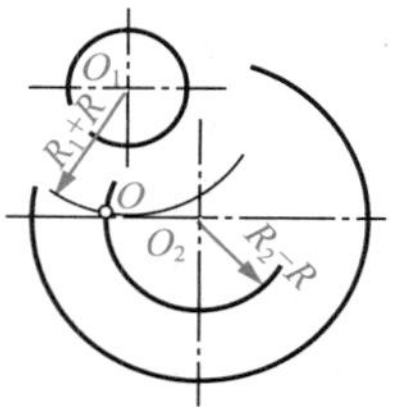	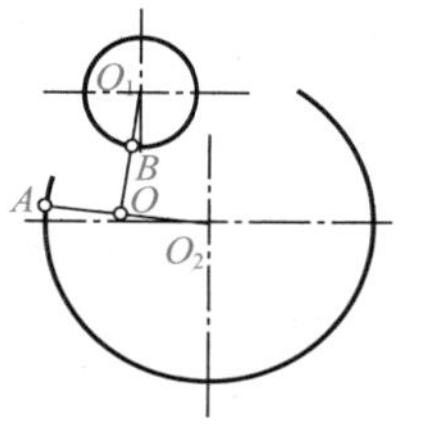	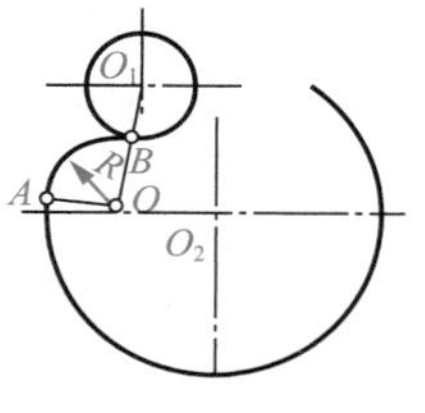

2. 平面图形的分析

平面图形由多个较简单的封闭图形组成，而每个封闭图形又由若干条线段(直线、圆弧)所组成。绘图时要知道线段的形状、大小及位置，绘图之前要进行尺寸分析和线段性质分析。

(1)平面图形的尺寸分析

平面图形的尺寸按其作用不同，可分为定形尺寸和定位尺寸两类。

1)定形尺寸：又称大小尺寸，它是确定平面图形中各部分形状大小的尺寸，如矩形块的长度和宽度、圆及圆弧的直径或半径、角度的大小等。如图 1-51 所示的矩形块尺寸 40 和 5、同心圆的直径ϕ12 和ϕ20，两个连接圆弧的半径 R10 和 R8，斜线的倾斜角度 60°等，均属于该图形的定形尺寸。

2)定位尺寸：确定平面图形上各条线段或各封闭图形相对位置的尺寸。如图1-51所示，确定左上方同心圆与下部矩形块间上下方向的尺寸20和左右方向的尺寸3均属于定位尺寸。

有时某个尺寸既是定形尺寸，也是定位尺寸，具有双重作用。定位尺寸应以尺寸基准作为标注尺寸的起点。

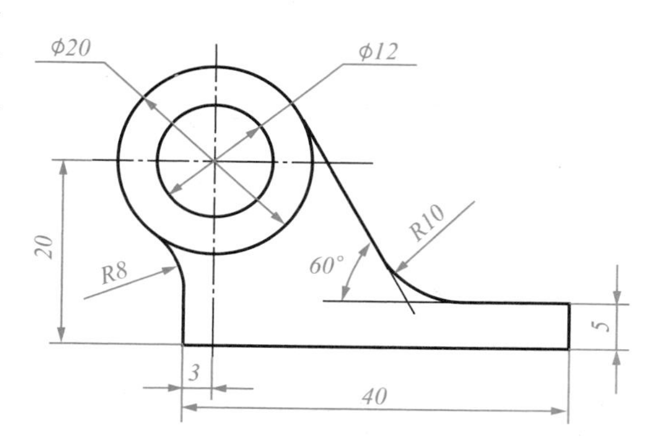

图1-51 平面图形的尺寸分析

3)尺寸基准：平面图形的尺寸，大体分为上下(*Y*轴)和左右(*X*轴)两个方向，在每个方向上都有标注尺寸的起始点叫基准。一般选用图形的对称轴线，较大圆的中心线，较长的直线或重要的点作为基准。

(2)平面图形的线段分析

平面图形中的线段(直线或圆弧)按所给尺寸齐全与否可分为三类：已知线段、中间线段和连接线段。圆弧连接部分较难掌握，下面就圆弧连接情况专门进行分析。

1)已知圆弧：凡具有完整的定形尺寸(ϕ及*R*)和定位尺寸(圆心的两个定位尺寸)，能直接画出的圆弧，称为已知圆弧。如图1-50所示，*R*5.5是已知圆弧，其圆心在垂直方向的基准线上，水平方向上的位置，可由尺寸80右端向左量取5.5获得。

2)中间弧：仅知道圆弧的定形尺寸(ϕ及*R*)和圆心的一个定位尺寸，需要借助与其一端相切的已知线段求出圆心的另一个定位尺寸，然后才能画出的圆弧，称为中间弧。如图1-50所示*R*52是中间弧，其圆心在垂直方向上的位置在距ϕ26的尺寸界线(*R*52圆弧的水平切线)为52的水平线上，而圆心在水平方向上的位置则需要借助与其相切的已知圆弧(*R*5.5圆弧)定出。

3)连接弧：只有定形尺寸(ϕ及*R*)而无定位尺寸的圆弧，需借助与其两端相切的线段方能求出圆心而画出的圆弧，称为连接弧。如图1-50所示*R*30是连接弧，其圆心的两个定位尺寸都没有注出，需要借助与其两端相邻的线段作出后才能画出。

实践操作

手柄的绘图步骤如下。

1)分析平面图形构成的特点及每个尺寸的作用，了解图形和尺寸之间的关系(即尺寸分析及线段分析)。

2)定出图形的基准线，按给定的尺寸画已知线段，如图1-52(a)所示。

3)利用几何条件及一个相切条件，画中间线段*R*52，如图1-52(b)所示。

4)利用几何条件及两个相切条件，画连接线段*R*30，如图1-52(c)所示。

5)擦去多余作图线，按线型要求加深图线，完成全图，如图1-52(d)所示。

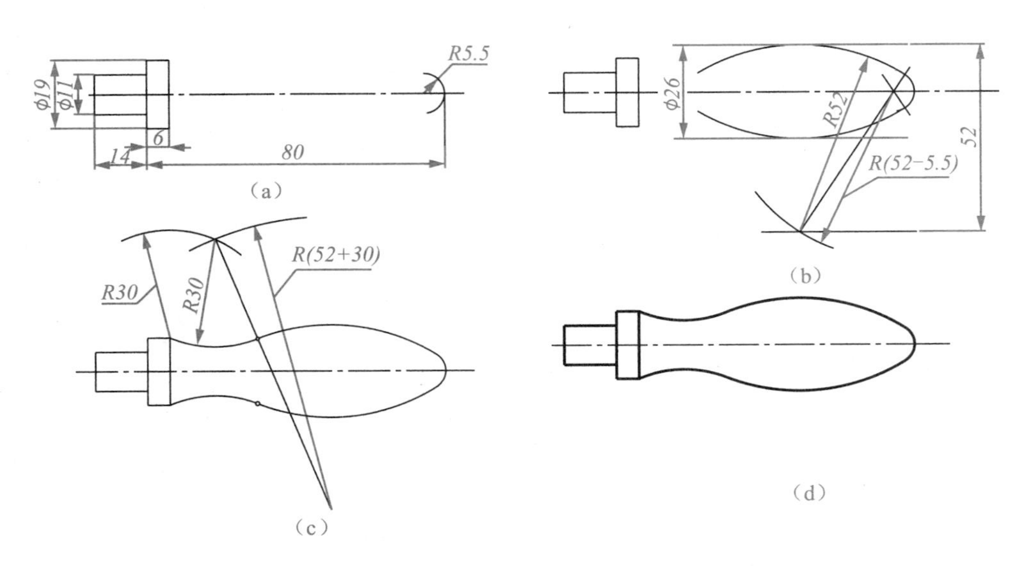

图 1-52　手柄的画图步骤

操作训练

用 A4 图纸，按 1∶1 的比例绘制如图 1-53 所示平面图形，完成尺寸标注。要求图线连接光滑，图面整洁，字体端正。

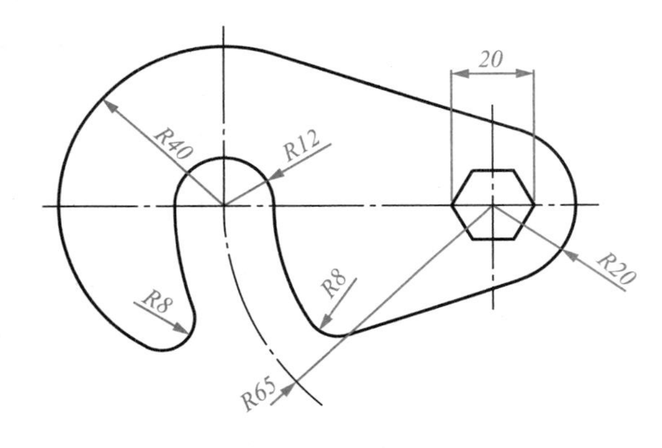

图 1-53　平面图形

思考与练习

1)平面图形中有哪几类圆弧？其分类依据是什么？它们应按什么顺序作图？

2)试按 1∶1 的比例绘制如图 1-54 所示吊钩的平面图形，完成尺寸标注。要求图线连接光滑，图面整洁，字体端正。

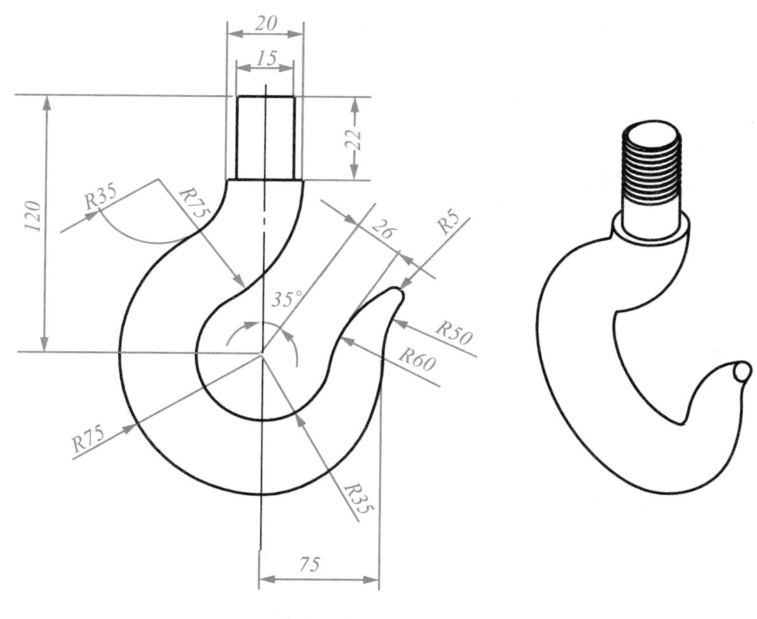

图 1-54　吊钩的平面图形

职业知识拓展

1. 绘图的一般程序

(1)绘图前的准备工作

1)准备工具：准备好画图用的仪器和工具，用软布把图板、丁字尺、三角板等擦拭干净，以保持图纸纸面整洁。按线型要求削好铅笔：粗实线用 B 铅笔，按宽度 d 削成扁平状或圆锥状；虚线、细实线和点画线用 H 或 2H 铅笔，按 $d/3$ 的宽度削成扁平状或圆锥状；写字用 HB 铅笔，削成圆锥状。

2)整理工作地点：将暂时不用的物品从工作地点移开，需要使用的工具用品、资料放在取用方便的地方。

3)固定图纸：先分析图形的尺寸和线段，按图样的大小选择比例和图纸幅面。然后将图纸固定。

(2)底稿的画法和步骤

1)画出图框和标题栏。

2)画出主要基准线、轴线、中心线和主要轮廓线；按先画已知线段，再画中间线段和连接线段的顺序依次进行绘制工作，直至完成图形。

3)画尺寸界线和尺寸线。

4)仔细检查底稿，改正图上的错误，轻轻擦去多余线条。

(3)描深底稿的方法和步骤

底稿描深应做到线型正确，粗细分明，连接光滑，图面整洁。

描深底稿的一般步骤如下：

1)描深图形，应遵循如下顺序：

①先曲后直，保证连接圆滑。

②先细后粗，保证图面清洁，提高画图效率。

③先水平(从上至下)后垂直、斜线从左至右、从上而下，保证图面整洁。

④先小(指圆弧半径)后大，保证图形准确。

2)描深图框线和标题栏。

3)画箭头、标注尺寸和填写标题栏。

4)检查校对，完成全图。

2. 徒手画图

徒手画的图又叫草图。它是以目测估计图形与实物的比例，按一定的画法要求徒手绘制的图样。草图中的线条也要粗细分明，长短大致符合比例，线型符合国家标准。

在设计、仿制或修理机器时，经常需要绘制草图。草图是工程技术人员交谈、记录、创作、构思的有力工具。徒手绘图是工程技术人员必备的一种基本技能。

(1)画草图的要求

草图是表达和交流设计思想的一种手段，如果作图不准，将影响草图的效果。草图是徒手绘制的图，而不是潦草图，因此作图时要做到：线型分明，比例适当，不求图形的几何精度。

(2)草图的绘制方法

绘制草图时应使用铅芯较软的铅笔(如 HB、B 或 2B)。铅笔的铅芯应磨削成圆锥形，粗细各一支，分别用于绘制粗、细线。画草图时，可以用有方格的专用草图纸，或者在白纸下面垫一张有格子的纸，以便控制图线的平直和图形的大小。

1)直线的画法：画直线时，可先标出直线的两端点，在两点之间先画一些短线，再连成一条直线。运笔时手腕要灵活，目光应注视线段的终点，不可只盯着笔尖。

画水平线应自左至右画出；垂直线自上而下画出；斜线斜度较大时可自左向右下或自右向左下画出，斜度较小时可自左向右上画出，如图 1-55 所示。

2)圆的画法：画圆时，应先画中心线。较小的圆在中心线上定出半径的四个端点，过这四个端点画圆；稍大的圆可以过圆心再作两条斜线，再在各线上定半径长度，然后过这八个点画圆；圆的直径很大时，可以用手作圆规，以小指支撑于圆心，使铅笔与小指的距离等于圆的半径，笔尖接触纸面不动，转动图纸，即可得到所需的大圆，如图 1-56所示。也可在一张纸条上作出半径长度的记号，使其一端置于圆心，另一段置于铅笔，旋转纸条，便可以画出所需圆。

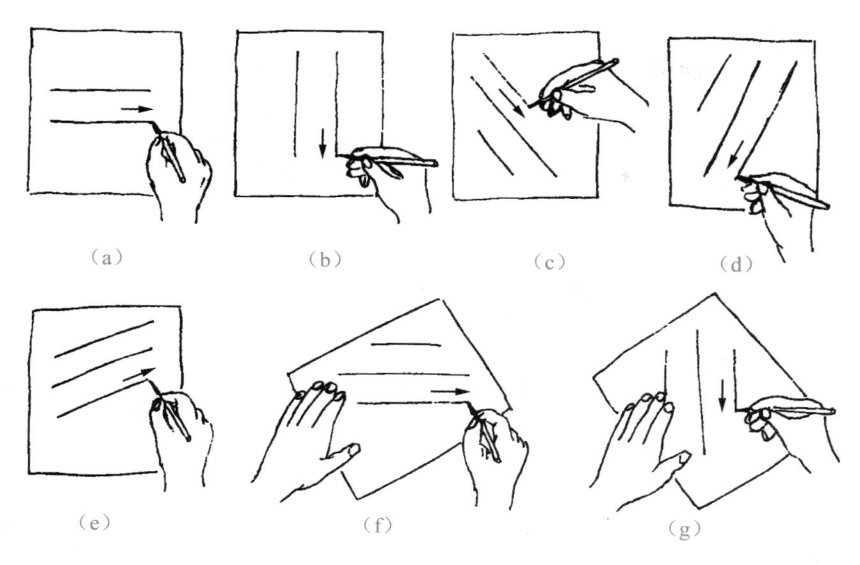

图 1-55　徒手画直线的方法

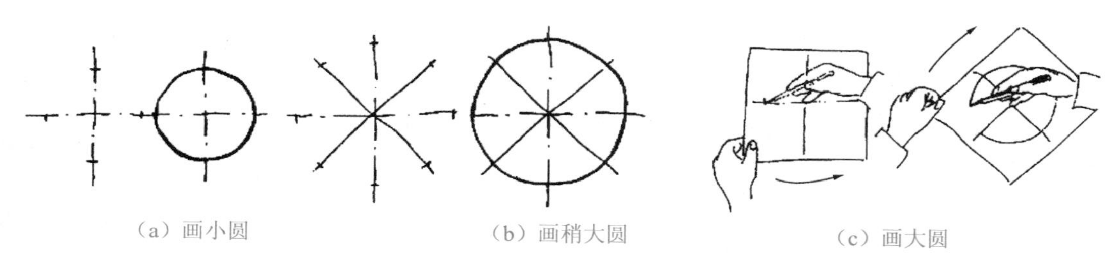

图 1-56　徒手画圆的方法

3)平面图形的画法：徒手绘制平面图形时，也同使用尺、规作图时一样，要进行图形的尺寸分析和线段分析，先画已知线段，再画中间线段最后画连接线段。在方格纸上画平面图形时，主要轮廓线和定位中心线应尽可能利用方格纸上的线条，图形各部分之间的比例可按方格纸上的格数来确定。图 1-57 所示为徒手在方格纸上画平面图形的示例。

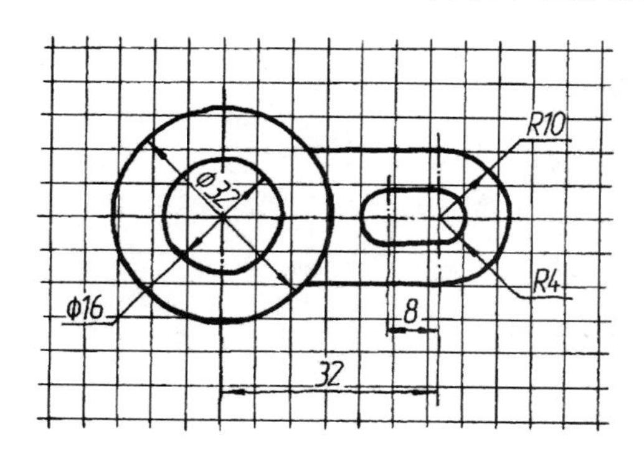

图 1-57　徒手绘制平面图形

任务检测

"圆弧连接的画法"知识自我检测评分表

项目	考核要求	配分	评分细则	评分记录
概念	能准确地说出概念及圆弧的类型	10分	叙述准确+5分；分类正确+5分	
画法	能正确作图，正确标注，图线规范整洁	50分	作图正确，连接光滑+30分；标注+10分；图面+10分	
运用	能正确识读平面图形、正确抄图，字迹工整，图面整洁	40分	能看懂平面图，正确抄图+30分；图面+10分	

模块 2　制图的投影基础

场景描述

你可知道，日常生活中我们接触的物体，其实就像我们小时候玩的积木一样，可以由几个基本的形体搭建而成。

任何机器或机械零部件都是空间的三维立体结构，它们是由基本几何体独立构成零件，或者是几个基本几何体组合而成。如图 2-1 所示，齿轮泵就是由棱柱、圆柱、圆锥、圆环等基本形体组成的。

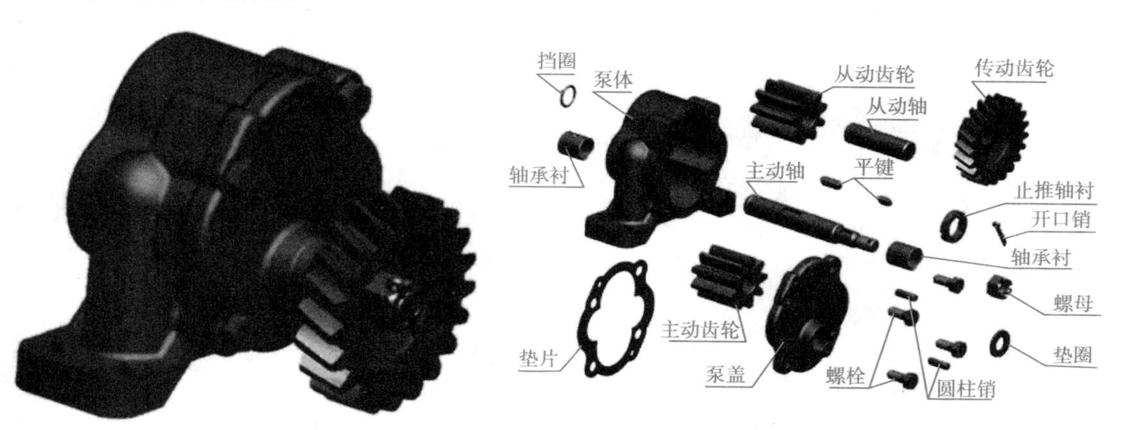

(a)齿轮泵部件图　　(b)齿轮泵分解图

图 2-1　齿轮泵

本模块中，我们将学习投影法，研究点、直线、平面及立体的投影特性与规律，了解几何体的构形方法，掌握其在机械图样中的表示方法。通过学习和贯彻加深对标准规范的理解和情感，锻炼遵守标准规范的意志，逐步养成自觉遵守标准规范的习惯。

相关知识与技能点

1)投影法的概念，正投影的特性。

2)三视图的形成及其投影规律。

3)立体表面点的投影方法。

4)基本体的投影方法。

5)组合体的投影方法及尺寸标注。

6)空间物体与三视图、轴测图的对应关系。

项目1 物体的三视图基础

1. 理解投影法的概念，熟悉正投影的特性。
2. 理解三视图的形成过程、投影规律。
3. 掌握三视图与物体方位之间的对应关系。
4. 理解基本几何要素点的投影规律。

1. 能描述正投影的概念、正投影的特性。
2. 能复述三视图的形成过程，熟知投影规律。
3. 会利用正投影法正确绘制简单体的三视图，并能分辨方位关系。
4. 会在简单体表面上求点。
5. 正确使用尺规，规范绘图。

任务1 绘制简单体的三视图

任务描述

本任务将研究投影法知识，通过对简单形体进行投影，研究三视图的形成和投影规律。绘制如图2-2所示简单体(两长方体的组合块)的三视图。

图 **2-2** 简单体

知识链接

1. 投影法基本知识

物体在光线的照射下，在地面上或墙壁上会出现影子，人们对这种自然现象加以研究，总结规律，创造了投影法。按照投射光线和投影面的关系，投影法分为中心投影法和平行投影法。

投射线汇交于投射中心的投影方法称为中心投影法，如图 2-3 所示。

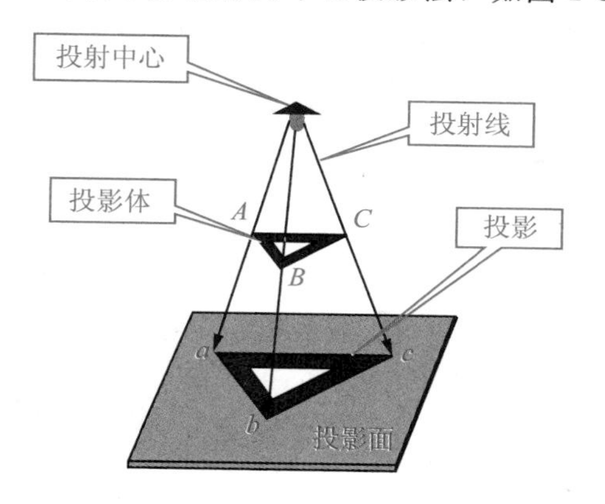

图 2-3　中心投影法

投射线相互平行的投影方法称为平行投影法。平行投影法又分为正投影法和斜投影法，正投影法的投射线互相平行且垂直于投影面，如图 2-4 所示。斜投影法的投射线互相平行且倾斜于投影面，如图 2-5 所示。

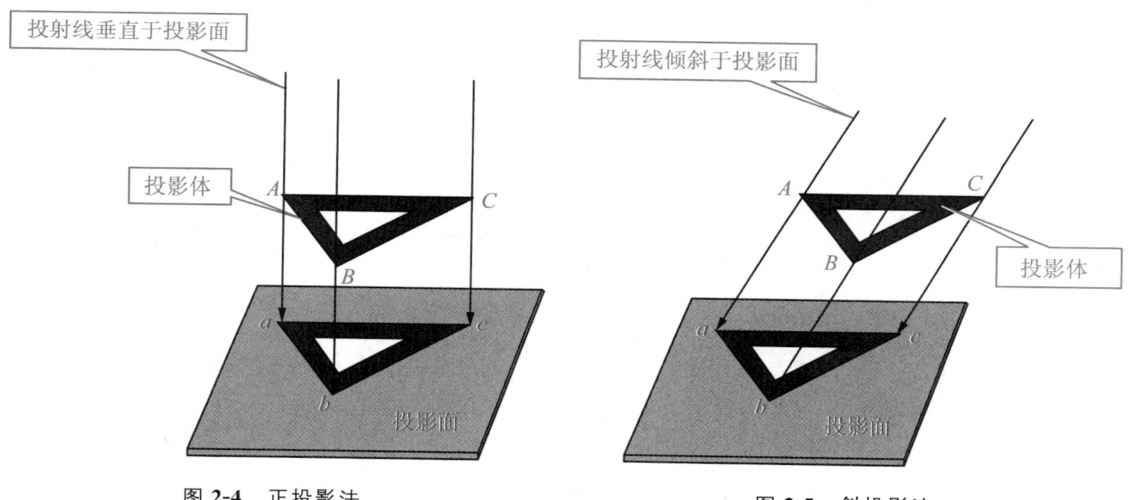

图 2-4　正投影法

图 2-5　斜投影法

机械图样主要用正投影法，一般将正投影简称为“投影”，根据有关标准绘制的多面正投影图简称为“视图”。

2. 正投影法的特性

(1)真实性：当直线或平面平行于投影面时，其投影反映实长或实形(图 2-6)。

(2)积聚性：当直线或平面垂直于投影面时，其投影为一点或一线(图 2-7)。

(3)类似性：当直线或平面倾斜于投影面时，直线的投影仍为直线，平面的投影为平面图形的类似形(图 2-8)。

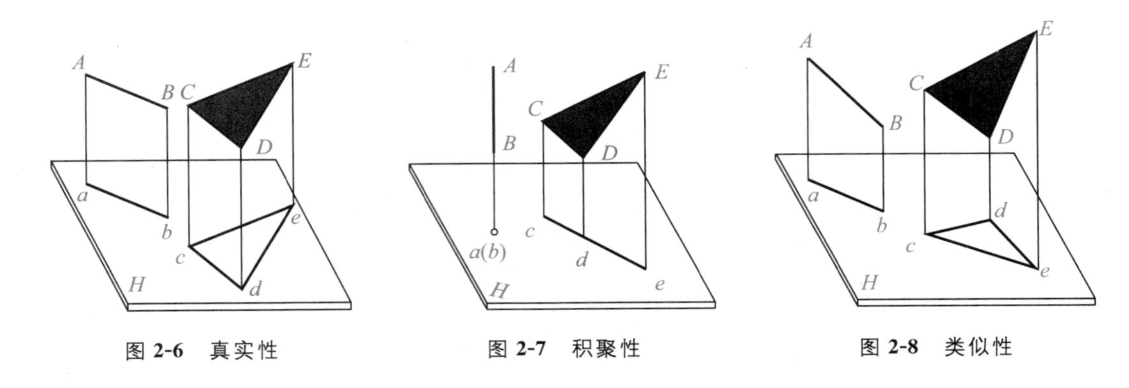

图 2-6　真实性　　　　图 2-7　积聚性　　　　图 2-8　类似性

3. 三投影面体系和三视图的形成

(1)单个视图不能准确确定物体的形状

如图 2-9 所示的三个不同的物体，图中的投影面上只反映了物体前面的形状，而侧面和顶面的形状都不能准确地反映出来。因此，需要从几个方向进行投射，画出几个视图。通常，用三个视图来表达。

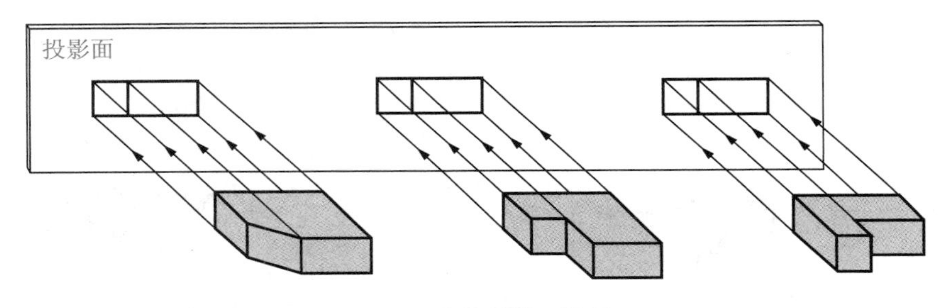

图 2-9　物体的单面投影

(2)三投影面体系

为了准确表达物体的形状和大小，选取三个互相垂直的投影面，构成三面投影体系，如图 2-10 所示。位于观察者正对面的投影面称为正立投影面，简称正面，用字母 V 表示；水平位置的投影面称为水平投影面，简称水平面，用字母 H 表示；右侧的投影面称为侧立投影面，简称侧面，用字母 W 表示。也可称为 V 面、H 面、W 面。三个投影面之间的交线 OX、OY、OZ 称为投影轴，简称 X 轴、Y 轴、Z 轴。三个投影轴相互垂直相交于一点 O，称为原点。

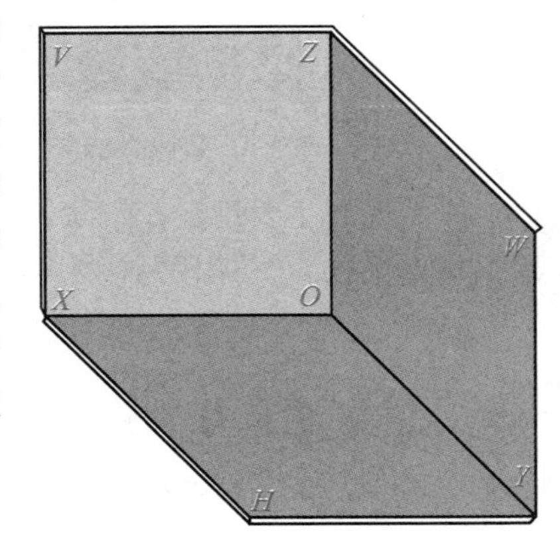

图 2-10　三投影面体系

(3)三视图的形成

在三投影面体系中，我们将物体由前向后投射，在正投影面 V 上得到一个视图，称为主视图，主视图最能反映物体形状特征；然后由上向下投射，在水平投影面 H 上得到第二个视图，称为俯视图；再由左向右投射，在侧立投影面 W 上得到第三个视图，称为左视图。在三投影面体系中的直观图如图 2-11 所示。很显然，在三个方向投射得到的三个视图能够反映该物体的形状结构。

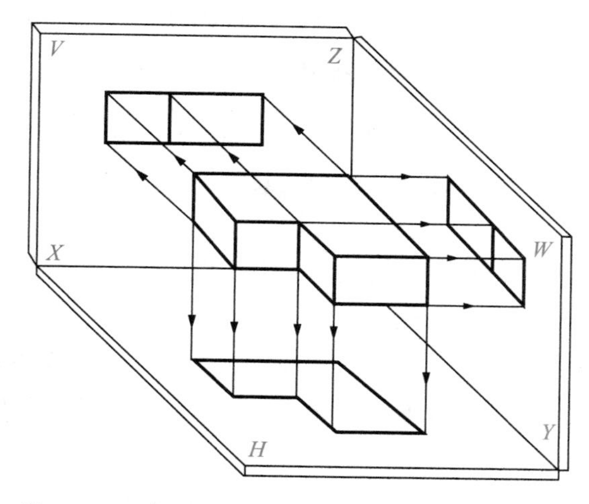

图 2-11　三投影面体系中物体三个方向的投影视图

为了将物体的三个视图画在一张图纸上，须将三个投影面展开摊平到一个平面上。展开的方法如图 2-12 所示，保持 V 面不动，将 H 面绕 X 轴向下旋转 90°与 V 面成一个平面，将 W 面绕 Z 轴向右旋转 90°，也与 V 面成一个平面，这样就得到物体位于一个平面上的三个视图，如图 2-13 所示。投影面展开后 Y 轴被分为两处，H 面上的 Y 轴用 Y_H 表示，W 面上的 Y 轴用 Y_W 表示。

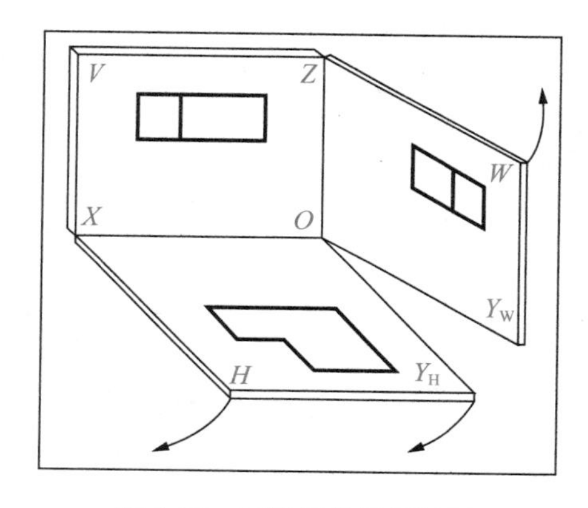

图 2-12　三视图的展开过程

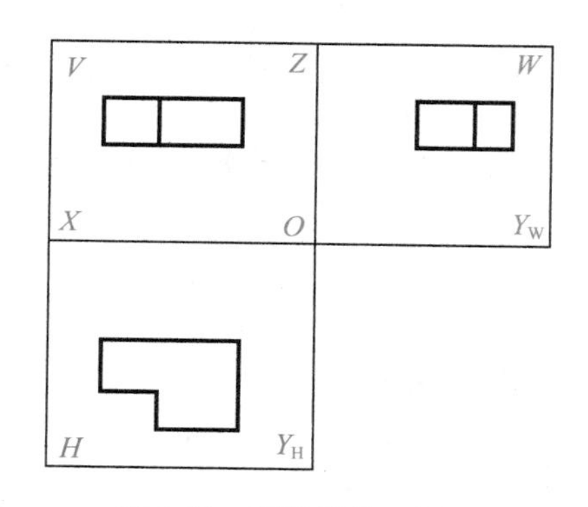

图 2-13　展开后的三视图

通常，画三视图时，不必画出边框和投影轴，如图 2-14 所示。

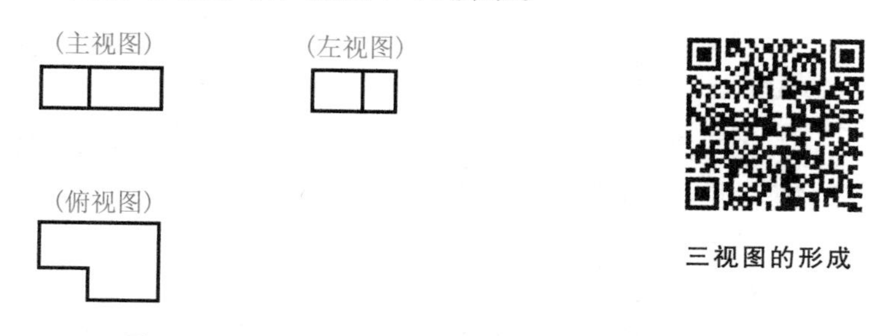

图 2-14　三视图

小提示：在三投影面体系中摆放形体时，应使形体的多数表面(或主要表面)平行或垂直于投影面(即形体正放)。形体在三投影面体系中的位置一经选定，在投影过程中不能移动或变更。

实践操作

1. 绘制简单体的三视图，总结三视图的投影关系——“三等”关系

物体的大小由长、宽、高三个方向的尺寸确定。通常，物体左右之间距离为长，前后之间距离为宽，上下之间距离为高。本任务是绘制两长方体组合块的三视图，让我们来看看三视图的画法和长、宽、高之间的关系。如图 2-15～图 2-19 所示。

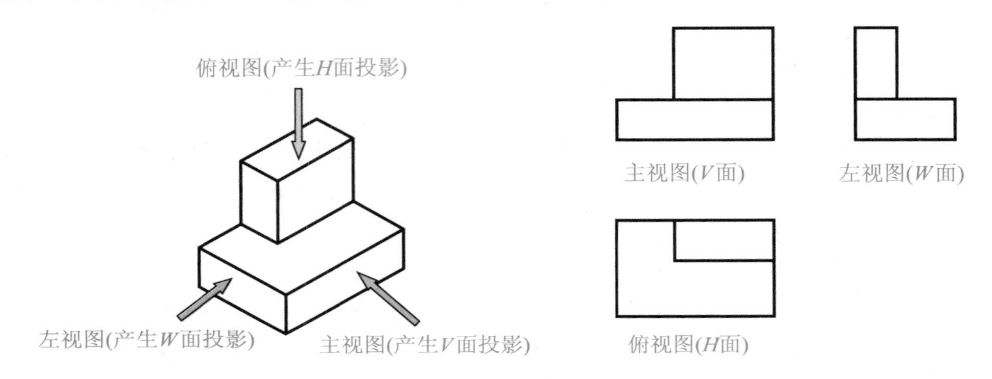

图 2-15　物体三个视图的投射方向　　图 2-16　三个视图

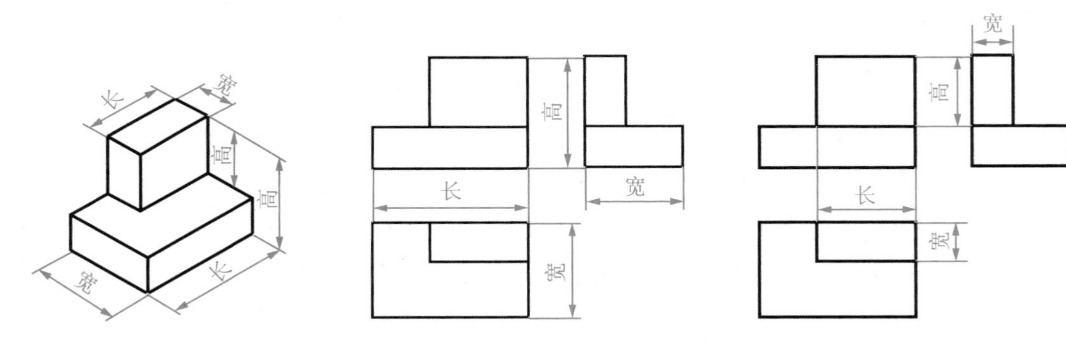

图 2-17　物体的长、宽、高　　图 2-18　三个视图的总体“三等”　　图 2-19　三个视图中的局部“三等”

上述三视图中长宽高的关系，可归纳为以下三条投影规律(“三等”关系)。

长对正：主视图、俯视图反映物体长。

高平齐：主视图、左视图反映物体高。

宽相等：俯视图、左视图反映物体宽。

“长对正、高平齐、宽相等”的投影规律是三视图的重要特性，是我们看图、画图和检查图样的依据。

2. 根据简单体的三视图，总结三视图与物体方位的对应关系——方位关系

任何物体都有前、后、左、右、上、下共六个方位，如图 2-20 所示。

主视图：反映了物体的上、下、左、右方位关系。

俯视图：反映了物体的左、右、前、后方位关系。

左视图：反映了物体的上、下、前、后方位关系。

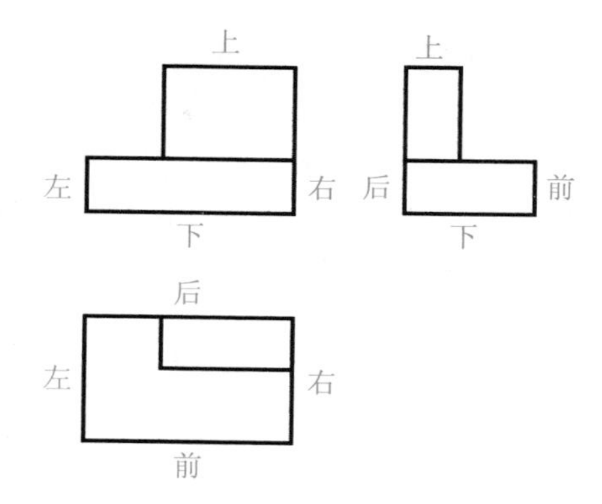

图 2-20　三视图的方位对应关系

操作训练

试绘制第 42 页图 2-9 中其余的两个视图。

思考与练习

1）物体的三视图中________图和________图长对正，________图和________图高平齐，________图和________图宽相等。

2）画出如图 2-21 和图 2-22 所示物体的三视图，先确定主视图的投射方向，然后画图。

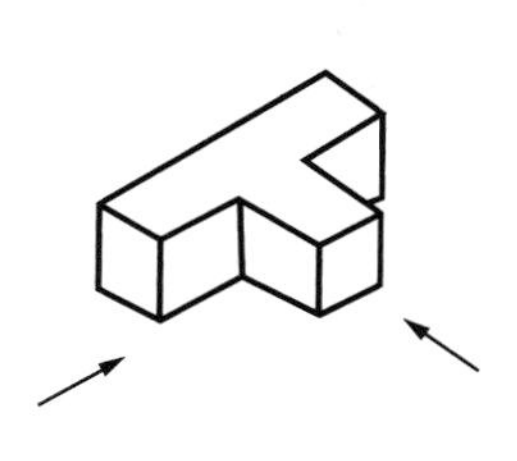

图 2-21　凸块

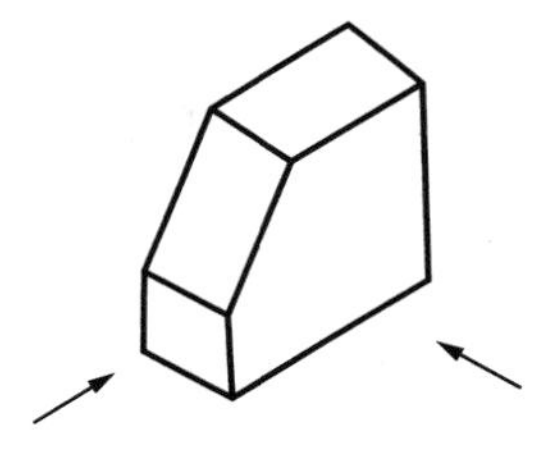

图 2-22　切块

任务检测

"绘制简单体的三视图"知识自我检测评分表

项目	考核要求	配分	评分细则	评分记录
投影法知识	能理解正投影法及其投影规律	20 分	正确理解、应用＋20 分	
三视图的形成及方位的对应关系	能描述三视图形成过程及三等关系，清楚方位关系	30 分	正确描述＋15 分； 正确辨别方位＋15 分	
简单体三视图的绘制	会绘制简单体三视图	30 分	能正确绘制三视图＋30分	
规范绘图	按照国标要求规范绘图	20 分	尺规正确使用＋10 分； 线型规范＋10 分	

任务2　三棱锥的投影与表面取点

任务描述

本任务继续研究物体三视图的投影及规律，掌握作如图 2-23 所示基本体正三棱锥的投影及其表面取点的方法。

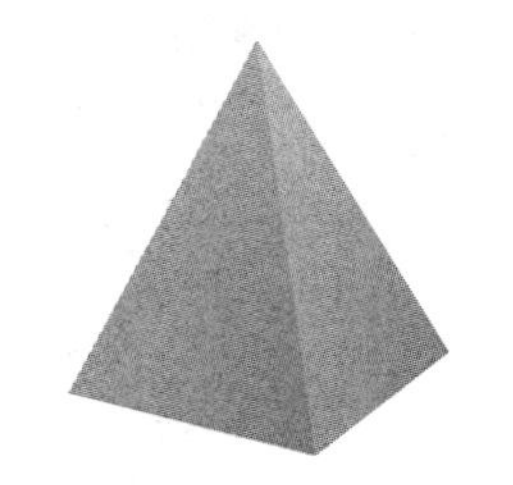

图 2-23　正三棱锥立体图

知识链接

点、线、面是构成物体形状的基本几何元素。要准确、完整地绘制物体的三视图，还需进一步研究这些几何元素的投影。点是最基本、最简单的几何元素。本任务我们重点研究立体表面上点的投影。适当了解直线、平面的投影。研究点的投影，就要考虑点的投影与坐标的关系以及空间点的相对位置。

1. 点的投影分析

点的投影分析

(1)点的投影规律

如图 2-24 所示，空间点 A 在三投影面体系中的投影分别是：水平投影 $a(x, y)$、正面投影 $a'(x, z)$、侧面投影 $a''(y, z)$。展开后得到点 A 的三视图 a、a'、a''，如图 2-25 所示。

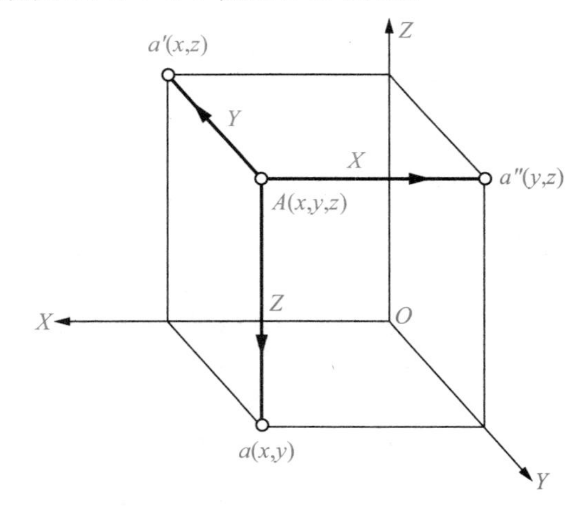

图 2-24　空间点 A 在三投影面体系中的投影

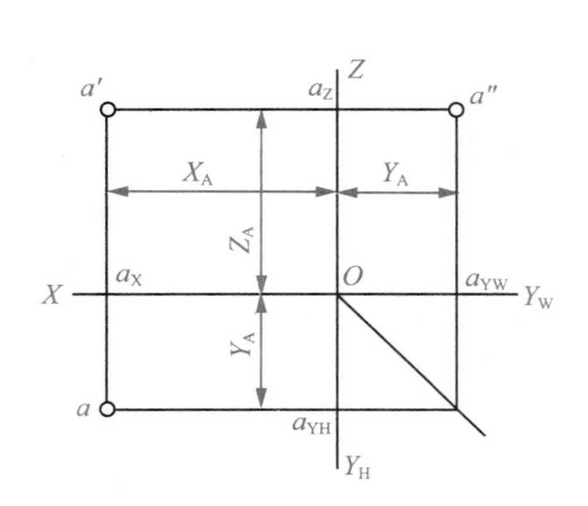

图 2-25　展开后空间点 A 的三视图

由投影图 2-25 所示可以看出点 A 的投影有以下规律。

长对正：$a\,a' \perp OX$。

高平齐：$a'a'' \perp OZ$。

宽相等：$aa_X = a''a_Z$（a 到 OX 轴的距离＝ a'' 到 OZ 轴的距离）。

点的投影仍然符合物体三视图的投影规律："三等"规律。

(2)点的相对位置

空间两点的相对位置是指两点的上下、左右、前后关系，在投影中，是由两点的坐标差确定的。两点的 V 面投影(主视图)反映上下、左右关系；两点的 H 面投影(俯视图)反映前后、左右关系；两点的 W 面投影(左视图)反映上下、前后关系。

如图 2-26、图 2-27 所示，空间两点 A、B 的位置判断方法是：x 坐标大的在左，y 坐标大的在前，z 坐标大的在上。可以看出，B 点在 A 点的左、下、前方。

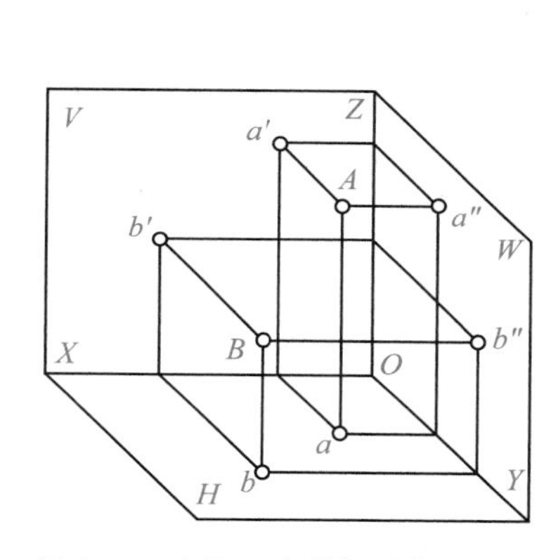

图 **2-26**　空间两点的相对位置关系

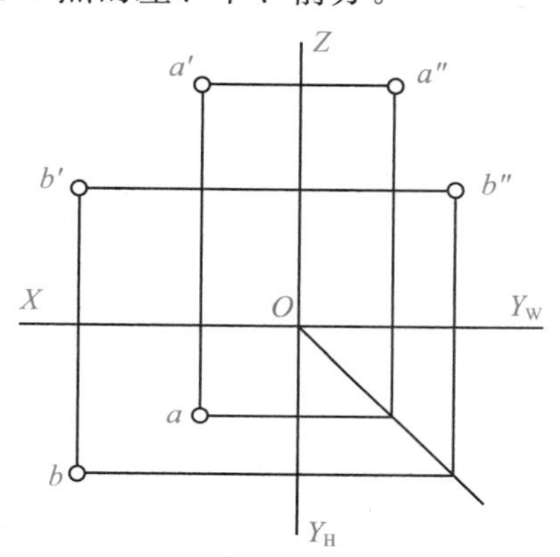

图 **2-27**　空间两点的投影

(3)重影点的投影

如图 2-28 所示，空间两点 A、B 的 X、Y 坐标相同，只是 A 点的 Z 坐标比 B 点的 Z 坐标大，则点 A、B 在 H 面上的投影重合在一起，称为 H 面上重影点。重影点需要判断其可见性，将不可见点的投影用括号括起来，以示区别。如图 2-29 所示，由上向下看得到的俯视图上，点 A 遮住了点 B，所以点 A、B 的俯视图投影为 $a(b)$。

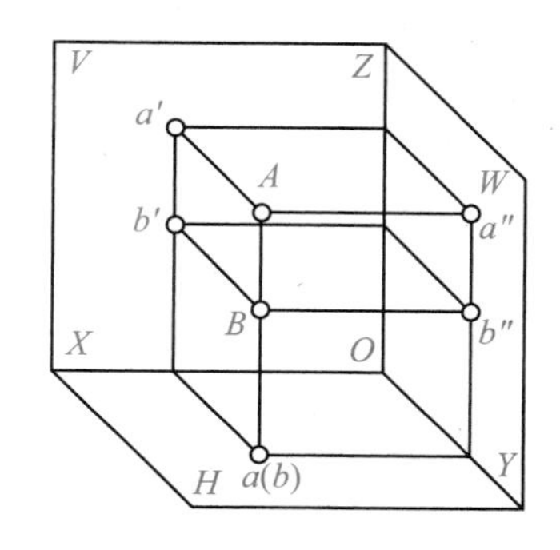

图 **2-28**　重影点的投影

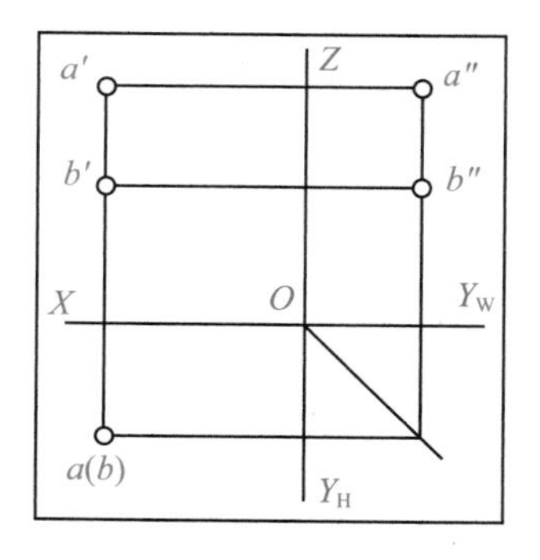

图 **2-29**　重影点的表示方法

2. 直线的投影

空间直线与三投影面的相对位置有三种：投影面平行线、投影面垂直线、一般位置直线。

(1)投影面平行线

只平行于一个投影面，而与另外两个投影面倾斜的直线，称为投影面平行线。投影面平行线可分为以下三种。

1)正平线：平行于 V 面，倾斜于 H、W 两投影面。

2)水平线：平行于 H 面，倾斜于 V、W 两投影面。

3)侧平线：平行于 W 面，倾斜于 H、V 两投影面。

投影面平行线的投影特性见表 2-1 所示。

表 2-1　投影面平行线的投影特征

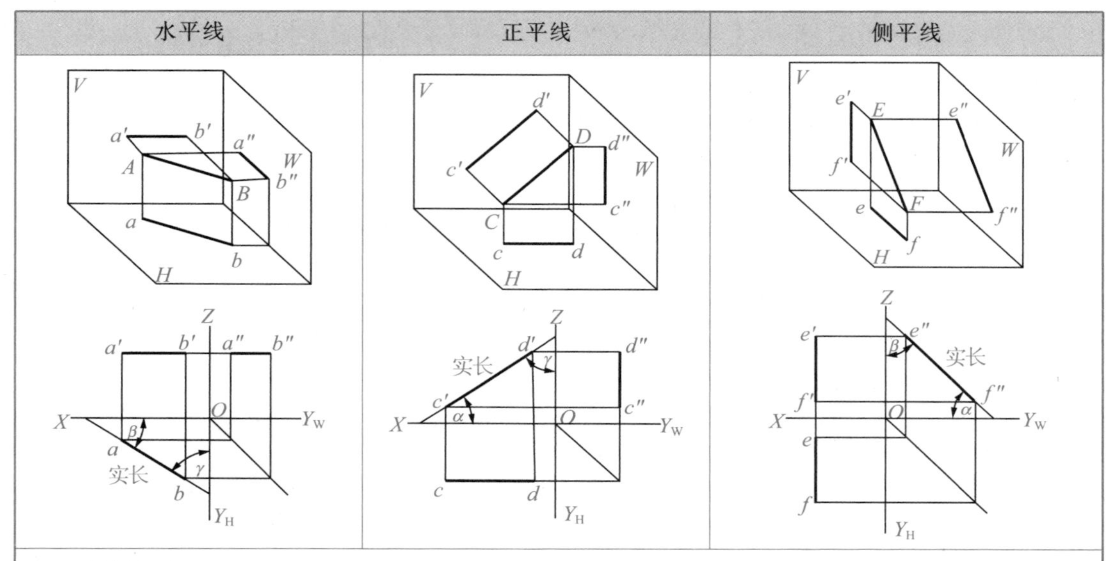

投影特征：

1. 投影面平行线的三个投影都是直线，其中在与直线平行的投影面上的投影反映线段实长，而且与投影轴倾斜，与投影轴的夹角等于直线对另外两个投影面的实际倾角。

2. 另外两个投影都短于线段实长，且分别平行于相应的投影轴，其到投影轴的距离，反映空间线段到线段实长投影所在投影面的真实距离。

(2)投影面垂直线

只垂直于一个投影面，而与另外两个投影面平行的直线，称为投影面垂直线。投影面垂直线可分为以下三种：

1)正垂线：垂直于 V 面，平行于 H、W 两投影面。

2)铅垂线：垂直于 H 面，平行于 V、W 两投影面。

3)侧垂线：垂直于 W 面，平行于 V、H 两投影面。

投影面垂直线的投影特性见表 2-2 所示。

表 2-2　投影面垂直线的投影特性

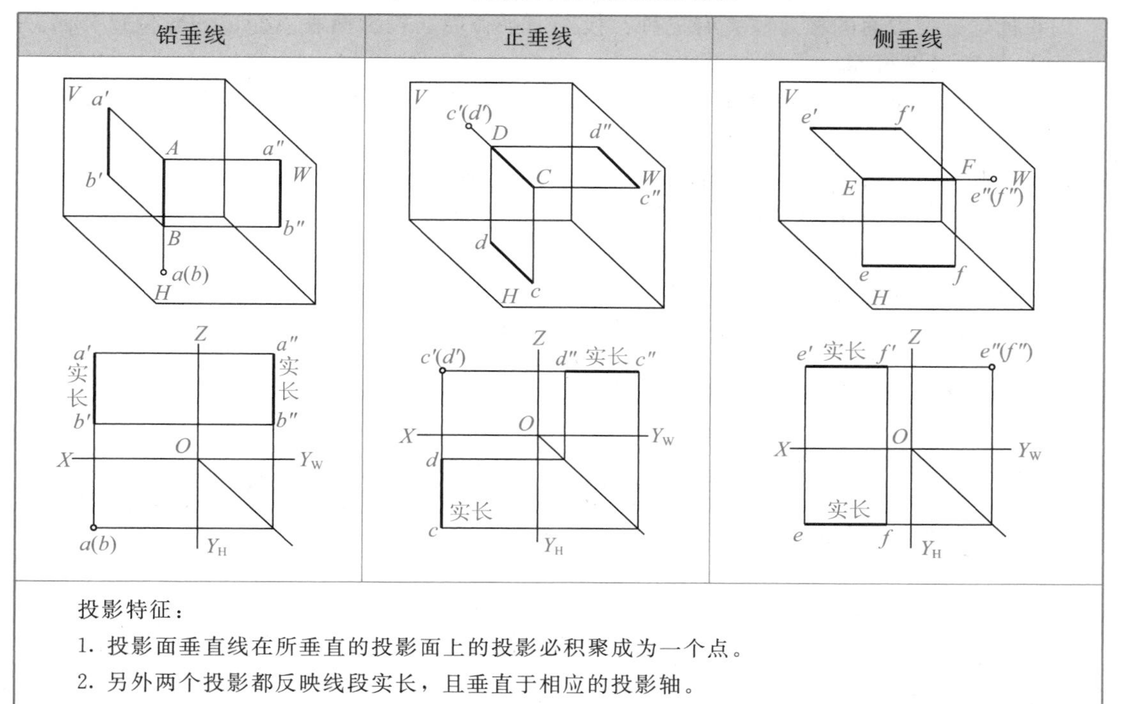

铅垂线	正垂线	侧垂线
实长	实长	实长

投影特征：

1. 投影面垂直线在所垂直的投影面上的投影必积聚成为一个点。
2. 另外两个投影都反映线段实长，且垂直于相应的投影轴。

（3）一般位置直线

与三个投影面都倾斜的直线称为一般位置直线。如图 2-30 所示，展开后如图 2-31 所示。

一般位置直线

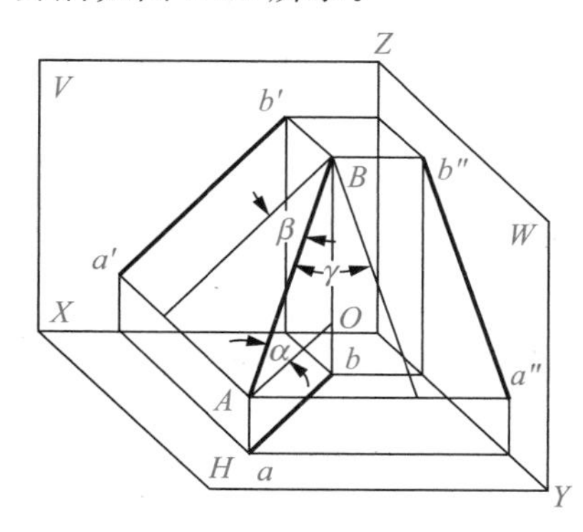

图 2-30　一般位置直线

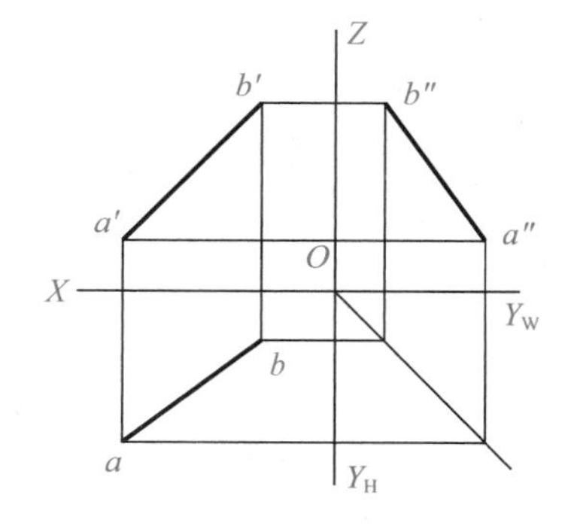

图 2-31　一般位置直线的投影

一般位置直线的投影特性有以下两点：

1）三个投影均不反映实长。

2）三个投影均对投影轴倾斜，并且直线的投影与投影轴之间的夹角不反映空间直线对投影面的倾角。

3. 平面的投影

平面与三投影面的相对位置有三种：投影面平行面、投影面垂直面、一般位置平面。

(1)投影面平行面

平行于一个投影面，垂直于另外两个投影面的平面，称为投影面平行面。投影面平行面分为以下三种。

1)正平面：平行于 V 面，垂直于 H、W 两投影面。

2)水平面：平行于 H 面，垂直于 V、W 两投影面。

3)侧平面：平行于 W 面，垂直于 H、V 两投影面。

投影面平行面的投影特性见表 2-3 所示。

表 2-3　投影面平行面的投影特征

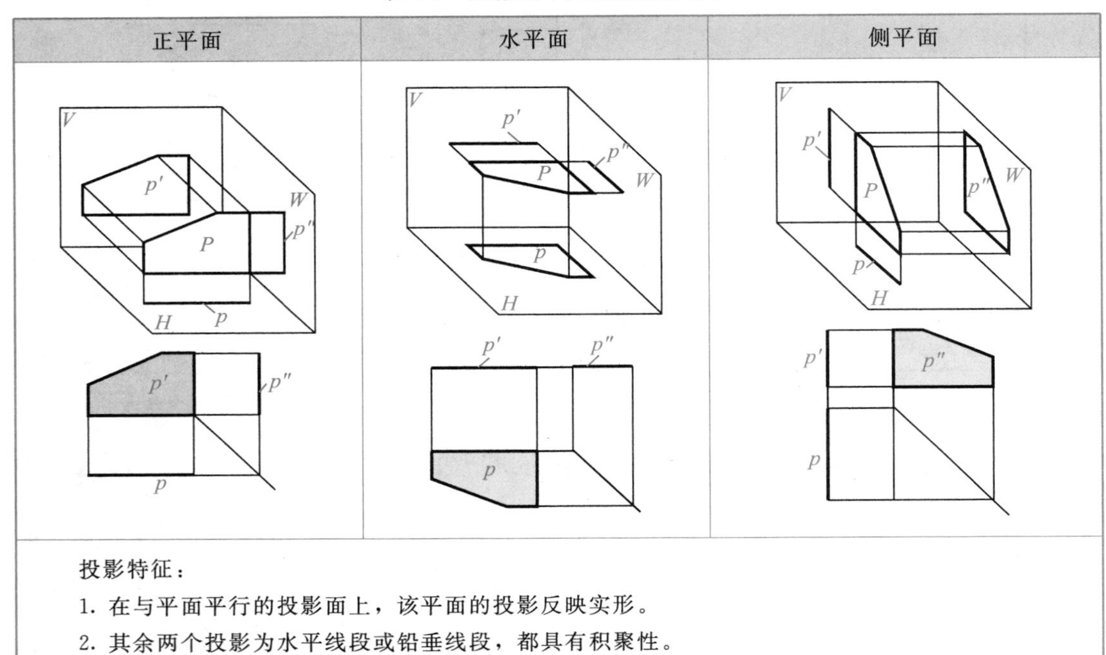

正平面	水平面	侧平面
投影特征： 1. 在与平面平行的投影面上，该平面的投影反映实形。 2. 其余两个投影为水平线段或铅垂线段，都具有积聚性。		

(2)投影面垂直面

只垂直于一个投影面，而倾斜于另外两个投影面的平面，称为投影面垂直面。投影面垂直面分为以下三种。

1)正垂面：垂直于 V 面，倾斜于 H、W 两投影面。

2)铅垂面：垂直于 H 面，倾斜于 V、W 两投影面。

3)侧垂面：垂直于 W 面，倾斜于 V、H 两投影面。

投影面垂直面的投影特征见表 2-4 所示。

表 2-4　投影面垂直面的投影特征

正垂面	铅垂面	侧垂面
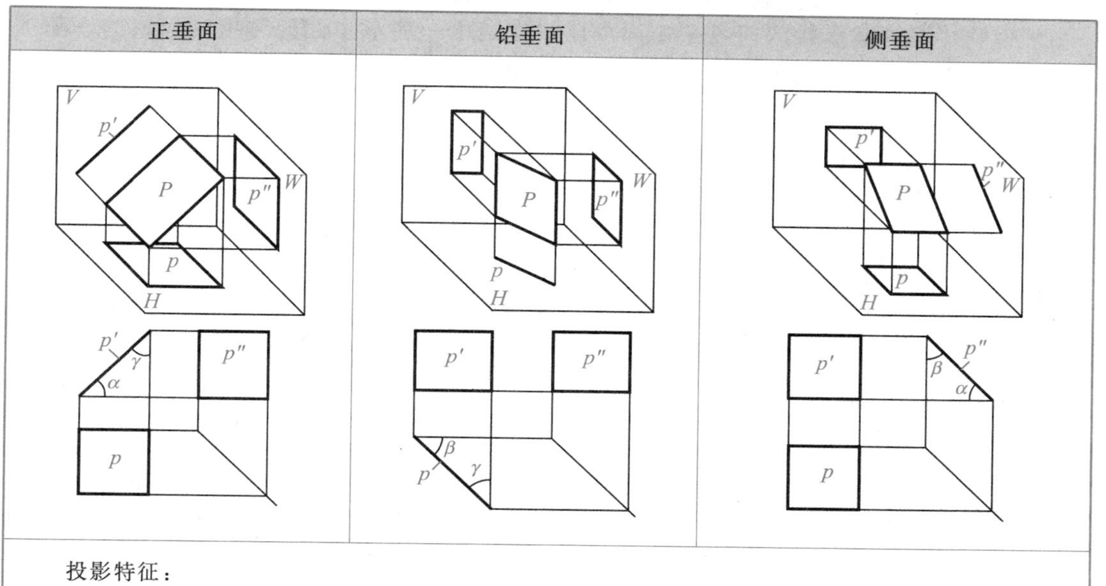		
投影特征： 1. 在与平面垂直的投影面上，该平面的投影为一倾斜线段，有积聚性，且反映与另两个投影面的倾角。 2. 其余两个投影都是缩小的类似形。		

(3)一般位置平面

与三个投影面都倾斜的平面称为一般位置平面，如图 2-32 所示，展开后如图 2-33 所示。

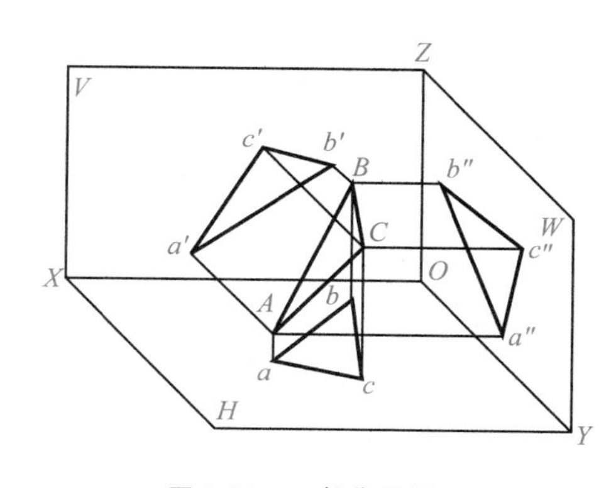

图 2-32　一般位置平面

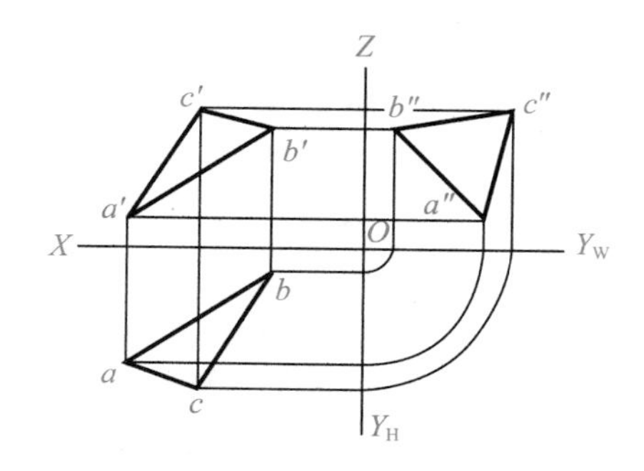

图 2-33　一般位置平面的投影

一般位置平面的投影特性是：在三个投影面上的投影均为原平面的类似形，面积缩小，不反映真实形状。

实践操作

任何物体不管其形状如何复杂，都可以看作是由一些基本几何体组合而成的。基本几何体包括平面体和曲面体两大类。平面体的每个表面都是平面，如棱锥、棱柱、棱台等；曲面体至少有一个表面是曲面，如圆柱、圆锥、球等。下面我们以正三棱锥为例讲解基本几何体三视图的绘制及表面取点的方法。

1. 绘制正三棱锥的三视图

(1)分析三棱锥的形状

三棱锥是由四个平面、六条直线、四个点组成，如图 2-34 所示。

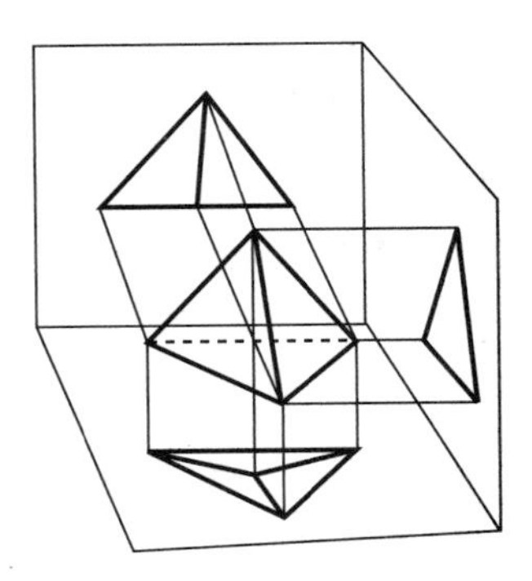

图 2-34　三棱锥的投影

(2)绘制正三棱锥的三视图

具体作图步骤如下：

1)作正三棱锥的对称中心线和底面基线，确定各视图的位置，如图 2-35(a)所示。

2)先画能反映主要形状特征的视图，即俯视图的正三角形，顶点、棱边的投影，如图 2-35(b)所示。

3)根据正三棱锥的高度及投影关系(长对正)画出主视图，如图 2-35(c)所示。

4)按照投影规律(高平齐、宽相等)画出左视图，如图 2-35(d)所示。

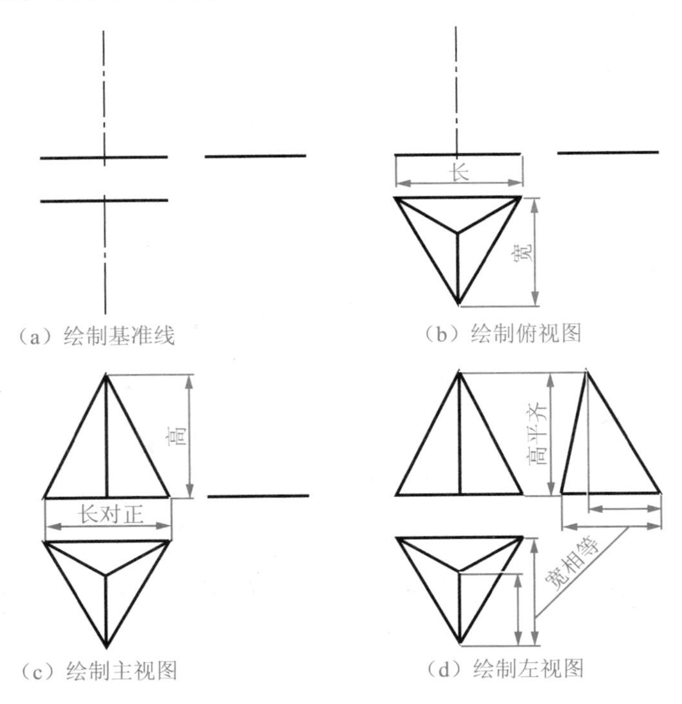

图 2-35　正三棱锥的画法

2. 求正三棱锥表面上点的投影

(1)点的投影分析

三棱锥表面上的点，可根据点的投影规律或通过作辅助线的方法求得。凡是特殊位置表面上的点，其投影可利用平面投影的积聚性直接求得；属于一般位置表面上的点的投影，可通过在该面上作辅助线的方法求得。

(2)作图过程

如图 2-36(a)所示，已知三棱锥左前面上一点 M 的 V 面投影 m'，求其余的两面投影 m 和 m''。

由于点 M 所在表面△SAB 为一般位置平面，因此，要用作辅助线法作图，如图 2-36(b)所示。

1)连接 $s'm'$并延长交 $a'b'$于 d'，得辅助线 SD 的 V 面投影 $s'd'$。

2)求出 SD 的 H 面投影 sd，则 m 必在 sd 上，根据“长对正”，由 m'求出 m。

3)点 M 的 W 面投影 m''，可通过 $s''d''$求得，也可由 m 和 m'直接求得。

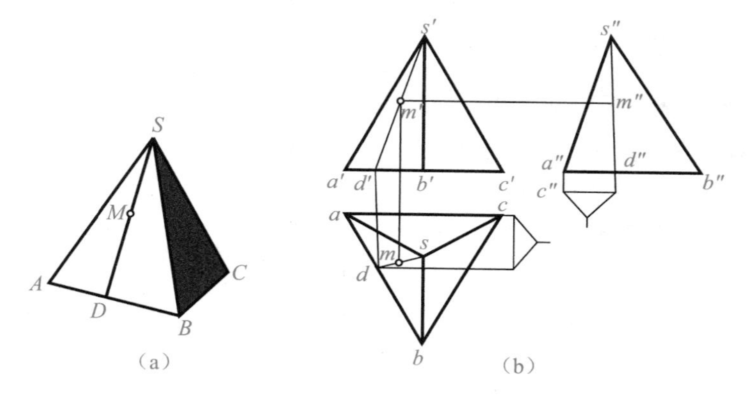

图 2-36　三棱锥表面取点(一)

另一种辅助线作图方法如图 2-37 所示，过点 M 作 AB 的平行线 ME。其作图步骤如下。

1)过 m'作 $a'b'$的平行线 $m'e'$，交 $s'a'$于 e'。

2)再求出辅助线 ME 上点 E 的 H 面投影 e，由于 $em /\!/ ab$可求得点 M 的 H 面投影。

3)然后由 m'和 m 求得点 M 的 W 面投影 m''。

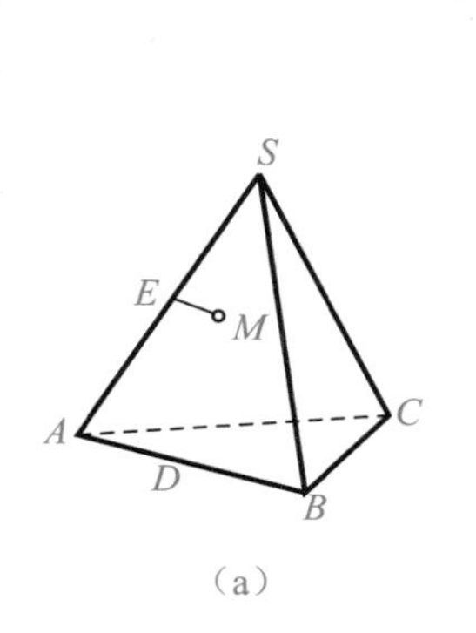

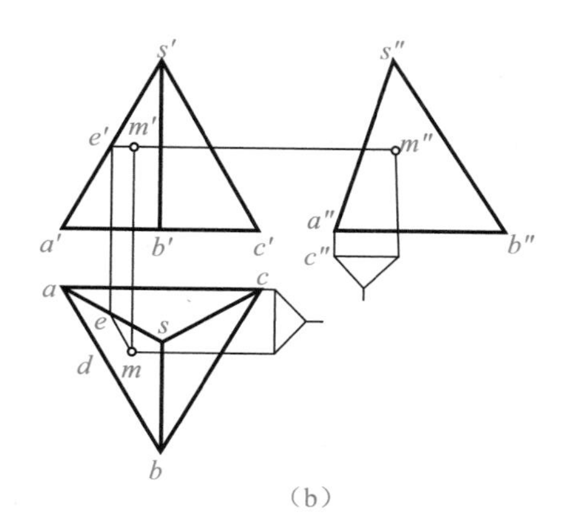

图 2-37　三棱锥表面取点(二)

操作训练

先画出图 2-38 中正五棱锥的左视图，然后求棱面上两点 E、F 的另两面投影。

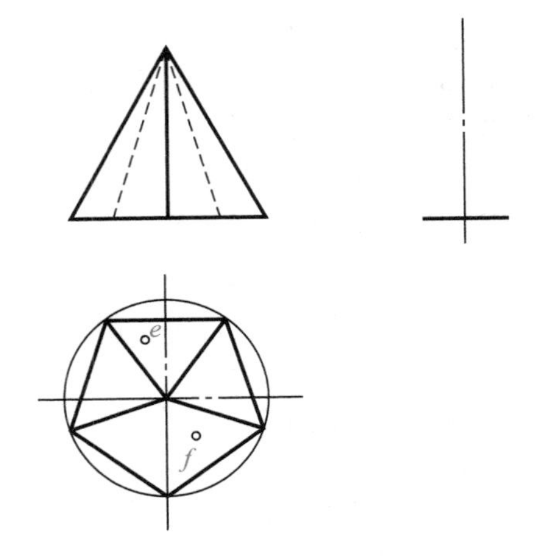

图 2-38　正五棱锥

思考与练习

1)点的投影与点的空间位置及直角坐标三者之间是什么关系？

2)在投影图中怎样判定空间两点的相对位置关系？

3)直线在空间的位置有哪几种？其投影有什么特点？

4)平面在空间的位置有哪几种？其投影有什么特点？

5)画出图 2-39 中正四棱台的俯视图，求其表面上两点 G、H 的三面投影。

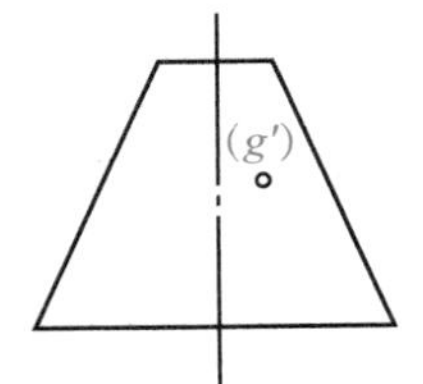

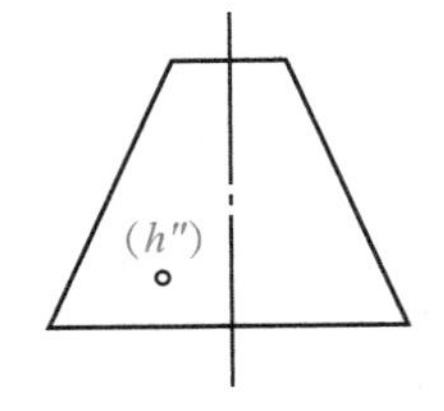

图 2-39　正四棱台

任务检测

"三棱锥的投影与表面取点"知识自我检测评分表

项目	考核要求	配分	评分细则	评分记录
点的投影	掌握点的三面投影和规律，理解点的投影和该点直角坐标的关系	30分	能正确理解、判定＋15分；能正确作图＋15分	
直线的投影	熟悉直线的三面投影，掌握特殊位置直线的投影特性	10分	能正确判定＋5分；能正确作图＋5分	
平面的投影	熟悉平面的三面投影，掌握特殊位置平面的投影特性	10分	能正确判定＋5分；能正确作图＋5分	
绘制正三棱锥的三视图	能正确绘制三棱锥的三视图，熟悉基本体表面上求点的方法	40分	能正确绘制三视图＋30分；能在基本体表面上求点＋10分	
规范作图	按国标要求规范绘图	10分	尺规使用正确、规范＋5分；线型、图面＋5分	

项目 2　物体的视图表达

知识目标

1. 熟悉棱柱、圆柱、圆锥和球的视图画法。
2. 理解组合体的组合形式和画法，熟悉形体分析法。
3. 掌握识读和标注组合体的尺寸的方法。
4. 掌握读组合体视图的方法和步骤。
5. 了解正等轴测图的画法。

技能目标

1. 掌握组合体三视图的画法。
2. 能识读和标注简单组合体的尺寸。
3. 掌握读组合体视图的方法和步骤。
4. 能画出简单形体的正等轴测图。

任务1　绘制正六棱柱的三视图

任务描述

棱柱是生活中常见的几何形体，本任务我们在复习正多边形画法的基础上，通过正五棱柱投影作图方法的学习，学习绘制如图 2-40 所示正六棱柱的三视图。

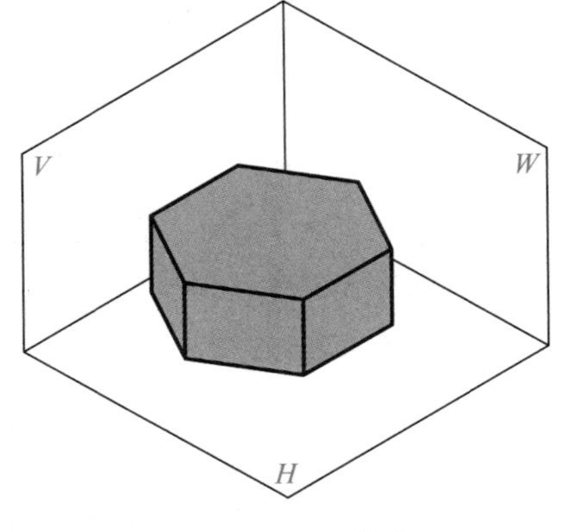

图 2-40　正六棱柱

知识链接

1. 棱柱

棱柱是较为简单的一种平面几何体。在生产实际中，含棱柱形结构的零件极为常见，形体的形状多样，如图 2-41 所示即为一些棱柱结构的应用实例。

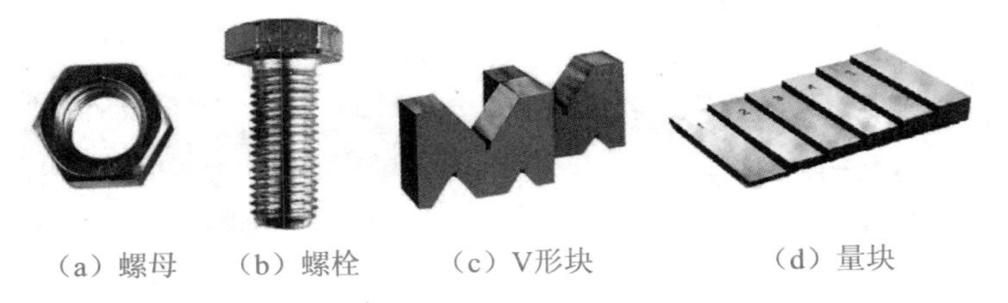

图 2-41　棱柱结构的应用实例

(1)棱柱的定义

有两个表面互相平行，其余各面都是四边形，并且每相邻两个四边形的公共边都互相平行，由这些平面所围成的几何体叫作棱柱。如图 2-42 所示，棱柱是由底面、侧面和侧棱三部分组成。

1)棱柱的底面：指棱柱中两个互相平行的表面。

2)棱柱的侧面：指棱柱中除两个底面以外的其余各表面。

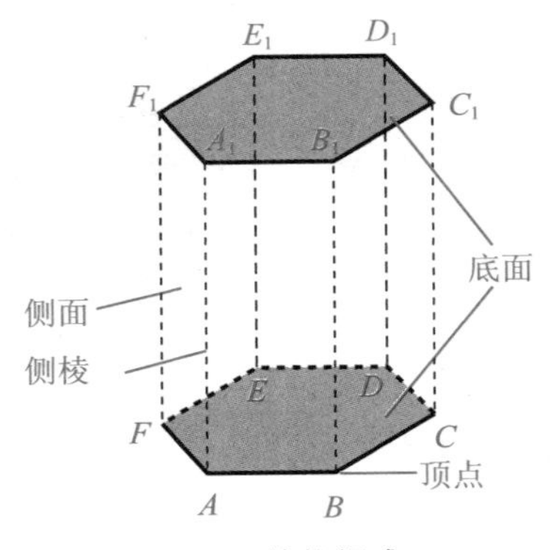

图 2-42　棱柱组成

和棱 2 挡住，不可见，省略不画。(3)由左向右投影，棱 2(棱 1)和棱 4(棱 5)分别为最前端和最后端轮廓线；上底面和下底面分别为最上端和最下端(积聚性)轮廓线。所以，左视图是一个宽为棱 2 和棱 4 的间距、高为棱长的长方形。由于左方的棱 3 恰好挡住右方的棱 6，棱 3 可见，棱 6 不可见，仅用粗实线表示棱 3 即可。

2. 绘制六棱柱的三视图

根据上述投影分析，我们可以得到如图 2-53 所示的正六棱柱三面投影，展开后如图 2-54所示。

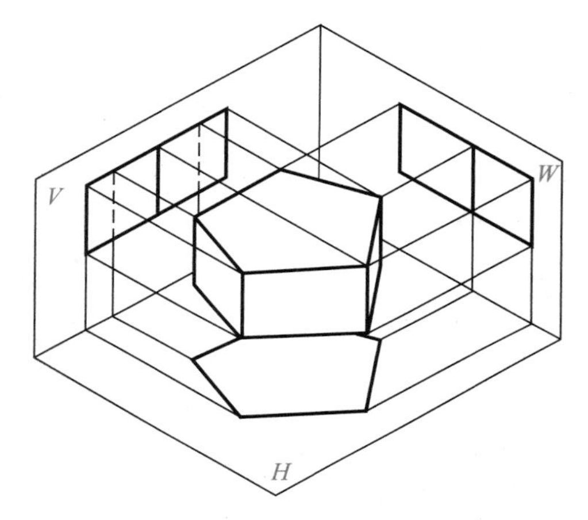

图 2-53　正六棱柱的三面投影

图 2-54　正六棱柱的三视图

其具体绘图步骤如下：

(1)作正六棱柱的对称中心线和底面基线，确定各视图的位置，如图 2-55(a)所示。

(2)先画能反映主要形状特征的视图，即俯视图的正六边形，如图 2-55(b)所示。

(3)根据正六棱柱的高度及投影关系(长对正、高平齐、宽相等)画出主视图和左视图，如图 2-55(c)所示。

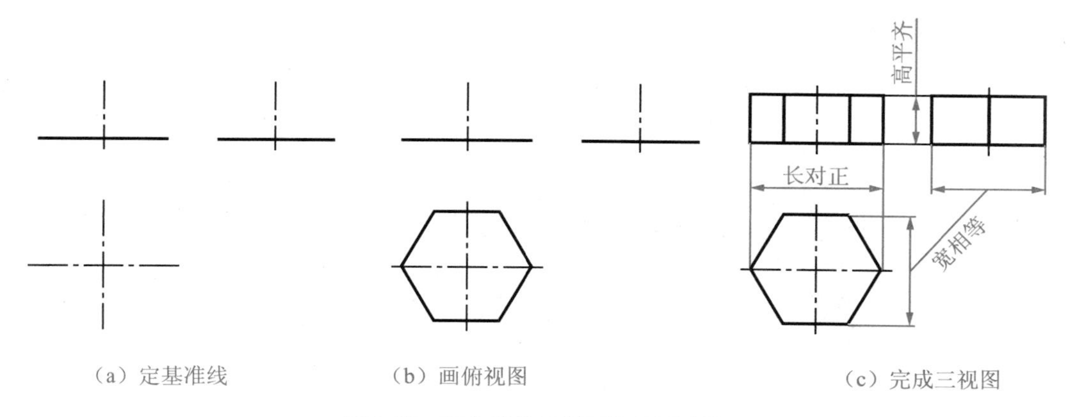

(a) 定基准线　(b) 画俯视图　(c) 完成三视图

图 2-55　正六棱柱三视图的绘图步骤

小提示：画图和读图时，要分清楚三视图所表示的方位关系。应着重指出的是，在俯、左视图上，远离主视图的一方均表示物体的前方。

操作训练

绘制正八棱柱的三视图。

思考与练习

1)正六棱柱一共有__________个面、__________条边和__________个点。

2)正六棱柱各体素在三视图上的表现形式分别是什么?

3)绘制正六棱柱三视图时应注意哪些问题?

4)在图 2-52 中标出各棱的投影。

任务检测

"绘制正棱柱的三视图"知识自我检测评分表

项目	考核要求	配分	评分细则	评分记录
绘制正五棱柱三视图	能正确进行投影分析及绘图	20 分	分析正确＋10 分；绘图正确＋10分	
绘制正六棱柱三视图	能正确进行投影分析及绘图，能正确说出方位关系	40 分	分析正确＋10 分；绘图正确＋20分；方位描述正确＋10 分	
绘制正八棱柱三视图	能正确进行投影分析及绘图	30 分	分析正确＋10 分；绘图正确＋20分	
规范绘图	按国标要求规范绘图	10 分	尺规使用正确、规范＋5 分；线型、图面＋5 分	

任务 2　绘制圆柱的三视图

任务描述

在生产实际中，圆柱形的零件极为常见，如图 2-56 所示为机械行业中常见的各种轴套类零件。

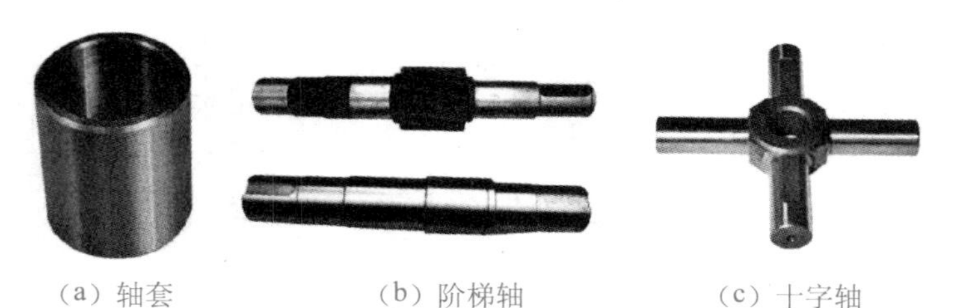

(a) 轴套　(b) 阶梯轴　(c) 十字轴

图 2-56　圆柱结构的应用实例

知识链接

表面既有平面又有曲面或全部是曲面的立体称为曲面立体。曲面立体中，表面是平面和回转面或全部是回转面的曲面立体称为回转体，它是工程上最常见的曲面立体，如圆柱、圆锥、球、圆环等。

回转体：由回转面或回转面与平面组成。

回转面：由一根动线(曲线或直线)绕一固定轴线旋转一周所形成的曲面。

母线：运动的线(直线或曲线)。

轴线：不动的线。

素线：母线位于回转面任一位置时的线。

回转面用转向轮廓线表示。转向轮廓线是与曲面相切的投射线与投影面的交点所组成的线段，如图 2-57 所示。

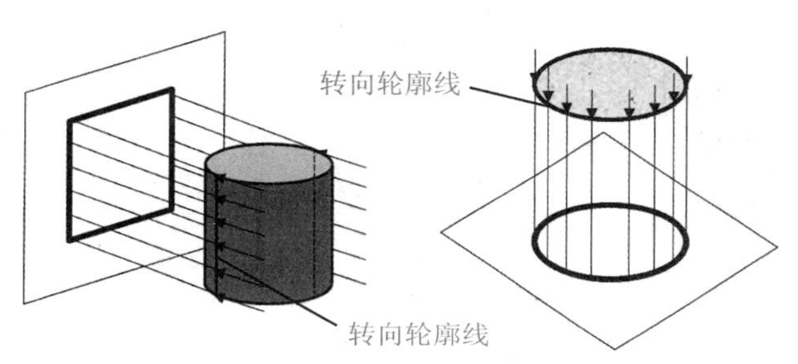

图 2-57 回转体的转向轮廓线

1. 圆柱

(1)圆柱的形成

圆柱体由两个互相平行且相等的圆平面和一个圆柱面组成。

圆柱面的形成：圆柱面可看作是由一条直线(母线)绕与它平行的轴线回转一周而成，如图 2-58 所示。

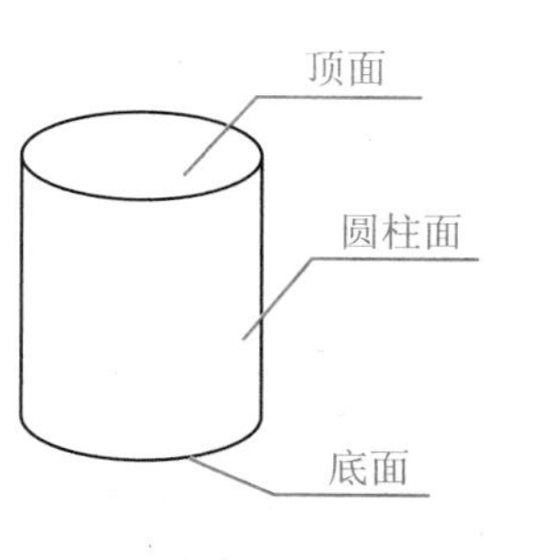

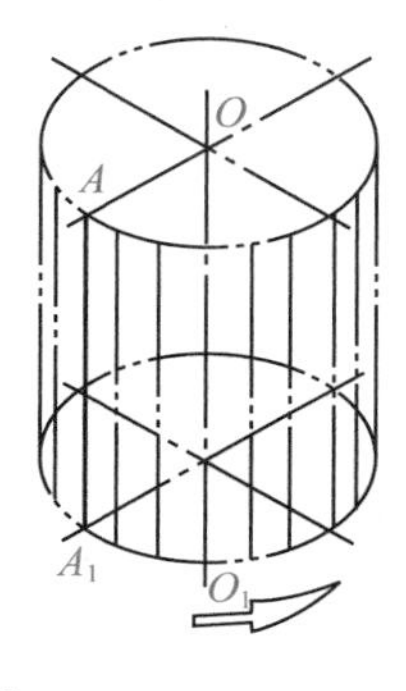

图 2-58 圆柱形成

(2)圆柱的投影

如图 2-59 所示，圆柱的轴线垂直于 H 面，圆柱顶面、底面为水平面。

水平投影：圆，反映上下底面的实形，且是圆柱回转面的积聚投影。

正面投影：矩形线框，其上下边反映上、下底面的积聚投影，左、右边是圆柱面的最左、最右素线的投影。

侧面投影：矩形线框，其各边分别代表上、下底面的积聚投影与圆柱面的最前、最后素线的投影。

规定：回转体对某投影面的转向轮廓线，只能在该投影面上画出，而在其他投影面上则不再画出。

(3)表面取点

圆柱的三视图

圆柱表面上的点有两种情况：在转向轮廓线上和在面上。均可先在有积聚性投影中作出，进而求出点的各面投影，如图 2-59(c)所示。若点在转向轮廓线上，还可直接画出。

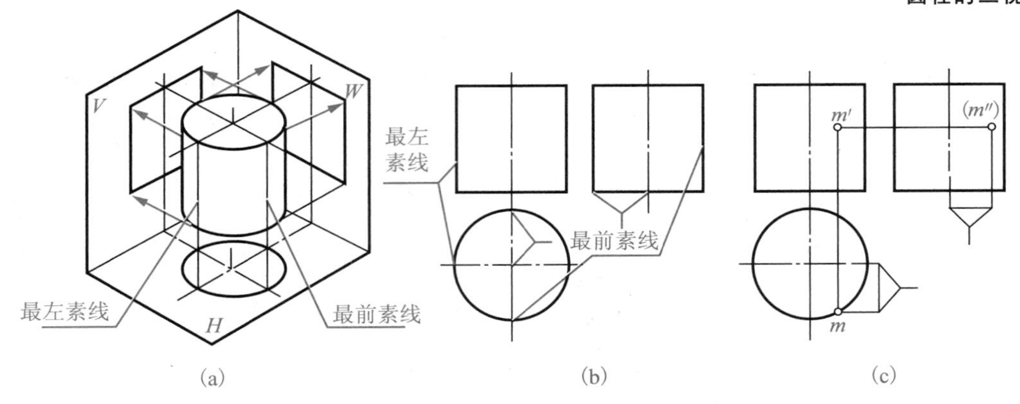

图 2-59　圆柱的三视图

2. 圆锥

(1)圆锥的形成

圆锥体的表面是圆锥面和圆形底面。

圆锥面的形成：圆锥面可看作是由一条直线绕与它相交的轴线回转一周而成，如图 2-60所示。

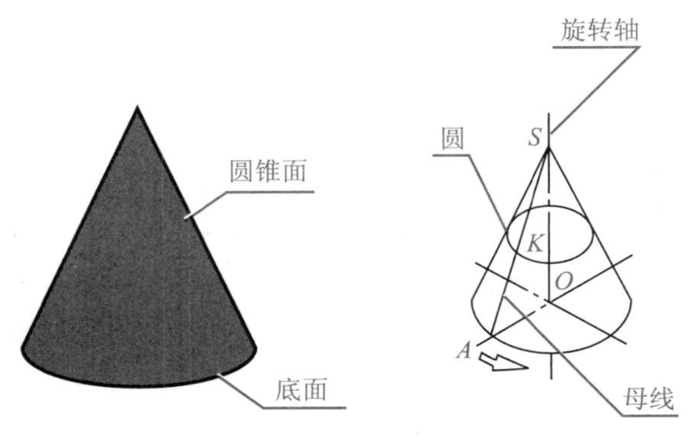

图 2-60　圆锥的形成

(2)圆锥的投影

如图 2-61 所示圆锥，其轴线为铅垂线。

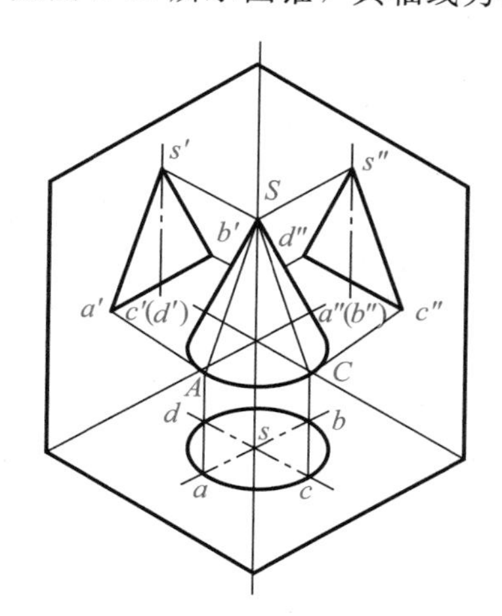

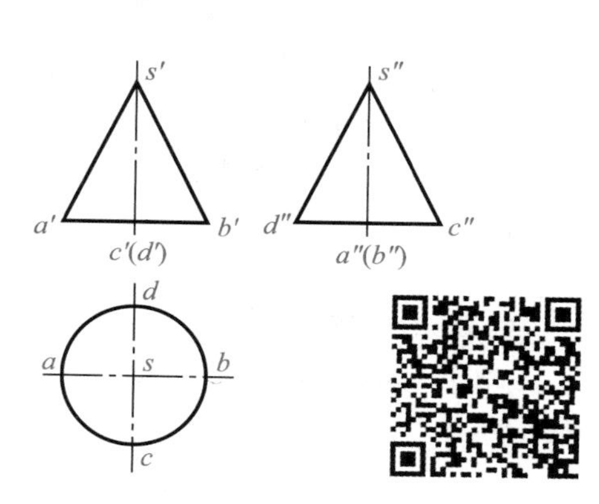

图 2-61　圆锥的三视图

正面投影：等腰三角形，是锥面的投影，两腰分别是左、右两轮廓素线的投影，底边是底圆的投影。水平投影：圆，反映圆锥底面的实形，同时也表示圆锥面的投影。侧面投影：等腰三角形，分别表示锥面、前、后两轮廓素线及底圆的投影。

(3)表面取点

圆锥表面上的点有两种情况：在转向轮廓线上和在圆锥面上。对于在转向轮廓线上的点，先找出点所在轮廓线的三面投影，根据从属性就可以直接求出点的各个投影。求作圆锥面上的点有以下两种作辅助线的方法：

1)素线法：因为圆锥面由直母线形成，素线都是过锥顶的直线。如图 2-62(b)所示，过锥顶 S 和 M 作一直线 S Ⅰ，与底面交于点Ⅰ。即过 m' 作 $s'1'$，然后求出其水平投影 $s1$。根据点在直线上的从属性质可知 m 必在 $s1$ 上的水平投影上，由 m' 向下引垂线与 $s1$ 相交得 m，再根据 m、m' 可求出 m''。

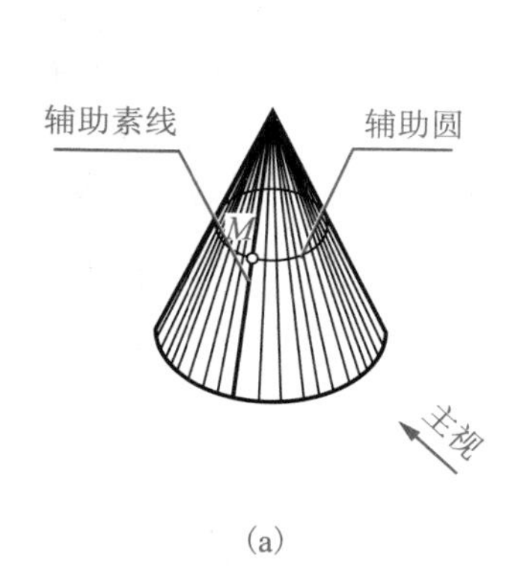

(a)

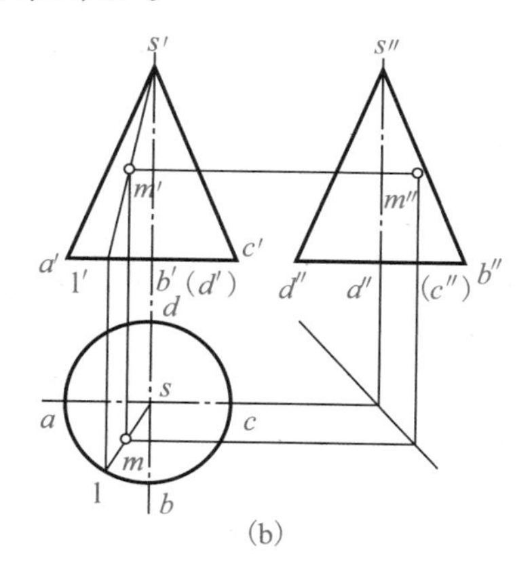

(b)

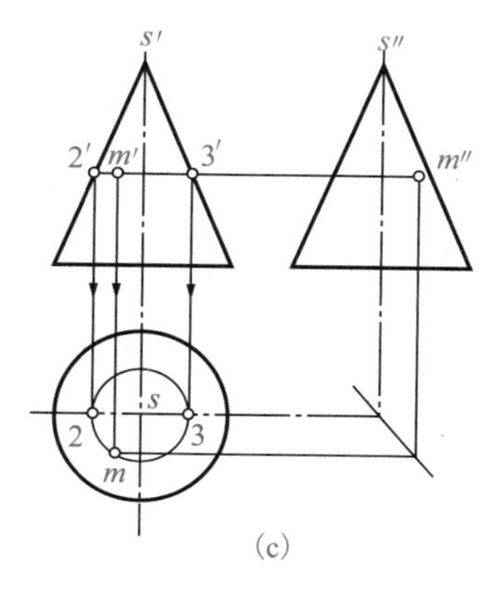

(c)

图 2-62　用辅助线法在圆锥面上取点

2)纬圆法：过已知点作辅助线——纬圆，由于纬圆所在平面垂直于轴线，其半径是转向轮廓线上的点到轴线距离，确定出纬圆的半径和圆心，在俯视图上画出纬圆，按投影关系找出已知点在纬圆上的位置，最后作出已知点的另一投影。如图 2-62(c)所示，过 m' 作水平线 $2'3'$，此为辅助圆的正面投影积聚线。辅助圆的水平投影为直径等于 23 的圆，圆心为 s，由 m' 向下引垂线与辅助圆相交，且根据点 M 的可见性，即可求出 m 。然后再由 m' 和 m 就可求出 m''。

圆锥台表面上点的求作方法与圆锥表面上求作点的方法相同。

3. 球

(1)球的形成

如图 2-63 所示，球的表面可以看作是以一个圆为母线，绕其自身的直径(即轴线)旋转而成。

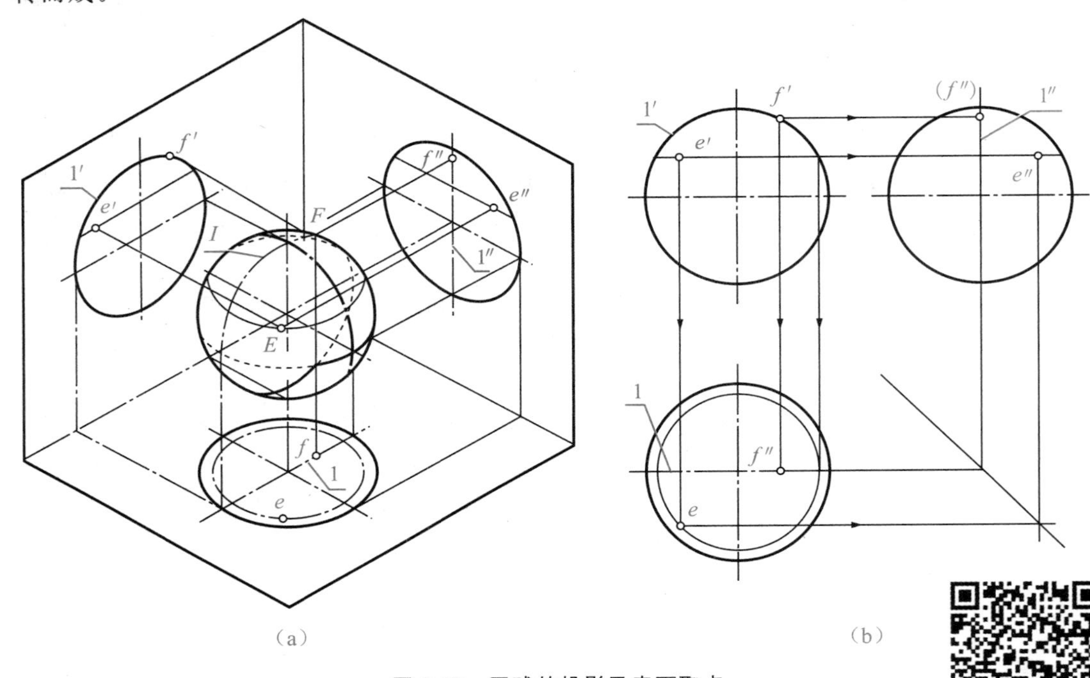

图 2-63　圆球的投影及表面取点

圆球的投影

(2)球的投影

都是与球直径相等的圆，分别是球的三个投影的转向轮廓线，也是球面上平行于三个投影面的最大圆的投影，如图 2-63 所示。

正面投影——是前半球和后半球平行于正面的大圆的投影，它是球面正面投影可见与不可见部分的分界线。大圆的水平投影侧面投影不再处于投影的轮廓位置，而在相应的对称中心线上，不应画出。

水平投影——是上半球与下半球平行于水平投影面的大圆的投影。

侧面投影——是左半球与右半球平行于侧立投影面的大圆的投影。

(3)表面取点

圆球面的投影没有积聚性，求作其表面上点的投影需采用辅助圆法，即过该点在球面上作一个平行于任一投影面的辅助圆，如图 2-63(b)所示，在主视图中过 e'点作水平线(水平辅助圆)，水平线的俯视图为圆，E 点在水平圆上，按长对正的关系就得到 e 点。通常在球表面上作辅助圆有三种(正平圆、水平圆、侧平圆)，三种辅助圆求出的点的投影结果是一样的。请读者自行分析并熟练运用。

实践操作

如图 2-64 所示圆柱的三视图作图步骤如下：

(1)画出轴线和中心线，如图 2-64(a)所示。

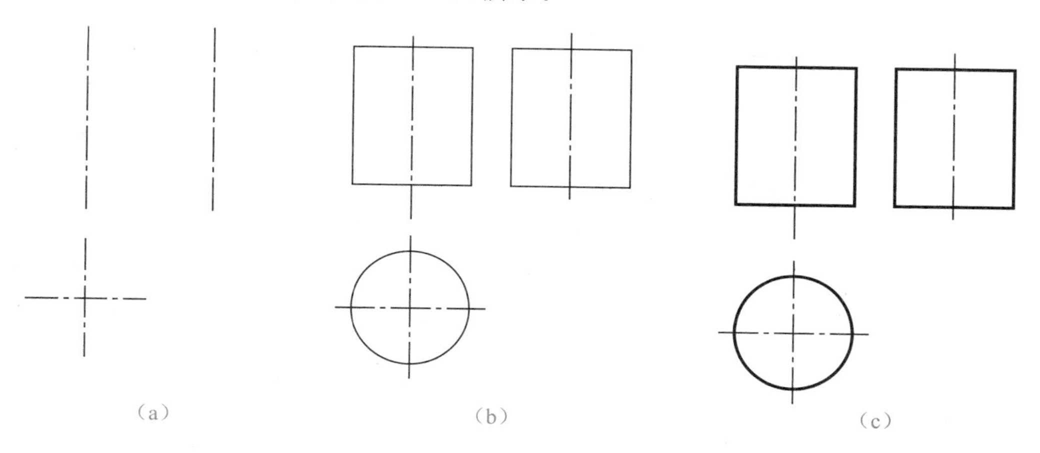

图 2-64　圆柱三视图的画图步骤

(2)先画出投影为圆的俯视图，然后以中心线和轴线为基准，根据投影的对应关系画出其余两个投影图，即两个全等的矩形，如图 2-64(b)所示。

(3)完成全图，如图 2-64(c)所示。

操作训练

试绘制圆锥和球的三视图。

思考与练习

1)什么叫回转面和回转体？试述圆柱、圆锥、圆球的母线形状，并说明这些体的表面是怎样形成的？

2)何谓对称中心线、轴线、圆的中心线？在视图中画出这些线起什么作用？

3)根据基本几何体的两个视图，补画第三个视图，并作出该基本体表面上一已知点的其他两个投影，如图 2-65 所示。

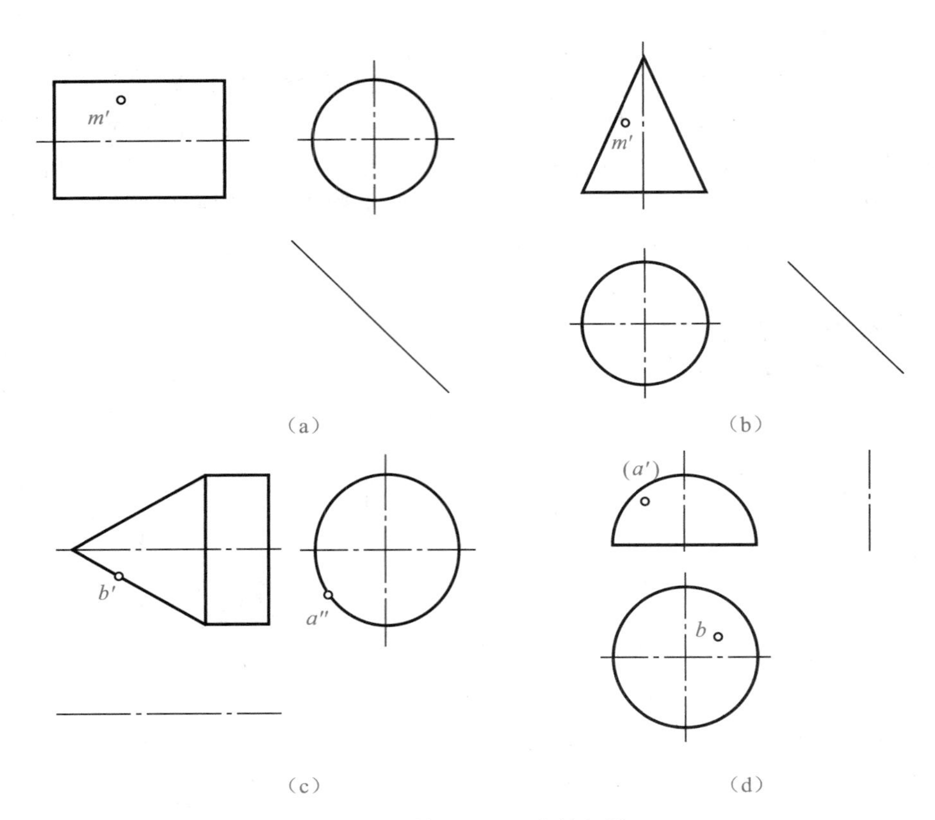

图 2-65　补画视图和点的投影

4）背诵圆柱、圆锥、圆球的三视图。根据三视图推测实体是什么回转体。

任务检测

“绘制圆柱的三视图”知识自我检测评分表

项目	考核要求	配分	评分细则	评分记录
绘制圆柱三视图	了解圆柱的形成，能绘制圆柱的三视图	30 分	描述准确＋10 分；视图正确无误＋20 分	
绘制圆锥三视图	了解圆锥的形成，能绘制圆锥的三视图	20 分	描述准确＋5 分；视图正确无误＋15 分	
绘制球的三视图	了解球的形成，能绘制球的三视图	20 分	描述准确＋5 分；视图正确无误＋15 分	
回转体表面上求点	熟悉圆柱、圆锥、球表面上求点的方法	20 分	方法描述准确＋5 分；作图正确＋15 分	
规范绘图	按国标要求规范绘图	10 分	图线规范＋5 分；图面＋5 分	

任务 3　绘制压块的三视图

如图 2-66 所示，生产实际中机械零件大多是由基本体切割而成的。本任务以图 2-67 所示的压块为例，学习基本体切割后三视图的画法。

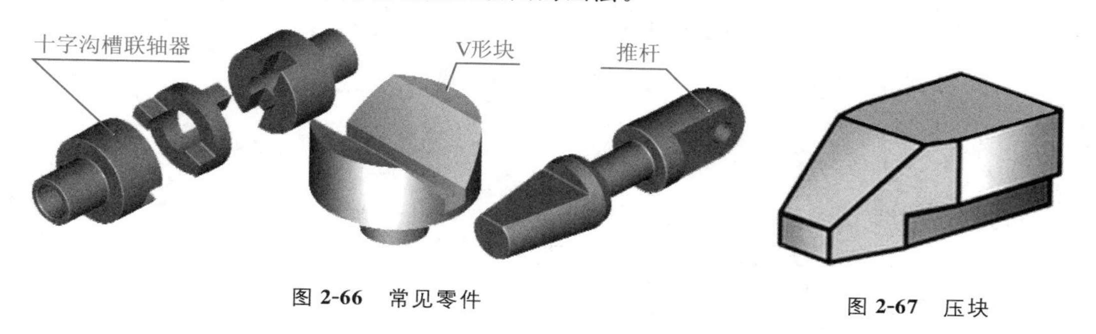

图 2-66　常见零件

图 2-67　压块

1. 截交线的概念

截切是指用一个平面与立体相交，截去立体的一部分。图 2-68 所示的棱柱，它们的表面都有被平面截切而形成的截交线。

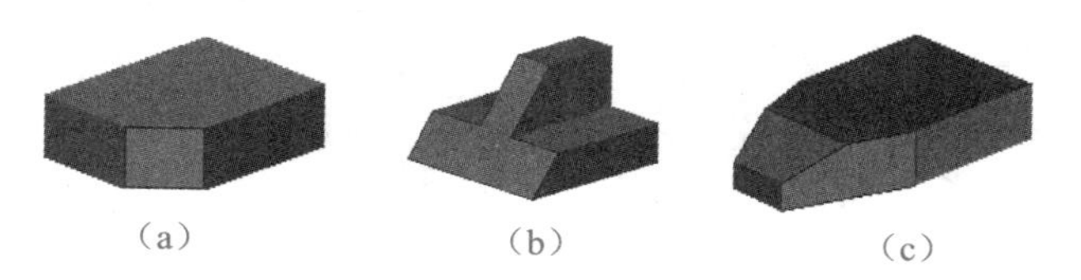

图 2-68　棱柱截切体

下面以图 2-69 所示三棱锥为例介绍相关概念。

1)截平面：用以截切物体的平面。

2)截交线：截平面与物体表面的交线(共有线)。

3)截断面：因截平面的截切，在物体上形成的平面。

4)截切体：被截平面截切之后的立体。

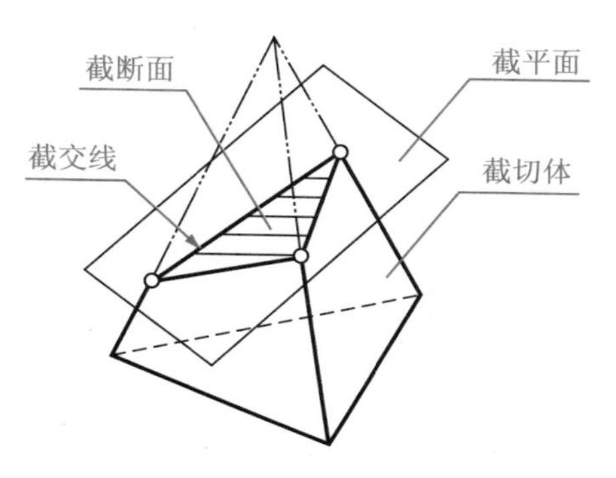

图 2-69　三棱锥截切体

2. 截交线的性质

1)截交线是截平面与立体表面的共有线，它既属于截平面，又属于立体表面。

2)截交线是封闭的平面图形。截交线的形状取决于几何体的表面性质及截平面相对几何体的位置。如图 2-70 所示，截交线的顶点是平面立体的棱线(或底边)与截平面的交点，它的边是截平面与平面立体表面的交线。

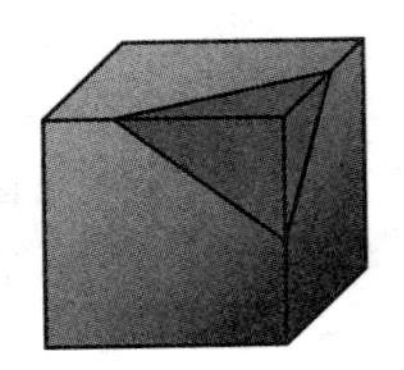
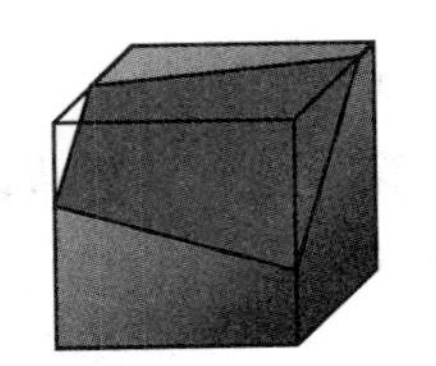
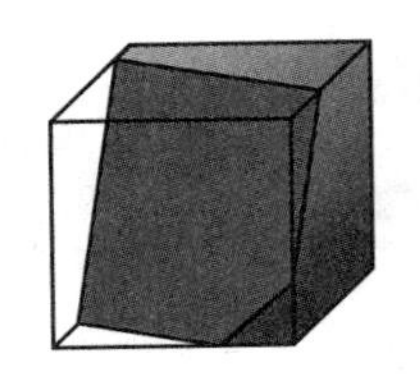
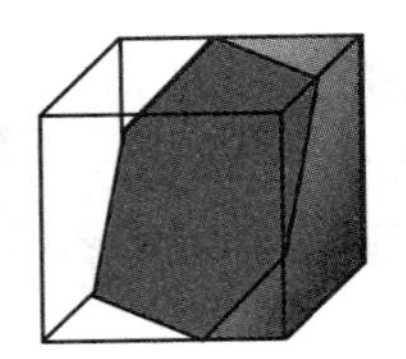

图 **2-70**　截交线形状

3. 平面立体的截交线及截切体的画法

平面立体的截交线是一个封闭的平面多边形，求其截交线的实质是求截平面与立体表面的共有点的投影。如图 2-71(a)所示的四棱锥截切体，求其截交线及立体投影的步骤如下：

1)投影分析，有以下 2 点：

①分析截平面与立体的相对位置，确定截交线形状。该正四棱锥被正垂面截切，截交线是一个四边形，四边形的顶点是四条棱线与截平面 P 的交点。

②分析截平面与投影面的相对位置，确定截交线的投影特性。由于正垂面 P 的正面投影具有积聚性，所以截交线的正面投影积聚在截平面 P 的正面投影上，$1'$，$2'$，$3'$，$4'$ 分别为四条棱线与截平面 P 的交点，如图 2-71(b)所示。

2)画出完整四棱锥的轮廓线。补充部分的线条用双点画线。

3)因截平面的正面投影具有积聚性，可直接求出截平面四边形各顶点的正面投影 $1'$，$2'$，$3'$，$4'$，如图 2-71(b)所示。

4)根据直线上点的投影特性，求出四边形各顶点的其余两面投影并判断其可见性。

5)依次连接各顶点的同面投影，描深，完成三视图，如图 2-71(c)所示。

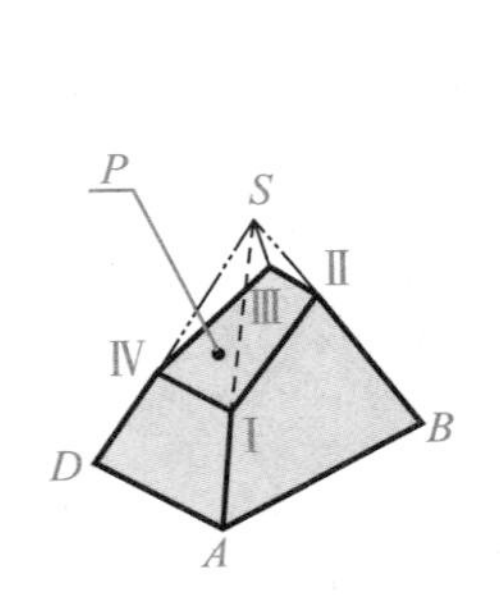

(a) 四棱锥截切体

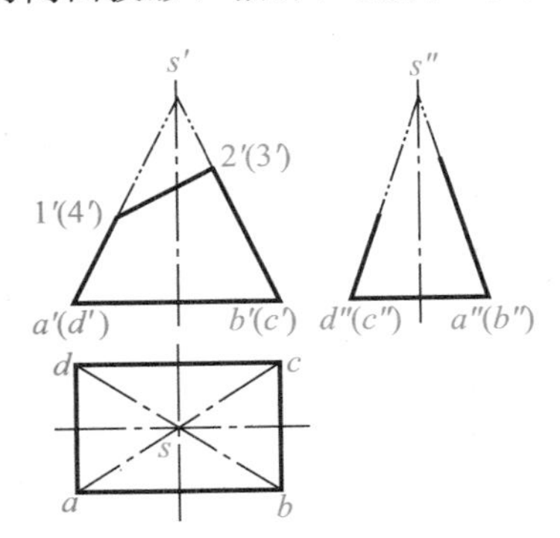

(b) 求四边形顶点的正面投影

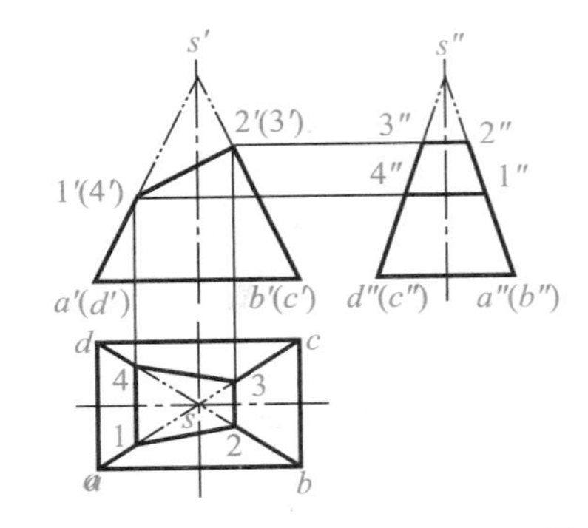

(c) 光滑连接各点，完成三视图

图 **2-71**　被平面截切的四棱锥截切体投影

4. 常见的圆柱截切体

圆柱的截交线根据截平面与圆柱轴线的相对位置不同，截交线有三种形状，如表 2-5 所示。

表 2-5　常见的圆柱截切体

类别	立体图	投影图	截交线的形状	截平面的位置
1	 P	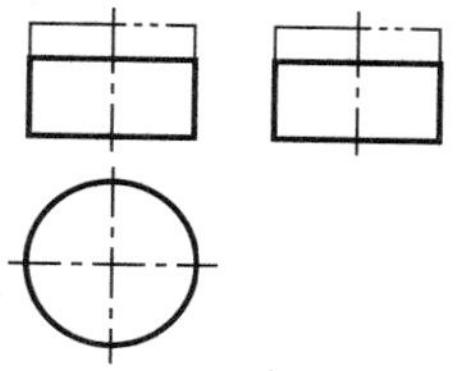	圆	垂直于轴线 $\theta=90^\circ$
2	 P	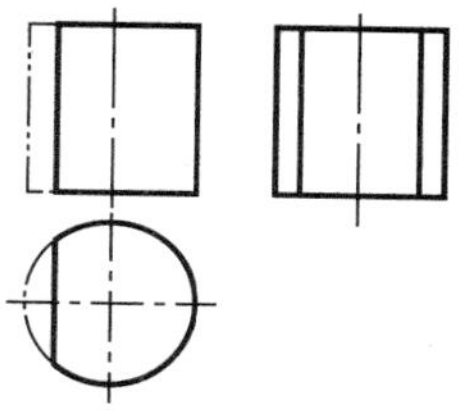	矩形	平行于 轴线
3	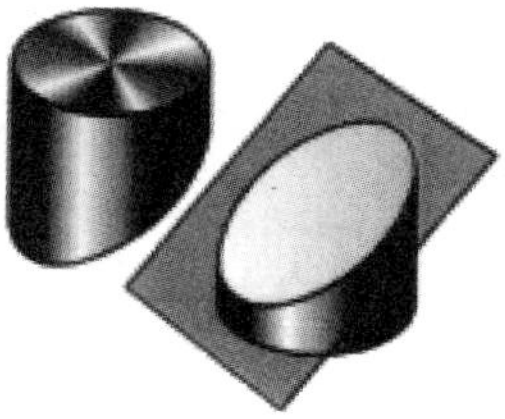	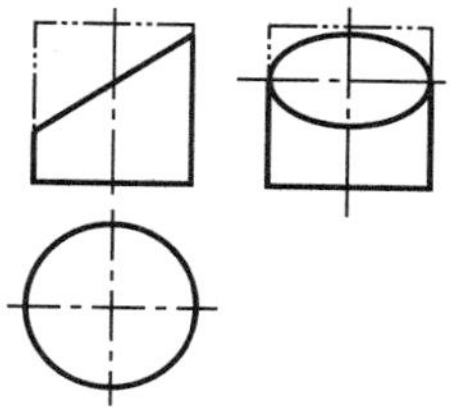	椭圆	倾斜于 轴线

如图 2-72 所示圆柱截切体，求其截交线及立体投影的步骤如下。

1)投影分析：圆柱被正垂面截切，截交线是一个椭圆。椭圆的正面投影积聚为一斜直线段，水平投影与圆柱面的积聚投影重合为圆，侧面投影是一个椭圆。

2)画出完整圆柱的轮廓线。

3)求特殊位置点。特殊位置点指位于圆柱轮廓素线上的点和截交线上的极限位置点(最左、最右、最前、最后、最上、最下各点)。如图 2-70 所示，圆柱上Ⅰ、Ⅱ、Ⅲ、Ⅳ点为其轮廓要素上的点，也是最左、最右、最前、最后、最上、最下位置点。根据水平投影 1、2、3、4 和正面投影 $1'$、$2'$、$3'$、$4'$可求出侧面投影 $1''$、$2''$、$3''$、$4''$。

4)求一般位置点。为使作图准确，可在具有积聚性的正面投影上取重影点 $a'(b')$、$c'(d')$四点，利用“长对正、高平齐、宽相等”的“三等”关系，分别求出水平面投影 a、b、c、d 和侧面投影 a''、b''、c''、d''。

5)依次光滑连接各点的侧面投影，即得截交线椭圆的侧面投影。

6)描深，完成全图。

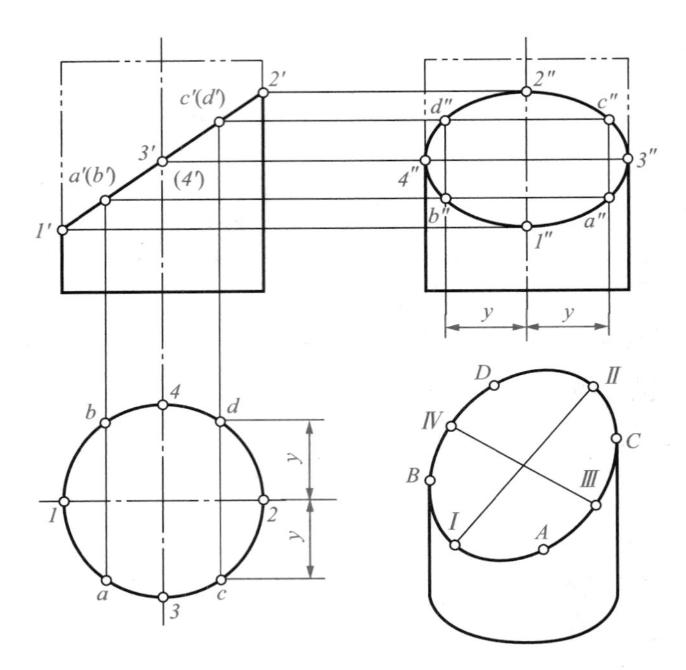

图 2-72　斜切圆柱截切体的投影

小提示：特殊点对确定截交线的范围、趋势、判别可见性以及准确作出截交线有着重要的作用，作图时必须首先求出。

5. 球的截切体

用任何位置的平面截切球，得到的截交线都是圆。当截交线为投影面平行面时，截交线在该投影面上的投影为圆，其余两面投影积聚为直线段，线段的长度等于截交线圆的直径，如图 2-73 所示。

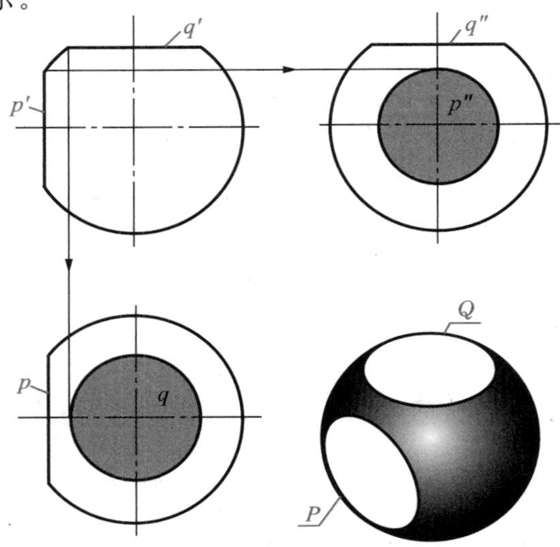

图 2-73　被平面截切的球的截交线

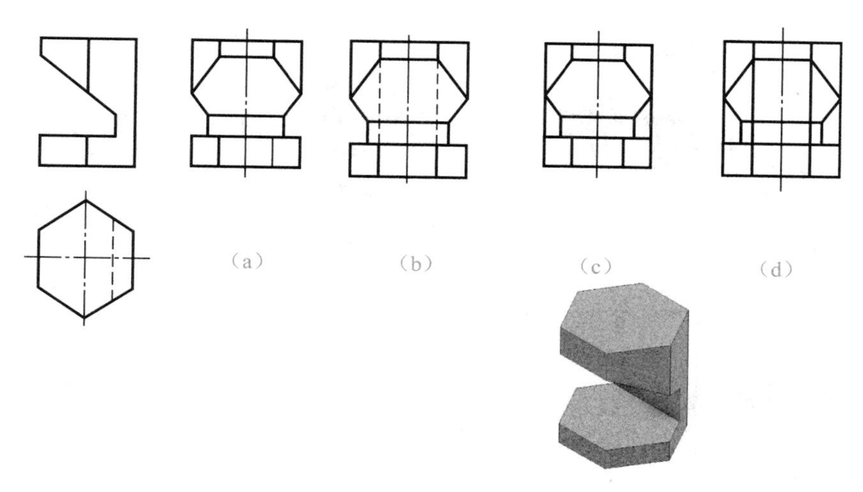

图 2-76　截切体的三视图

任务检测

"绘制压块的三视图"知识自我检测评分表

项目	考核要求	配分	评分细则	评分记录
截交线知识	理解截交线的概念，熟悉其基本性质	10 分	能正确判读＋10 分	
常见截切体	掌握用特殊位置平面截切平面体和圆柱体的截交线和立体投影的画法，了解用特殊位置平面截切球投影的画法	40 分	能正确分析和绘制用特殊位置平面截切平面体和圆柱体的截交线和立体投影的画法＋30 分；能正确判读和绘制用特殊位置平面截切球的投影＋10 分	
绘制压块三视图	能正确绘制压块三视图	40 分	分析方法正确＋10 分；绘图正确＋30 分	
规范作图	按照国标要求规范作图	10 分	图面清晰，布置合理＋5 分；图线规范＋5 分	

任务 4　绘制支架的三视图

任务描述

如图 2-77 所示支架，它是由底板、肋板、空心圆柱 1 和空心圆柱 2 四个基本体组成的机件，这种由两个或两个以上的基本体组合构成的物体称为组合体。本任务为学习组合体的相关知识，绘制支架的三视图。

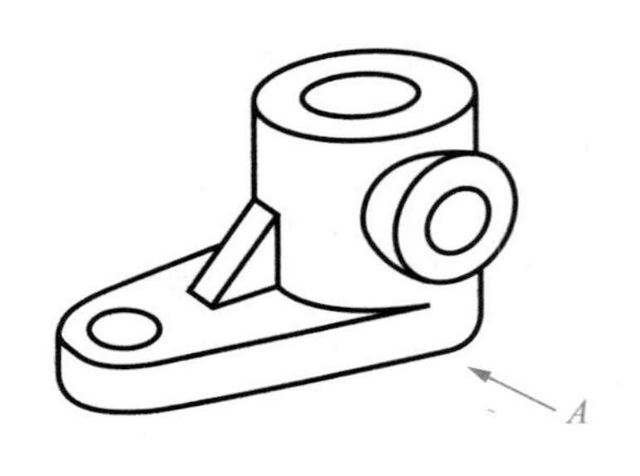

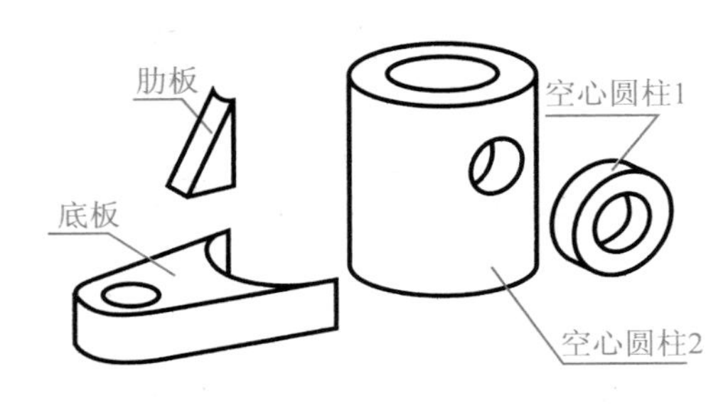

图 2-77　支架

知识链接

1. 组合体的概念

任何机械零件都可以看成由一些简单的基本体经过叠加、切割或打孔等方式组合而成。由两个或两个以上的基本体组合构成的物体称为组合体。

2. 形体分析法

在读、画组合体的视图时，要应用形体分析的方法，它是机械制图的基本方法。

1)将组合体分解为若干基本体，分析其是如何进行叠加的，又经过了怎样的切割，切割掉了什么形体，这种分析称为形体分析。

2)对组合体的各个基本形体进行分析，以便弄清各基本形体的形状、它们之间的相对位置和表面间的相互关系，这种方法称为形体分析法。

3. 组合体的组合形式及其表面连接关系

(1)组合体的组合形式

如图 2-78 所示，组合体的组合方式有叠加、切割和综合这三种基本组合形式，多数组合体是既有叠加又有切割的综合型。

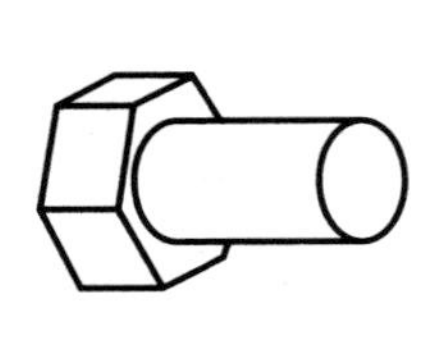

(a) 叠加型

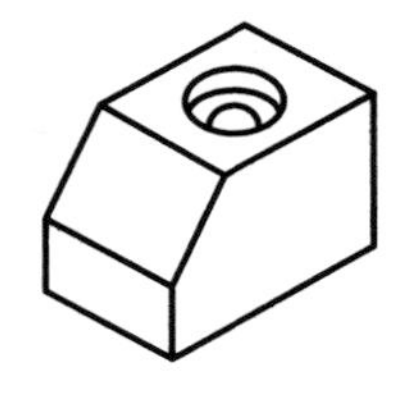

(b) 切割型

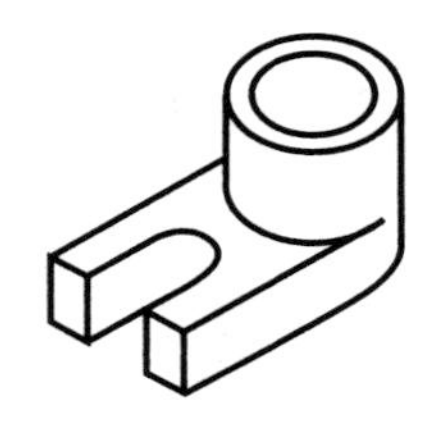

(c) 综合型

图 2-78　组合体的组合形式

(2)组合体的表面连接关系

组合体各形体相邻表面之间按其表面形状和相对位置不同，连接关系可分为平齐、不平齐、相切和相交四种情况。

1)平齐或不平齐：当相邻两形体的表面平齐(即两表面在同一平面上)时，结合处不画分界线。当相邻两形体的表面不平齐(即两表面不在同一平面上)时，结合处应画出分界线。如图 2-79(a)所示组合体，其上、下两表面平齐，在主视图上不应画分界线。如图 2-79(b)所示组合体，其上、下两表面不平齐，在主视图上应画出分界线。

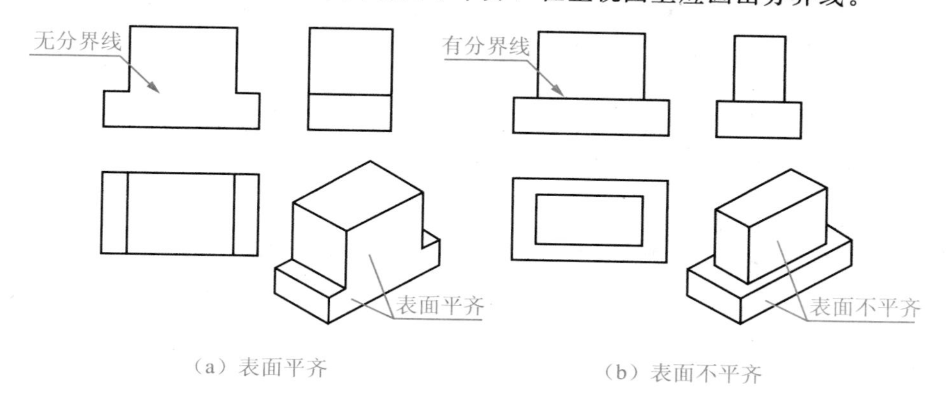

图 **2-79**　两形体表面平齐和不平齐的画法

2)相切：当相邻两形体的表面相切时，由于在相切处两表面是光滑过渡的，故不存在轮廓素线，在相切处不应画分界线。

如图 2-80(a)所示组合体，它是由底板和圆柱体组成的，底板的侧面与圆柱面相切，在相切处形成光滑的过渡，因此主视图和左视图中相切处不应画分界线，此时应注意两个切点 A、B 的正面投影 $a'(b')$和侧面投影 a''，b''的位置。图 2-80(b)所示是常见的错误画法。

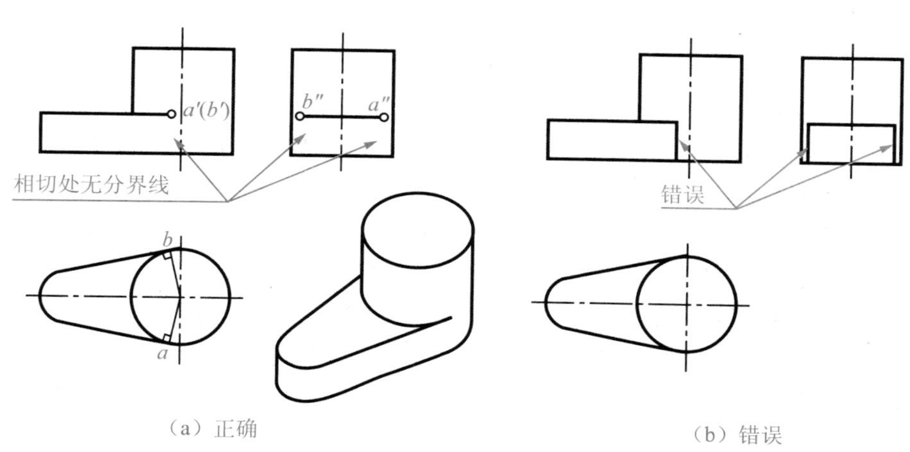

图 **2-80**　两形体表面相切的画法

3)相交：当相邻两形体的表面相交时，其表面交线是它们的分界线(相贯线)，要按投影关系画出表面交线。

如图 2-81(a)所示组合体，它也是由底板和圆柱体组成，但底板的侧面与圆柱面是相交关系，故在主、左视图中相交处应画出交线。图 2-81(b)所示是常见的错误画法。

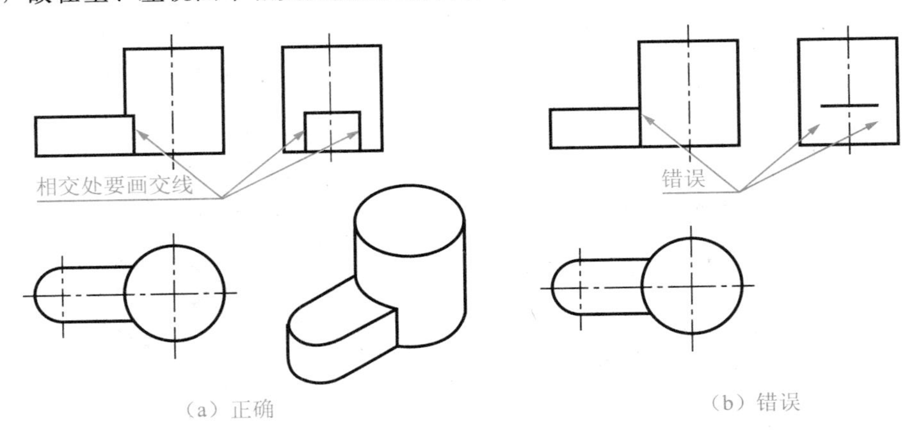

图 2-81　两形体表面相交的画法

一般情况下，两回转体的交线(相贯线)为空间曲线。

①相贯线的概念与性质：两立体相交称为相贯，其表面形成的交线称为相贯线。相贯线是一种常见的表面交线，如图 2-81 所示是圆柱与圆柱相贯。相贯线是两相交立体表面的共有线，是一条封闭的空间曲线。

②相贯线的画法：相贯线的画法和截交线一样，同样是求作相交表面上共有点的投影，将所得到点的投影用光滑曲线连接起来，即为所求的相贯线。

a. 表面取点法。

两个回转体相交，如果其中一个回转体的轴线是垂直于投影面的圆柱，则圆柱在该投影面上的投影积聚为一圆，而相贯线的投影也就重合在该圆上。利用表面上取点的方法就能求出相贯线的其他投影。

【例 2-1】为已知两圆柱的三面投影，求作它们的相贯线，如图 2-82(a)所示。

分析：两圆柱轴线垂直相交，一轴线垂直于 H 面，另一轴线垂直于 W 面，相贯线的水平投影就是有积聚性的圆，侧面投影是一段两圆柱重合的圆弧，因此只求正面的投影。

作图过程如图 2-82(b)，步骤如下：

①求特殊点，最高点和最低点；

②求一般点，定出水平投影面的点，再找出侧面投影面上对应的点，根据水平投影面和侧面投影面的点找出正面投影面上的点；

③将各点光滑地连接起来。

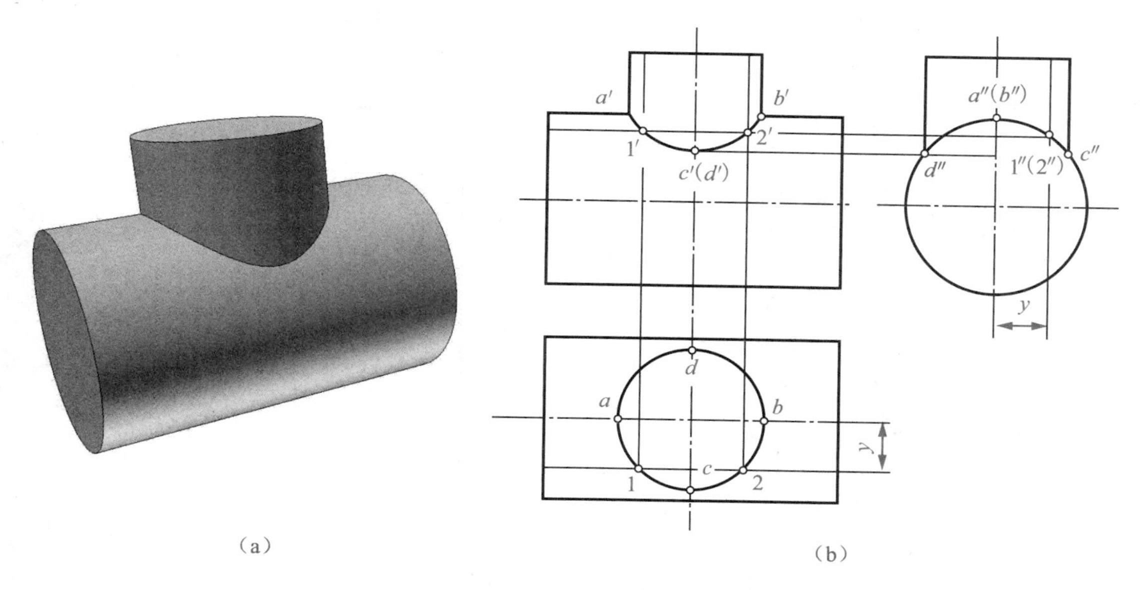

（a）　　　　（b）

图 2-82　两圆柱正交

b. 正交的两圆柱相交相贯线的简化画法。

如图 2-83 所示。当两圆柱垂直正交且直径有相差时，可采用圆弧代替相贯线的近似画法，如图 2-83(b)所示，垂直正交两圆柱的相贯线可用大圆柱的 $D/2$ 为半径作圆弧来代替。

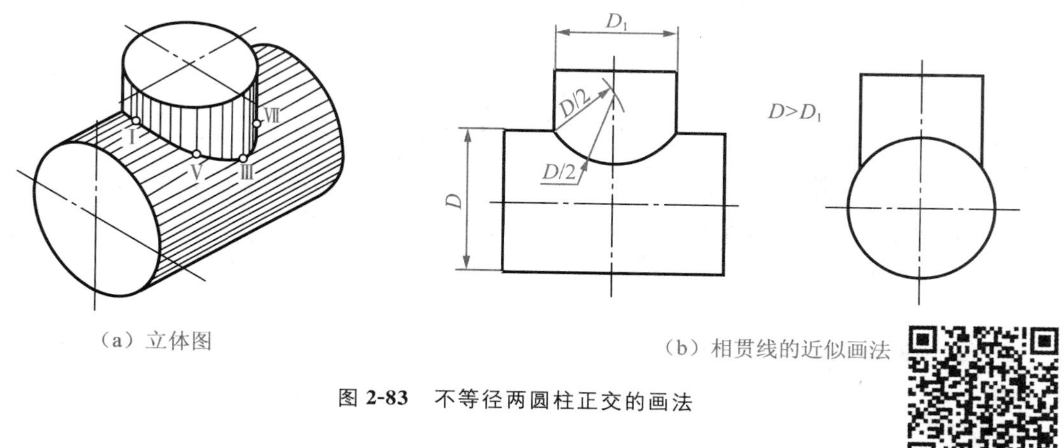

（a）立体图　　　　（b）相贯线的近似画法

图 2-83　不等径两圆柱正交的画法

相贯线的近似画法

①两圆柱正交的类型：如图 2-84 所示两圆柱正交有三种形式：

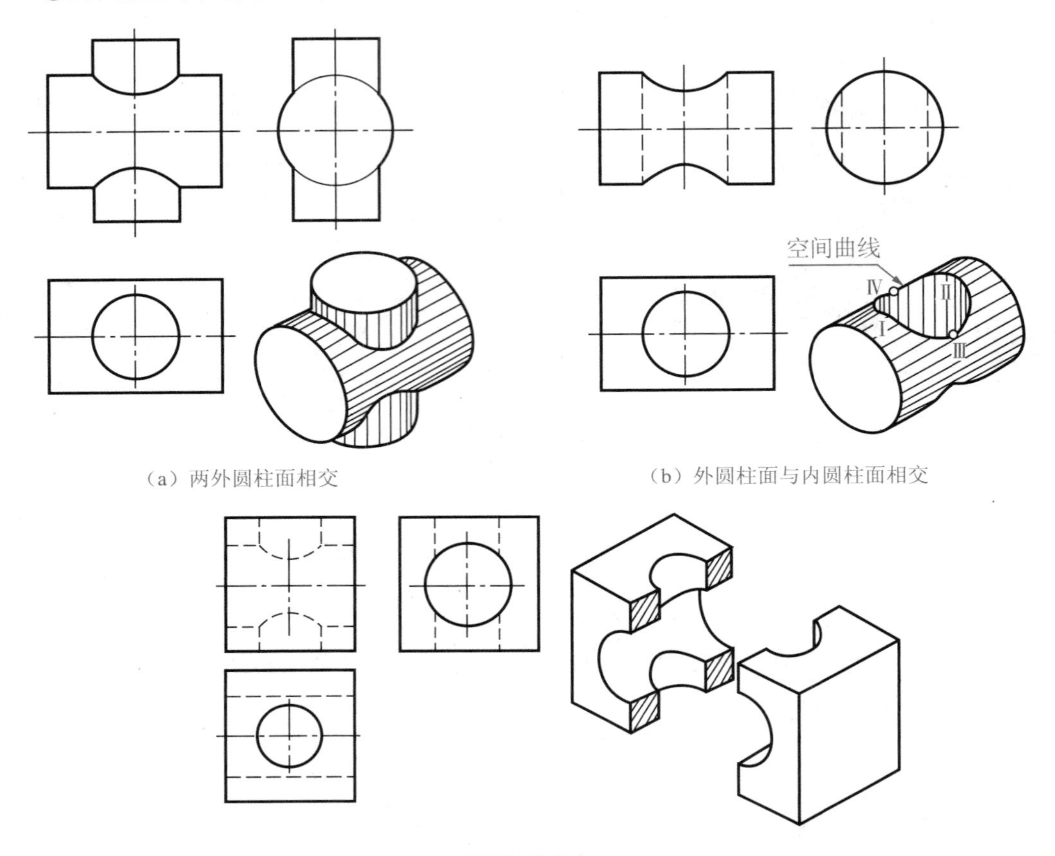

（a）两外圆柱面相交

（b）外圆柱面与内圆柱面相交

（c）两圆柱孔相交

图 2-84　两圆柱相交的三种形式

②相贯线的特殊情况：两曲面立体相交，其相贯线一般为空间曲线，但在特殊情况下也可能是平面曲线或直线。

当两个曲面立体具有公共轴线时，相贯线为与轴线垂直的圆，如图 2-85 所示。

当正交的两圆柱直径相等时，相贯线为大小相等的两个椭圆(投影为通过两轴线交点的直线)，如图 2-86 所示。

当相交的两圆柱轴线平行时，相贯线为两条平行于轴线的直线，

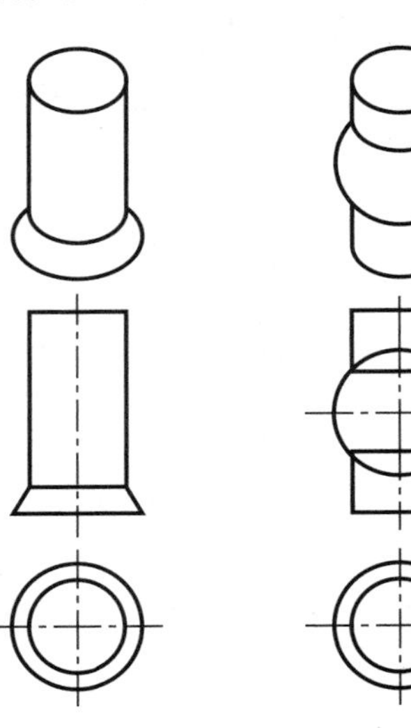

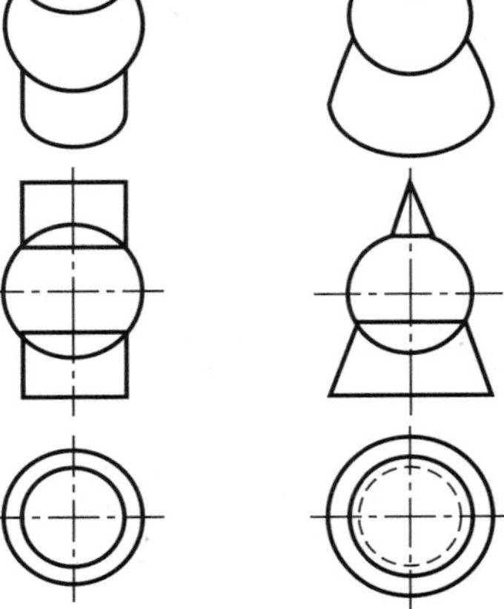

（a）圆柱与圆锥　（b）圆柱与球　（c）圆锥与球

图 2-85　两个同轴回转体的相贯线

如图 2-87 所示。

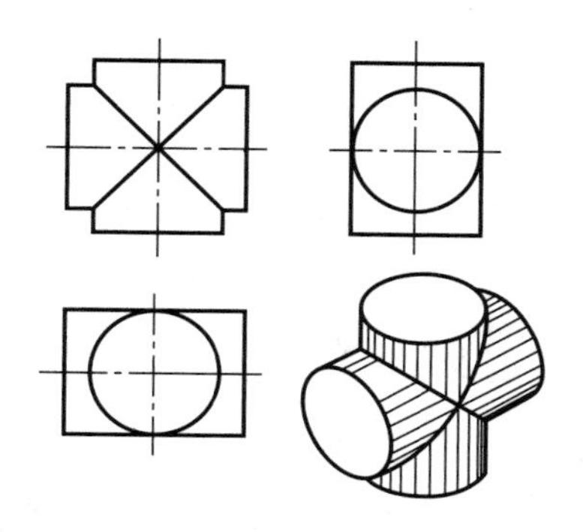

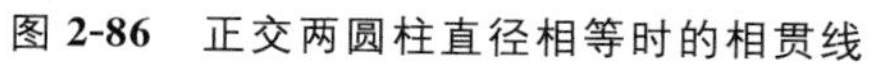

图 2-86　正交两圆柱直径相等时的相贯线

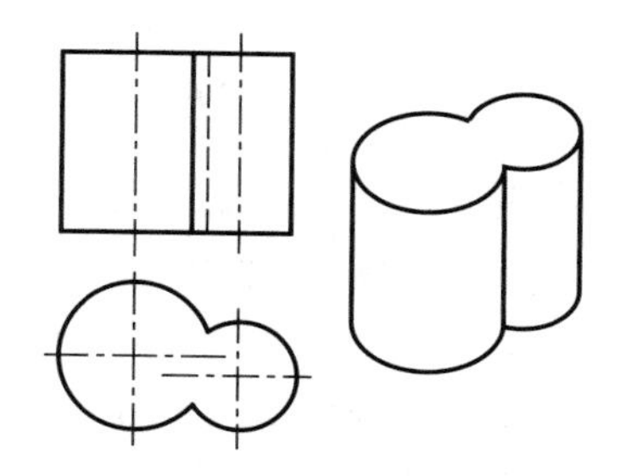

图 2-87　相交两圆柱轴线平行时的相贯线

c. 辅助平面法。

利用辅助平面同时截切相贯的两基本体，作出两立体的截交线的交点，该点即为相贯线上的点。这些点既是回转体表面上的点，又是辅助平面上的点，因此，辅助平面法就是利用三面共点原理。

利用辅助平面法求相贯线时，选辅助平面的原则是使辅助平面与曲面立体的截交线的投影为最简单，如直线或圆。

【例 2-2】求圆锥与圆柱正交的相贯线，如图 2-88 所示。

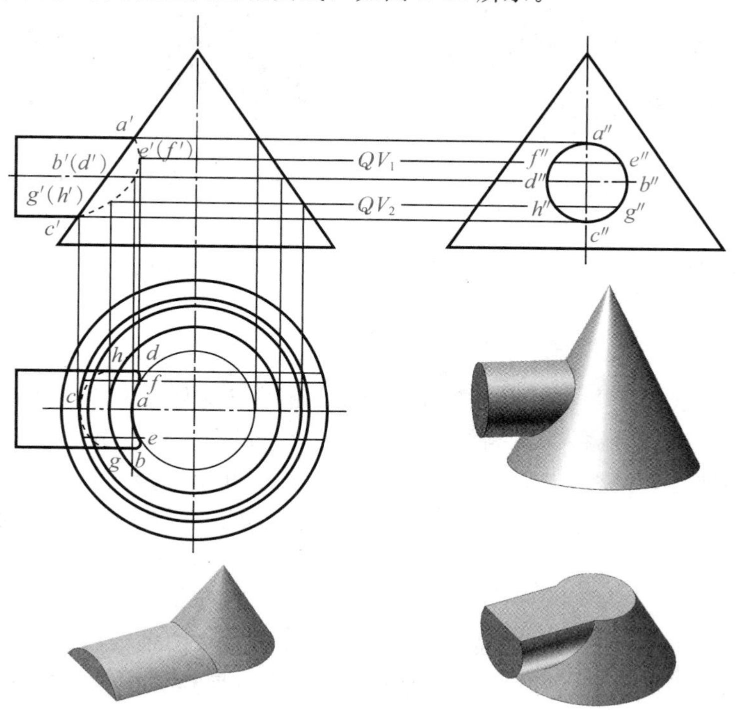

图 2-88　圆锥与圆柱正交的相贯线

分析：轴线垂直相交，具有前后对称平面，因此，相贯线是一前后对称的闭合空间曲线，并且前后两部分的正面投影重合，相贯线的侧面投影重合在圆柱具有积聚性的投影圆上，要求作的是相贯线的水平投影和正面投影。

作图步骤如下：

①求特殊点，最高点和最低点 A、C 和最前点和最后点 B、D；

②求一般点，作辅助平面 QV_1、QV_2，分别得到圆柱的截交线(两条与轴线平行的直线)和圆锥的截交线(圆)，平行线与圆的交点就是相贯线上的点，从而得出一般点 E、F、G、H 的水平投影，再按投影关系作出正面投影。

③判别可见性，并光滑连接各点，如图 2-88 所示。

用辅助平面法可以求解比较复杂的相贯线，如图 2-89 所示的两圆柱轴线斜交、图 2-90所示的两圆柱垂直偏交等。

分析：只有在圆柱上作平行于轴或垂直于轴的辅助平面，截交线才最简单(矩形或圆)。在圆柱斜交相贯体中，只有辅助平面为正平面时，才能保证两个圆柱的截交线为矩形；在偏交相贯体中，用水平面或正平面作辅助平面均可。

方法：在左视图中，过两圆柱作几个辅助平面，依次作出两圆柱的截交线，求出交点，再连接即得。

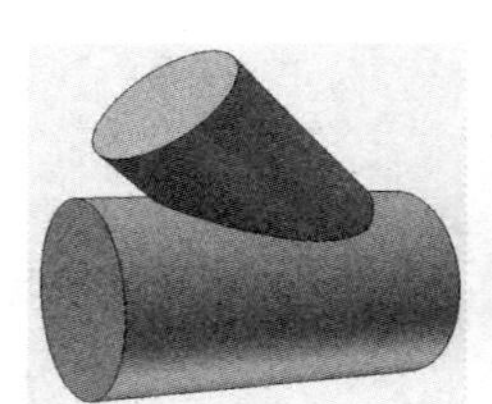
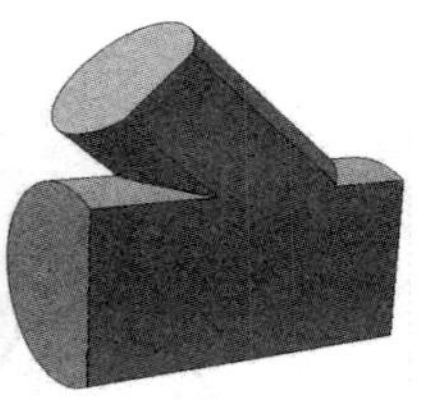

图 2-89　作两圆柱斜交的辅助平面

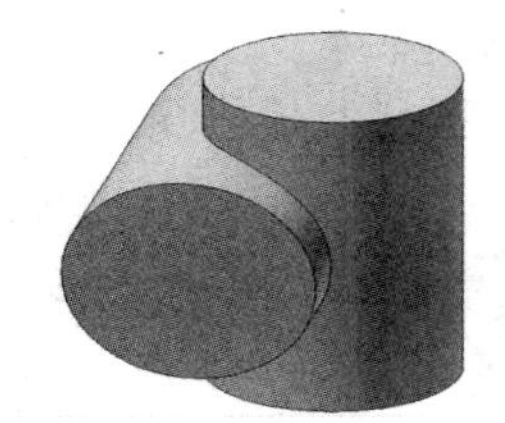
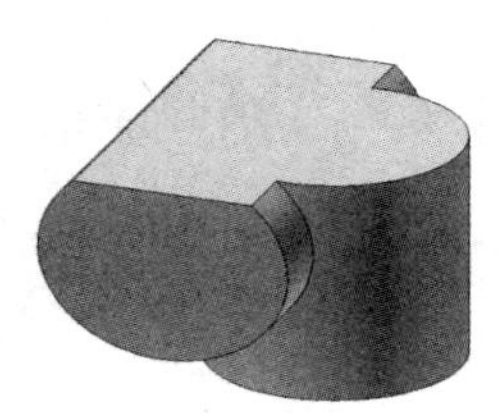

图 2-90　作两垂直偏交圆柱的辅助平面

实践操作

1. 形体分析

该支架由底板、肋板、水平空心圆柱 1 和空心圆柱 2 共四个基本体所组成(见第 76 页图 2-77)。底板位于空心圆柱 2 左侧与圆柱相切，两者的下底面平齐；水平空心圆柱 1 位于空心圆柱 2 的前方，两者正交相贯，两圆柱孔也正交相贯，产生两圆柱正交的相贯线；肋板位于底板的上面，空心圆柱 2 的左侧，与底板上表面相接，与大圆柱面相交而产生交线。

2. 选择主视图

支架的安放位置选择自然安放位置，通常将空心圆柱 2 的轴线放成铅垂位置，并把肋板、底板的对称平面放成平行于投影面的位置。选 A 方向作为主视图的投射方向，反映组成该支架的各基本形体及它们间的相对位置关系最为清晰，因而最能反映该支架的结构形状特征。

3. 确定比例，选择图幅

根据实物大小，按国标规定选择适当的比例和图幅。

4. 绘制支架的三视图

1)绘制各视图的主要基准线和定位中心线，如图 2-91(a)所示。
2)绘制主要实体空心圆柱 2，如图 2-91(b)所示。
3)绘制水平空心圆柱 1，如图 2-91(c)所示。
4)绘制底板的三视图，如图 2-91(d)所示。
5)绘制肋板的三视图，如图 2-91(e)所示。
6)检查，擦除多余的作图线，描深，完成支架的三视图，如图 2-91(f)所示。

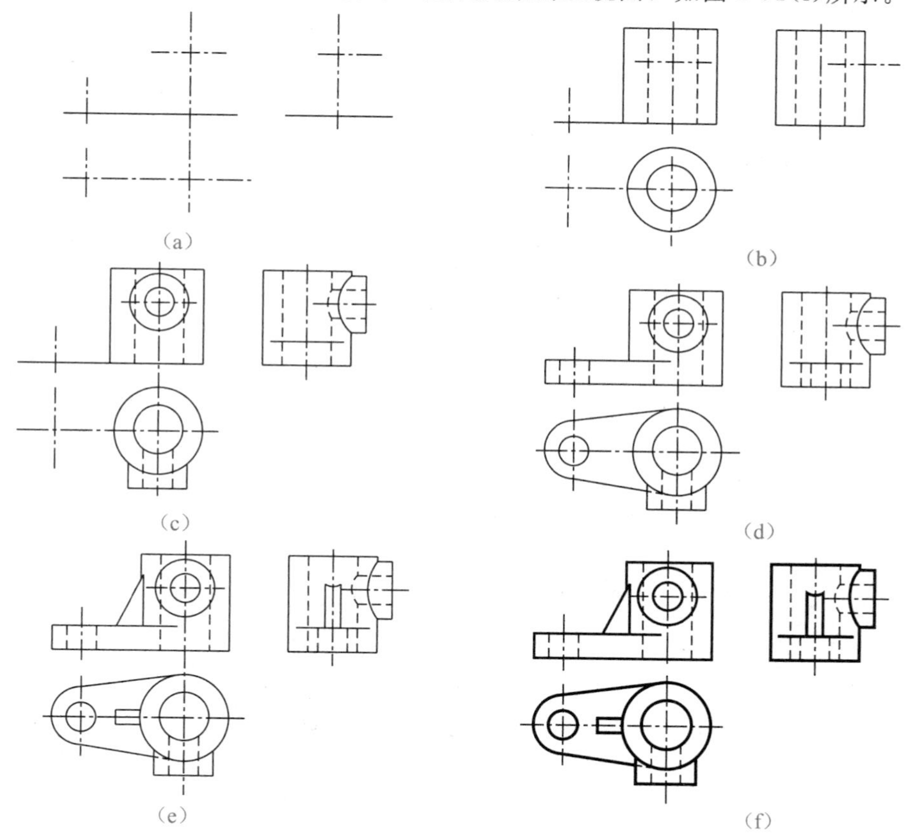

图 2-91　支架的三视图

小提示：绘制组合体三视图应注意以下几点：

1)为保证三视图之间相互对正，提高画图速度，减少差错，应尽可能将同一形体的三面投影联系起来作图，并依次完成各组成部分的三面投影，不要孤立地先完成一个视图，再画另一个视图。

2)先画主要形体，后画次要形体；先画各形体的主要部分，后画次要部分；先画可见部分，后画不可见部分。

3)应考虑到组合体是由各个基本体组合起来的一个整体，作图时要正确处理各形体之间的表面连接关系。处理好虚线实线。

操作训练

图 2-92 所示组合体分别为轴承座和支座，试分析它们的形体组合关系并绘制其三视图草图。

（a）轴承座

（b）支座

图 2-92　组合体

思考与练习

1)什么是组合体？其组合形式有哪些？

2)什么叫形体分析法？试述用形体分析法画图和看图的步骤。

3)画组合体视图时，怎样判定相邻两形体表面之间的图线是否应该画出？

4)如图 2-93 所示，已知机件的主视图和俯视图，试选择其正确的左视图。

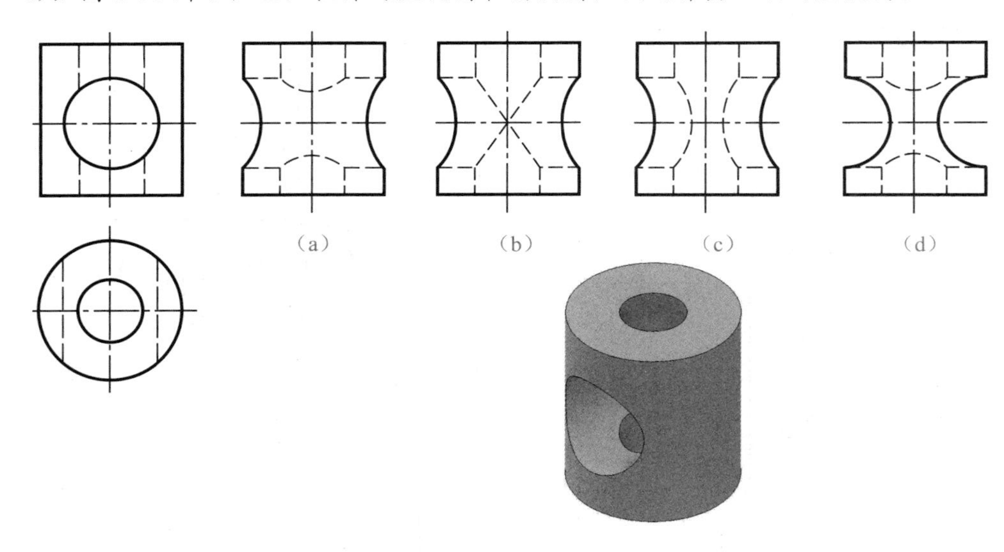

图 2-93　机件的三视图

图上，如图 2-98 所示的尺寸$\phi24$、$\phi44$、$\phi72$。半圆标注半径，如图 2-98 所示的尺寸 $R22$。

2)同一形体的尺寸尽量集中标注，对两个视图都有作用的尺寸，尽量标注在两视图之间，如图 2-98 所示的尺寸 80。

3)串列尺寸的箭头尽量对齐，如图 2-98 所示的 34 和 20。并列尺寸，小尺寸在内，大尺寸在外，避免出现多个尺寸的尺寸线、尺寸界线相交。

4)尽量不在虚线上标注尺寸。

5)对于两端为圆弧的形体，只标注圆弧的定形和定位尺寸，不标注总体尺寸。如图 2-98所示主视图的尺寸 80。

操作训练

指出如图 2-99 所示组合体宽度、高度方向的主要尺寸基准，并补主视图中遗漏的尺寸。

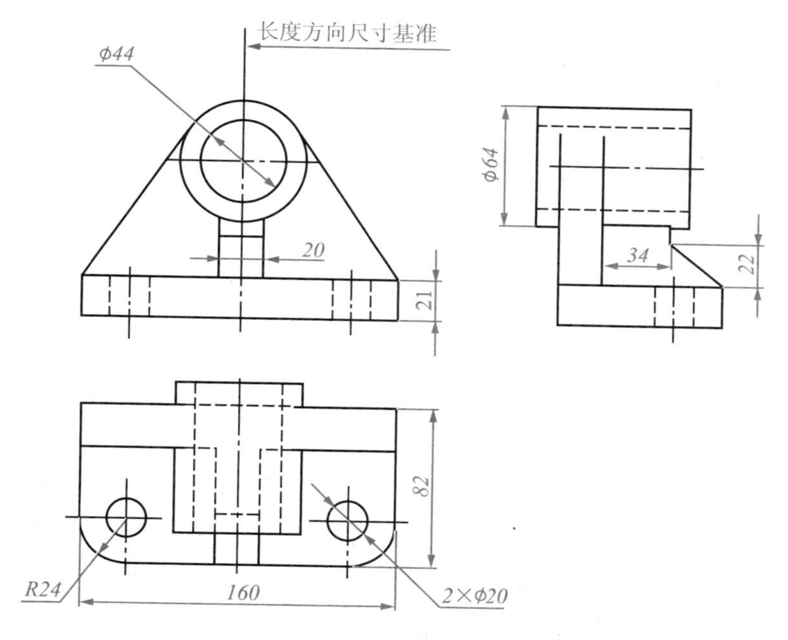

图 2-99 组合体的尺寸标注练习

思考与练习

1)组合体有哪几个方向上的尺寸基准？哪些几何元素可作为尺寸基准？

2)怎样才能将组合体视图中的尺寸标注完整？

3)在组合体视图中，怎样标注尺寸才能达到清晰的要求？

任务检测

"标注支架三视图的尺寸"知识自我检测评分表

项目	考核要求	配分	评分细则	评分记录
组合体的形体分析及尺寸分析	能正确分析组合体的形体结构；能说出组合类型；能正确选择组合体尺寸基准；能正确分析定形、定位尺寸，并合理标注	45分	能正确使用形体分析法分析组合体+20分；能正确判定组合体的尺寸基准+5分；能正确分析和判读组合体的定形、定位尺寸+15分；熟悉国标规定的尺寸注写要求+5分	
标注组合体尺寸	能正确、合理、清晰地标注组合体的尺寸	55分	尺寸标注正确、无遗漏、不重复+20分；尺寸标注完整+20分；尺寸标注清晰、合理+10分；尺寸布置合理，图面、图线+5分	

职业知识拓展

读组合体的三视图

1. 读组合体视图的基本要领

读组合体视图是绘图的一个逆过程，是一个形象思维的过程，即运用投影规律由组合体的视图，经过分析、判断、想象，在头脑中想象出形体的空间形状的过程，这也是看图的一个基本思路。读图的基本要领是：

(1)要把几个视图联系起来识读

由于一个视图不能完全反映组合体的形状，故看图时不要孤立地只看一个视图，要几个视图联系起来看。而每一局部要从反映特征的视图看起，如图2-100所示。

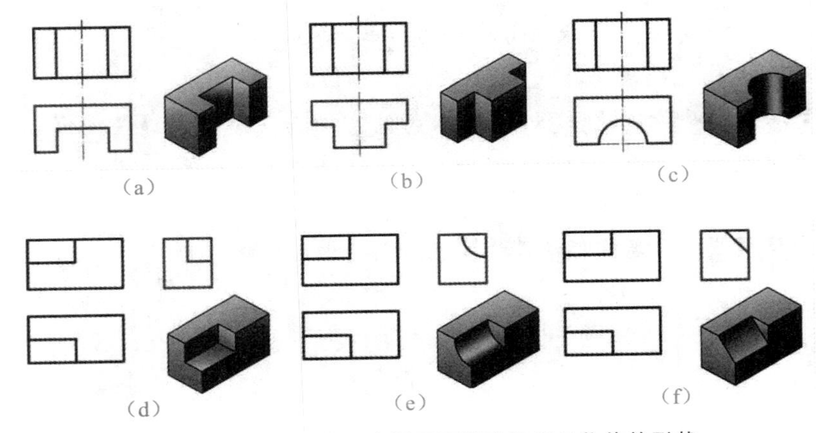

图 2-100　一个或者两个视图不能确切表示物体的形状

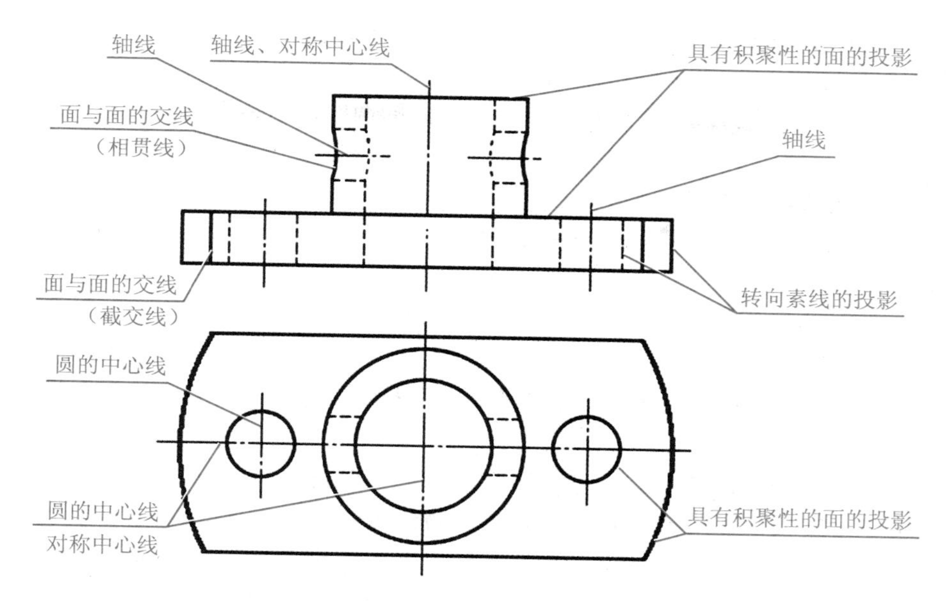

图 2-101　视图中图线的含义

(2)理解视图中图线和线框组成的含义

视图是由一个个封闭线框组成的，而线框又是由图线构成的。因此，弄清图线及线框的含义是十分必要的。

1)图线的含义。如图 2-101 所示，视图中常见的图线有粗实线、细虚线和细点画线。

①粗实线或细虚线(包括直线和曲线)可以表示：具有积聚性的面(平面或者柱面)的投影；面与面(两平面、两曲面或平面与曲面)交线的投影；曲面转向素线的投影。

②细点画线可以表示：回转体的轴线；对称中心线；圆的中心线。

2)线框的含义。如图 2-102 所示，视图中的线框有以下三种情况。

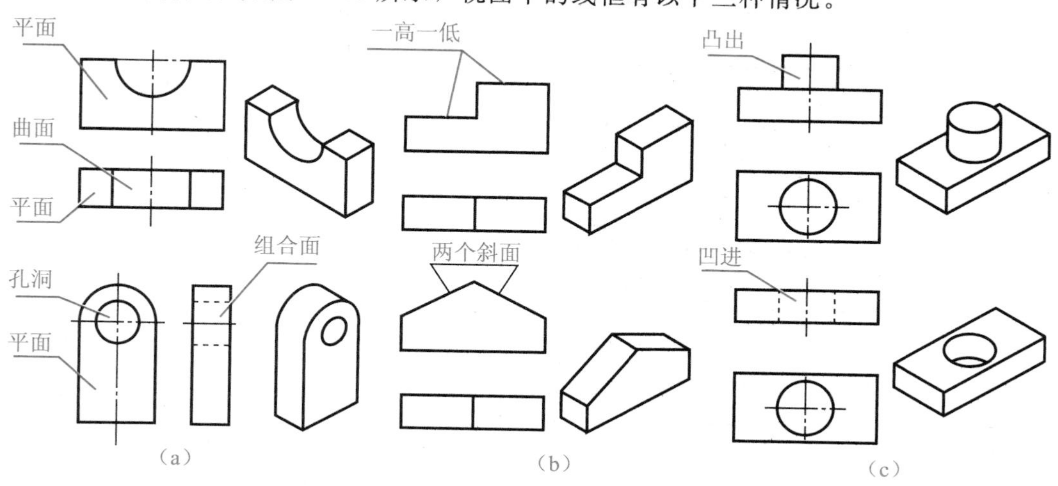

图 2-102　视图中线框的含义

①一个封闭的线框。表示物体的一个面(可能是平面、曲面、组合面)或孔洞，如图 2-102(a)所示。

②相邻的两个封闭线框。表示物体上位置不同的两个面。由于不同线框代表不同面，它们表示的面有左右、前后、上下的相对位置关系，可以通过这些线框在其他视图中的对应投影加以判断，如图 2-102(a)所示。

③大封闭线框包含小线框。表示在大平面体（或曲面体)上凸出或凹下各个小平面体(或曲面体)，如图 2-102(c)所示。

2. 读组合体视图的方法步骤

组合体的读图方法主要有形体分析法和线面分析法。

(1)形体分析法

读图的基本方法与画图一样，主要也是运用形体分析法，一般是从反映物体形状特征的主视图着手，对照其他视图，初步分析该物体由哪些基本体和通过什么形式所形成的。然后按投影特征逐个找出各基本体在其他视图中的投影，确定各基本体的形状以及各基本体之间的相对位置，最后综合想象物体的总体形状。

组合体读图时应先看主体部分，后看细节部分。

下面以图 2-103 所示阀盖的三视图为例，介绍形体分析法的读图步骤。

①分线框、对投影。把主视图分解为Ⅰ、Ⅱ、Ⅲ和Ⅳ四个线框。根据长对正、高平齐、宽相等的投影规律，分别找出它们在俯视图和左视图中的对应投影，如图 2-104 所示。

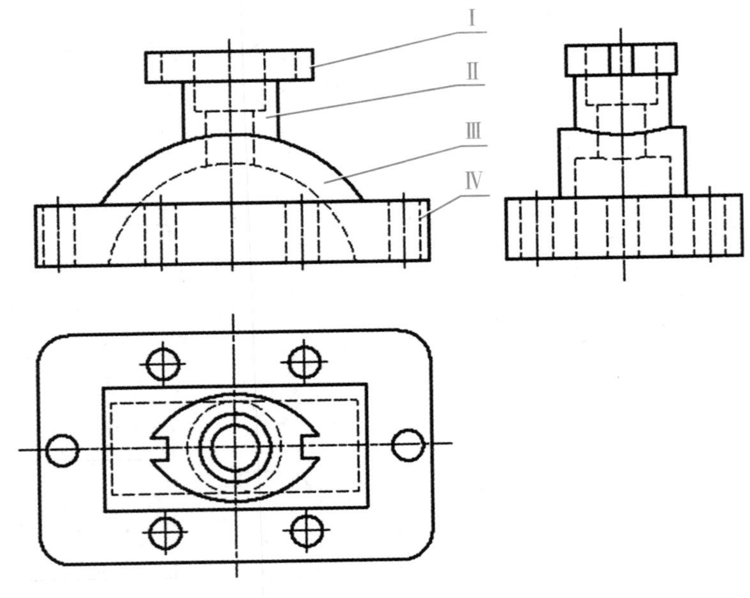

图 2-103 阀盖三面投影图

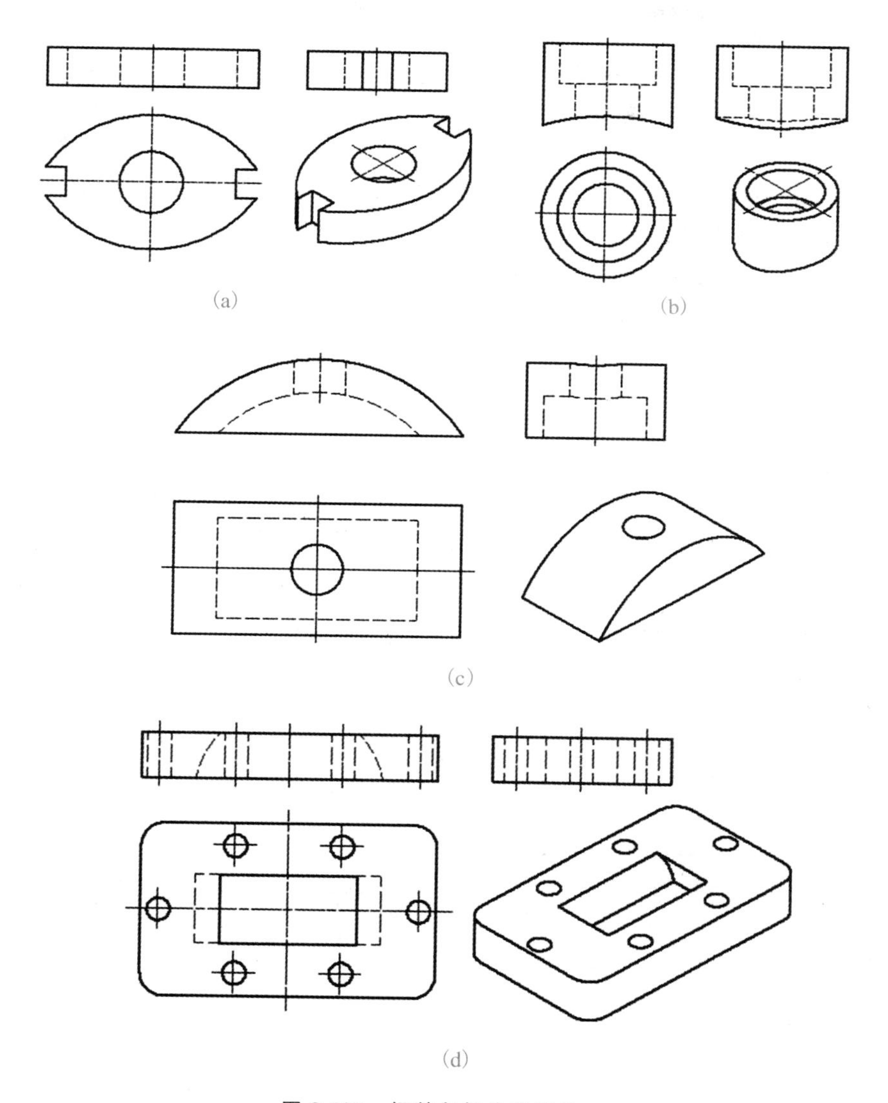

图 2-104　阀盖各部分的形状

②想形状、定位置。根据图 2-104 中各形体的三面投影图，确定各形体的形状。

形体Ⅰ为开槽的鼓形柱体；形体Ⅱ为空心圆柱体，下端与形体Ⅲ相贯；形体Ⅲ是以轴线为正垂线两端封闭的小半个空心圆柱，其上部有一竖直圆柱孔；形体Ⅳ是一具有四个圆角的中空矩形底板，中空部分是一个左右为圆柱面的长方形孔，四周分布有六个圆柱通孔。

从图 2-103 的三视图中，可以确定各形体之间的相对位置和组合方式，形体Ⅰ在最上方，形体Ⅱ、Ⅲ、Ⅳ依次在其下方。各形体前后、左右对称，其对称平面与阀盖的对称平面重合。各形体的组合方式是：Ⅰ和Ⅱ、Ⅲ和Ⅳ为叠加，Ⅱ和Ⅲ为相交，其交线是相贯线。

③综合起来想整体。进行以上分析后，按照各形体的形状、相对位置和组合方式，综合在一起想象出阀盖的整体形状，如图 2-105 所示。

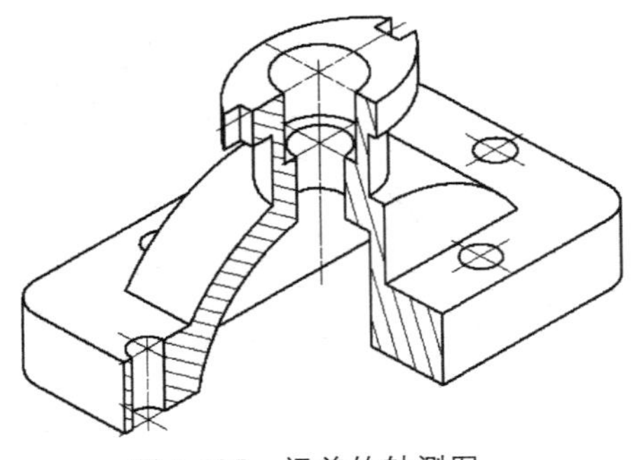

图 2-105　阀盖的轴测图

(2)线面分析法

如图 2-106 所示压块的基本形体是一个长方体，如果采用形体分析的方法去读图往往会比较困难。对于这类以切割为主的较为复杂的组合体，读图时应采用线面分析法。

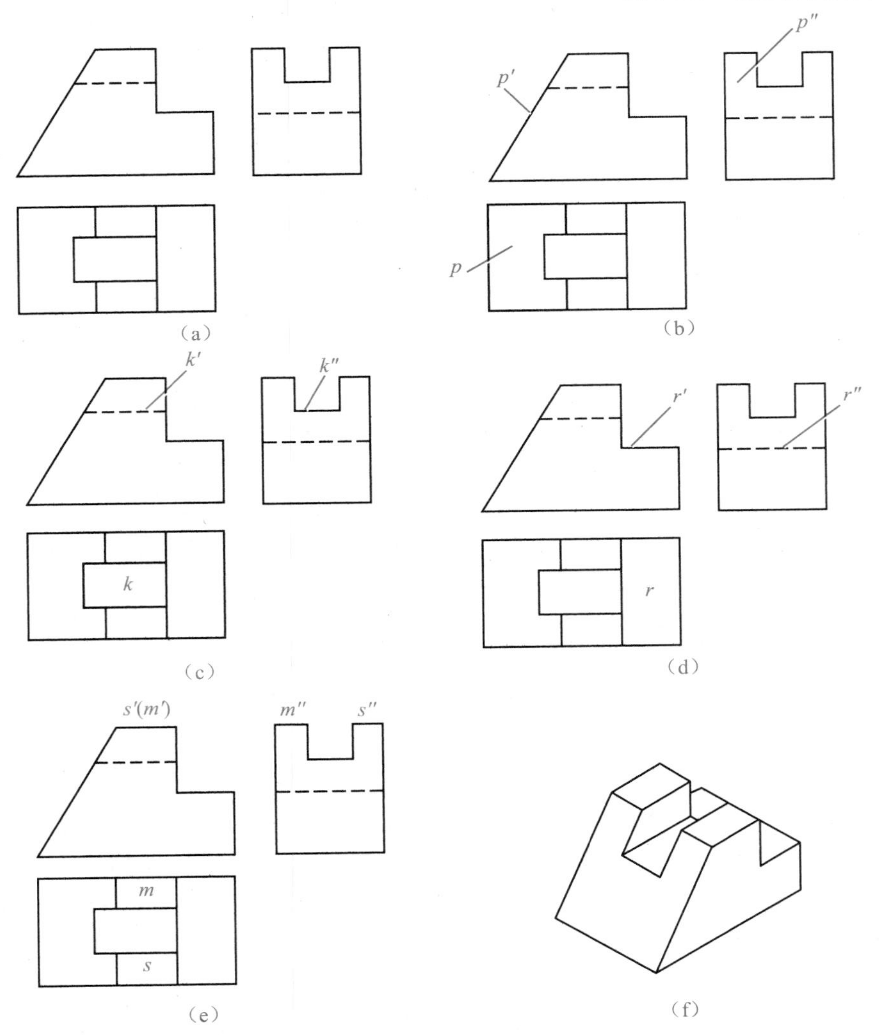

图 2-106　识读组合体三视图的方法和步骤

如图 2-106(a)所示的组合体三视图，其读图步骤如下：

1)分析形体，找原形。通过分析视图，可以想象它是四棱柱经过切割而形成的。一般情况下，这一类组合体三视图很难把它分成若干个封闭的线框。

2)确定各被切面的空间位置和几何形状。

由图 2-106(b)可知，在主视图中有一斜线而俯视图、左视图中各有一 U 形线框、与它对应，由此可见，P 面是垂直于 V 面的 U 形平面。平面 P 对 W 面和 U 面都处于倾斜位置，所以 P 面的侧面投影与水平投影是类似图形，不反映 P 面的真实形状。

由图 2-106(c)可知，在俯视图中有一矩形线框，而主视图和左视图中各有一水平直线和与它相对应，由此可见，K 面是平行于 H 面的矩形平面，左视图中间的缺口就是由平面 K 和另外两个正平面（图中未标注)组合切割长方体后，三个被切面的投影。

由图 2-106(d)可知，平面 R 也是一个平行于 H 面的矩形平面。

由图 2-106(e)可知，主视图中有一水平线 $s'(m')$，而在俯视图中与它对应的是两个矩形线框，左视图中与它对应的是两段水平线、。由此可见，s''、m''是平行于 H 面的两个矩形平面。

3)综合想象出整体形状。

搞清楚各被切平面的空间位置和形状后，根据物体的基本形状，各被切面与基本形体的相对位置，进一步分析视图中其他图线、线框的含义，可以综合想象出物体的整体形状，如图 2-106(f)所示 。

任务 6　绘制支座的轴测图

任务描述

本任务是根据给定的支座视图，绘制其正等轴测图(立体图)，如图 2-107 所示。

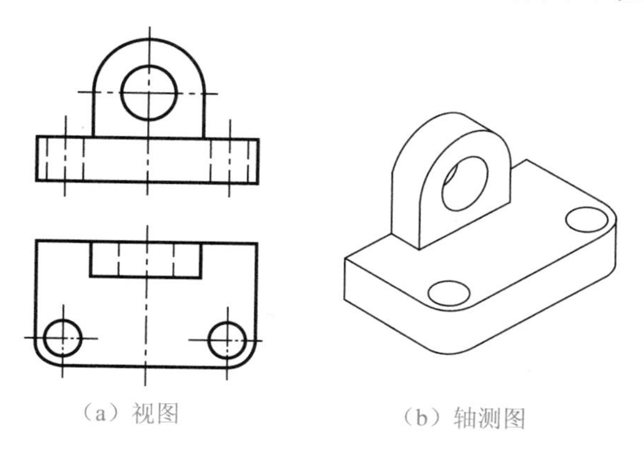

(a) 视图　　(b) 轴测图

图 2-107　支座的视图和轴测图

知识链接

1. 轴测图基本知识

轴测图是一种能同时反映物体三个方向形状的单面投影图。如图 2-108 所示，比较

图 2-108(a)、图 2-108(b)两图可知，轴测图更富有立体感，比正投影图直观，但度量性差，作图复杂，因此工程上常用作辅助图样。

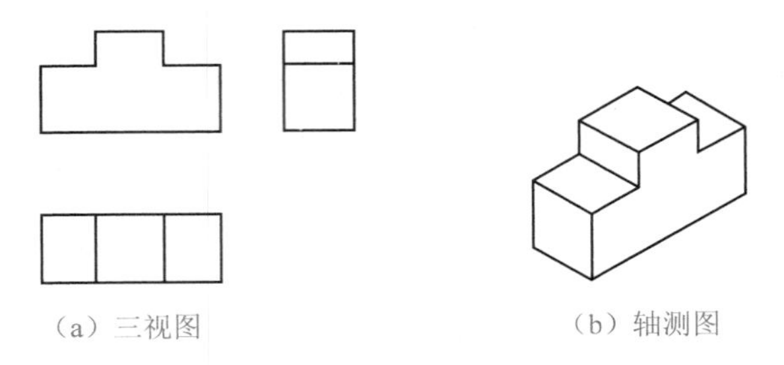

（a）三视图　　（b）轴测图

图 **2-108**　物体的三视图与轴测图

(1)轴测图的形成

将物体连同其直角坐标系，沿不平行于任一坐标平面的方向，用平行投影法将其投射在单一投影面上所得到的图形，称为轴测投影图，简称轴测图，如图 2-109 所示。

(2)基本概念

1)轴测轴：直角坐标轴 OX、OY、OZ 在轴测投影面上的投影 O_1X_1、O_1Y_1、O_1Z_1 称为轴测轴。如图 2-109 所示，P 为轴测投影面，S 为投射方向。P 面上的 O_1X_1、O_1Y_1、O_1Z_1 即为轴测轴。

2)轴间角：轴测投影中，任意两根轴测轴之间的夹角称为轴间角。如图 2-109 所示，$\angle X_1O_1Y_1$、$\angle X_1O_1Z_1$、$\angle Y_1O_1Z_1$ 即为轴间角，三个轴间角的和为 360°。

3)轴向伸缩系数：直角坐标轴的轴测投影单位长度与相应直角坐标轴上单位长度的比值称为轴向伸缩系数。OX、OY、OZ 轴上的轴向伸缩系数分别用 p、q、r 表示。$p=q=r\approx 0.82$。

(3)轴测图的投影特性

由于轴测图是用平行投影法得到的，因此它具有平行投影法的投影特性，有如下两点。

1)平行性：物体上互相平行的线段，在轴测图上依然互相平行。如图 2-109 所示，$AD /\!/ OZ$，则 $A_1D_1 /\!/ O_1Z_1$。

2)等比性：物体上与坐标轴平行的线段，其轴测投影长度等于原长度乘以该轴的轴向伸缩系数。

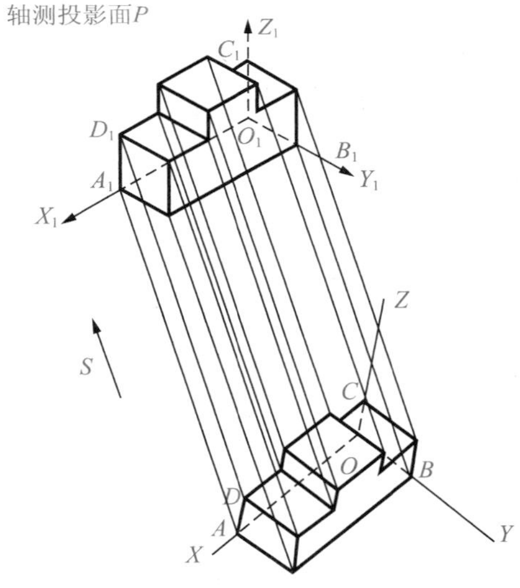

图 **2-109**　轴测图的形成

(4)常用的轴测图

按轴测投射方向与轴测投影面垂直或倾斜，轴测图可以分为正轴测投影图和斜轴测投影图。国家标准规定一般采用下列三种轴测图。

1)正等轴测图：投射方向 S 垂直于投影面 P，$p=q=r$，轴间角 $\angle X_1O_1Y_1=$

$\angle X_1O_1Z_1=\angle Y_1O_1Z_1=120°$的轴测投影图称为正等轴测图，简称正等测。

2)正二等轴测图：投射方向 S 垂直于投影面 P，$p=r=2q$，$\angle X_1O_1Y_1=Y_1O_1Z_1=131°25'$，$\angle X_1O_1Z_1=97°10'$的轴测投影图称为正二等轴测图，简称正二等测。

3)斜二等轴测图：投射方向 S 倾斜于投影面 P，$p=r=2q$，$\angle X_1O_1Y_1=Y_1O_1Z_1=135°$，$\angle X_1O_1Z_1=90°$的轴测投影图称为斜二等轴测图，简称斜二测。

由于国家标准推荐使用正等测和斜二测，下面主要介绍正等测和斜二测的画法。

2. 正等轴测图

(1)正等轴测图的形成

如图 2-110(a)所示，当立方体处于图中所示位置时，P 面投影为正方形。将立方体以 OZ 轴为轴，逆时针旋转 45°，即变为图 2-110(b)中的情形，此时 OX、OY 轴在 P 面上伸缩系数相同。再将立方体向正前方旋转约 35°，就变成了图 2-110(c)中的情形。此时三个坐标轴与 P 面倾角相同，在 P 面上的伸缩系数也相同，所以得到的投影是由三个全等的菱形构成的图形，这就是立方体的正等轴测投影图，如图 2-110(d)所示。

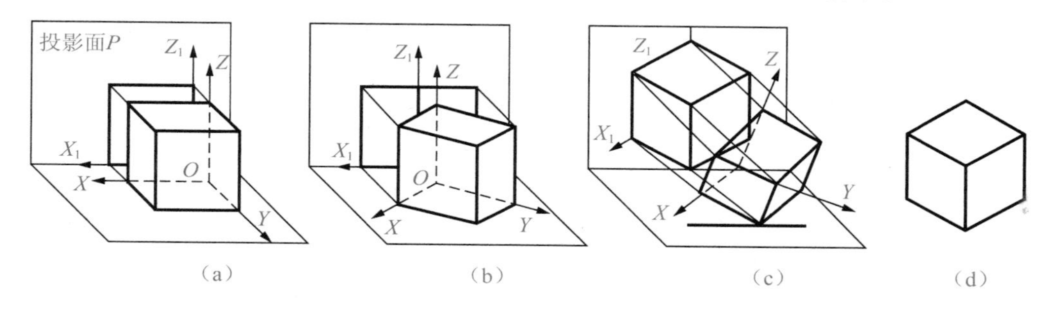

图 2-110　正等轴测投影图的形成

(2)轴间角和轴向伸缩系数

1)轴间角：正等轴测图中的轴间角均为 120°，如图 2-111(a)所示。画正等轴测图时，轴测轴 O_1Z_1 规定画成铅垂线，轴测轴的画法如图 2-111(b)所示。

2)轴向伸缩系数：正等轴测投影的轴向伸缩系数相等，根据计算，都是约等于 0.82 (即 $p=q=r\approx0.82$)，为了简化作图通常将轴向伸缩系数简化为 1，即所有与坐标轴平行的线段，在作图时，其长度取实长。这样画出的正等轴测图，三个轴向尺寸都放大了 $1/0.82\approx1.22$倍，但几何体形状未变，这时 $p=q=r=1$，称为简化轴向变形系数，简称简化系数。轴测图中一般只画出可见轮廓线，只有必要时才画出不可见轮廓线。如图 2-112所示。

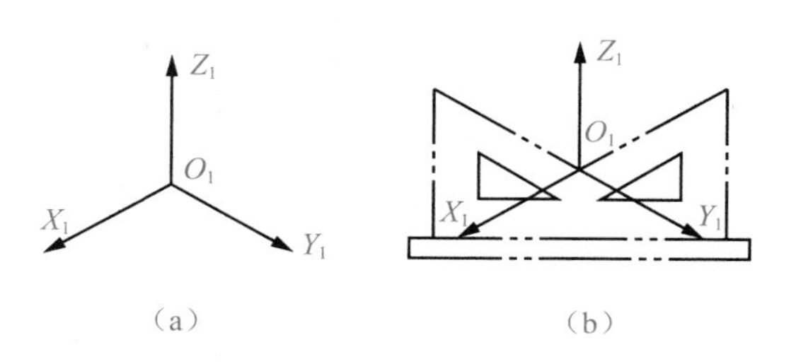

图 2-111　正等测的轴测轴及画法

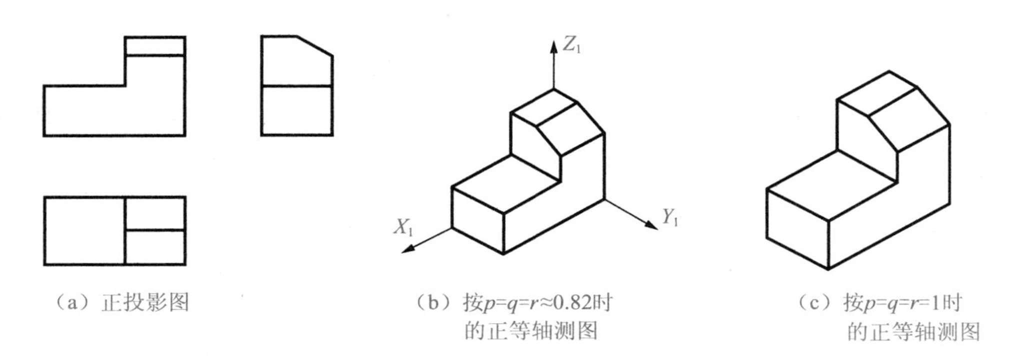

图 2-112　轴向伸缩系数不简化与简化的正等轴测图对比

(3)正等轴测图的画法

画轴测图常用的方法有坐标法、切割法、堆积法和综合法。坐标法是最基本的方法。

1)坐标法：根据立体表面上各点的坐标关系，分别绘出它们的轴测投影，然后依次连接各点的轴测投影，从而完成立体的轴测图。坐标法是画轴测图的基本方法。

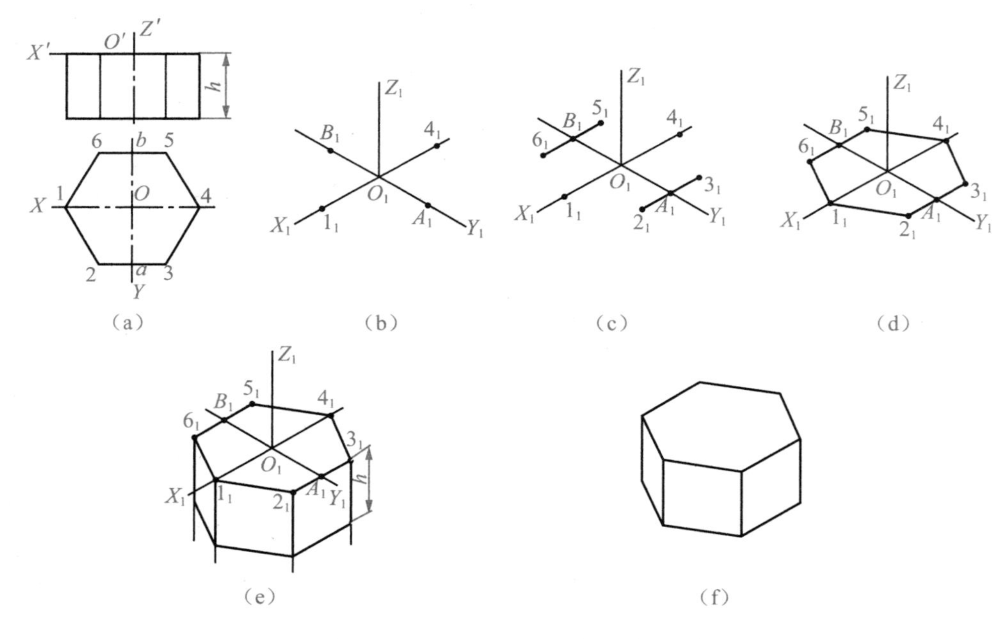

图 2-113　正六棱柱的正等轴测图画法

如图 2-113(a)所示为正六棱柱的正投影图，求作其正等轴测图的步骤如下：

①分析物体的形状，确定坐标原点和作图顺序。

由于正六棱柱的前后、左右对称，故把坐标原点定在顶面六边形的中心，如图 2-113(a)所示。

由于正六棱柱的顶面和底面均为平行于水平面的六边形，在轴测图中，顶面可见，底面不可见。为减少作图线，应从顶面开始画。

②画轴测轴，如图 2-113(b)所示。

③用坐标定点法作图。

画出六棱柱顶面的轴测图：以 O_1 为中点，在 X_1 轴上取 $1_14_1=14$，在 Y_1 轴上取 $A_1B_1=ab$，如图 2-113(b)所示。过 A_1、B_1 点作 O_1X_1 轴的平行线，且分别以 A_1、B_1 为中点，在所作的平行线上取 $2_13_1=23$，$5_16_1=56$，如图 2-113(c)所示。再用直线顺次连接 1_1、2_1、3_1、4_1、5_1 和 6_1 点，得顶面的轴测图，如图 2-113(d)所示。

画棱面的轴测图：过 6_1、1_1、2_1、3_1 各点向下作 Z_1 轴的平行线，并在各平行线上按尺寸 h 取点再依次连线，如图 2-113(e)所示。

完成全图：擦去多余图线并加深，如图 2-113(f)所示。

2)切割法：对于图 2-114(a)所示的垫块，可采用切割法作其正等轴测图。把垫块看成是一个由长方体被正垂面切去一块，再由铅垂面切去一角而形成。对于截切后的斜面上与三个坐标轴都不平行的线段，在轴测图上不能直接从正投影图中量取，必须按坐标作出其端点，然后再连线。其具体作图步骤如下：

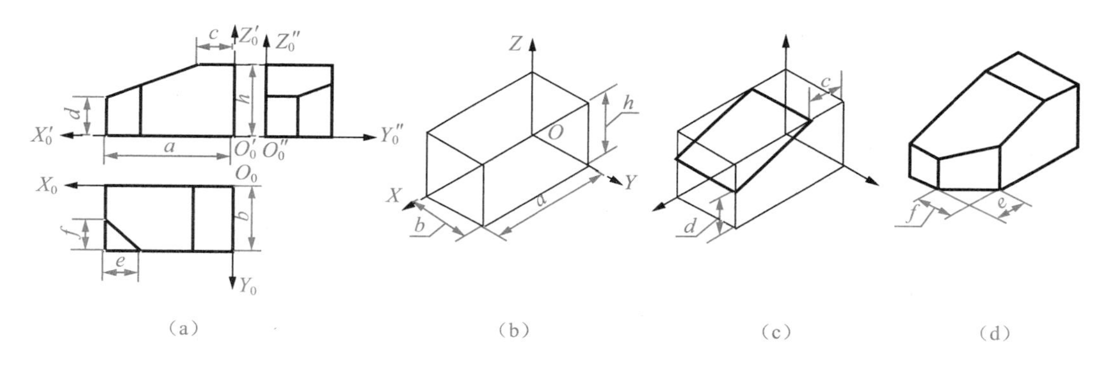

图 2-114　垫块的正等轴测图画法

①确定坐标原点 O(右后下角)和坐标轴，如图 2-114(a)所示。

②根据给出的尺寸 a、b、h 作出长方体的轴测图，如图 2-114(b)所示。

③倾斜线上不能直接量取尺寸，只能沿与轴测轴相平行的对应棱线量取 c、d，定出斜面上线段端点的位置，并连成平行四边形如图 2-114(c)所示。

④根据给出的尺寸 e、f 定出左下角斜面上线段端点的位置，并连成四边形。擦去多余作图线并描深，如图 2-114(d)所示。

(4)回转体的正等轴测图画法

画回转体的正等轴测图，一般都离不开画平行于投影面的圆的正等轴测图。由于正等轴测图的三个坐标轴都与轴测投影面倾斜，所以平行于投影面的圆的正等轴测图均为椭圆。

1)平行于投影面的圆的正等轴测图：如图 2-115 所示为采用四心圆弧法画平行于 H 面的圆的正等轴测图。其具体作图步骤如下：

①确定坐标轴并作圆外切正方形 $abcd$，如图 2-115(a)所示。

②作轴测轴 X_1、Y_1，并在 X_1、Y_1 上截取 $O_1\text{I}_1=O_1\text{II}_1=O_1\text{III}_1=O_1\text{IV}_1=D/2$，得

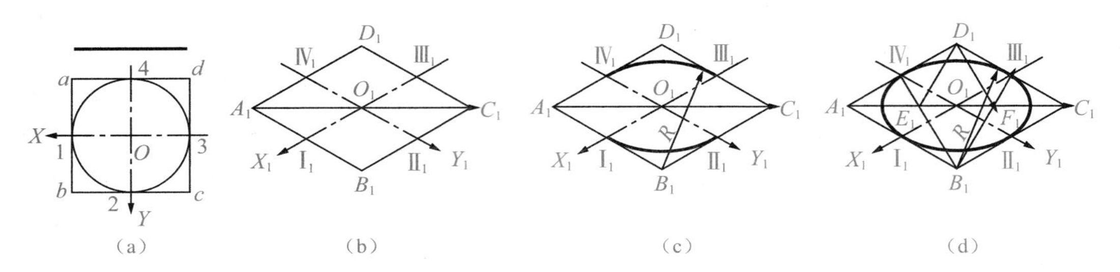

图 2-115　四心圆弧法画平行于 ***H*** 面的圆的正等轴测图

切点 I_1、II_1、III_1、IV_1，过这些点分别作 X_1、Y_1 平行线，得辅助菱形 $A_1B_1C_1D_1$，如图 2-115(b)所示。

③分别以 B_1，D_1 为圆心，$B_1\text{III}_1$ 为半径作弧 III_1IV_1 和 I_1II_1，如图 2-115(c)所示。

④连接 $B_1\text{III}_1$ 和 $B_1\text{IV}_1$ 交 A_1C_1 于 E_1、F_1。分别以 E_1、F_1 为圆心、$E_1\text{IV}_1$ 为半径作弧 I IV_1 和 II_1III_1，即得由四段圆弧组成的近似椭圆，如图 2-115(d)所示。

2)圆柱的正等轴测图：如图 2-116 所示，直立圆柱的轴线垂直于水平面，上、下底为两个与水平面平行且大小相同的圆，在轴测图中均为椭圆。根据圆的直径 ϕ 和柱高 h 作出两个形状、大小都相同，中心距为 h 的椭圆，然后作两椭圆的公切线即成，其具体作图步骤如下：

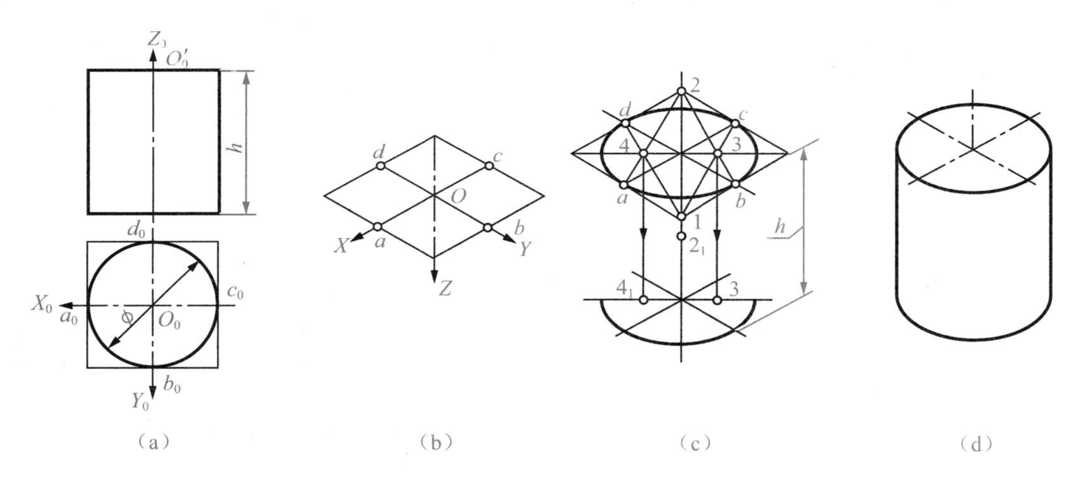

图 2-116　圆柱的正等轴测图画法

①以上底圆的圆心为原点 O_0，上底圆的中心线 O_0X_0、O_0Y_0、O_0Z_0 为坐标轴，作上底圆的外切正方形，得切点 a_0、b_0、c_0、d_0，如图 2-116(a)所示。

②作轴测轴和四个切点的轴测投影 a、b、c、d，过四点分别作 OX、OY 的平行线，得外切正方形的轴测菱形，如图 2-116(b)所示。

③过菱形顶点 1、2 连接 $1c$ 和 $2b$，与菱形对角线相交得交点 3，连接 $2a$ 和 $1d$ 得交点 4，则 1、2、3、4 各点即为作近似椭圆四段圆弧的圆心。以 1、2 为圆心，$1c$ 为半径作 cd 和 ab 弧，以 3、4 为圆心，$3b$ 为半径作 bc 和 da 弧，即为上底圆的轴测椭圆。将椭圆的三

个圆心 2、3、4 沿 Z 轴平移高度 h 作出下底椭圆(下底椭圆看不见的一半圆弧不必画出)，如图 2-116(c)所示。

④作两椭圆的公切线，擦去作图线，描深，如图 2-116(d)所示。

3)平行于基本投影面的圆角的正等轴测图画法：平行于基本投影面的圆角，实质上就是平行于基本投影面的圆的一部分。因此，可以用近似法画圆角的正等轴测图。特别是常见的 1/4 圆周的圆角，其正等轴测图恰好就是上述近似椭圆四段圆弧中的一段，如图 2-117 所示。下面以图 2-118(a)所示带圆角的长方体底板为例，说明其正等轴测图的画法，其具体作图步骤如下：

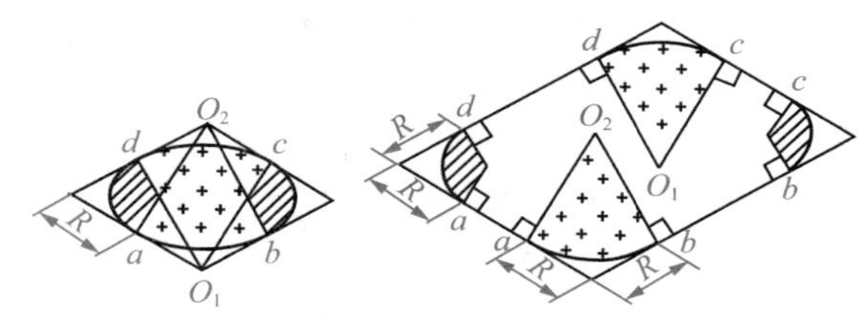

图 2-117 圆角的正等轴测图画法

①按图 2-118(b)画出图形，并按圆角半径 R 所在底板相应的棱线上找出切点 1、2 和 3、4 点。

②过切点 1、2 和 3、4 分别作切点所在直线的垂线，其交点 O_1、O_2 就是轴测圆角的圆心，如图 2-118(c)所示。

③以 O_1 和 O_2 为圆心，以 $O_1 1$ 和 $O_2 3$ 为半径作 12 和 34 弧，即得底板上顶面圆角的正等轴测图，如图 2-118(d)所示。

④将顶面圆角的圆心 O_1、O_2 及其切点分别沿 Z_1 轴下移底板厚度 H，再用与顶面圆弧相同的半径分别画圆弧，并作出对应圆弧的公切线，即得底板圆角的正等轴测图，如图 2-118(e)所示。

⑤擦除多余图线并描深，得到带圆角的长方形底板的正等轴测图，如图 2-118(f)所示。

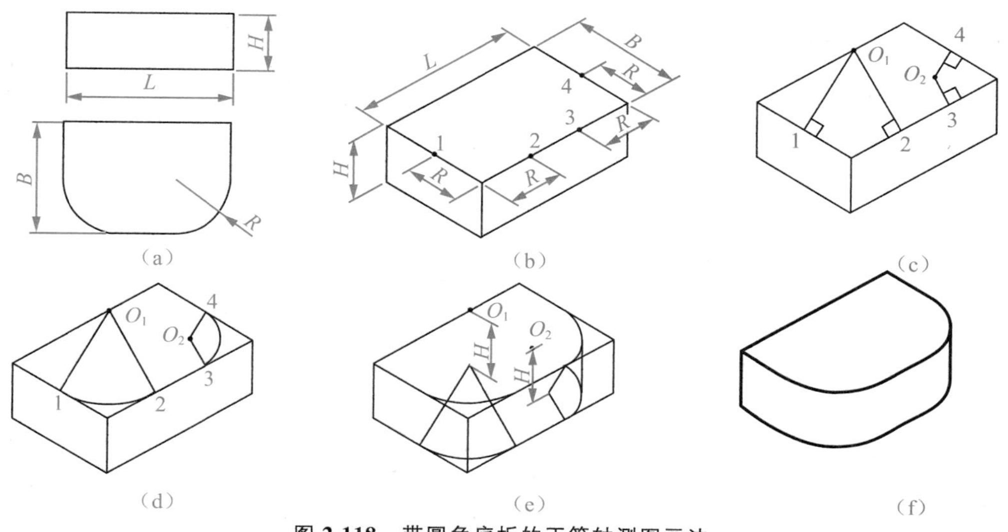

图 2-118 带圆角底板的正等轴测图画法

3. 斜二等轴测图

(1)轴间角和轴向伸缩系数

轴测投影面平行于一个坐标面(XOZ 面),投射方向倾斜于轴测投影面时,即得正面斜二轴测图。由于 XOZ 坐标面平行于 V 面,所以轴测轴 OX、OZ 分别为水平和铅垂方向,轴间角$\angle X_1O_1Z_1=90°$,轴向伸缩系数 $p=r=1$。而 OY 轴的方向和轴向伸缩系数将随着投射方向的改变而变化,通常取 $q=0.5$,OY 轴与水平线夹角为 45°,如图 2-119 所示。

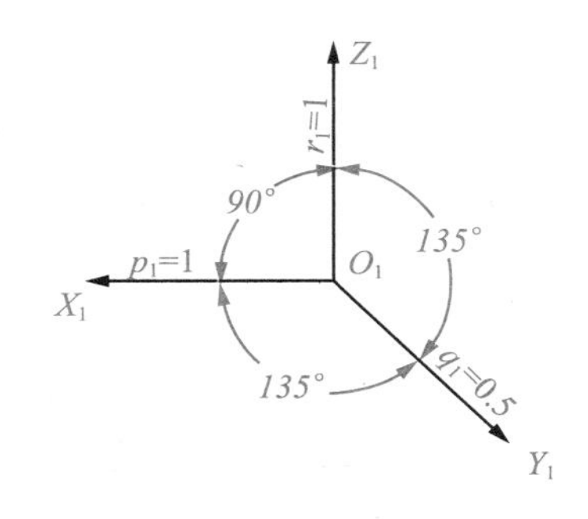

图 2-119 斜二等轴测图轴间角与轴向伸缩系数

(2)斜二等轴测图的画法

画斜二等轴测图通常从最前面的面开始,如图 2-120(a)所示支座,其斜二等轴测图的作图步骤如下:

1)选择坐标轴和原点,如图 2-120(a)所示。

2)画轴测轴,并画出与主视图完全相同的前端面的图形,如图 2-120(b)所示。

3)由 O_1 沿 OY 轴向后移 $L/2$ 得 O_2,以 O_2 为圆心画出后端面的图形,如图 2-120(c)所示。

4)画出其他可见轮廓线以及圆弧的公切线,描深,完成作图,如图 2-120(d)所示。

支座的斜二测图作法

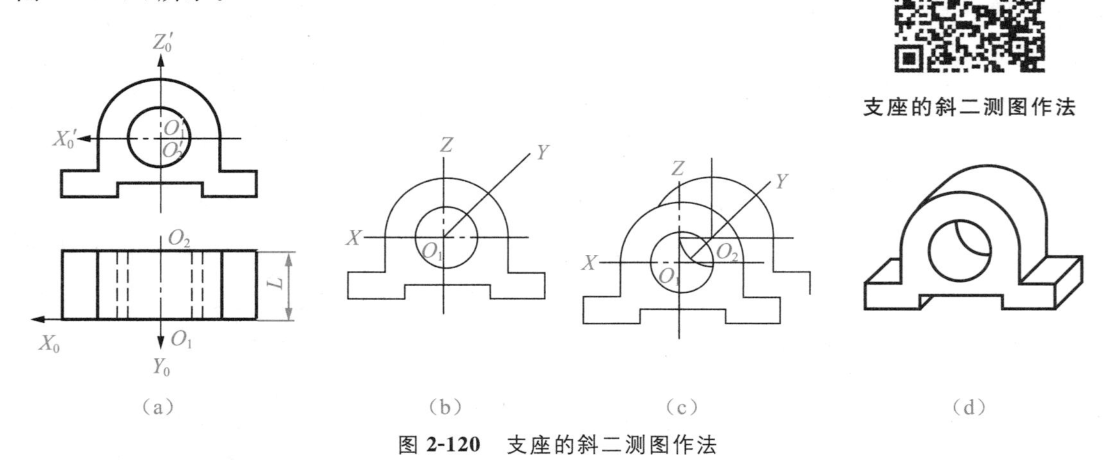

图 2-120 支座的斜二测图作法

实践操作

1. 形体分析

分析图 2-121 所示的视图,该支座由底板和立板两部分组成,可先将底板画出,再根据两部分的相对位置,利用叠加的方法画出立板及整体。

2. 作图

1)确定原点及坐标轴，如图 2-121 所示。

2)确定轴测轴，并画出底板外形的正等轴测图，如图 2-122 所示。

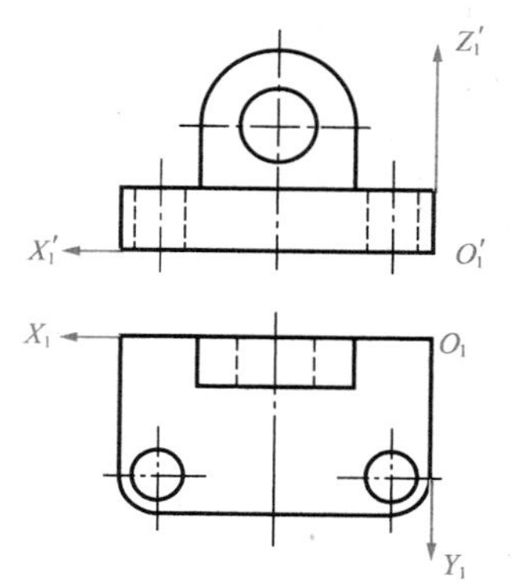

图 2-121　在视图中确定原点及坐标轴

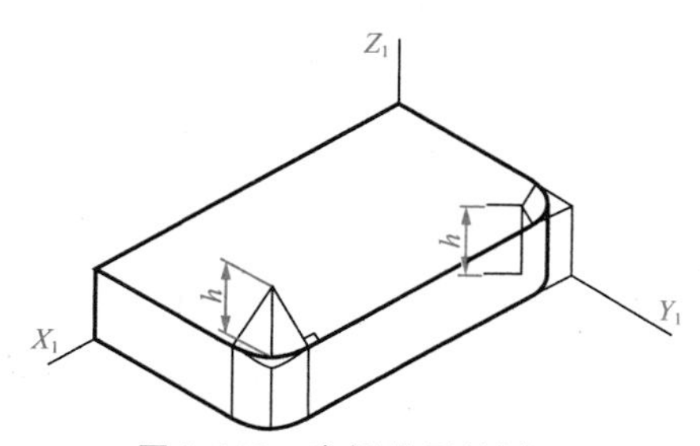

图 2-122　底板外形轴测图

3)根据底板和立板的相对位置，确定立板的左表面和前表面，绘制立板的正等轴测图，如图 2-123 所示。

4)完成底板和立板上圆角和圆柱孔的轴测投影。如图 2-124 所示，由于底板较厚，底板圆孔的下表面轮廓线被实体挡住，所以圆孔的下表面椭圆可以不画。而立板的宽度较小，圆孔后表面的轮廓线能通过通孔看到一部分，需要将看得见的部分画出。

5)检查、擦除多余线条并描深，完成全图，如图 2-125 所示。

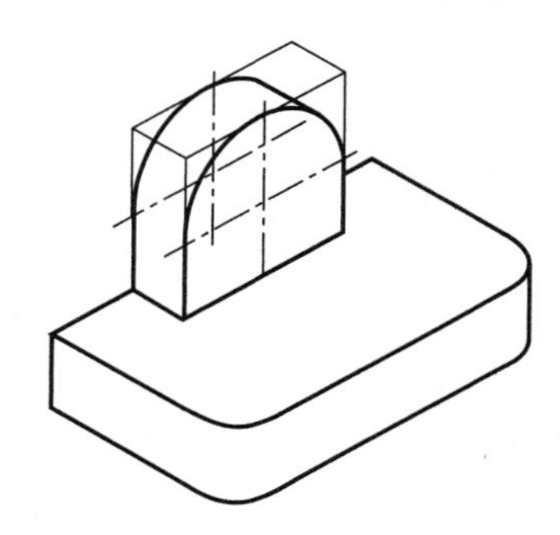

图 2-123　以底板上表面为基准绘制立板

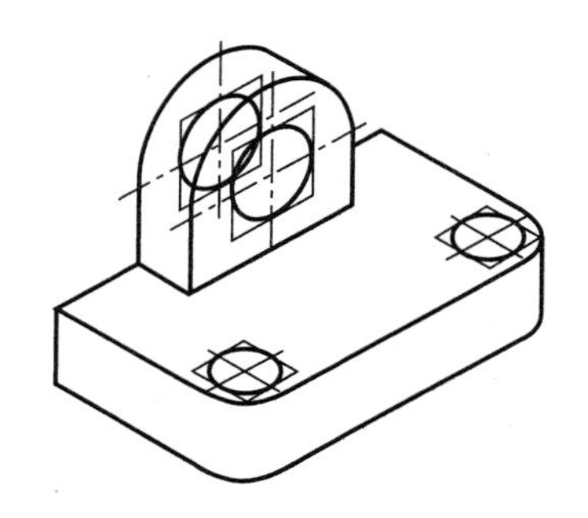

图 2-124　绘制底板及立板上圆角和圆柱孔

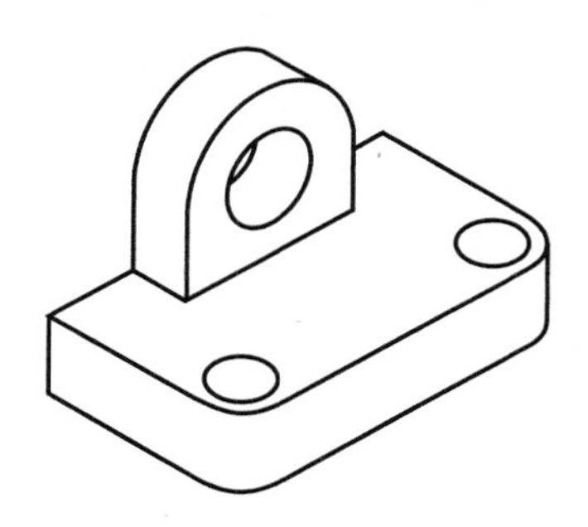

图 2-125　完成全图

操作训练

试绘制如图 2-126 所示组合体的斜二等轴测图。

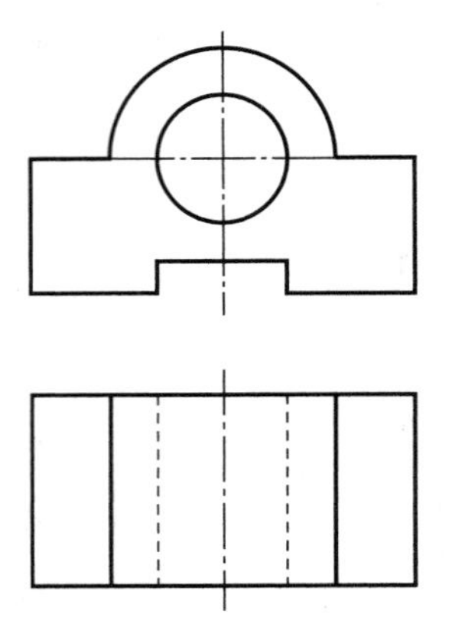

图 2-126　组合体视图

思考与练习

1)正等轴测图的轴向伸缩系数为____________，简化为____________，物体就被放大了____________倍。

2)当组合体上同一方向有若干个圆形结构时，适合用轴测图中的_______________，并且将圆形放置在________面上。

3)斜二等轴测图中，三个轴间角分别为__________。

任务检测

"绘制支座的轴测图"知识自我检测评分表

项目	考核要求	配分	评分细则	评分记录
轴测图基础知识	能理解轴测图的轴间角、轴向伸缩系数内容，掌握正等轴测图和斜二等轴测图的轴间角、轴向伸缩系数的大小	30 分	正确理解应用，每个知识点＋5分	
轴测图的绘制	会绘制各种基本几何体及简单组合体的轴测图	40 分	能正确画出几何体的轴测图，无多余和缺少的线＋40分	
轴测图种类的选用	会依据简单体的结构特点选择合适的轴测图种类	20 分	能合理选择最佳轴测图种类＋20分	
规范绘图	按照国标要求规范绘图	10 分	尺规正确使用，线形规范＋10 分	

模块3 机件的基本表示法

场景描述

如图 3-1 所示，在实际工程中，机件的结构和形状是千变万化的，对于复杂的机件，如果仍采用两视图或三视图来表达，就很难把机件的内外形状和结构准确、完整、清晰地表达出来。为了满足这些实际的表达要求，国家标准《技术制图》、《机械制图》中的"图样画法"规定了各种画法——视图、剖视图、断面图、局部放大图和简化画法。这些画法是表达机件的基本表示法。

图 **3-1** 机件

本模块我们将结合生产实例，学习机件的基本表示法，学会用辩证的观点，联系、变化、全面、发展地观察、分析和解决问题。通过学习和实践，养成自觉遵守标准规范的习惯，形成精益求精、团结合作、严谨细致的工作作风，树立爱岗敬业的工匠精神。

相关知识与技能点

1)视图的概念、基本视图、向视图、局部视图、斜视图的画法。

2)剖视图的概念、剖切面的分类、剖视图的种类、剖视图的画法。

3)断面图的概念、重合断面图和移出断面图的画法及标注。

项目1 运用视图表达机件的结构形状

知识目标

1. 熟悉基本视图的形成、名称和配置关系。
2. 掌握基本视图、向视图、局部视图和斜视图的画法与标注。

技能目标

1. 能用基本视图、向视图、局部视图、斜视图表达机件。
2. 能正确识读机件的视图。

任务1　运用基本视图表达管接头的结构形状

任务描述

如图 3-2 所示机件为管路系统中的二通管接头。由于机件的左右端法兰结构不同，要将其表达清楚，仅用前面学习的三视图表达显然不够理想，还要用到其他表达方法。

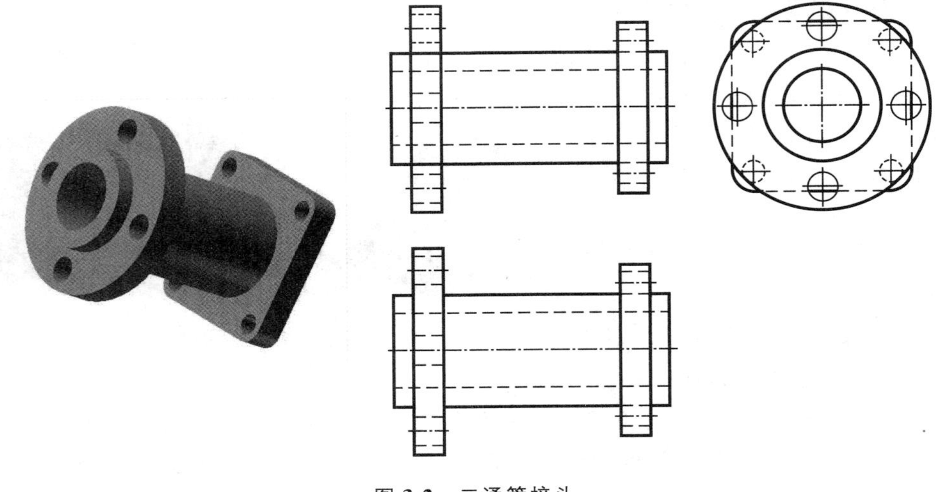

图 3-2　二通管接头

知识链接

1. 基本视图

基本视图是机件向基本投影面投射所得的视图。

(1)基本视图的形成和投影关系

基本视图有六个，它的形成过程如图 3-3和图 3-4 所示，首先将零件放在一个正六面投影体系中，分别向六个基本投影面进行投射，如图 3-3 所示。然后按图 3-4 所示的方法展开，得到的视图称为基本视图。

六个基本视图中，除了原来学过的主视图、俯视图、左视图三个视图外，新增加了右视图(由右向左投射得到的视图)、仰视图(由下向上投射得到的视图)和后视图(由后向前投射得到的视图)。

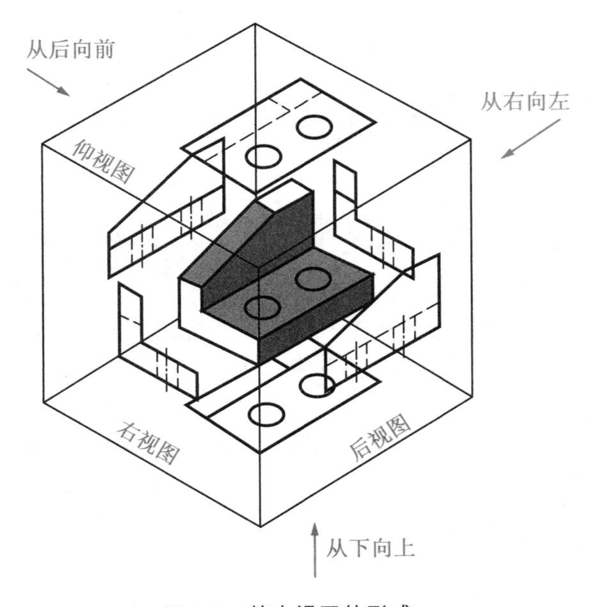

图 3-3　基本视图的形成

六个基本视图的投影关系仍然保持“长对正、高平齐、宽相等”的投影规律。

(2)基本视图的标注

基本视图按投影关系配置时，一律不标注视图的名称，如图 3-5 所示。

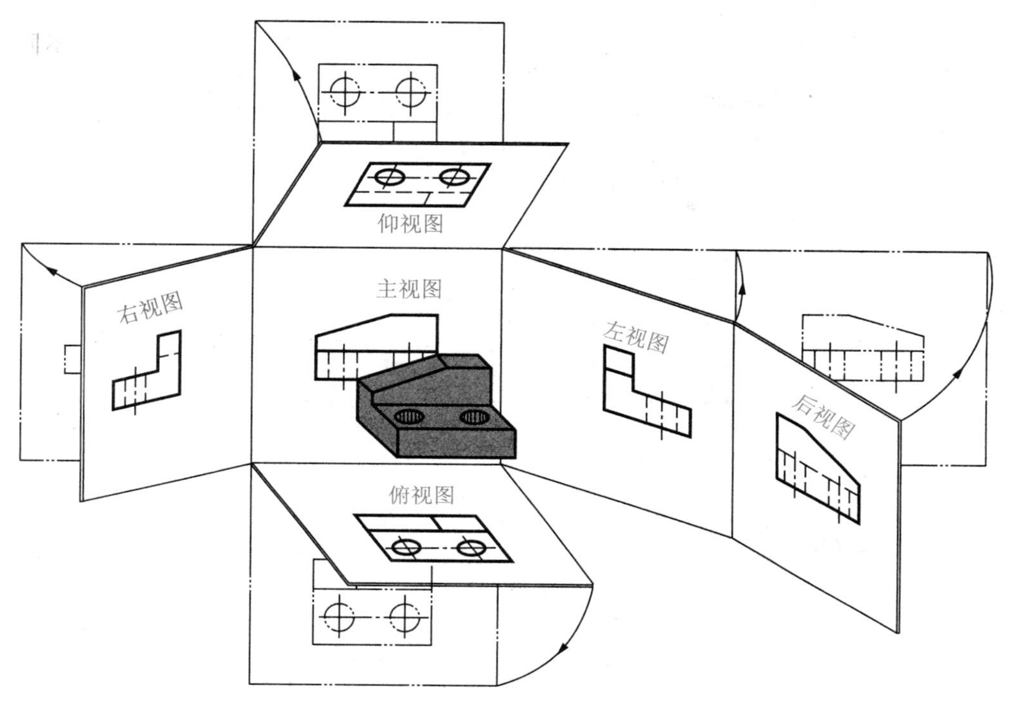

图 3-4 基本投影面的展开

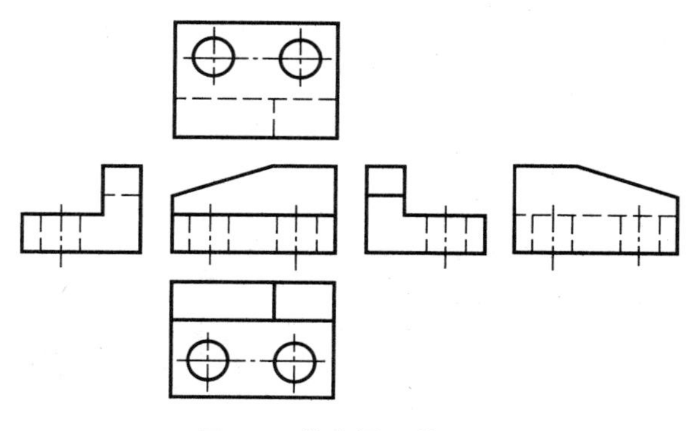

图 3-5 基本视图的配置

2. 向视图

由于六个基本视图的配置是固定的，并且有的零件的表达不需要绘制全部六个基本视图，这样就会给布图带来不便，因此国家标准规定了一种可以自由配置的视图，称为向视图。

向视图的标注：一般应在向视图的上方标出视图名称“X”（X为大写拉丁字母），并且在相应的视图附近用箭头指明投射方向，并注上同样的字母，如图 3-6 所示。为了读图方便，表示投射方向的箭头应尽可能配置在主视图上。

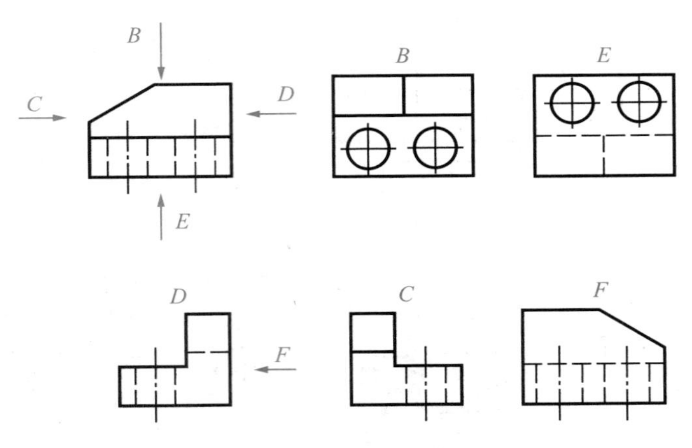

图 3-6 向视图及其标注

实践操作

(1)分析管接头结构形状，确定表达方案

如图 3-2 所示二通管接头的三视图可以看出，由于其左、右端法兰结构不同，采用主、俯、左三视图表达不合适，如果去掉俯视图，增加一个右视图来表达右侧的法兰结构，用主、左、右三个视图来表达该机件的结构形状将比较清楚。由于在右视图上，已经表达清楚右端法兰的结构，所以在左视图中表示该机件右端法兰结构的虚线可以省略不画，同样道理，在右视图上，表示该机件左侧圆形法兰的虚线可以省略不画。

(2)绘制管接头的视图

按三等规律“高平齐、宽相等”，分别绘制管接头的主视图、左视图和右视图，如图 3-7所示。

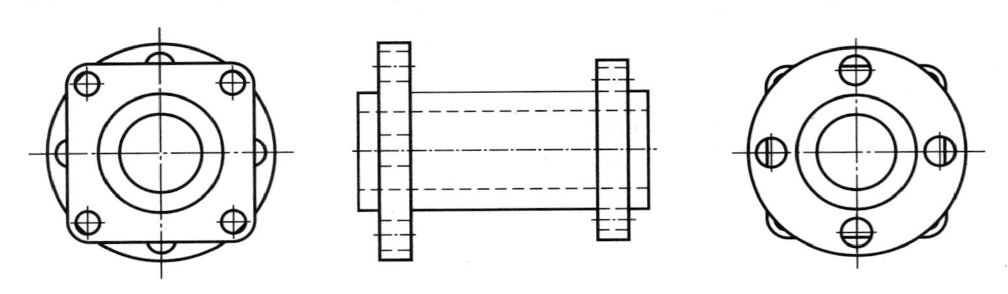

图 3-7 用主、左、右三个视图表达管接头

小提示：实际绘图时，不是任何机件都要求选用六个基本视图，除主视图外，其他视图的选取由机件的结构特点和复杂程度而定，在机件表达清楚的前提下，力求制图简便，选用几个必要的视图即可。视图一般只画出机件的可见部分，只有在必要时才用虚线画出其不可见部分。

操作训练

如图 3-8 所示，已知机件的主、俯、左视图，请你补画其他三个基本视图。

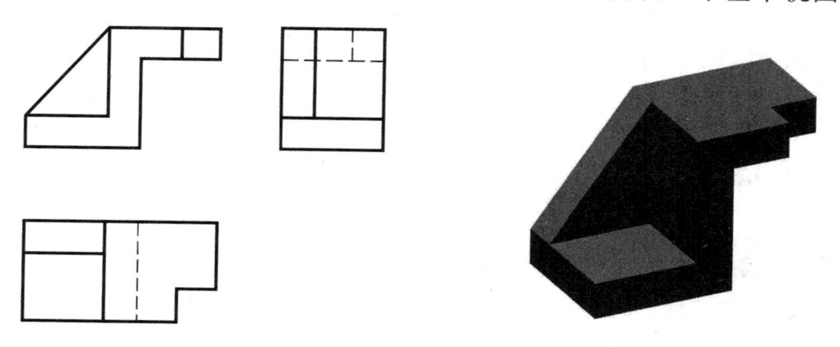

图 3-8　补画机件的右、后、仰视图

思考与练习

1）机件基本视图的选择原则是什么？

2）如图 3-9 所示，根据主、俯、左三视图，按箭头所指方向补画向视图，并进行标注。

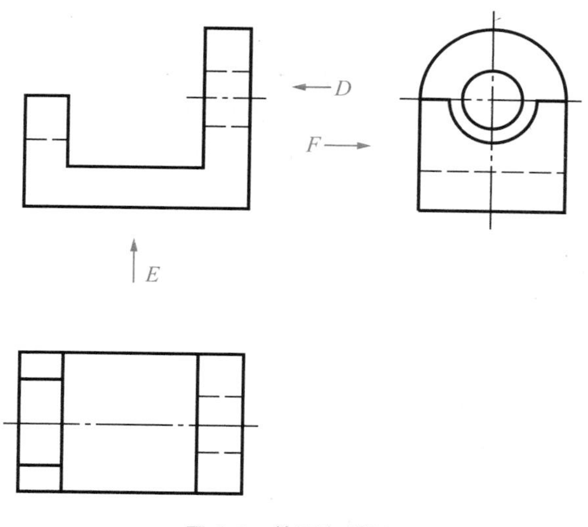

图 3-9　补画向视图

任务检测

"基本视图、向视图"知识自我检测评分表

项目	考核要求	配分	评分细则	评分记录
基本视图	能说出6个基本视图的名称及配置关系	30分	表述准确+30分	
	能够正确选择基本视图表达机件	40分	方案合理+10分；绘图正确+30分	
向视图	能正确选择和绘制向视图，标注正确	30分	绘图正确+20分；标注正确+10分	

任务2　运用局部视图和斜视图表达压紧杆

任务描述

如图3-10所示压紧杆，由于耳板是倾斜的，所以它的俯视图和左视图都不反映实形，表达不够清楚，画图困难，读图也不方便。我们应采用合理的视图来表达其结构形状。

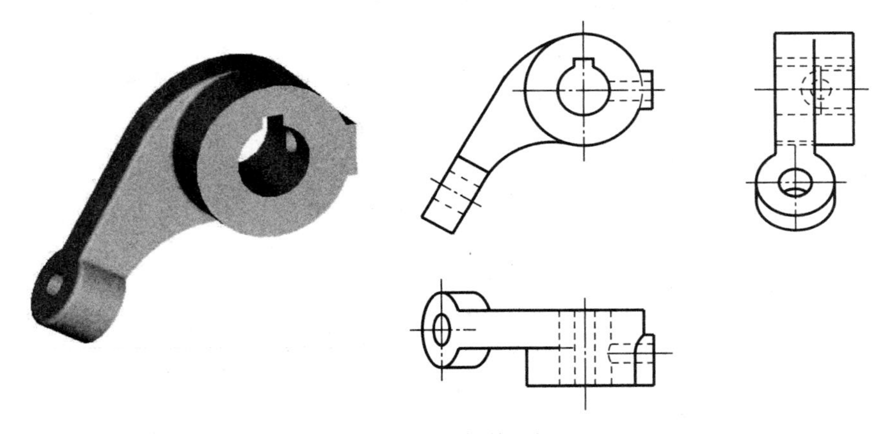

图3-10　压紧杆的三视图

知识链接

1. 局部视图

将机件的某一部分向基本投影面投射所得到的视图称为局部视图。

当机件的主要形状已经表达清楚，只有局部结构需要表达时，为了简化绘图，不必增加一个完整的基本视图，可以采用局部视图。

如图3-11所示的机件，用主、俯两个基本视图，其主要结构已经表达完整，但左、右两个凸台的形状不够清晰。若再画出其左、右两个视图，大部分投影重复；若只画出两个局部视图，就表达得更为简练、清晰，不仅便于看图和画图，而且符合国家标准中关于选用适当表达方法的要求。

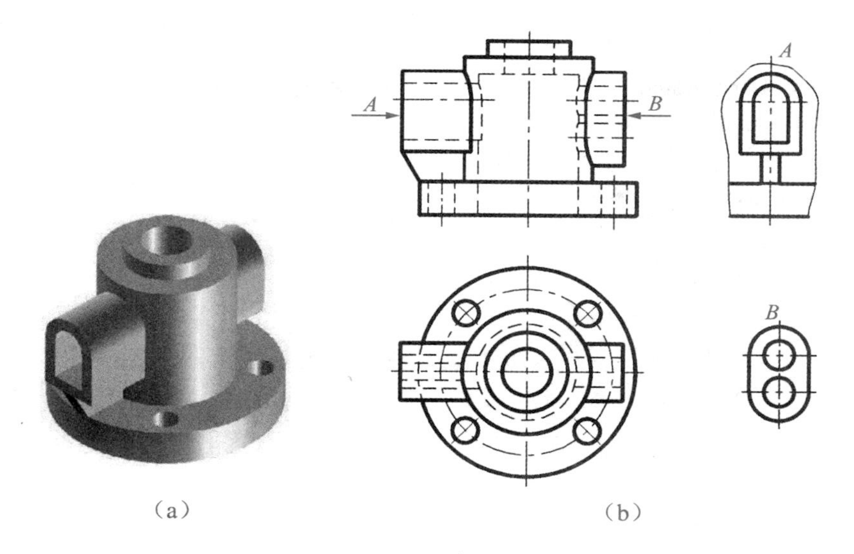

（a）　　（b）

图 3-11　局部视图

小提示：画局部视图时应注意以下两点：

1)为便于画图和看图，局部视图可按基本视图或向视图的配置形式配置。当局部视图按基本视图配置，中间又无其他图形隔开时，可省略标注，如图 3-11(b)所示的局部视图 A。当局部视图按向视图方式布置时，则按向视图的标注方法标注，如图 3-11(b)所示的局部视图 B。

2)局部视图的断裂边界一般用波浪线或双折线表示。如图 3-11(b)所示的局部视图 A。但当所表示的局部结构是完整的，且外形轮廓呈封闭状态时，波浪线可省略不画，如图 3-11(b)所示的局部视图 B。

2. 斜视图

将机件向不平行于基本投影面的平面投射所得到的视图称为斜视图。

如图 3-12(a)所示，当机件上有些结构与基本投影面倾斜时，在基本视图中就不能反映其真实形状。为了表达倾斜部分的实形，可设置一个与倾斜结构平行且垂直于一个基

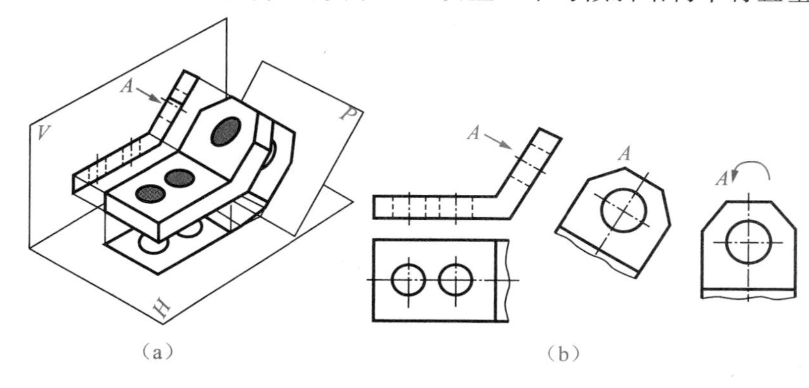

（a）　　（b）

图 3-12　斜视图

本投影面的辅助投影面，然后将该倾斜结构向辅助投影面进行正投影，即得斜视图。再将新投影面连同投影展开至与主视图在同一平面上，如图 3-12(b)所示。

小提示：画斜视图时应注意以下几点：

1)斜视图只用来表达机件上倾斜结构的真实形状，其断裂边界画波浪线，如图 3-12(b)中 A 视图所示。当所表达的倾斜结构是完整的，且外形轮廓呈封闭状态时，波浪线可以省略不画。

2)斜视图必须进行标注。一般用带字母的箭头指明投射方向，并在斜视图上方标注相应的字母，字母一定要水平书写，如图 3-12(b)所示。

3)斜视图一般配置在箭头所指的方向上，并保持投影关系。必要时也可配置在其他位置，也允许将斜视图旋转配置，但需要画出旋转符号(旋转符号为以字高为半径的半圆弧，用箭头表示旋转方向，字母在箭头端)，如图 3-12(b)所示。

实践操作

第 110 页图 3-10 所示压紧杆，为了清晰地表达其倾斜结构，按照图 3-13(a)箭头所示投射方向，得到 A 向斜视图来表达倾斜结构的实际形状。也可以把 A 向斜视图移到合适位置并转正画出，如图 3-13(b)所示。

该机件右端有一凸台，为了表达凸台的真实形状，采用 B 向局部视图来表达，如图 3-13(a)中的 B 向局部视图。由于表示该局部结构的图形是完整的，且外部轮廓又成封闭状态，因此波浪线省略不画。采用图 3-13 所示的一个主视图、一个斜视图和两个局部视图表达该机件，比图 3-10 采用三个视图表达显得更为清晰合理。

想一想：图 3-13(a)和图 3-13(b)哪个布局更为合理？理由是什么？

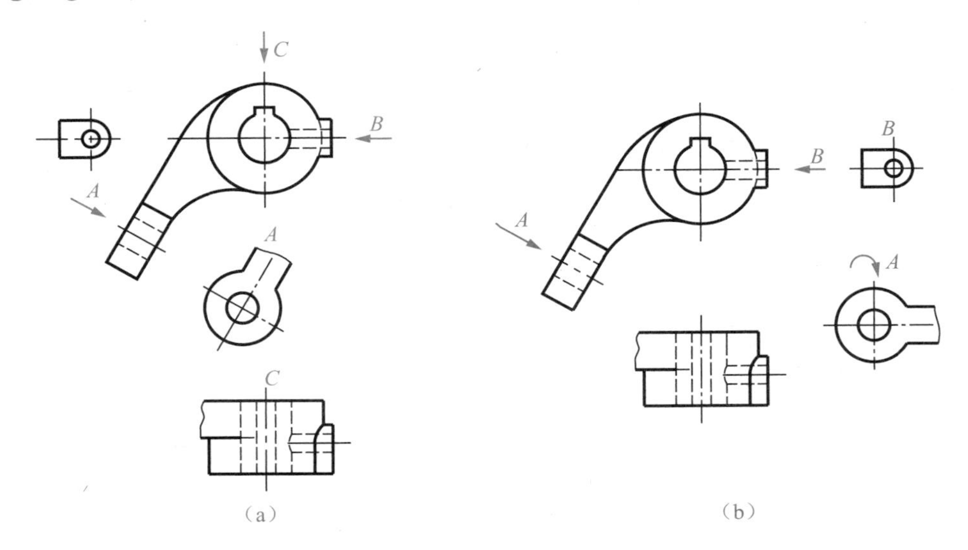

图 3-13　压紧杆结构形状的视图表达

操作训练

如图 3-14 所示，根据两视图，画出斜视图和局部视图。

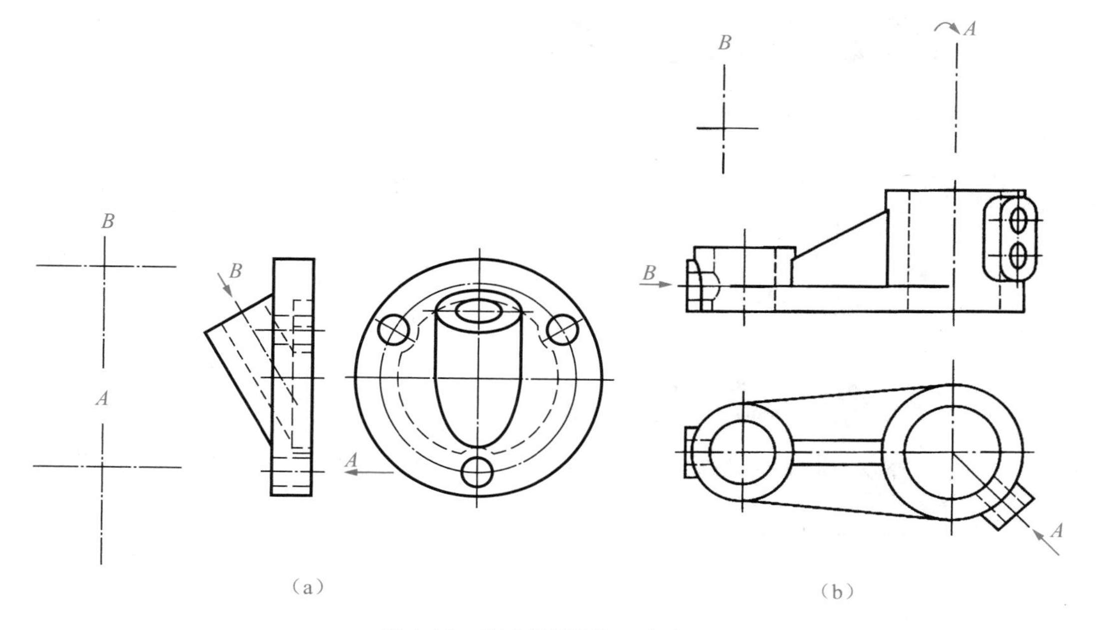

图 3-14　补画斜视图和局部视图

思考与练习

1)向视图、局部视图和斜视图分别适用于什么场合？它们的配置形式及标注各有什么要求？

2)绘制局部视图和斜视图应注意的事项有哪些？试分述之。

3)图 3-13(b)有俯视图吗？

任务检测

"局部视图、斜视图"知识自我检测评分表

项目	考核要求	配分	评分细则	评分记录
局部视图	理解局部视图的概念、适用范围	10 分	理解准确，描述恰当＋10 分	
	熟悉局部视图的画法和标注	40 分	能正确识读＋15 分；绘制局部视图＋20 分；标注正确＋5 分	
斜视图	理解斜视图的概念、适用范围	10 分	理解准确，描述恰当＋10 分	
	熟悉斜视图的画法和标注	40 分	能正确识读＋15 分；绘图正确＋20分；标注正确＋5 分	

项目2 运用剖视图表达机件结构形状

1. 理解剖视的概念，了解剖切面的种类，剖视图的种类。
2. 掌握画剖视图的方法和剖视图的标注。
3. 掌握与基本投影面平行的单一剖切面的全剖视图、半剖视图和局部剖视图的画法和标注。
4. 了解斜剖视、几个互相平行的剖切平面的剖视图和几个相交剖切平面的剖视图的画法和标注。

1. 能熟练绘制与基本投影面平行的单一剖切面的全剖视图、半剖视图和局部剖视图。
2. 掌握识读剖视图的方法和步骤。

任务1 用剖视图表达支座的结构形状

任务描述

用视图表达机件形状时，对于机件上看不见的内部形状(如孔、槽等)，用虚线表示。如果机件的内、外形状比较复杂，则图中出现虚、实线交叉重叠，既不便于看图，也不便于画图和标注尺寸。如图3-15所示支座，仅用视图表达其形状显然是不够的，为了能够清楚地表达出机件的内部形状，在机械制图中常采用剖视的方法。本任务我们来学习剖视图的基本知识及表达方法。

(a)

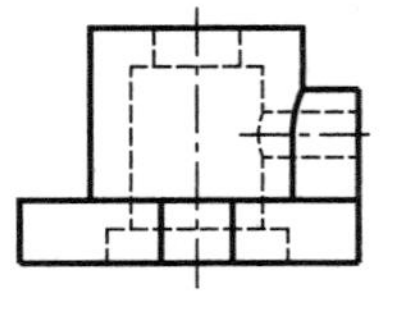
(b)

图3-15 支座的三视图

知识链接

1. 剖视图的基本概念

(1)剖视图的形成

假想用剖切面剖开机件，将处在观察者与剖切面之间的部分移走，而把其余部分向投影面投射所得到的图形，称为剖视图，简称剖视。如图 3-16 所示。

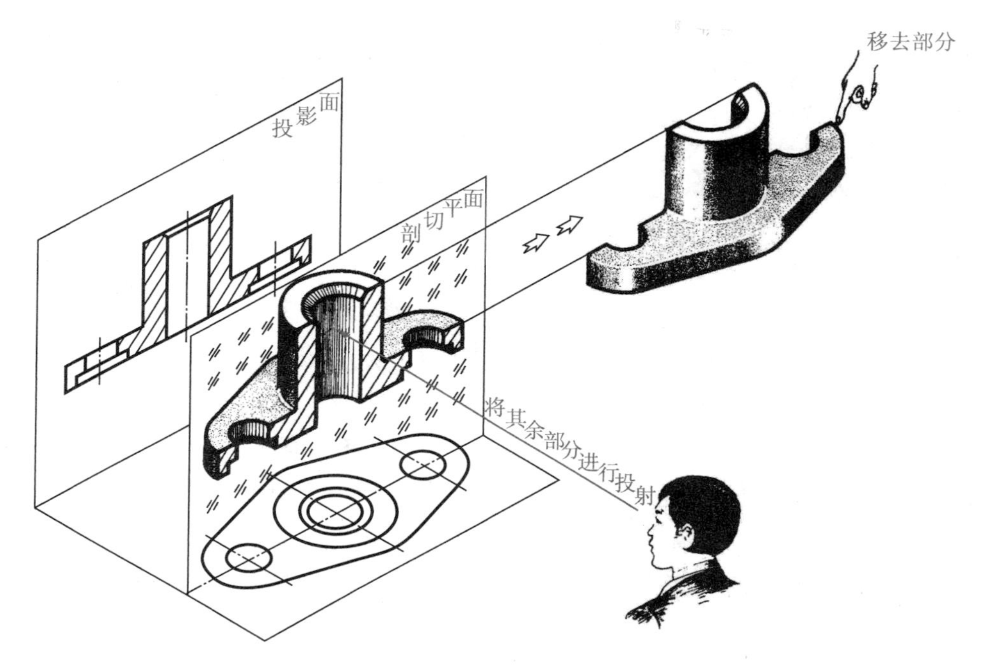

图 3-16　剖视图的形成

(2)剖视图的画法

1)如图 3-17 所示，剖切平面的位置一般选择所需表达零件的内部结构的对称面，并且平行于基本投影面。

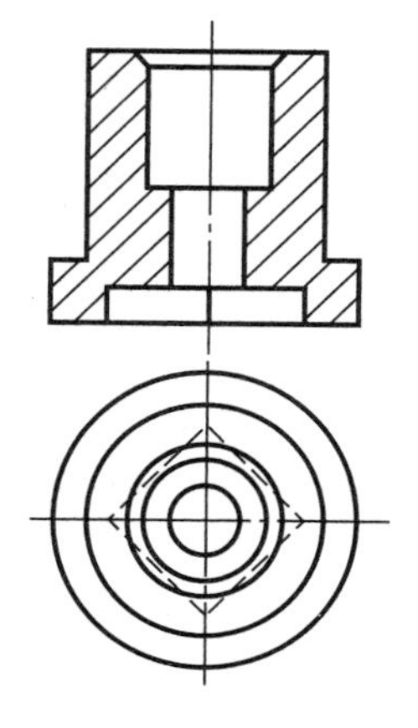

图 3-17　剖视图的画法

2)剖切平面后边的可见轮廓线要全部画出，不能出现漏线和多线，如图 3-18 所示。

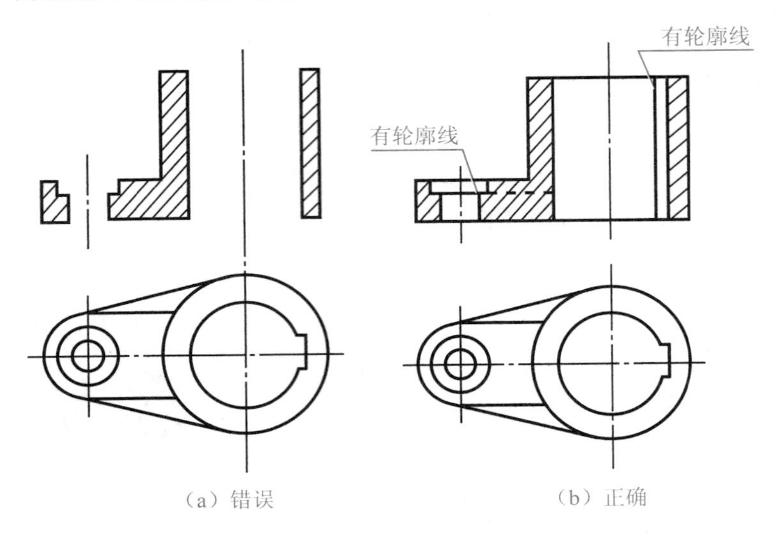

图 3-18 剖视图常见错误(一)

3)画剖视图时将机件剖开是假想的，并不是真正将机件切掉一部分，所以除了剖视图以外，零件的其他视图仍然按完整的形状绘制，如图 3-19 所示。

4)剖视图中，凡是已经表达清楚的结构，虚线应省略不画。但必要时仍可画出，如图 3-17 俯视图的虚线就必须画出，否则底部的方孔就不能表达清楚，误以为圆孔。

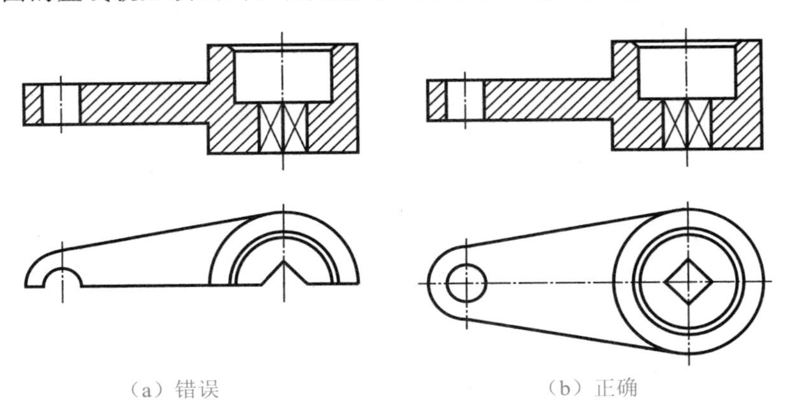

图 3-19 剖视图常见错误(二)

为了区别机件内部的空与实，剖切平面与机件相交的实体剖面区域应画出剖面符号，如图 3-17 所示。因机件的材料不同，剖面符号也不相同，画图时应采用国家标准所规定的剖面符号，常见材料的剖面符号如表 3-1 所示。

表 3-1　不同材料的剖面符号(摘自 GB/T 17453—1998)

材料	图示	材料	图示
金属材料 (已有规定剖面符号者除外)		木质胶合板(不分层数)	
线圈绕组元件		基础周围的泥土	
转子、电枢、变压器和电抗器等的叠钢片		混凝土	
非金属材料 (已有规定剖面符号者除外)		钢筋混凝土	
型砂、填砂、粉末冶金、砂轮、陶瓷刀片、硬质合金刀片等		砖	
玻璃及供观察用的其他透明材料		格网(筛网、过滤网等)	
木材　纵剖面		液体	
木材　横剖面			

不需要在剖面区域中表示材料类别时，可采用通用剖面线表示，通用剖面线应以适当角度的细实线绘制，最好与主要轮廓线或剖面区域的对称线成 45°，如图 3-20 所示。对于同一机件，剖面线的倾斜方向应一致，间隔要相同，如图 3-21 所示。

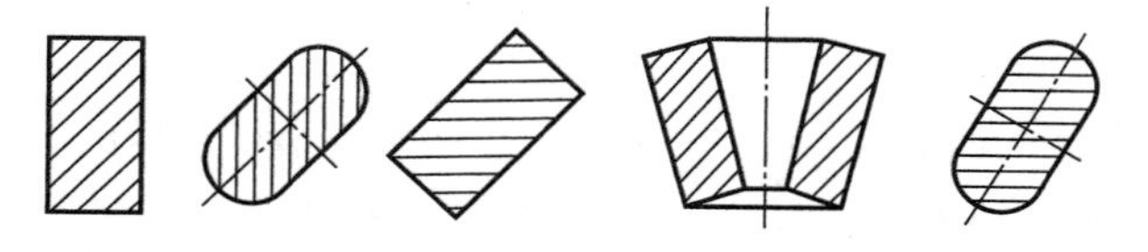

图 3-20　通用剖面线的画法

当图形中的主要轮廓线与水平线成 45°时，该图形的剖面线应画成与水平线成 30°或 60°的平行线，如图 3-22 所示。

(3)剖视图的标注

为了便于识读，剖视图一般都要进行标注。在相应的视图上标注表示剖切位置的符号(两端各画一粗实线短画)，并在两端注有字母和表示投射方向的箭头，在剖视图上方用字母标出剖视图的名称“*X*—*X*”，如图 3-21、图 3-22 所示。当剖视图按投影关系配置，中间又没有其他图形隔开时，可以省略箭头，如图 3-21、图 3-22 所示。

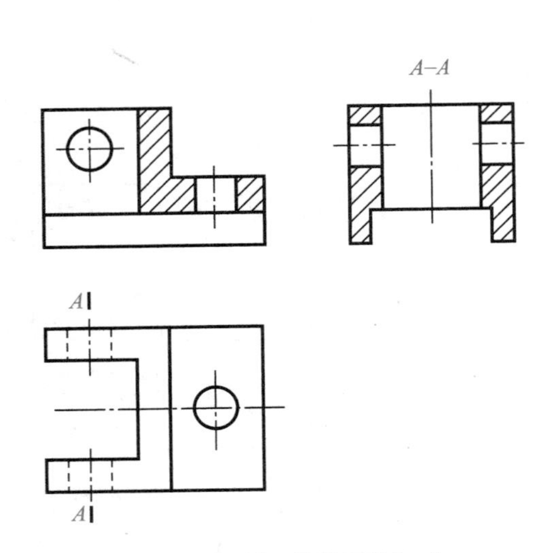

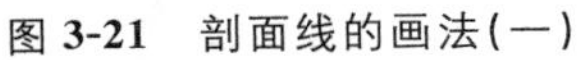
图 3-21 剖面线的画法(一)

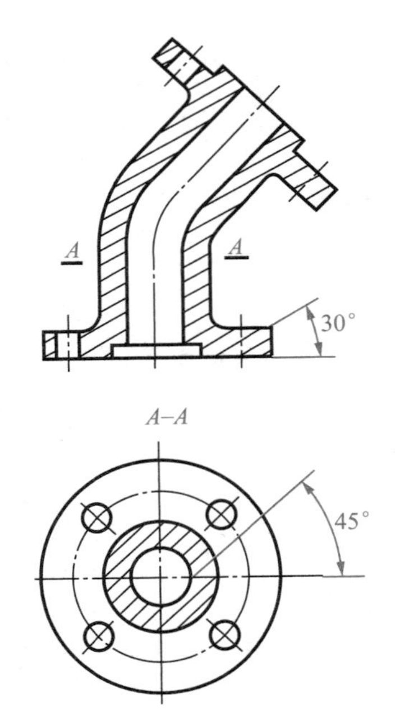

图 3-22 剖面线的画法(二)

2. 剖视图的种类

按机件被剖切范围的大小划分，剖视图可分为全剖视图、半剖视图和局部剖视图三种。

(1)全剖视图

用剖切面完全地剖开机件所得的剖视图，称为全剖视图，如第 115 页图 3-16、第 115 页图 3-17、图 3-22所示的主视图全部为全剖视图。

全剖视图主要用于表达内部形状复杂、外形比较简单或外形已在其他视图上表达清楚的机件，如图 3-16 所示。

(2)半剖视图

当机件具有对称平面时，在垂直于对称平面的投影面上所得到的视图，可以对称中心线为界，一半画成剖视图，另一半画成视图，这样组合的图形称为半剖视图，如图 3-23所示。

半剖视图主要适用于内外形状都需要表示的对称零件，如图 3-23 所示。

小提示：画半剖视图，应注意以下几点：

1)半个视图与半个剖视图的分界线应是点画线而不应画成粗实线，如图 3-23 所示。

2)由于半个剖视图已将机件内部结构表示清楚，半个视图中就不应再画出虚线；但对于孔或槽等，应画出中心线，如图 3-23(d)主视图右下角所示。如果机件的轮廓线恰好与点画线重合，则不能采用半剖视图，如图 3-24 所示。

3)当机件形状接近于对称，而不对称部分已在其他图形中表达清楚，这时也可以画成半剖视图，如图 3-25 所示。

半剖视图的标注方法与剖视图相同，如图 3-23 所示。

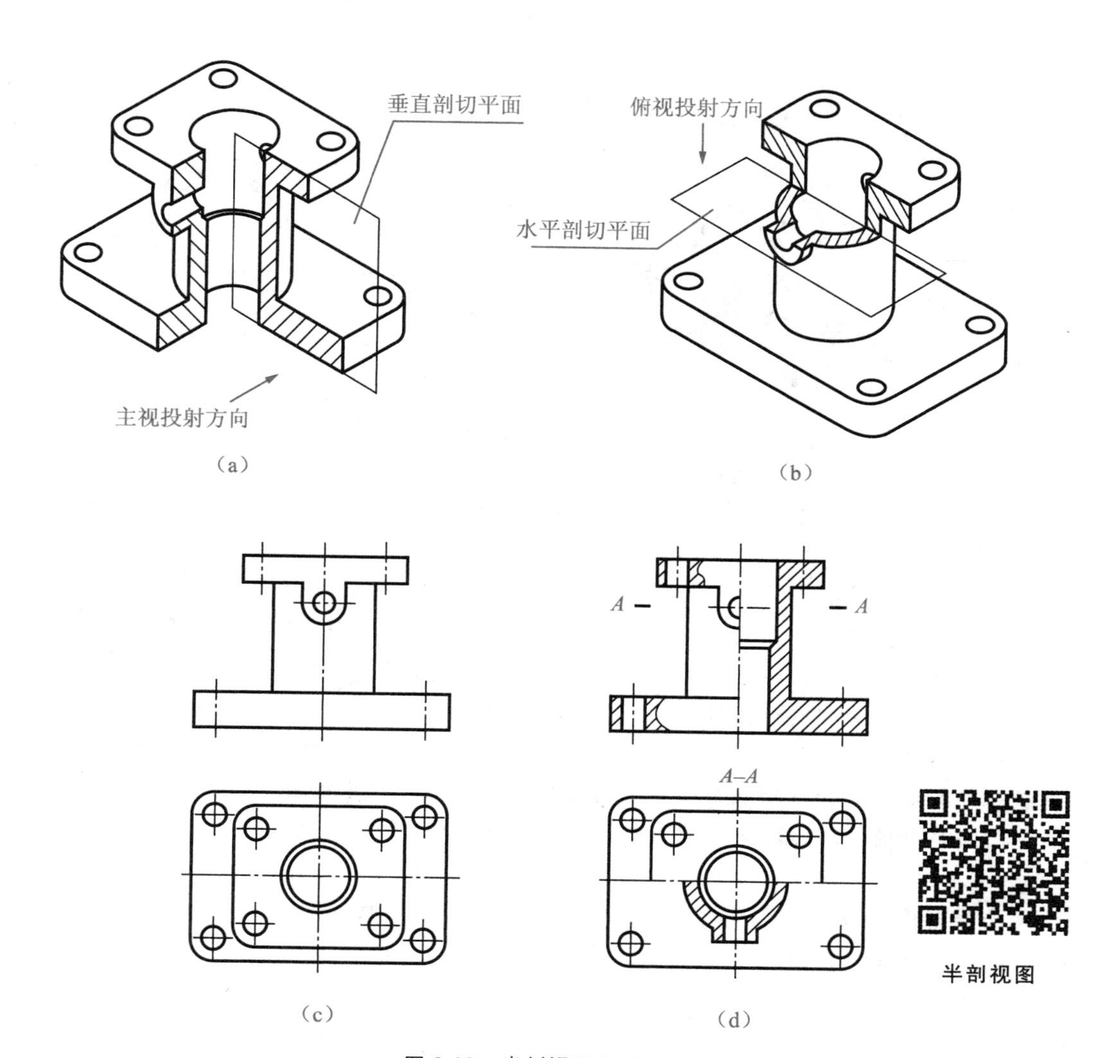

图 3-23　半剖视图(一)

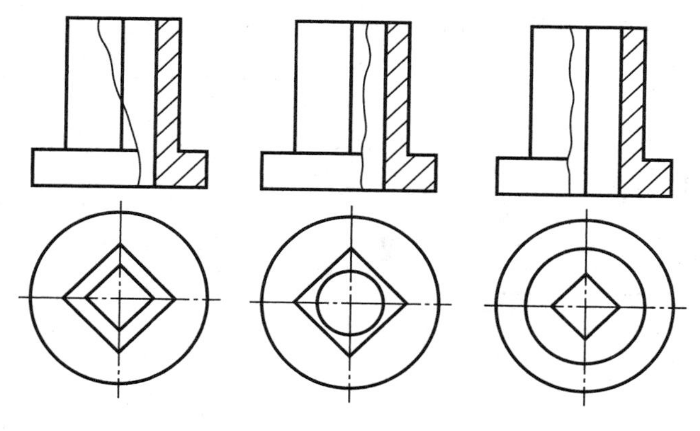

图 3-24　半剖视图(二)

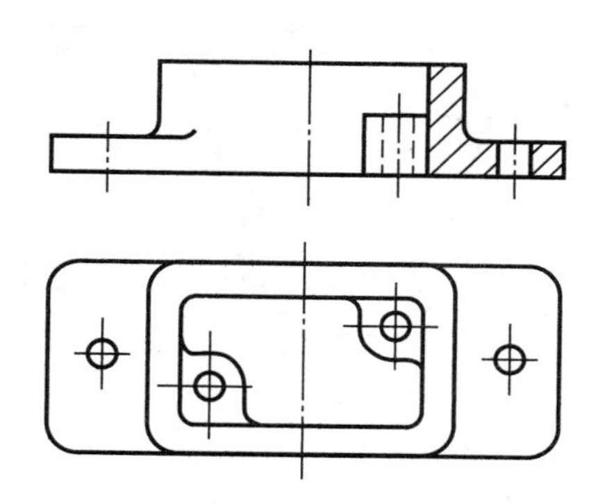

图 3-25　基本对称机件的半剖视图

(3)局部剖视图

用剖切面局部剖开机件所得的剖视图，称为局部剖视图，如图 3-26 所示。

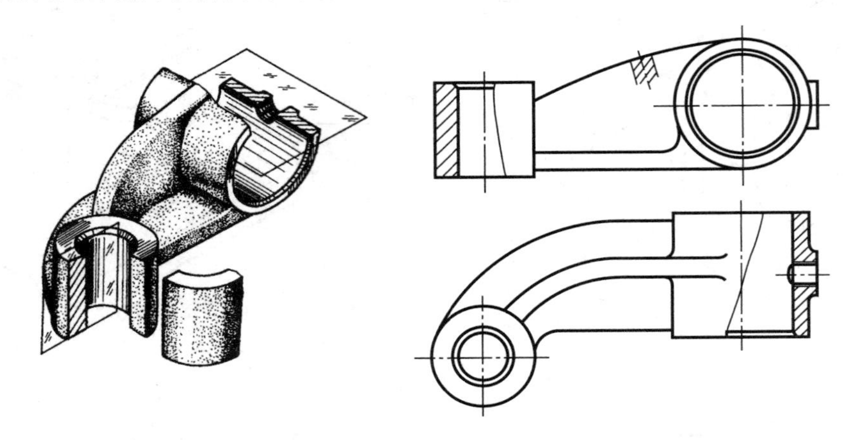

图 3-26 局部剖视图

局部剖视图是一种较为灵活的表达方法，适用于既要表达机件的内部形状，又要保留机件的部分外形，或不宜采用全剖视或半剖视的场合。

小提示：画局部剖视图时，应注意以下几点：

1)局部剖视图中剖开部分与原视图之间用波浪线或双折线分界。波浪线或双折线应画在机件的实体部分，不能超出视图的轮廓线或与图样上其他图线重合，如图 3-27 所示。

2)当被剖的局部结构为回转体时，不宜将该结构的中心线作为局部剖视图与视图的分界线，如图 3-28 所示。

局部剖视图的标注：与剖视图要求相同，当单一剖切面的剖切位置明显时，局部剖视图可省略标注，如图 3-27、图 3-28 所示。

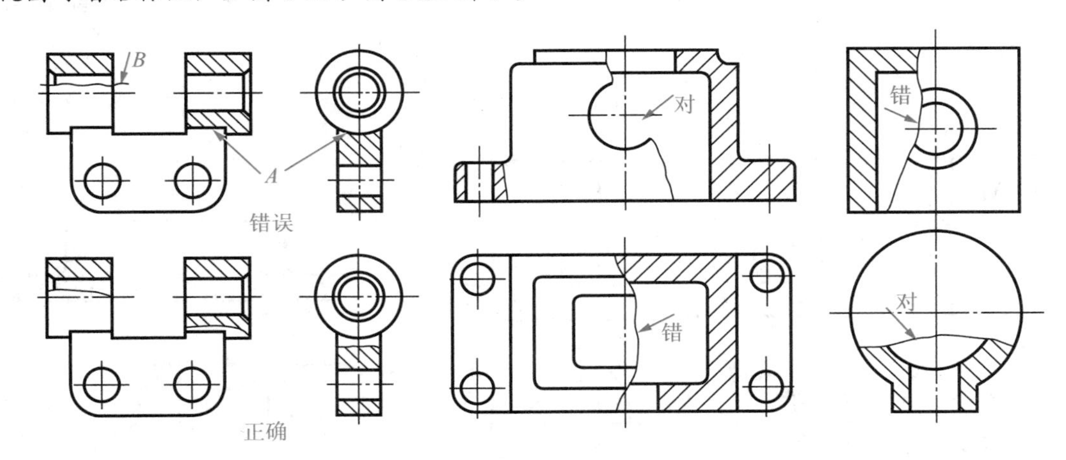

图 3-27 局部剖视图的画法

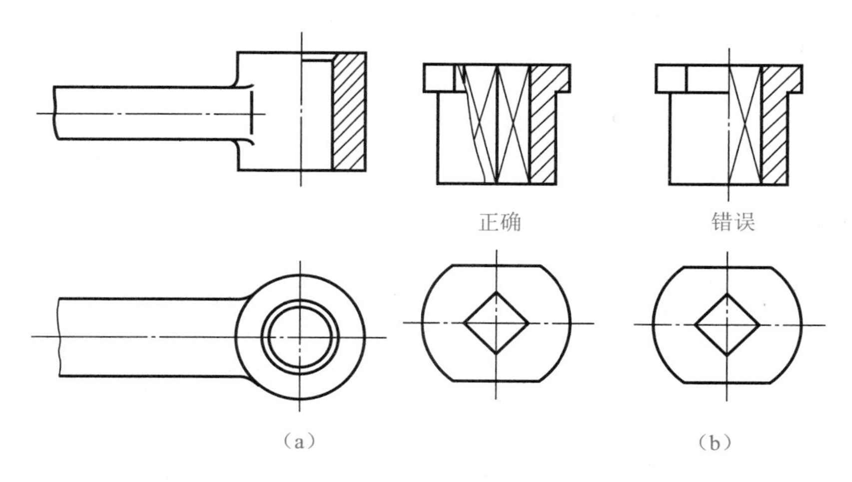

图 3-28 局部剖视图的标注

实践操作

1. 分析支座的结构形状

该支座由圆柱体、底板和凸台三部分组成。圆柱体内有上下三个层次的同轴阶梯孔；底板前面被正平面截掉一块，两侧有矩形缺口；凸台位于底板之上，与前端面平齐，并与圆柱体相交，凸台上的小圆柱孔与圆柱体阶梯孔相贯。采用剖视图来表达该机座的内部结构能使图形更加清晰，便于看图和标注尺寸。

2. 确定表达方案，绘制支座的三视图

该支座左右对称，且其内外结构均需要表达，所以主视图采用半剖视图；左视图采用全剖视图，主要表达支座的内形，包括表示凸台上小圆孔与圆柱阶梯孔的相贯情况；俯视图采用局部剖视图，主要表示支座内部阶梯孔及凸台上的小圆柱孔，如图 3-29 所示。

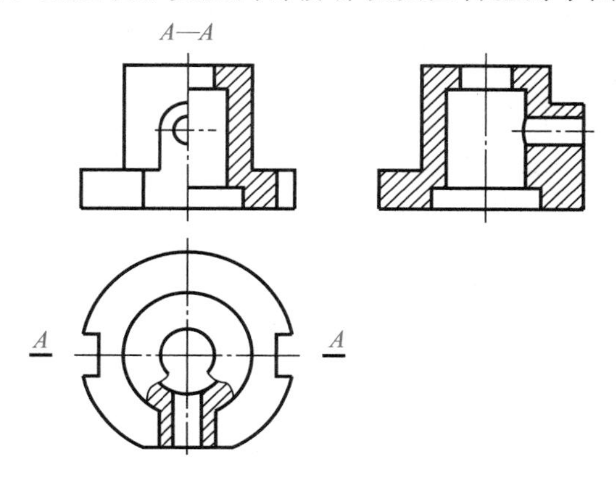

图 3-29 支座结构形状的表达方案

操作训练

将图 3-30 所示机件的主视图改画成半剖视图，俯视图改画成局部剖视，并补画全剖的左视图。

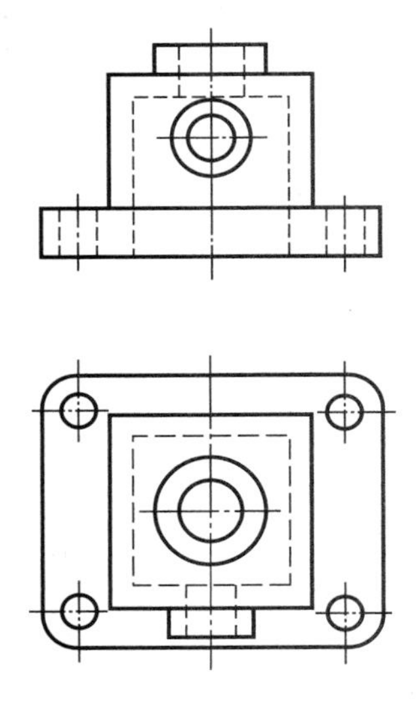

图 **3-30**　机件的表达方案

思考与练习

1)补画如图 3-31 所示剖视图中漏画的图线。

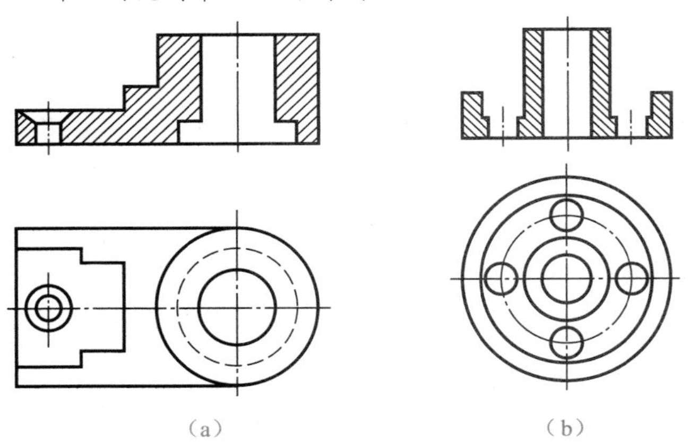

图 **3-31**　补画剖视图漏线

2)分析如图 3-32 所示剖视图中的错误，并在指定位置画出正确的剖视图。

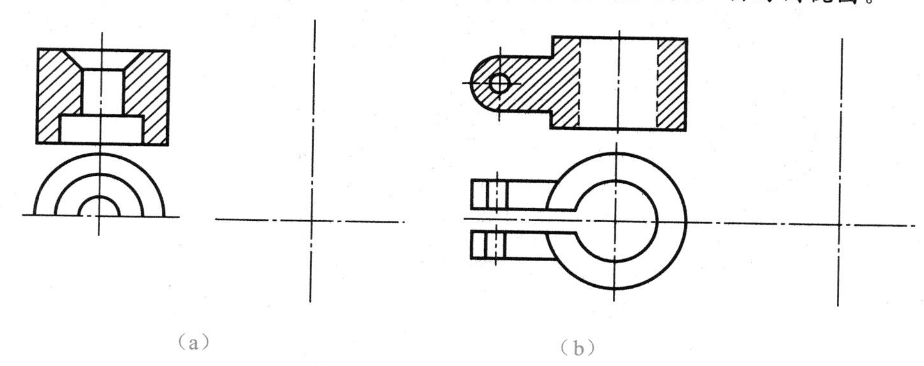

图 3-32　改画错误剖视图

任务检测

"剖视图"知识自我检测评分表(一)

项目	考核要求	配分	评分细则	评分记录
剖视图	能理解剖视的概念	10 分	能正确解读概念＋10 分	
	能正确绘制与基本投影面平行的单一剖切面的全剖视图、半剖视图、局部剖视图	30 分	表达方案合理＋10 分；投影正确＋15 分；图面＋5 分	
	能对剖视图进行正确标注	10 分	标注合理、规范＋10 分	
	能根据已知视图画出需要的剖视图	20 分	投影正确，无多、漏图线＋20 分	
	能够正确识读剖视图	30 分	判读无误＋30 分	

任务 2　用剖视图表达四通管的结构形状

任务描述

机械零件的功能各异，形状千变万化，当我们遇到形状复杂的机件时，应综合运用所学习过的视图表达方案进行合理表达，力求做到视图清晰。如图 3-33 所示四通管，其外部结构我们运用基本视图、向视图、局部视图来表达是可以实现并能表达清晰的；但对于其内部结构，由于左右两个支管不在同一高度，前后方向

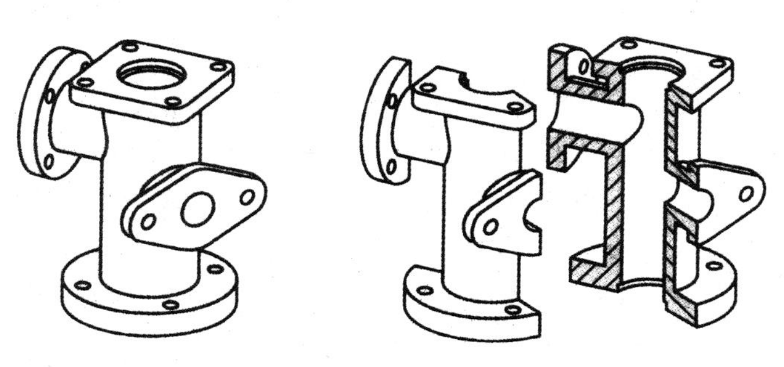

图 3-33　四通管

不在同一平面上，且其结构形状不同，所采用的剖切方法也不一样，无论采用全剖视图、半剖视图或是局部剖视图，仅仅依靠一个剖切平面是无法表达清楚内部结构的。因此国家标准规定在剖切时可采用三种剖切面剖开机件：单一剖切面、几个平行的剖切面、几个相交的剖切面。本任务我们来认识剖切面的种类及其应用。

知识链接

剖切面的种类

1. 单一剖切面

单一剖切面通常指仅用一个剖切面剖开机件。前面介绍的全剖视图、半剖视图和局部剖视图的图例均为采用单一剖切面的剖视图，这种剖切方式应用较多。

如图 3-34 中是采用单一剖切平面剖切得到的剖视图。如图 3-35 中是采用单一剖切柱面剖切得到的剖视图。当采用柱面剖切时，剖视图应展开画，标注方法同剖视图标注。当剖切平面通过机件对称面时，可以省略一切标注，如图 3-17 所示。

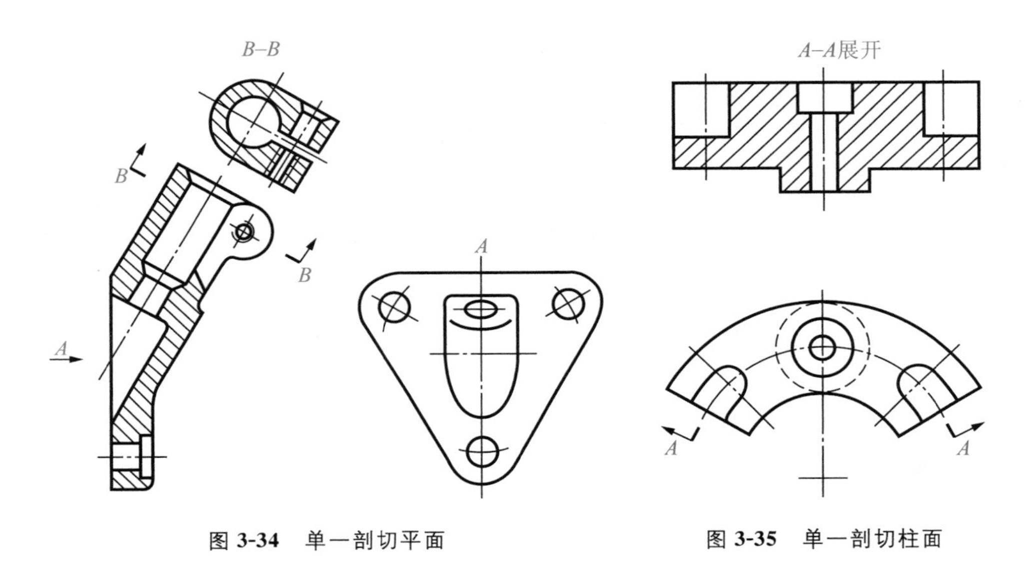

图 3-34　单一剖切平面　　图 3-35　单一剖切柱面

2. 几个平行的剖切平面

当机件上具有几种中心线排在相互平行的平面上的不同结构要素时，宜采用几个平行的剖切平面剖切，各剖切平面的转折处必须是直角，如图 3-36 所示。

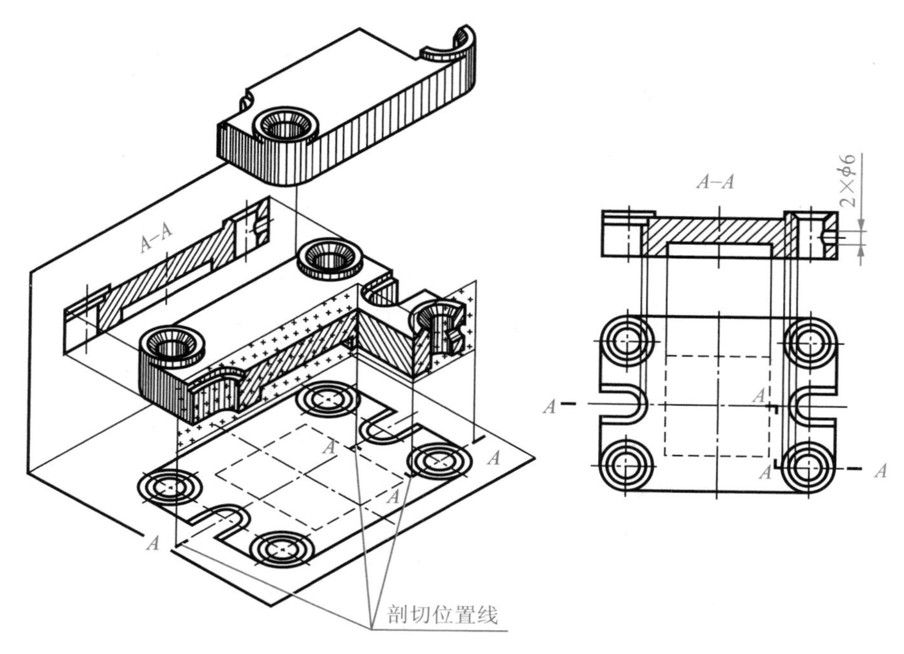

图 3-36　两平行的剖切平面

小提示：采用几个平行的剖切平面画剖视图时，应注意以下几点：

1)剖视图上不允许画出剖切平面各转折处的分界线，如图 3-37(a)所示。

2)选择剖切位置时，应注意在图形上不要出现不完整的结构要素，如图 3-37(b)所示。

3)当两个要素在图形上具有公共对称线或轴线时，剖视图可以对称中心线或轴线为界各画一半，两者以共同的中心线或轴线分界，如图 3-38 所示。

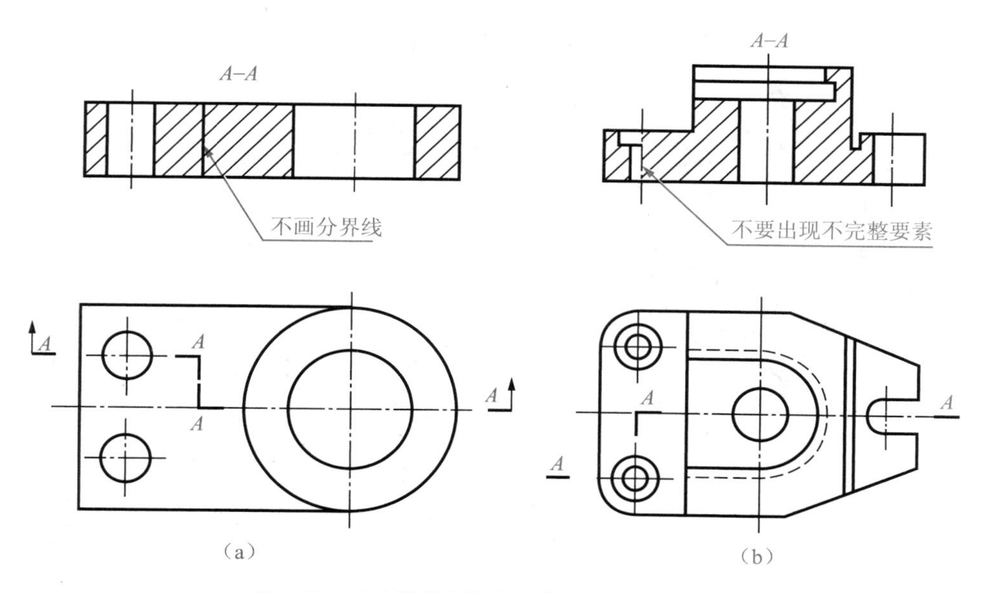

图 3-37　几个平行剖切平面作图时的常见错误

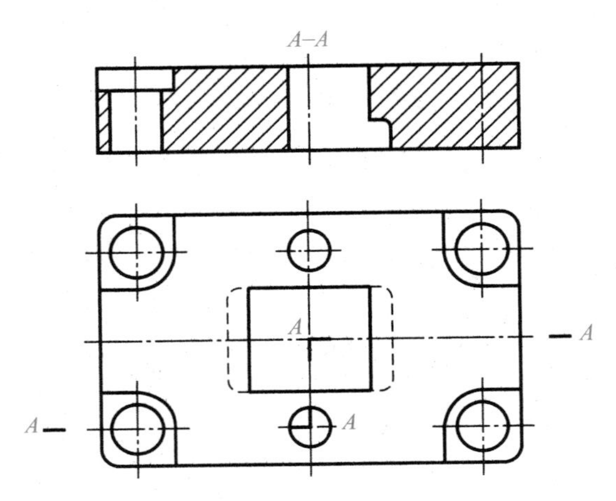

图 3-38　具有公共对称线或轴线的剖视图

4)标注：必须在剖切平面的起、迄和转折处用剖切符号和相同的字母表示，要标注投射方向和剖视图的名称，当视图间有直接投影关系时可省略箭头。

3. 几个相交的剖切面

用几个相交的剖切平面(交线垂直于某一基本投影面)剖开机件，这种剖切称为旋转剖，如图 3-39 所示。

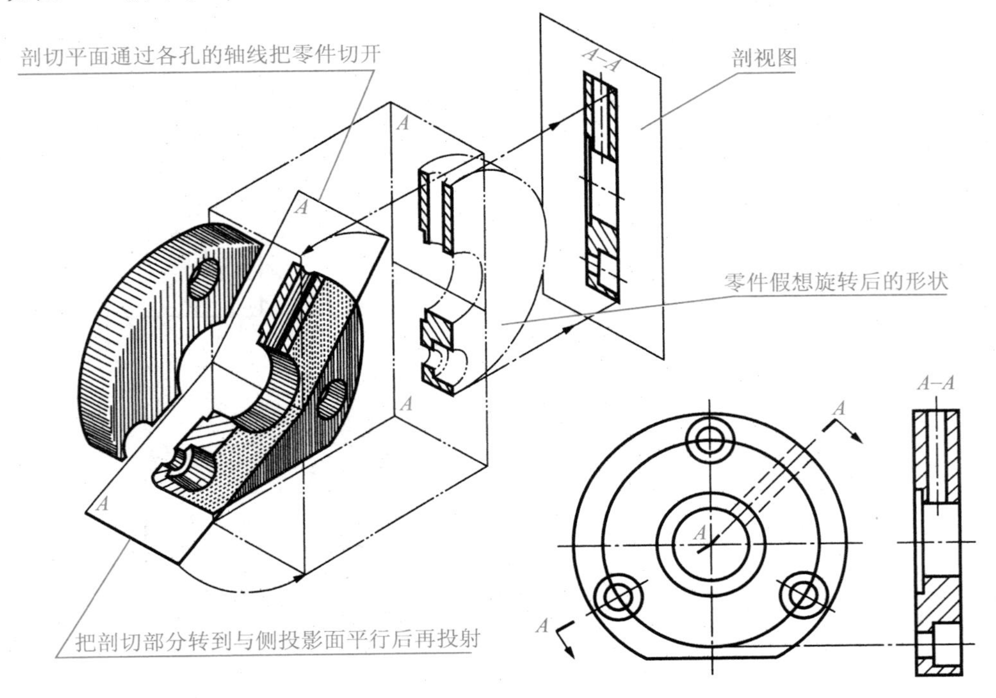

图 3-39　两相交的剖切平面

小提示：采用几个相交的剖切面画剖视图时，应注意以下几点：

1)绘图时，首先假想按剖切位置剖开机件，然后将被剖切面剖开的结构及有关部分旋转到与选定的投影面平行后，再进行投射，即先剖切后旋转的方法。采用这种方法绘制的剖视图，往往有些部分图形会伸长，如图3-39所示。其中箭头表示投射方向，并非旋转方向。

2)画剖视图时，剖切平面后面的其他结构一般仍按原来的位置投影，如图3-40中的油孔。

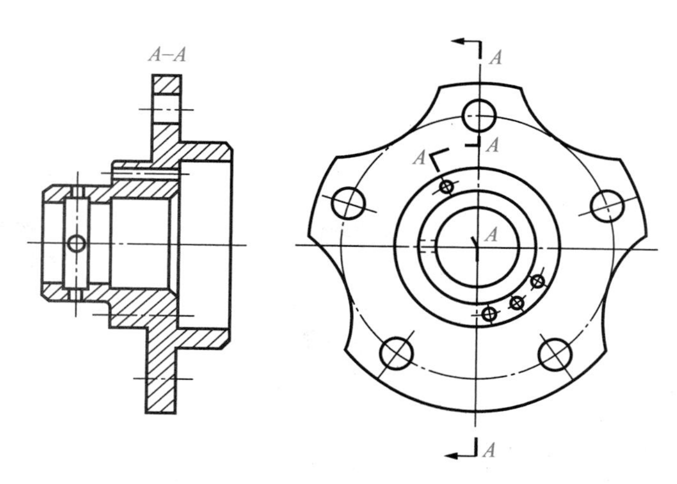

图3-40　几个相交的剖切平面

实践操作

1. 分析四通管的结构形状

该四通管内、外部结构复杂，表达时既要考虑表达外部结构，也要表达内部结构。应综合运用所学视图确定合理的表达方案。

2. 确定表达方案，绘制四通管视图

(1)绘制基本视图(主视图和俯视图)

依据四通管的形体特征和安放位置，其基本视图采用主视图和俯视图来表达，主视图投影方向选择如图3-41(a)所示。为表达管体内台阶孔的通孔结构 F，主视图应采用全剖视来表达。由于左侧的带孔支管 H 和右侧的带孔支管 G 从俯视图中看出其两孔轴线不在同一平面内，其夹角为 α，因此主视图用通过两支管轴线的两个相交的剖切平面剖开(即 B—B 剖切)，来表达主管和两支管的内孔结构及连接关系。

四通管的两支管的夹角关系及立管底部法兰的结构形状采用俯视图来表达。若俯视图不做剖切，则从上往下投影时，主管上端法兰可表达清楚，下端法兰被上端法兰遮挡，表达不清楚，同时由于左侧的带孔支管 H 和右侧的带孔支管 G 从主视图看出其两孔轴线不在同一高度，因此俯视图采用过两支管轴线的两个相互平行的剖切平面剖开(A—A 剖切)，在表达主管和两支管的内孔结构及连接关系的同时，将主管下端法兰结构表达清晰，同时将右端菱形凸缘上的两个对称的小孔剖开表达如图3-41(b)所示。

(2)绘制其他视图(局部视图、斜视图)

绘制 D 向局部视图，表达上连接法兰的外形及其上孔的大小、分布等结构，如图3-41(c)所示。

绘制 C—C 剖视图表达左连接法兰的外形及其孔的大小分布，如图3-41(d)所示。

绘制 E 向斜视图表达右前侧的斜支管(G 支管)端部的菱形凸缘，如图 3-41(e)所示。

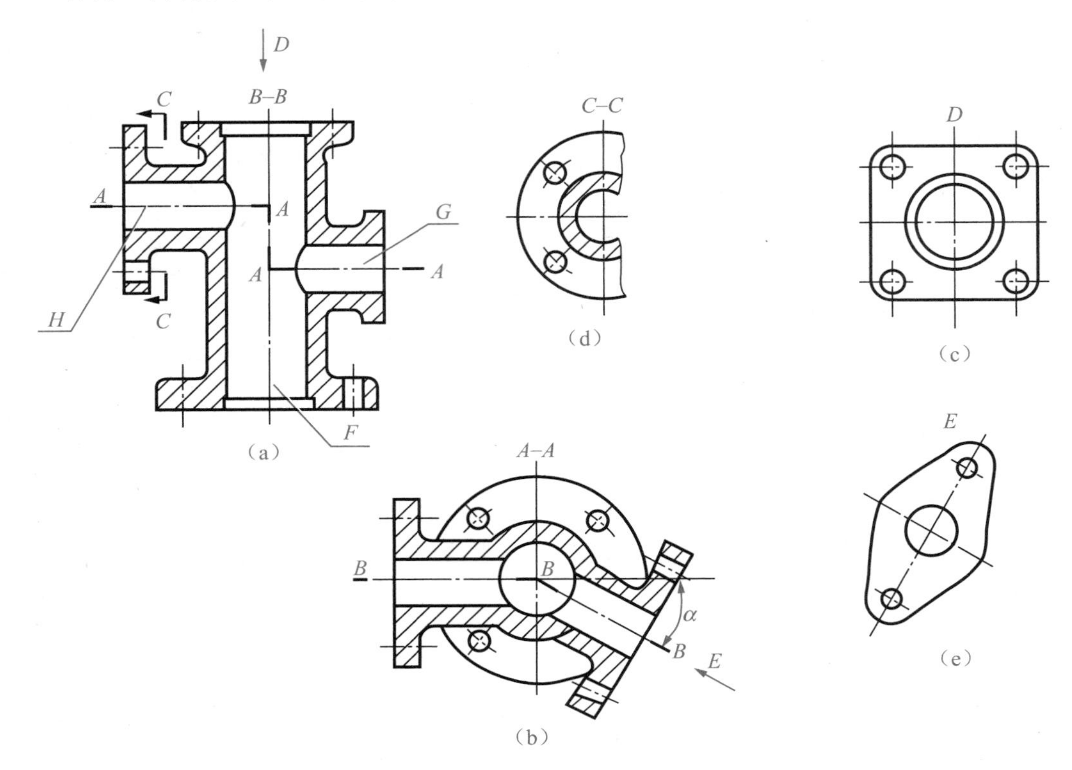

图 3-41　四通管结构形状的表达

操作训练

如图 3-42 所示，根据给出的视图画出“A—A”剖视图。

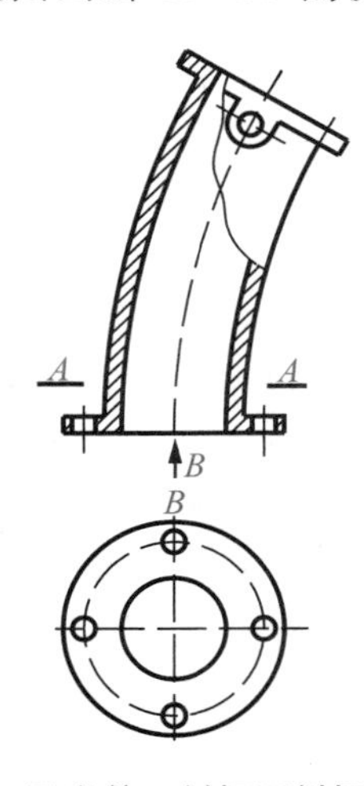

图 3-42　画出单一剖切面剖切的剖视图

思考与练习

1)如图 3-41 所示四通管视图，采用“*C*—*C*”剖视图表达左连接法兰，与采用从左向右投影的局部视图来表达左法兰，哪种方案更好？为什么？

2)分析如图 3-43 所示机件，说明其剖视方法并完成剖视图的标注。

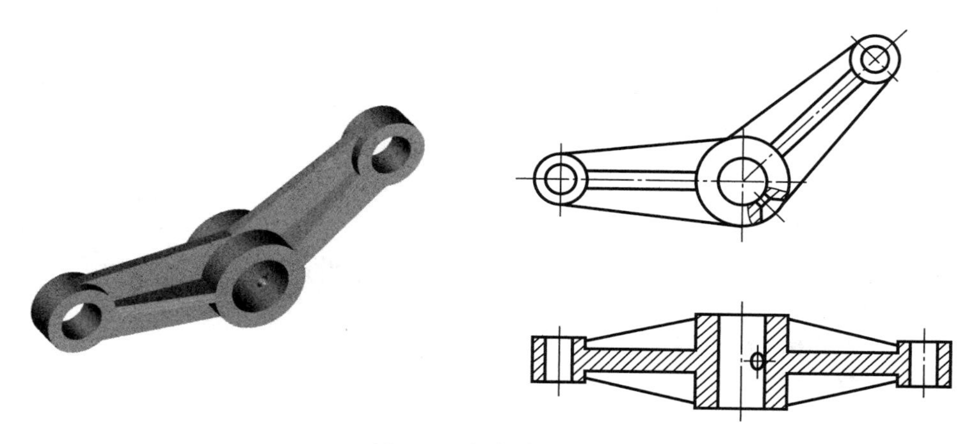

图 **3-43**　机件的剖视图

任务检测

“剖视图”知识自我检测评分表(二)

项目	考核要求	配分	评分细则	评分记录
剖视图	能说出剖切面的种类及应用范围	10 分	描述清晰、准确＋10 分	
	能够正确绘制单一剖切面的各种剖视图	50 分	表达合理＋10 分；绘图正确＋30 分；标注正确＋10 分	
	了解斜剖视、几个平行的剖切面的剖视图和几个相交剖切平面的剖视图的画法及标注	40 分	能正确识读各种剖视图的画法及标注＋40 分	

项目 3　运用断面图和其他表达方法表达机件的结构形状

知识目标

1. 理解断面图的概念，了解其分类和应用范围。

2. 掌握移出断面图与剖视图的区别，掌握移出断面图和重合断面图的画法和标注。

能识读移出断面图和重合断面图的画法和标注。

任务1　轴的图样表达

如图3-44所示为一轴类零件，其上带有槽、孔结构，我们仅用前面所学过的视图、剖视图来表达都不清楚，而采用移出断面图来表达则清晰、简单得多。本任务我们学习断面图的画法。

图3-44　轴

1. 断面图的形成

假想用剖切面将机件的某处切断，仅画出剖切面与机件接触部分的图形，称为断面图，简称断面，如图3-45(a)、图3-45(b)所示。

从断面图中能准确地了解到机件某处的断面形状，具有简单明了和灵活方便的特点，在机械图样中广泛应用。

断面图与剖视图的主要区别：断面图仅画出机件断面的真实形状，剖视图不仅要画出其断面形状，还要画出断面后可见部分的投影，如图3-45(b)与图3-45(c)就表示了它们的区别。

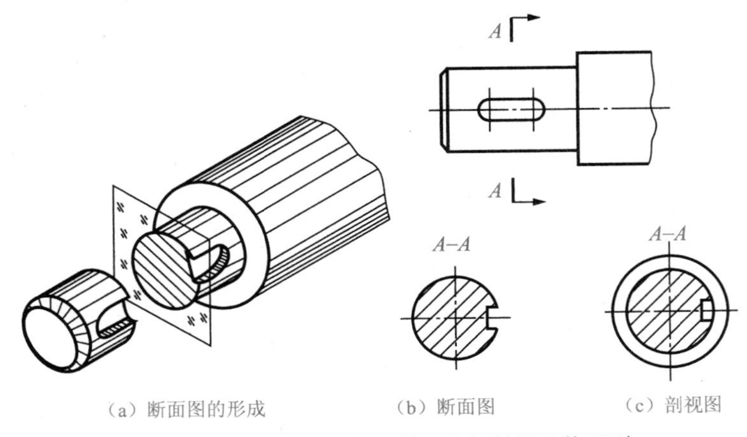

(a) 断面图的形成　(b) 断面图　(c) 剖视图

图3-45　断面图的形成、断面图与剖视图的区别

2. 断面图的画法及标注

断面图按其所在位置不同，分为移出断面图和重合断面图。

(1)移出断面图

画在视图外面的断面图，称为移出断面图。移出断面图的轮廓线用粗实线绘制，并在断面上画上剖面符号，如图 3-46 所示。

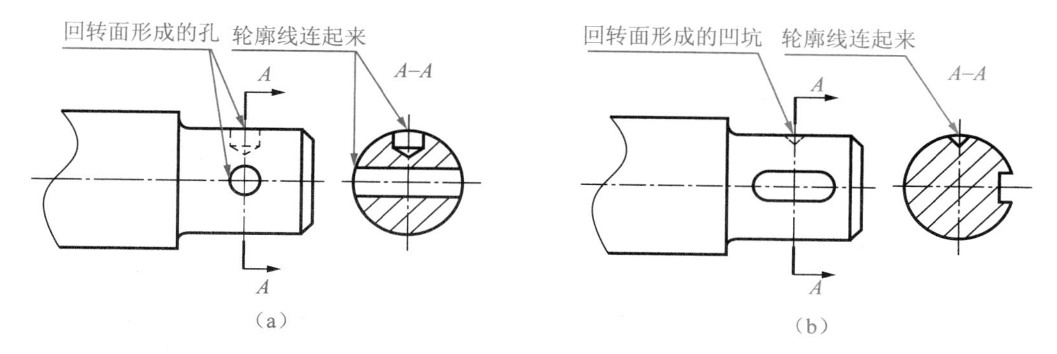

图 3-46　移出断面图

小提示：画移出断面图，应注意以下几点：

1)移出断面图通常配置在剖切迹线的延长线上，必要时也可配置在其他适当位置，如图 3-45(b)所示的 A—A 断面。

2)当剖切面通过回转面形成的孔或凹坑的轴线时，这些结构应按剖视图绘制，如图 3-46所示。

3)当剖切面通过非圆孔，会导致出现完全分离的两个断面时，则这些结构应按剖视图绘制，如图 3-47 所示。

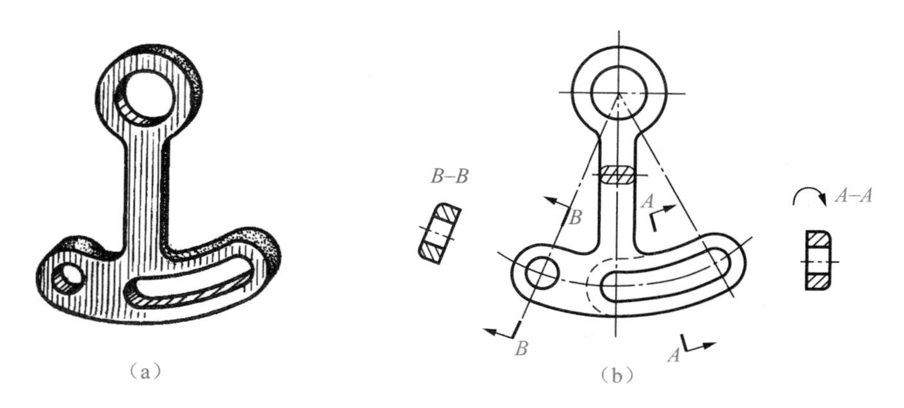

图 3-47　剖切平面通过非圆孔的断面图画法

4)移出断面图的标注：断面图标注的内容与剖视图相同，当断面图画在剖切线的延长线上时，如果断面图是对称图形，可省略标注；若不对称，则须用剖切符号表示剖切位置和投射方向。当断面图不是画在剖切线的延长线上时，不论断面图是否对称，都应按剖视图规定的标注要求进行标注，见表 3-2 所示。

表 3-2　移出断面图的配置与标注

断面图 配置 ╲ 断面形状	对称的移出断面	不对称的移出断面
配置在剖切线或剖切符号延长线上	剖切线（细点画线） 不必标注字母和剖切符号	不必标注字母
投影关系配置	A　A-A　A 不必标注箭头	A　A-A　A 不必标注箭头
配置在其他位置	A　A　A-A 不必标注箭头	A　A　A-A 应标注剖切符号(含箭头)和字母
配置在视图中断处	不必标注	(图形不对称时，移出断面不得画在中断处)

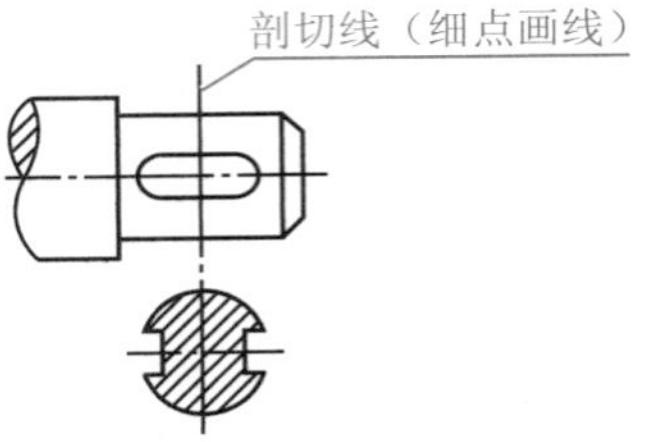

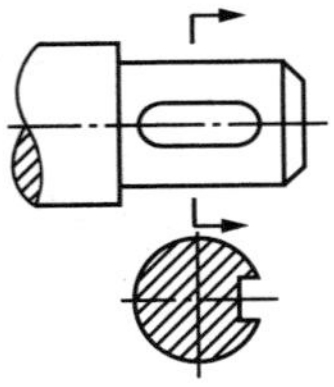

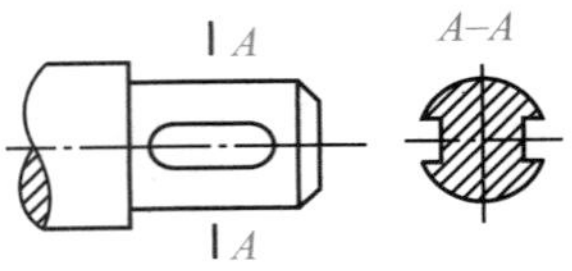

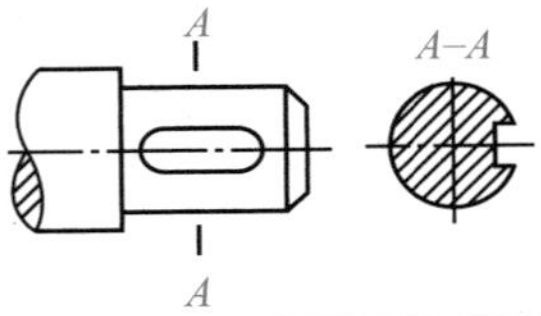

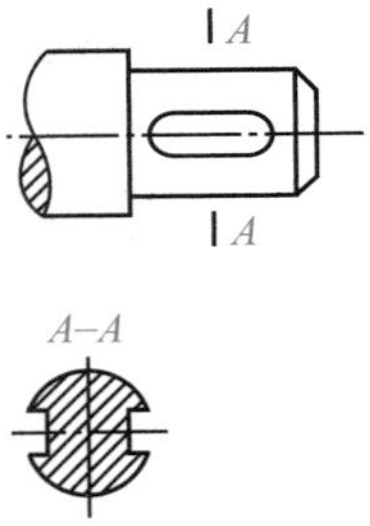

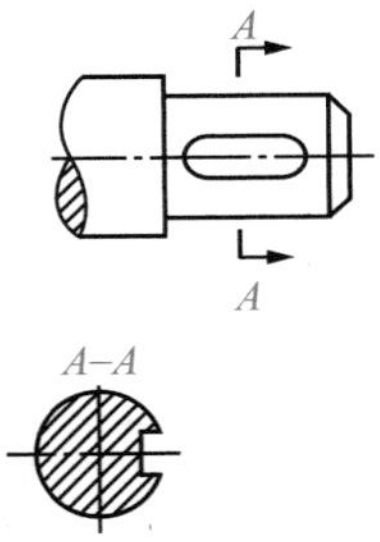

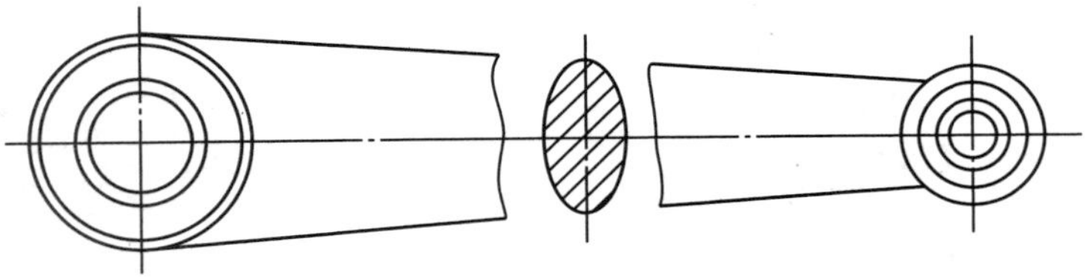

注：根据 GB/T 1.1—2000 的规定，表中的助动词“不必”可等效表述为“不需要”，并非是“不是必要”之意。

(2)重合断面图

画在视图之内的断面图称为重合断面图，如图 3-48 所示。重合断面图的轮廓线用细实线绘制，当视图中轮廓线与重合断面图的图形重叠时，视图中的轮廓线仍应连续画出，不可间断。

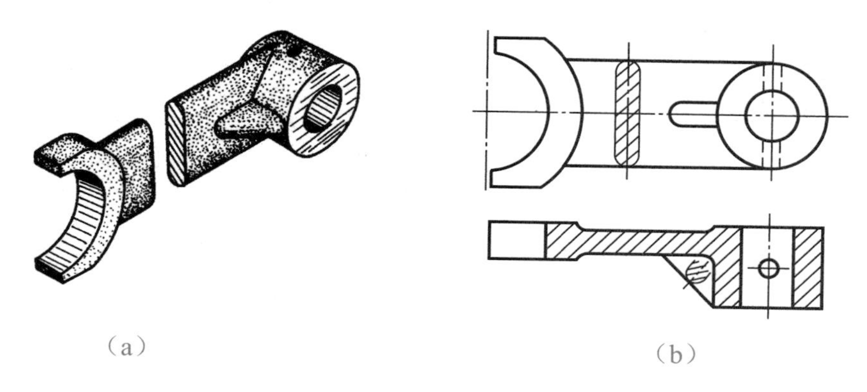

图 3-48　重合断面图(一)

重合断面图的标注：对称的重合断面图不必标注，不对称的用箭头表示投射方向，如图 3-49、图 3-50 所示。

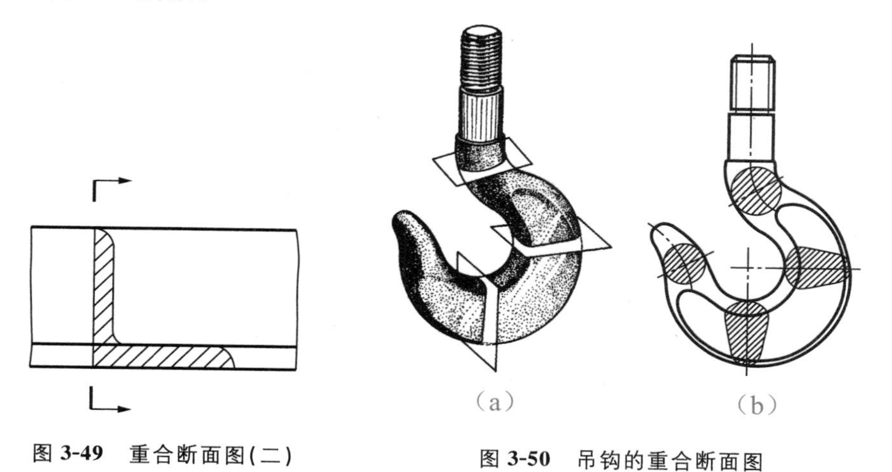

图 3-49　重合断面图(二)

图 3-50　吊钩的重合断面图

实践操作

1. 分析轴的结构形状，确定表达方案

如第 130 页图 3-44 所示的轴，用主视图就可以表达轴的主体结构。其上有圆孔、键槽两处结构，因此还需要用两个移出断面图来表达它的断面形状。

2. 绘制轴的视图

1)绘制轴的主视图。

2)画出左端有键槽部分的移出断面图，移出断面图配置在剖切线的延长线上，且图形不对称，只标注剖切线的位置符号和投影方向箭头，不标注名称及字母。

3)画出右端有径向通孔部分的移出断面图，移出断面图配置在剖切线延长线上，且图形对称，省略标注。

完成的视图如图 3-51 所示。

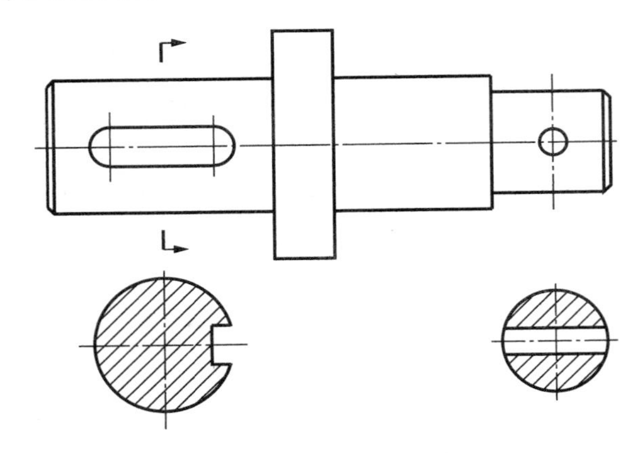

图 3-51　轴的图样表达

操作训练

在指定位置绘制如图 3-52 所示轴的移出断面图，键槽深度 3mm。

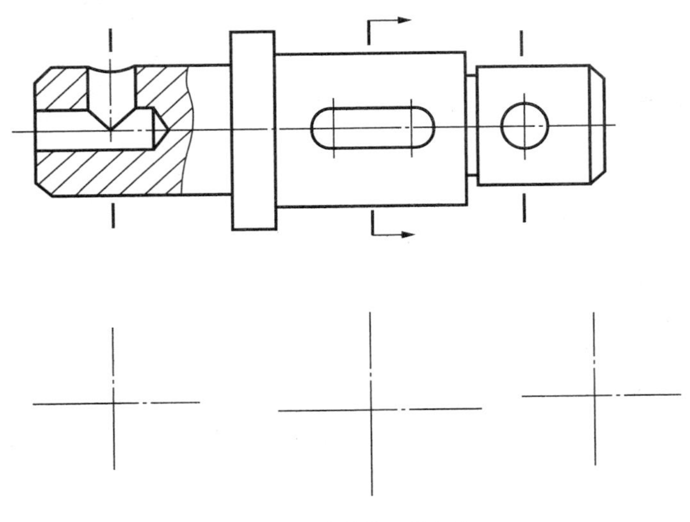

图 3-52　轴的移出断面图

思考与练习

1)绘制如图 3-53 所示机件的重合断面图。

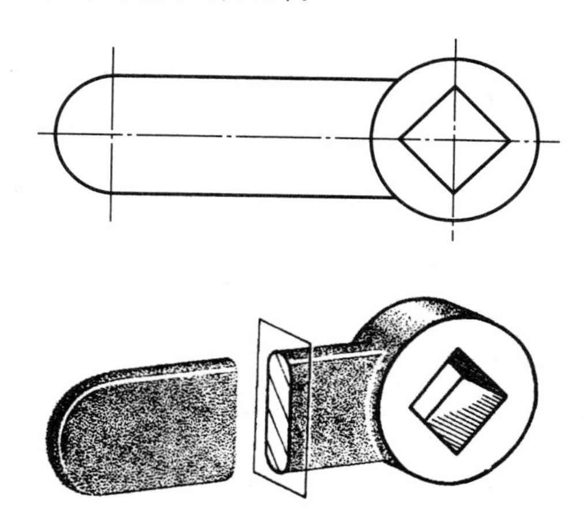

图 3-53　重合断面图

2)断面图与剖视图有哪些区别？移出断面图和重合断面图有哪些区别？它们分别适用于表达哪些结构？

3)对于国家标准对断面图的规定画法怎样去用最基本的知识理解？

任务检测

“断面图”知识自我检测评分表

项目	考核要求	配分	评分细则	评分记录
断面图	能说出断面图的概念及分类	10 分	描述准确+10 分	
	能说出剖视图和断面图的区别及适用范围	10 分	要点全面、准确+10 分	
	能识读移出断面图和重合断面图的画法与标注	60 分	判读正确+60 分	
	能绘制简单形体的移出断面图和重合断面图	20 分	表达合理、正确+20 分	

任务2　了解其他表达方法

任务描述

机械零件的种类繁多，结构形状及大小千变万化，为使图形清晰和画图简便，除了前面介绍的表达方法外，国家标准还规定了局部放大图、简化画法等，供绘图时选用。本任务我们一起来认识这些表达方法。

知识链接

1. 局部放大图

当机件上某些细小的结构在视图中表达不清楚或不便于标注尺寸时，可将这些细小结构用大于原图形的比例绘出，并将它们放置在图纸的适当位置，用这种方法绘出的图形称为局部放大图，如图 3-54 所示。

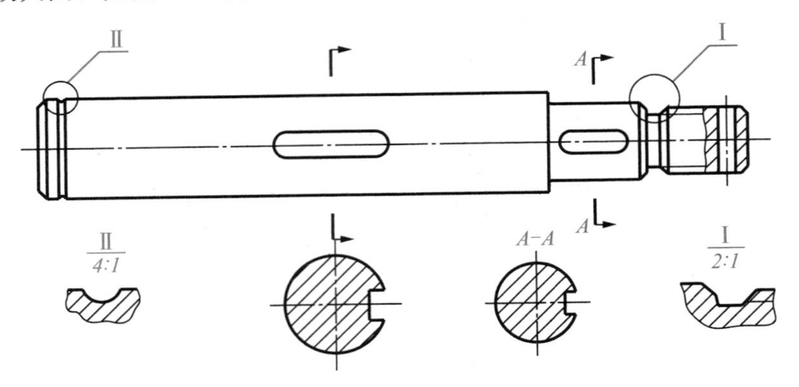

图 3-54　局部放大图

小提示：绘制局部放大图时应注意以下几点：

1)局部放大图可以画成视图、剖视图、断面图，它与被放大部分的表达方式无关，如图 3-54 所示。局部放大图应尽量配置在被放大部位的附近。

2)绘制局部放大图时，应用细实线圈出被放大的部位。当同一机件上有多个被放大的部位时，必须用罗马数字依次标明被放大的部位，并在局部放大图的上方标注出相应的罗马数字和所采用的比例，如图 3-54 所示；当机件上被放大的部分仅一个时，在局部放大图的上方只需注明所采用的比例，如图 3-55 所示。

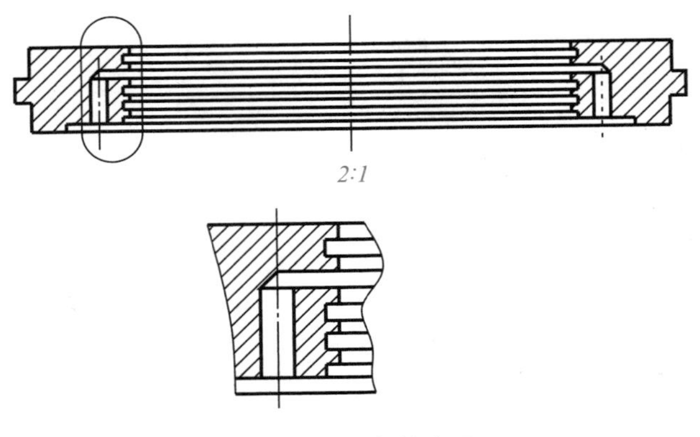

图 3-55　局部放大图

3)同一机件上不同部位的局部放大图，当图形相同或对称时，只需画出一个，必要时可用几个图形表达同一被放大部分结构，如图 3-56 所示。

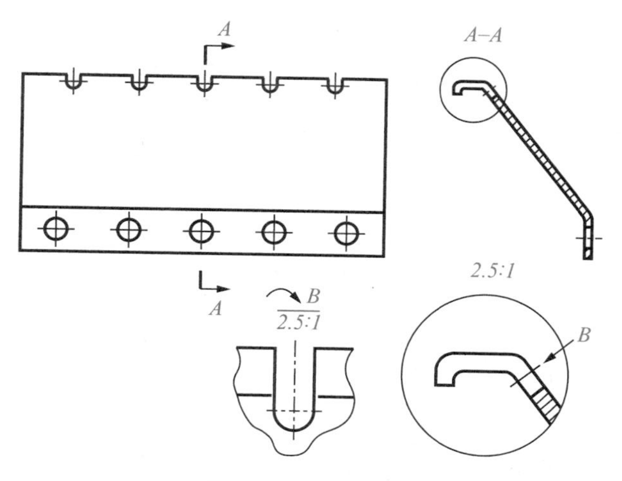

图 **3-56**　局部放大图

2. 简化画法(GB/T 16675.1—1996)

1)在不致引起误解时，对于对称机件的视图可只画一半或四分之一，并在对称中心线的两端画出两条与其垂直的平行细实线，如图 3-57 所示。

2)对于机件的肋、轮辐及薄壁等，如按纵向剖切，这些结构都不画剖面符号，而用粗实线将它与其邻接部分分开。当零件回转体上均匀分布的肋、轮辐、孔等结构不处于剖切平面上时，可将这些结构旋转到剖切平面上画出，如图 3-58 所示。

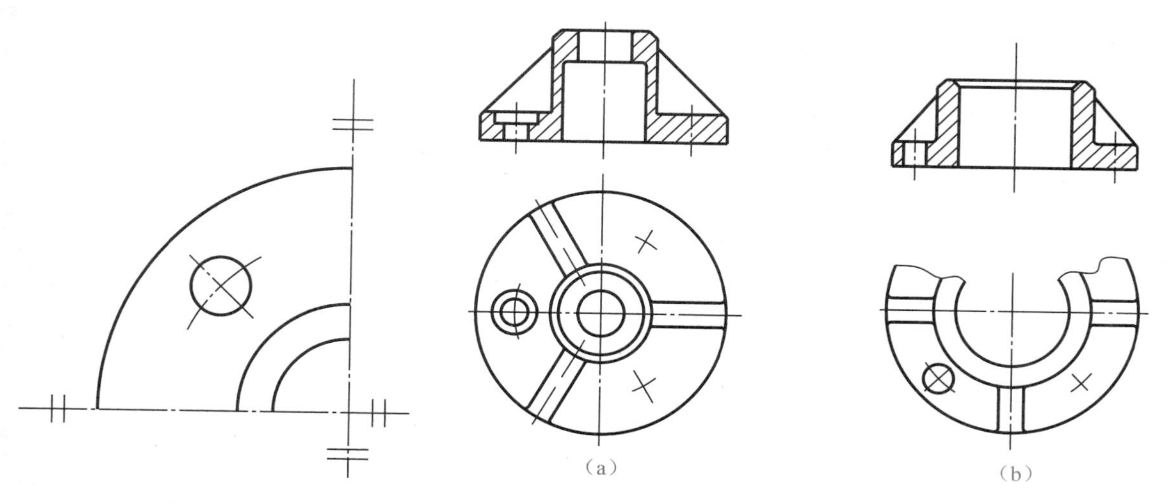

图 **3-57**　对称零件的简化画法

图 **3-58**　肋、轮辐、孔的简化画法

3)较长的机件(轴、杆、型材、连杆等)沿长度方向的形状一致或按一定规律变化时，可断开后缩短绘制，如图 3-59 所示。

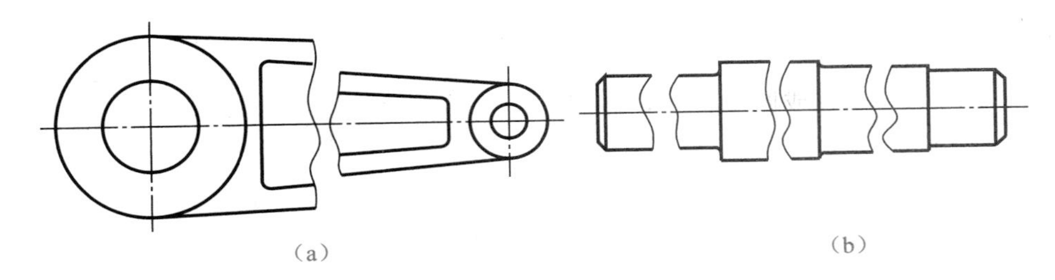

图 **3-59** 较长零件的简化画法

4)在不致引起误解时，允许省略剖面符号，但剖切位置和断面图的标注必须按原来的规定标注，如图 3-60 所示。

5)当机件上具有若干相同结构(如齿、槽等)，并按一定规律分布时，只需画出几个完整的结构，其余用细实线连接，在零件图中则必须注明该结构的总数，如图 3-61 所示。

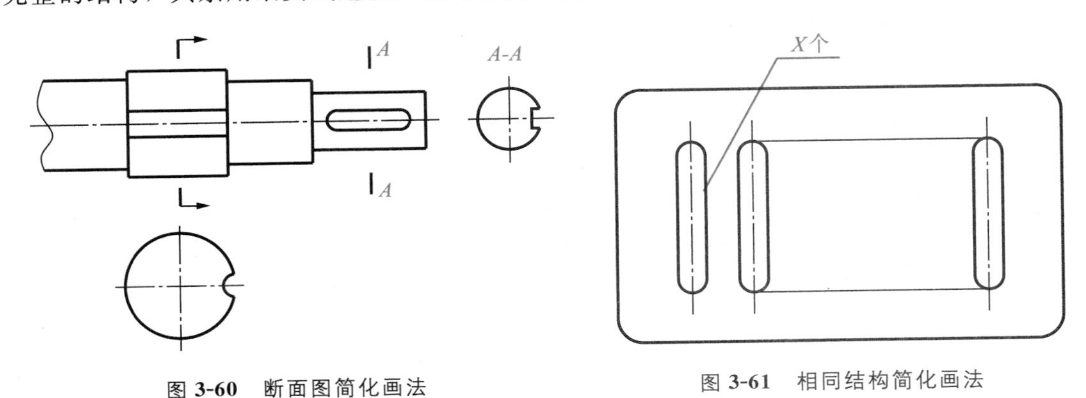

图 **3-60** 断面图简化画法

图 **3-61** 相同结构简化画法

6)若干直径相同且成规律分布的孔(圆孔、螺孔、沉孔等)，可以仅画出一个或几个，其余只需用细点画线表示其中心位置，在零件图中应注明孔的总数，如图 3-62 所示。

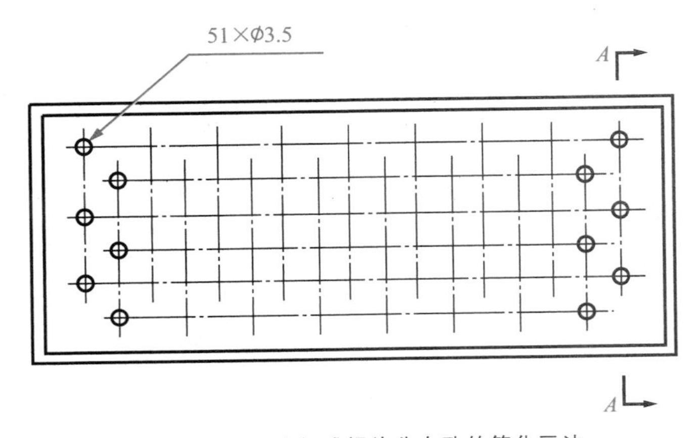

图 **3-62** 相同直径成规律分布孔的简化画法

7)网状物、编织物或机件上的滚花部分，可在轮廓线附近用细实线示意画出或省略不画，如图 3-63 所示。

8)与投影面倾斜角度小于或等于 30°的圆或圆弧，其投影可用圆或圆弧代替，如图 3-64 所示。

9)在局部放大图表达完整的前提下，允许在原视图中简化被放大部位的图形，如图 3-65 所示。

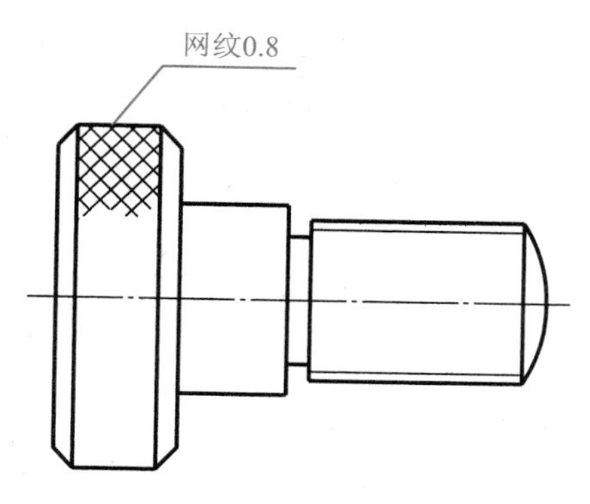

图 3-63　滚花简化画法

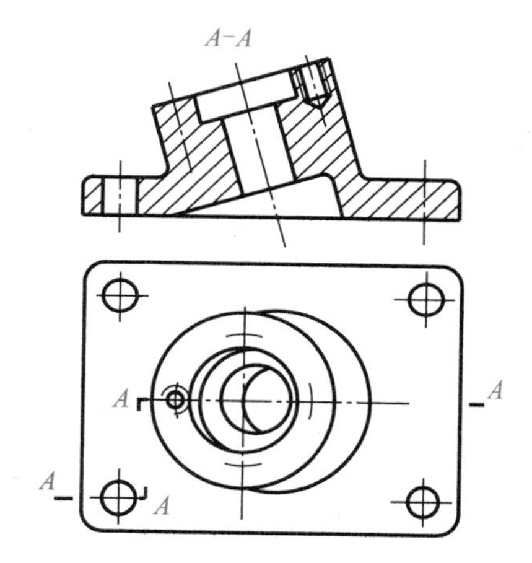

图 3-64　倾斜圆的简化画法

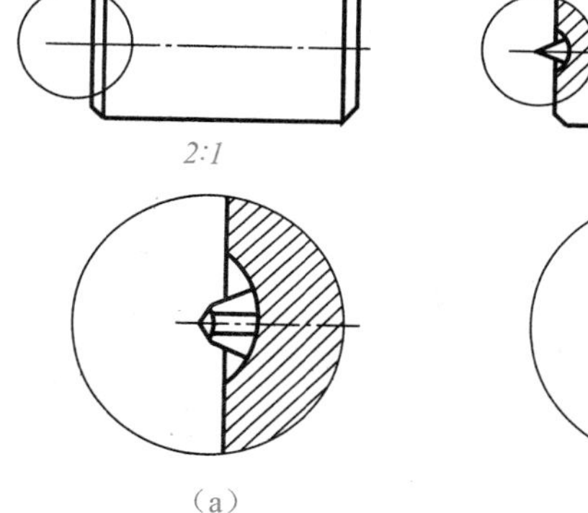

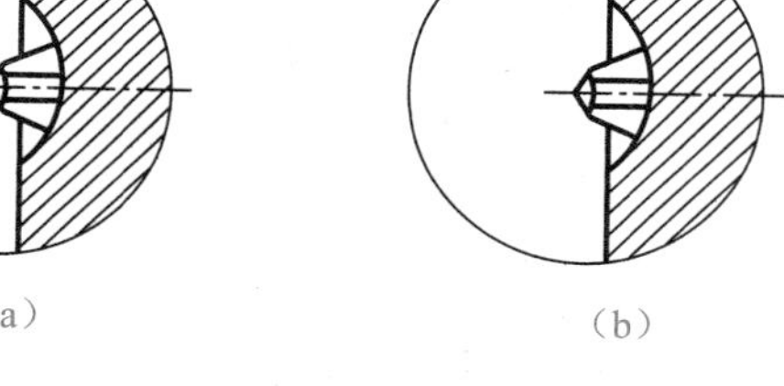

图 3-65　局部放大图的简化画法

10)在不致引起误解时，图形中的过渡线、相贯线可以简化，例如用圆弧或直线代替非圆曲线，如图 3-66 所示，也可采用模糊画法表示相贯线，如图 3-67 所示。

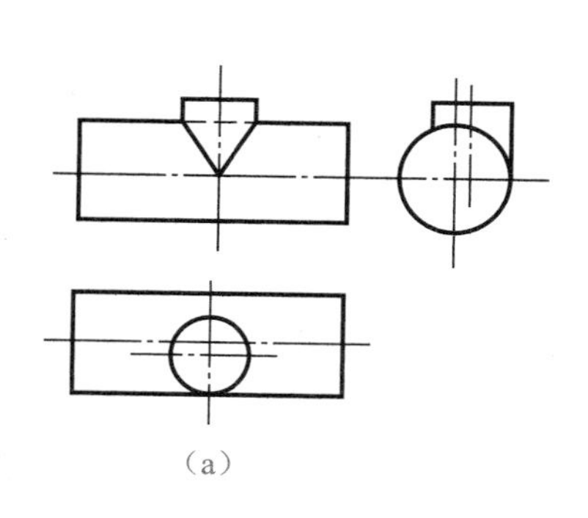

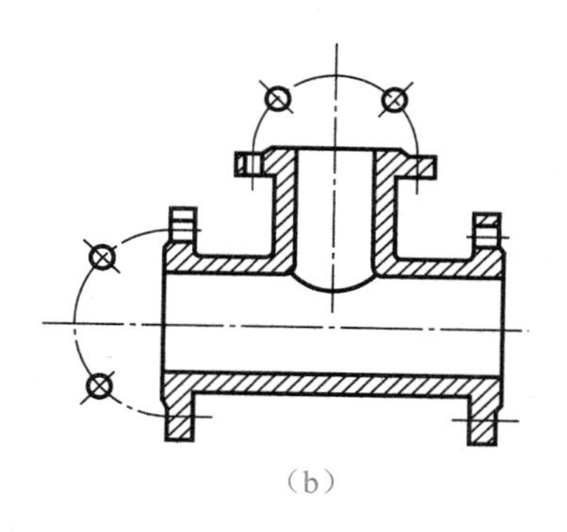

图 3-66　相贯线、过渡线的简化画法

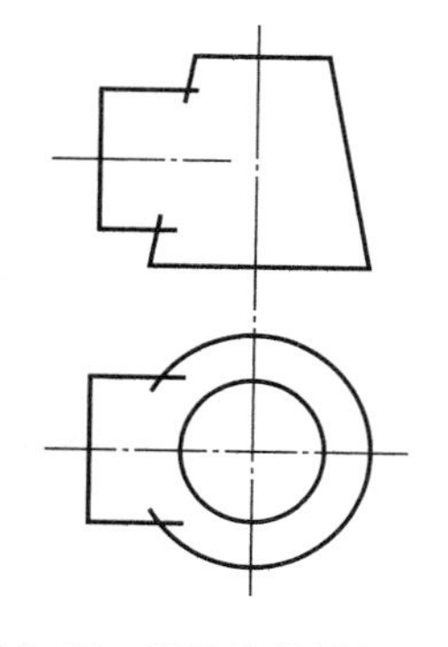

图 3-67　相贯线的模糊画法

11)当回转零件上的平面在图形中不能充分表达时，可用两条相交的细实线表示这些平面，如图 3-68 所示。

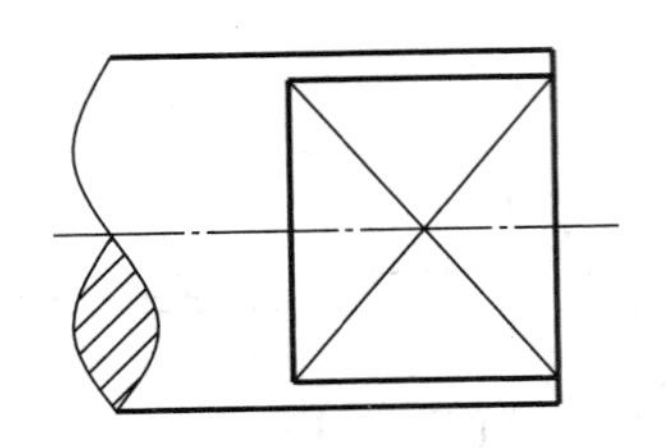
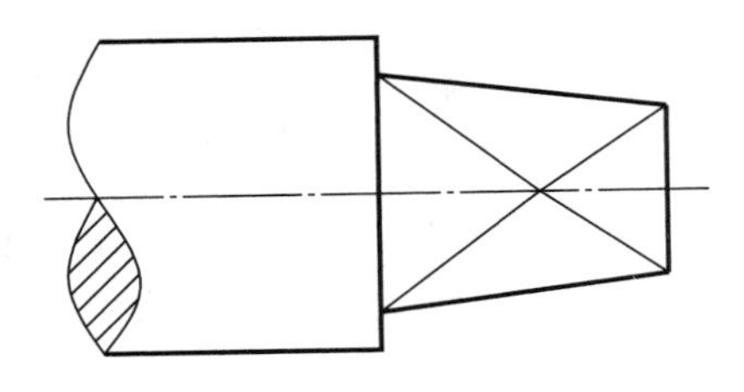

图 3-68　平面的表示法

12)当机件上较小的结构及斜度等已在一个图形中表达清楚时，其他图形应简化或省略，如图 3-69 所示。

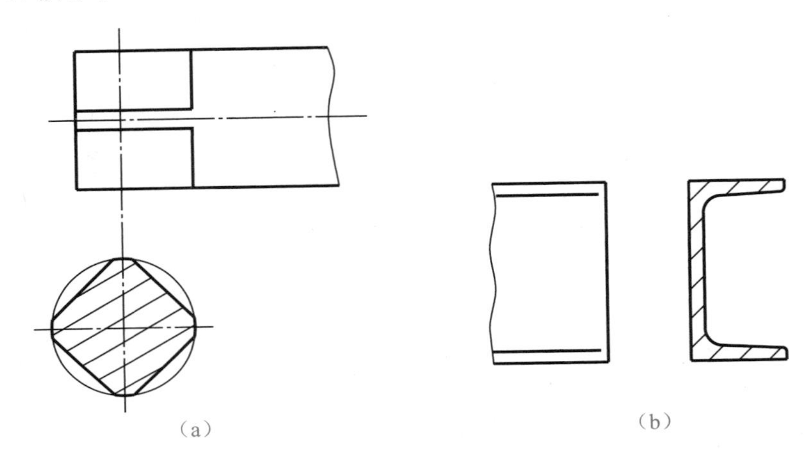

图 3-69　较小结构的简化画法

操作训练

试绘制如图 3-70 所示机件Ⅰ、Ⅱ部位的局部放大图，其放大比例分别采用 4∶1 和 2∶1。

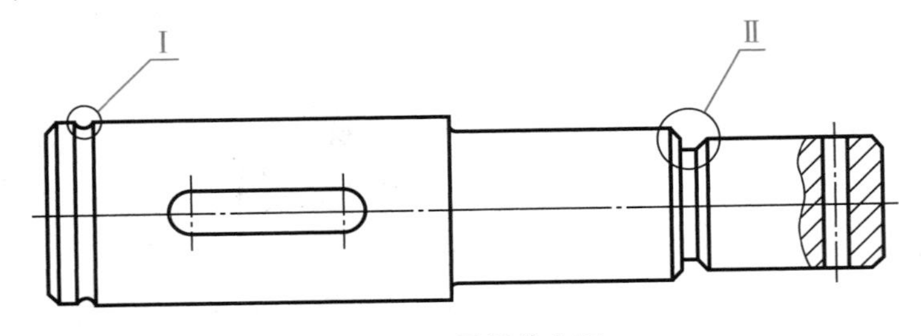

图 3-70　局部放大图

思考与练习

1)视图、剖视图与断面图的标注方法有哪些？在什么情况下可省略标注？

2)绘制肋、轮辐、薄壁时，应注意哪些问题？

3)简化画法的基本要求是什么？

任务检测

“局部放大图、简化画法”知识自我检测评分表

项目	考核要求	配分	评分细则	评分记录
局部放大图	能说出局部放大图的概念及适用范围	10 分	概念清晰、准确＋10 分	
	能正确识读和绘制局部放大图	40 分	判读正确＋10 分；绘图无误＋30 分	
简化画法	熟悉图样简化画法的基本原则和基本要求	10 分	描述准确＋10 分	
	能正确识读图样的简化画法	40 分	判读正确＋40 分	

职业知识拓展

第三角画法简介

国际标准规定，在表达零件结构时，第一角画法和第三角画法等效使用。我国和英国、法国、德国、俄罗斯等国家均采用第一角画法，而美国、日本、加拿大、澳大利亚等国家采用第三角画法。因此，我们有必要了解第三角画法，以适应日益发展的国际技术交流和国际贸易日益增长的需要。

1. 第三角投影体系

两个相互垂直的投影面，将空间分成四个分角，如图 3-71 所示。第一角画法是将物

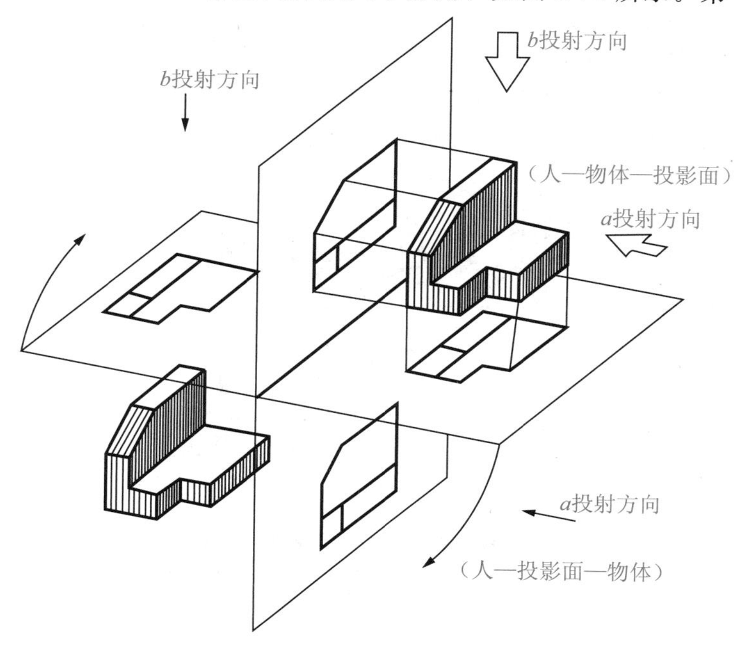

图 3-71　第一角画法与第三角画法的投影体系

体置于第一分角内，保持着“人—物体—投影面”的关系进行投射，即将物体置于人和投影面之间，如图 3-72(a)所示。而第三角画法是将物体置于第三分角内，保持着“人—投影面—物体”的关系进行投射，即假想投影面是透明的，将其置于人和物体之间，是一种透视的效果，如图 3-72(b)所示。

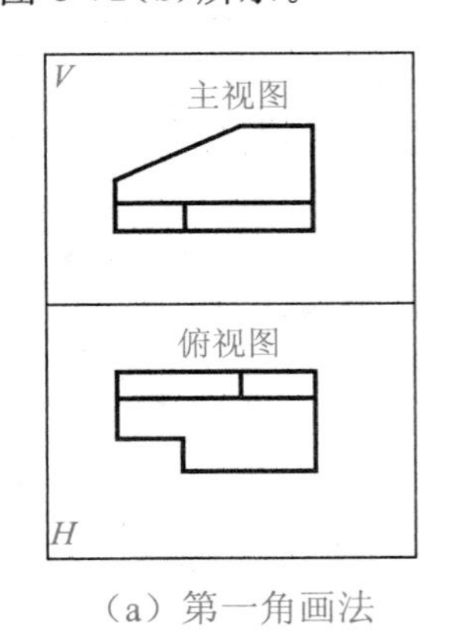

(a) 第一角画法

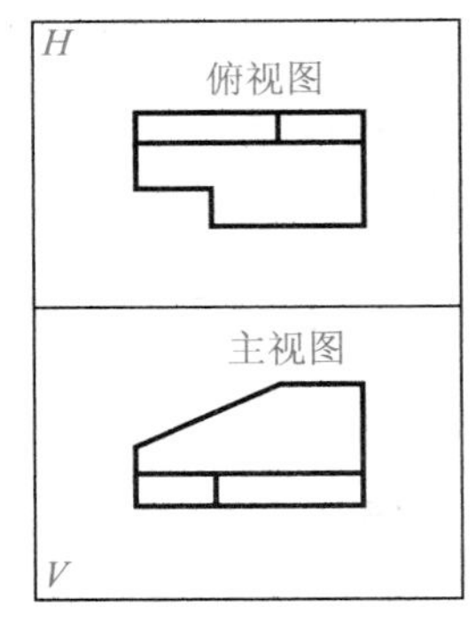

(b) 第三角画法

图 3-72　第一角与第三角投影法的比较

2. 第三角画法的六个基本视图

如图 3-73 所示，将物体置于第三分角内，投影面处于观察者与物体之间，按投影法规定的六个基本投射方向进行投射，得到六个基本视图。投影面展开过程如图 3-74 所示。展开后的视图配置关系，如图 3-75 所示。

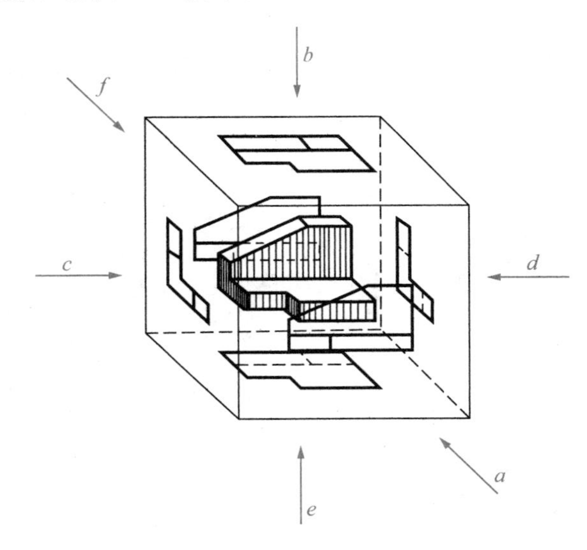

图 3-73　第三角画法六个基本视图的形成

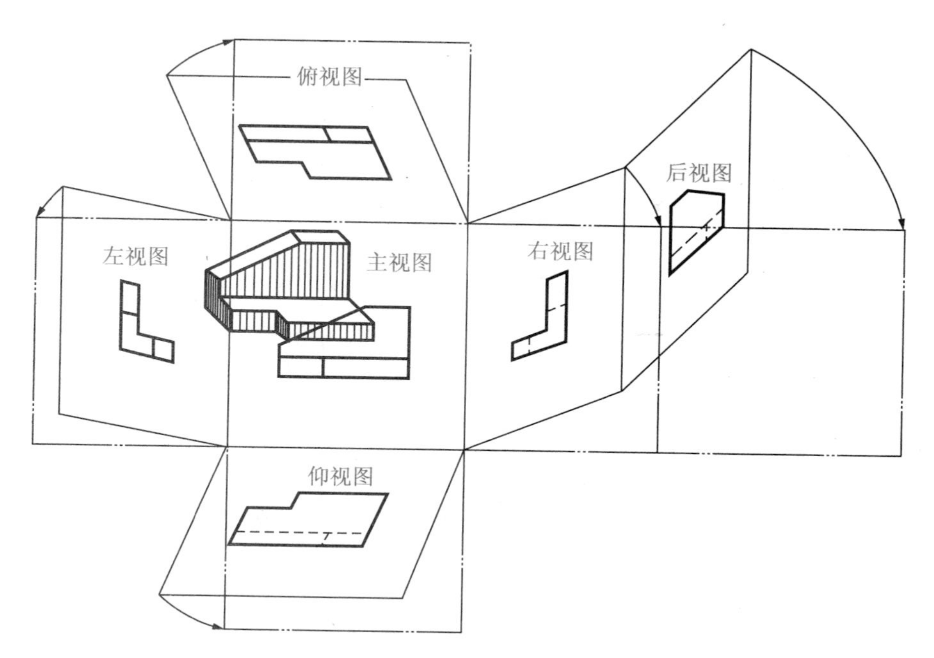

图 3-74　第三角画法投影面的展开

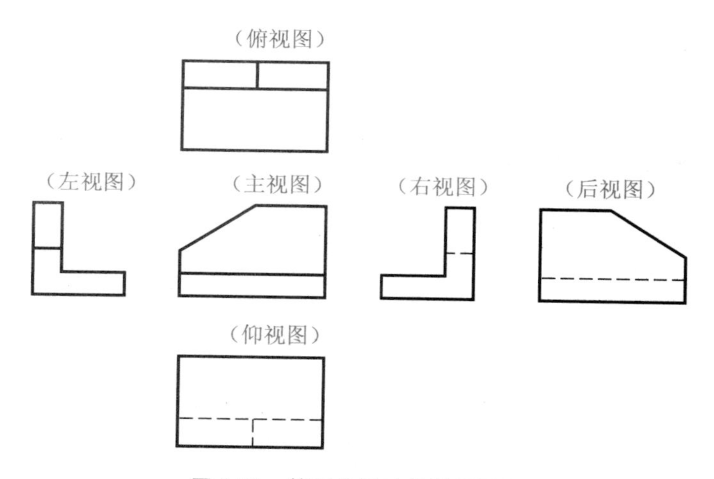

图 3-75　第三角画法的视图配置

第一角画法和第三角画法的六个基本视图名称相同，但两种画法的展开方式和六个基本视图的配置不同。在同一张图纸内，视图按图 3-75 配置时，一律不标注视图名称，但必须在图样中画出第三角画法的识别符号。两种画法的识别符号，如图 3-76 所示。

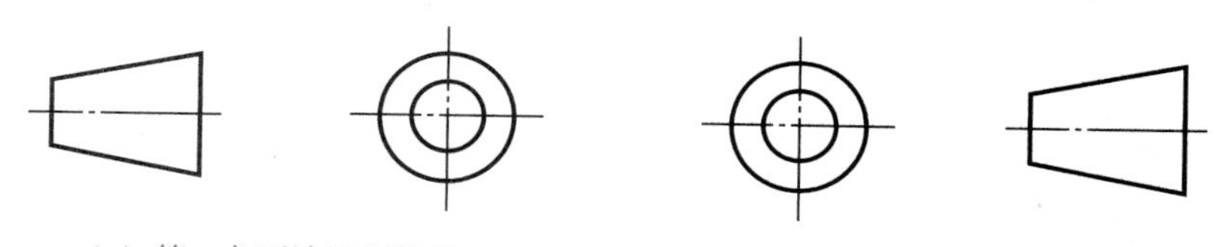

（a）第一角画法识别符号　　（b）第三角画法的识别符号

图 3-76　第一角和第三角画法的识别符号

模块 4 标准件和常用件

场景描述

各种机器或部件中广泛使用的螺栓、螺母、垫圈、键、销、滚动轴承、齿轮等称为常用件。为了简化设计、便于专业化生产，对有些常用件的结构、尺寸和技术要求有了统一的国家标准，如：螺栓、螺母、螺钉等，称为标准件。有些常用件也实现了部分标准化，如齿轮等。

本模块将介绍螺纹和螺纹紧固件、齿轮、键、销、滚动轴承等标准件和常用件的画法及其标准结构要素的特殊表示法，通过学习可进一步树立标准化意识，引领并逐渐形成自觉遵守国家法规和行业标准的工程素养。

相关知识与技能点

1)掌握螺纹及螺纹紧固件的画法。
2)了解键连接和销连接及其规定画法。
3)能识读和绘制标准直齿圆柱齿轮的视图。
4)能识读常用滚动轴承和圆柱螺旋压缩弹簧规定画法。

项目 1 螺纹及螺纹紧固件

1. 认识螺纹及螺纹紧固件。
2. 掌握螺纹的规定画法。
3. 学会螺纹的标记及标注。
4. 能识读螺纹紧固件的连接形式及装配画法。

熟练掌握螺纹及螺纹紧固件的画法并会标记。

任务 1 认识螺纹

任务描述

在各种机器设备中，经常会看到一些螺栓、螺母、螺钉等零件，起着连接的作用。这些零件的共同特点：都有螺纹。本任务将介绍螺纹的五要素及螺纹的分类。

知识链接

螺纹是指在圆柱或圆锥表面上，沿着螺旋线形成的、具有相同剖面的连续凸起和沟槽。在圆柱或圆锥外表面上形成的螺纹称为外螺纹，在圆柱或圆锥内表面上形成的螺纹称为内螺纹，如图 4-1 所示。

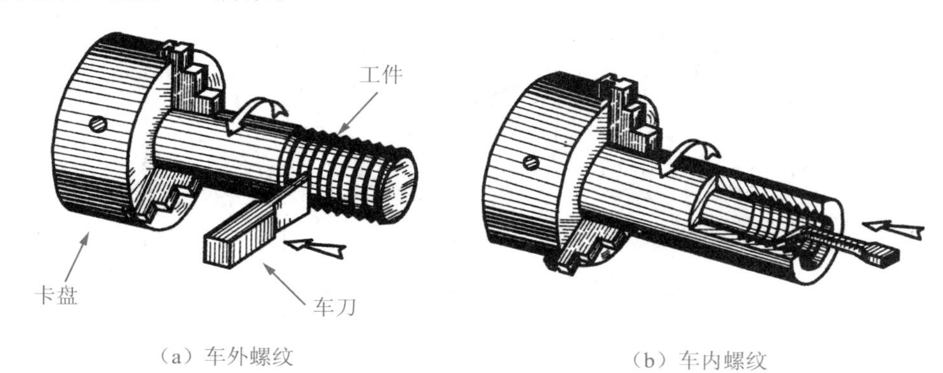

图 4-1 车削螺纹

1. 螺纹的基本要素

(1)牙型(GB/T 192—2003)

在通过螺纹轴线的断面上，螺纹的轮廓形状称为螺纹的牙型。常见的螺纹牙型有三角形、梯形、锯齿形和矩形等，如图 4-2 所示。

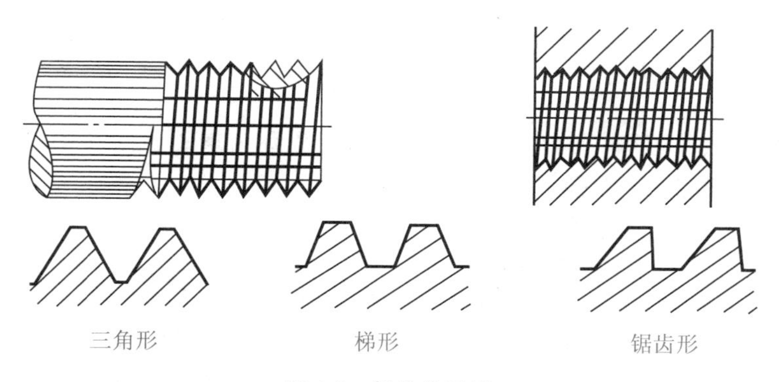

图 4-2 螺纹的牙型

(2)直径(GB/T 196—2003)

螺纹的直径有三种：大径、小径和中径，如图 4-3 所示。直径符号用字母表示，大写字母表示内螺纹，小写字母表示外螺纹。

大径 d、D：与外螺纹的牙顶或内螺纹的牙底相切的假想圆柱或圆锥的直径。

小径 d_1、D_1：与外螺纹的牙底或内螺纹的牙顶相切的假想圆柱或圆锥的直径。

中径 d_2、D_2：一个假想的圆柱或圆锥直径，该圆柱或圆锥的母线通过牙型上沟槽和凸起宽度相等的地方。

公称直径代表螺纹尺寸的直径，一般指螺纹大径的公称尺寸(管螺纹除外)。

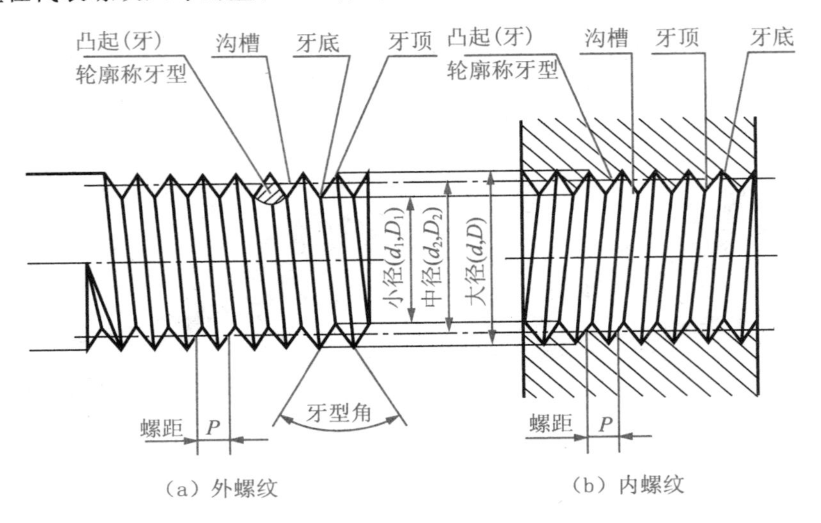

图 4-3　螺纹各部分的名称

(3)线数(n)

形成螺纹的螺旋线条数称为线数。螺纹有单线和多线之分，沿一条螺旋线形成的螺纹称为单线螺纹；沿两条或两条以上在轴向等距分布的螺旋线所形成的螺纹称为多线螺纹，如图 4-4 所示。

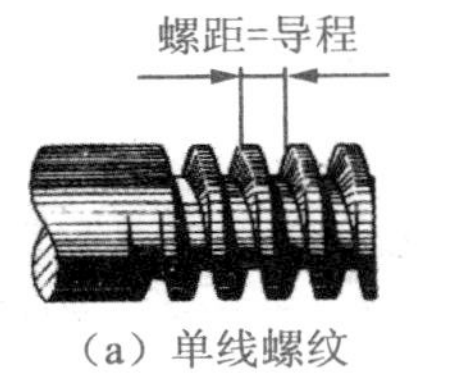

(a) 单线螺纹

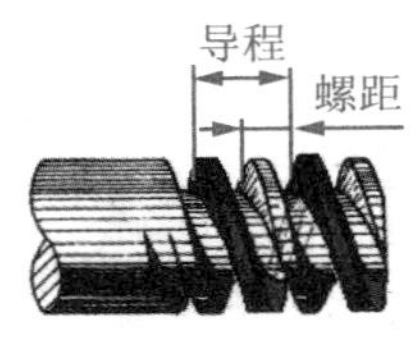

(b) 多线螺纹

图 4-4　螺纹的螺距和导程

(4)螺距(P)和导程(P_h)(GB/T 193—2003)

螺纹相邻两牙在中径线上对应两点间的轴向距离称为螺距。同一条螺旋线上相邻两牙在中径线上对应两点间的轴向距离称为导程，如图 4-4 所示。

螺距、导程和线数间存在的关系：导程＝线数×螺距($P_h=nP$)

(5)旋向

按旋进方向的不同，可分为右旋螺纹和左旋螺纹，如图 4-5 所示。按顺时针方向旋进的螺纹，称为右旋螺纹；按逆时针方向旋进的螺纹，称为左旋螺纹。

(a) 左旋

(b) 右旋

图 4-5　螺纹的旋向

2. 螺纹的分类

(1)按标准化程度分类

螺纹五要素中，改变其中任何一项，就会得到不同规格的螺纹。牙型、大径、螺距三项符合国家标准规定的，称为标准螺纹。牙型符合标准规定，其他不符合标准规定的称为特殊螺纹。三项都不符合标准规定的称为非标准螺纹。

(2)按用途分类

螺纹按用途不同分为连接螺纹和传动螺纹。常用的标准螺纹的种类、牙型及功用等，见表 4-1 所示。

表 4-1　常见标准螺纹

分类 \ 代号及牙型			特征代号	外形图	牙型图	用途
连接螺纹	普通螺纹	粗牙	M		60°	是最常用的连接螺纹
		细牙				用于细小的精密零件或薄壁零件
	非密封管螺纹		G		55°	用于水管、油管、气管等一般低压管路的连接
传动螺纹	梯形螺纹		Tr		30°	机床的丝杠采用这种螺纹进行传动
	锯齿形螺纹		B		3°　30°	只能传递单方向的力

操作训练

1)螺纹的五要素包括：________、________、________、________和________。

2)螺纹的直径有________径、________径和________径之分，公称直径是指螺纹的________径。

3)螺纹的导程代号为________，螺距代号为________，两者的关系为：________。

4)螺纹根据旋向不同分为：________旋和________旋螺纹。

5)螺纹根据用途不同分为：________螺纹和________螺纹。

议一议： 我国是机械通用零部件制造大国，我国通用零部件行业在转型升级中取得的主要成绩、存在的主要问题和差距有哪些？二十大报告中实施科教兴国战略部署的重大意义是什么？

思考与练习

1)外螺纹大径的代号为________，D_2 为________(内、外)螺纹的________径代号。

2)普通螺纹的牙型角一般为________°，梯形螺纹的牙型角一般为________°。

3)机床丝杠广泛采用的螺纹为________型螺纹。

4)________、________、________三项符合国家标准规定的，称为标准螺纹。________符合标准规定，其他不符合标准规定的称为特殊螺纹。

5)网络查询螺纹加工方法。

任务检测

"认识螺纹"知识自我检测评分表

项目	考核要求	配分	评分细则	评分记录
螺纹五要素	能说出螺纹五要素的名称及代号	60 分	名称正确＋30 分，代号正确＋30 分	
螺纹的种类	能正确区分螺纹种类	30 分	叙述正确无误＋30 分	
螺纹的用途	熟悉各种标准螺纹的常见用途	10 分	举例恰当＋10 分	

任务 2　掌握螺纹的规定画法

任务描述

螺纹的真实投影比较麻烦，为简化作图，国家标准对螺纹的画法做了统一规定。本任务主要介绍外螺纹、内螺纹及内、外螺纹连接的规定画法。

知识链接

1. 外螺纹的画法

1)外螺纹的大径和螺纹终止线用粗实线表示，小径用细实线表示。螺纹小径按大径的 0.85 倍绘制。在不反映圆的视图中，小径的细实线应画入倒角内，如图 4-6(a)所示。

2)当需要表示螺纹收尾时，螺纹尾部的小径用与轴线成 30°的细实线绘制，如图 4-6(b)所示。

3)在反映圆的视图中，表示小径的细实线圆只画约 3/4 圈，螺杆端面上的倒角圆省略不画。剖视图中的螺纹终止线和剖面线画法，如图 4-6(c)所示。

2. 内螺纹的画法

1)内螺纹通常采用剖视图表达，在不反映圆的视图中，大径用细实线表示，小径和螺纹终止线用粗实线表示，且小径为大径的 0.85，剖面线应画到粗实线。

2)若是盲孔，终止线到孔的末端的距离可按大径的 0.5 绘制；在反映圆的视图中，大径用约 3/4 圈的细实线圆弧绘制，孔口倒角圆不画，如图 4-7(a)、图 4-7(b)所示。

3)当螺孔相交时，其相贯线的画法如图 4-7(c)所示。

4)当螺纹的投影不可见时，所有图线均画成虚线，如图 4-7(d)所示。

3. 内、外螺纹连接的画法

用剖视图表示螺纹连接时，旋合部分按外螺纹的画法绘制，未旋合部分按各自原有的画法绘制，如图 4-8 所示。画图时必须注意：表示内、外螺纹大径的细实线和粗实线，以及表示内、外螺纹小径的粗实线和细实线应分别对齐。

实践操作

1. 外螺纹的画法(图 4-6)

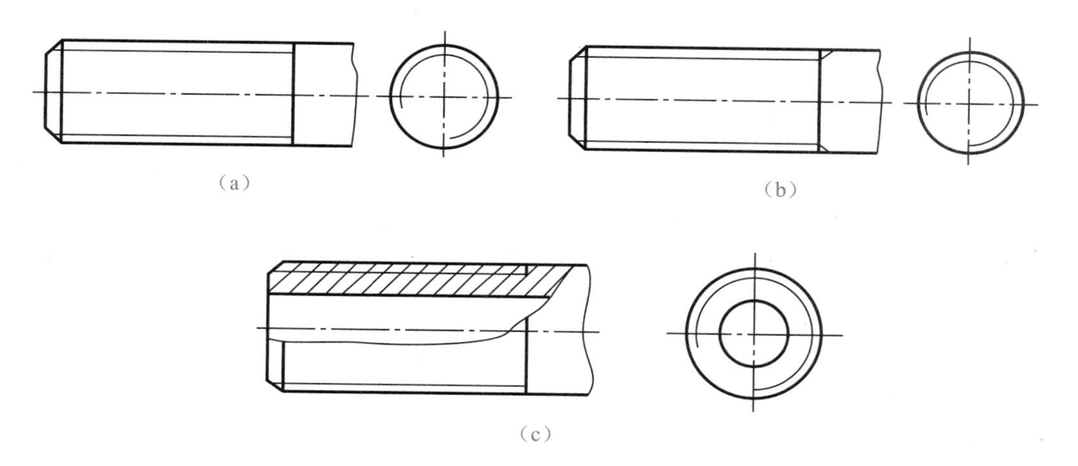

图 **4-6** 外螺纹的画法

2. 内螺纹的画法(图 4-7)

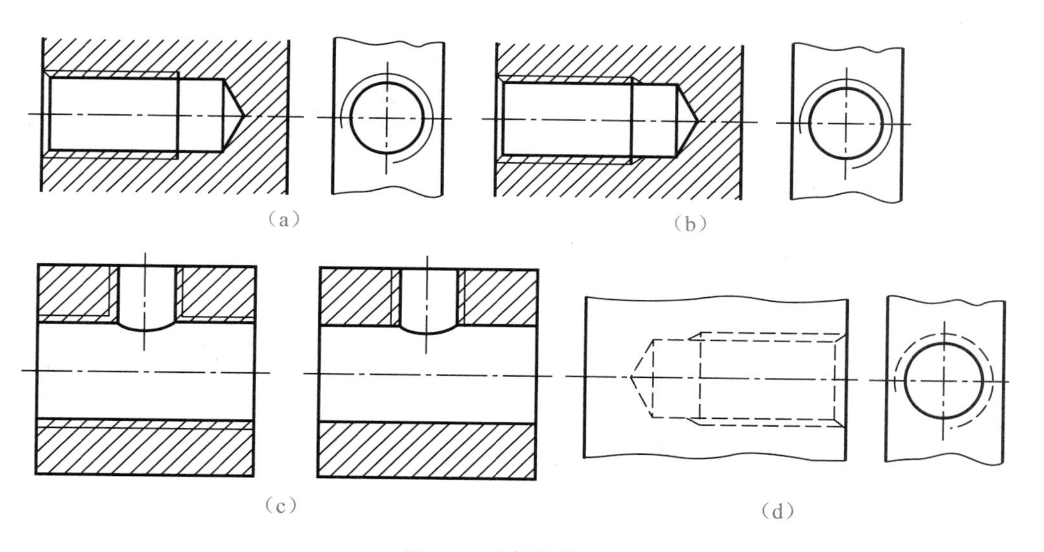

图 **4-7** 内螺纹的画法

3. 内、外螺纹连接的画法(图 4-8)

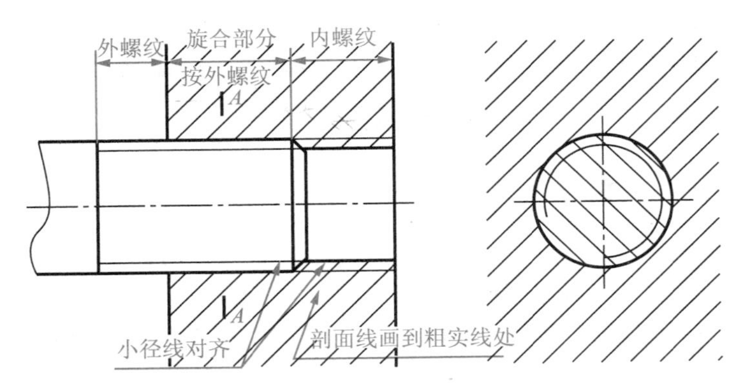

图 4-8　内、外螺纹连接的画法

职业知识拓展

1)内螺纹为盲孔时，钻孔底部锥角为 120°，如图 4-9(a)所示。

2)内螺纹为盲孔时，内外螺纹连接时的画法如图 4-9(b)所示。

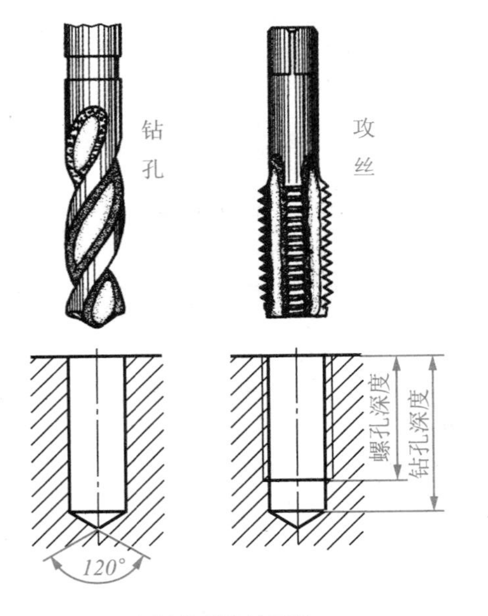

(a) 内螺纹盲孔的画法

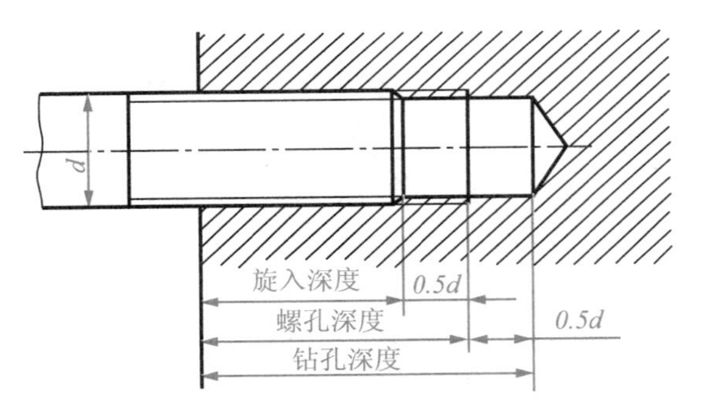

(b) 内、外螺纹连接画法

图 4-9　内螺纹为盲孔的画法

3)螺纹牙型的表示法：当需要表示螺纹牙型时，可采用剖视图、局部剖视图或局部放大图画出几个牙型，如图 4-10 所示。

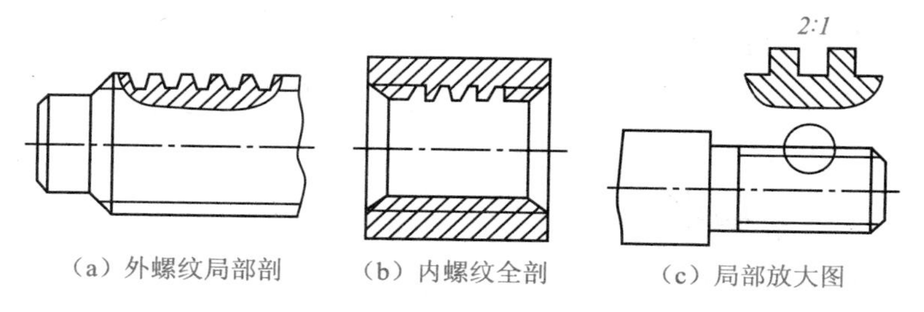

（a）外螺纹局部剖　（b）内螺纹全剖　（c）局部放大图

图 4-10　螺纹牙型的表示法

操作训练

完成如图 4-11 所示内、外螺纹的图形。

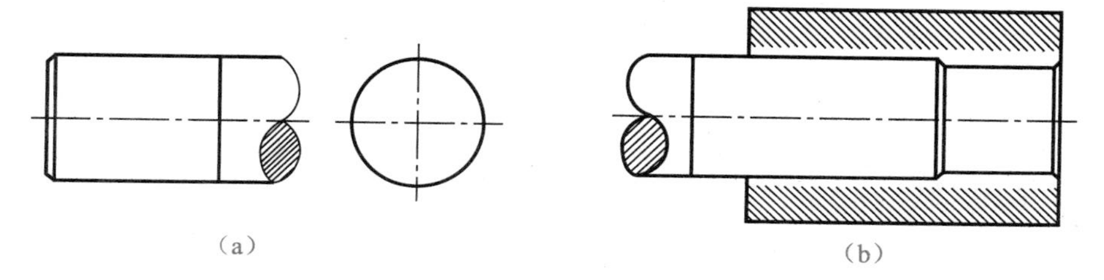

图 4-11　螺纹的画法练习

思考与练习

1)外螺纹的画法有哪些规定？

2)内螺纹的画法有哪些规定？

3)改正图 4-12 所示螺纹画法中的错误。

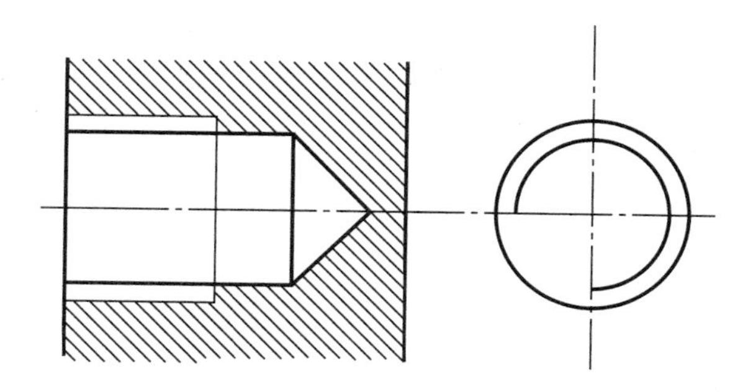

图 4-12　螺纹画法改错

4)网络查询或咨询工厂师傅钻头锥角实际角度是多少？

5)锥度、圆柱的英文单词怎样拼写？记住其首字母。

任务检测

"掌握螺纹的规定画法"知识自我检测评分表

项目	考核要求	配分	评分细则	评分记录
内、外螺纹的画法	能熟练掌握内、外螺纹的画法规定并画出图形	40 分	掌握画法规定＋10 分；熟练画出图形＋30 分	
内、外螺纹连接的画法	能熟练掌握内、外螺纹连接的画法规定并画出图形	40 分	掌握画法规定＋10 分；熟练画出图形＋30 分	
知识拓展	能够画出内螺纹为盲孔时的螺纹连接图，并会用适当的方式表示牙型	20 分	熟练画出内、外螺纹连接图＋15分；会恰当表示螺纹牙型＋5 分	

任务 3　学会螺纹的标记及标注

任务描述

国家标准规定了各种螺纹的标记及标注方法，从螺纹的标记可了解该螺纹的种类、公称直径、螺距、线数、旋向、螺纹公差等方面的内容。本任务分别学习几种标准螺纹的标记及标注方法。

知识链接

1. 普通螺纹的标记

螺纹特征代号：公称直径×螺距－公差带代号－旋合长度代号－旋向代号

说明：

普通螺纹的特征代号为 M，有粗牙和细牙之分，粗牙螺纹的螺距可省略不注；公差带代号大写为内螺纹，小写为外螺纹，中径和顶径的公差带代号相同时，只标注一次；旋合长度分长(L)、短(S)和中(N)三种，中等旋合长度 N 省略不注；右旋螺纹可不注旋向代号，左旋螺纹旋向代号为 LH。

2. 梯形螺纹和锯齿形螺纹的标记

螺纹特征代号：公称直径导程(螺距)　旋向代号－公差带代号－旋合长度代号

说明：

梯形螺纹的特征代号为 Tr，锯齿形螺纹的特征代号为 B；单线螺纹标注螺距，多线螺纹标注导程，括号内标注螺距；右旋省略不注，左旋要标注 LH；公差带只标注中径公差带代号。

3. 管螺纹

(1)螺纹密封的管螺纹

螺纹特征代号　尺寸代号－旋向代号

(2)非螺纹密封的管螺纹

螺纹特征代号　尺寸代号　公差等级代号－旋向代号

说明：

螺纹特征代号分别为：螺纹密封的管螺纹(圆锥内螺纹 Rc、圆锥外螺纹 R、圆柱内螺纹 Rp)、非螺纹密封的管螺纹为 G；右旋省略不注，左旋要标注 LH；尺寸代号不是螺纹大径值，而是一个尺寸代号，无单位；非螺纹密封的管螺纹，外螺纹的公差等级有 A 级和 B 级，内螺纹只有一个公差等级，不必注出。

实践操作

1. 解释下列标记的含义

1)M20－5g6g－S

2)M10×1－6H－LH

3)Tr40× 14 (P7)LH－7H

4)G1/2A

2. 完成常用螺纹的标注

如图 4-13 所示：

1)M20－5g6g－S

2)Tr40×14(P7)LH－7H

3)G1/2A

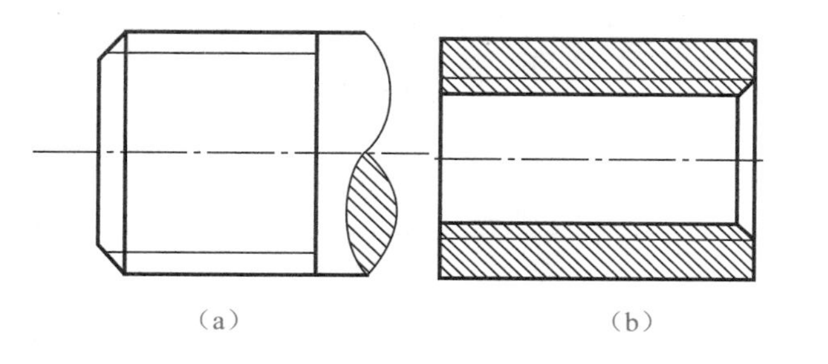

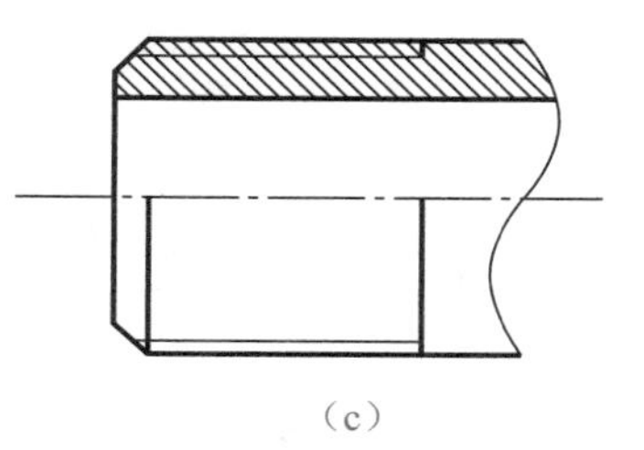

图 4-13　常用螺纹的规定标注

说明：

1)螺纹的标记，应注在大径的尺寸线或在其引出线上。

2)管螺纹必须标注在大径的引出线上。

操作训练

完成下列填空。

1)螺纹标记：M16×1－5g6g，螺纹特征代号为________，螺距为________，5g表示________，6g表示________，旋向为________，旋合长度为________。

2)螺纹标记：Tr36×8(P4)－5H，螺纹特征代号为________，表示________螺纹，导程为________，螺距为________，线数为________，5H表示__________。

3)螺纹标记：Rc1－LH，螺纹特征代号为________，表示________螺纹，1表示________，LH表示__________。

思考与练习

完成下列螺纹标记的标注。

1)如图4-14(a)所示，普通外螺纹，大径$d=10$，左旋，中径公差带为5g，顶径公差带为5g，中等旋合长度。

2)如图4-14(b)所示圆锥内螺纹，尺寸代号1/2，左旋。

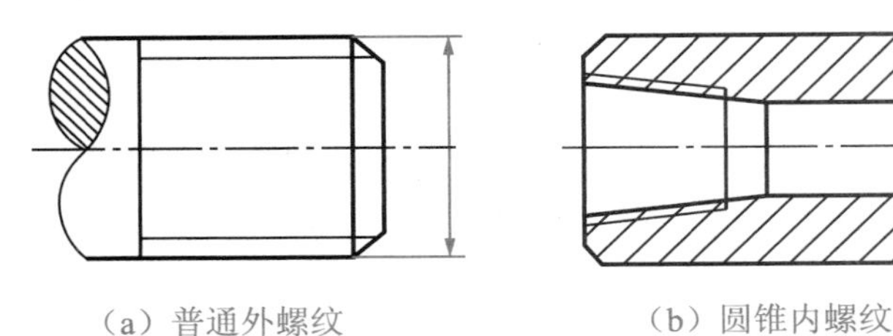

(a) 普通外螺纹　　(b) 圆锥内螺纹

图4-14　螺纹标注练习

任务检测

“学会螺纹的标记及标注”知识自我检测评分表

项目	考核要求	配分	评分细则	评分记录
螺纹的标记	掌握各种螺纹的标记规则并能正确解释标记	50分	掌握标记规则＋20分；正确解释＋30分	
螺纹的标注	正确标注各种螺纹	50分	标注正确＋50分	

任务4　识读螺纹紧固件的连接形式及装配画法

任务描述

螺纹紧固件的作用是将两个(或两个以上)零件紧固在一起，构成可拆连接。常见螺纹紧固件有螺栓、螺柱、螺钉、螺母和垫圈等。本任务主要介绍螺栓连接、双头螺柱连接和螺钉连接三种连接形式的使用要求及规定画法。

常见螺纹紧固件有螺栓、螺柱、螺钉、螺母和垫圈等，其结构型式和尺寸都已标准化，如图 4-15 所示。使用时按规定标记直接外购即可。

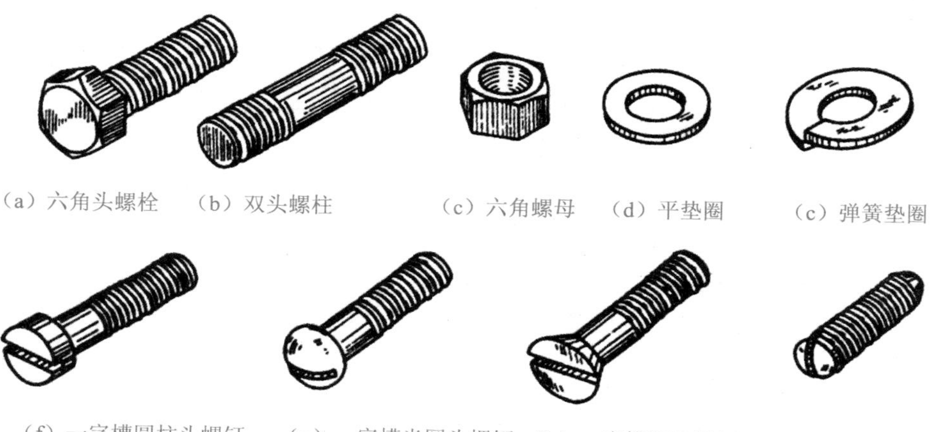

(a) 六角头螺栓　(b) 双头螺柱　(c) 六角螺母　(d) 平垫圈　(c) 弹簧垫圈

(f) 一字槽圆柱头螺钉　(g) 一字槽半圆头螺钉　(h) 一字槽沉头螺钉　(i) 紧定螺钉

图 4-15　常用的螺纹紧固件

在绘制螺纹紧固件连接时，除应按照螺纹副的规定画法外，还应遵循有关装配图画法的规定，有以下几点。

1)两零件相接触的表面应画成一条线；不接触的表面应画两条线，以表示它们的空隙。

2)相互邻接的两金属零件的剖面线，其倾斜方向应相反或方向相同而间隔不等，而同一零件的剖面线应方向相同、间隔相等。

3)当剖切平面通过螺纹紧固件的轴线时，则它们均按不剖绘制，螺纹紧固件连接可以采用规定的简化画法。

1. 螺栓连接

应用范围：这种连接加工简单，装拆方便，因而应用很广，主要适用于两零件被连接处厚度不大，受力较大，且需经常装拆的场合。

连接形式：这种连接只需在两个被连接件上钻出通孔，然后从孔中穿入螺栓，再套上垫圈，拧紧螺母即可实现连接，如图 4-16 所示。

2. 双头螺柱连接

应用范围：当被连接的两机件中，一个太厚，无法加工出通孔，或不易加工成通孔时，可采用双头螺柱连接。

连接形式：被连接的机件上加工出不穿通螺孔(盲孔)，另一被连接件上加工出通孔，而螺柱的两头均制有螺纹。连接时，将螺柱的旋入端(一般为螺纹长度较短的一端)全部旋入机件的螺孔中，再套上另一被连接件，然后放上垫圈，拧紧螺母，即可实现连接，如图 4-17 所示。

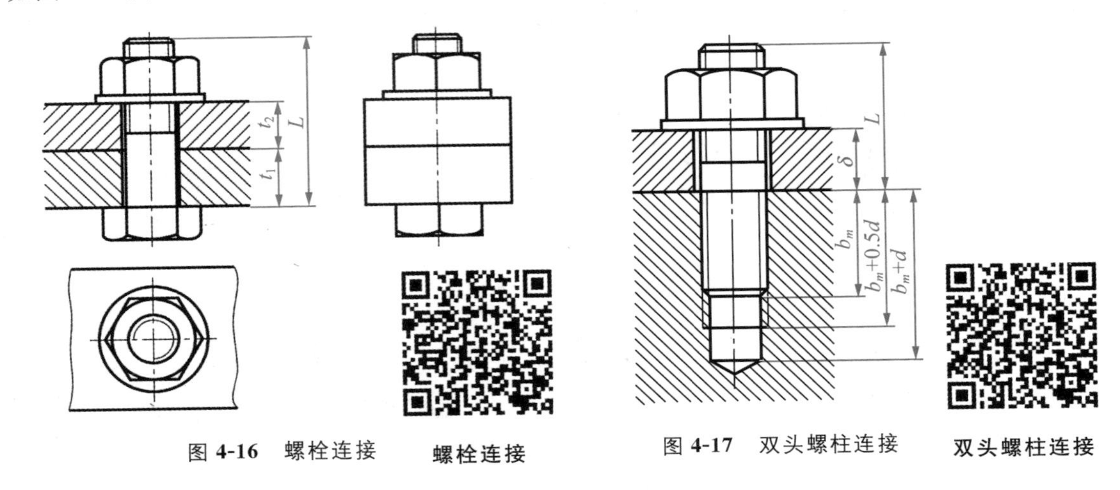

图 4-16　螺栓连接　　螺栓连接　　图 4-17　双头螺柱连接　　双头螺柱连接

3. 螺钉连接

应用范围：主要用于连接不经常拆卸，并且受力不大的场合。

连接形式：它是一种只需螺钉(有时也可加垫圈)而不用螺母的连接，结构最简单。连接螺钉由头部和杆身两部分组成：其头部有多种不同的结构型式，相应有不同的国家标准代号；杆身上刻有部分螺纹或全部螺纹(螺钉公称长度较小时)，被连接件之一加工有通孔；另一被连接件上加工有螺孔。连接时，将螺钉穿过通孔，并用起子插入螺钉头部的起子槽(呈一字或十字)，再加以拧动，依靠杆身上的螺纹即可旋入至螺孔中，并依靠其头部压紧被连接件而实现两者的连接，如图 4-18 所示。

常见的连接螺钉有开槽圆柱头螺钉、开槽半圆头螺钉、开槽沉头螺钉、圆柱头内六角螺钉等，见附录。

实践操作

1. 螺栓连接的比例画法

如图 4-16 所示。

1)根据下式计算螺栓的公称长度 L

$$L \geqslant t_1 + t_2 + h + m + (0.3 \sim 0.4)d$$

其中：

垫圈厚度 $h=0.15d$，螺母厚度 $m=0.8d$，超出螺母的螺杆高为$(0.3 \sim 0.4)d$。用上式计算出 L 后，再查螺栓标准(见附录)，从长度系列中选取接近值作为 L。

2)被连接件的孔径为 $1.1d$，螺栓的大径和被连接件光孔之间有两条轮廓线，所以它们的轮廓线应分别画出。

2. 双头螺柱连接的比例画法

如图 4-17 所示。

1）旋入端的长度 b_m 要根据被旋入件的材料而定，被旋入端的材料为钢时，$b_m=1d$；被旋入端的材料为铸铁或铜时，$b_m=(1.25\sim1.5)d$；被连接件为铝合金等轻金属时，$b_m=2d$；

2）旋入端的螺孔深度取 $b_m+0.5d$，钻孔深度取 b_m+d。

3）螺柱的公称长度 $L\geqslant\delta+$垫圈厚度$+$螺母厚度$+(0.3\sim0.4)d$，然后根据双头螺柱的标准（见附录）从长度系列中选取接近值作为 L。

4）旋入端必须全部拧入螺孔内，即旋入端的螺纹终止线必须与被连接件的接触面画成一条线，表示旋入端已足够地拧紧，螺纹的连接作用在充分地发挥，符合实际工作状态。

3. 螺钉连接的比例画法

如图 4-18 所示，螺钉头部的一字槽在通过螺钉轴线剖切的剖视图上应按垂直于投影面的位置画出，而在垂直于螺钉轴线的投影面上的投影应按倾斜 45°画出。

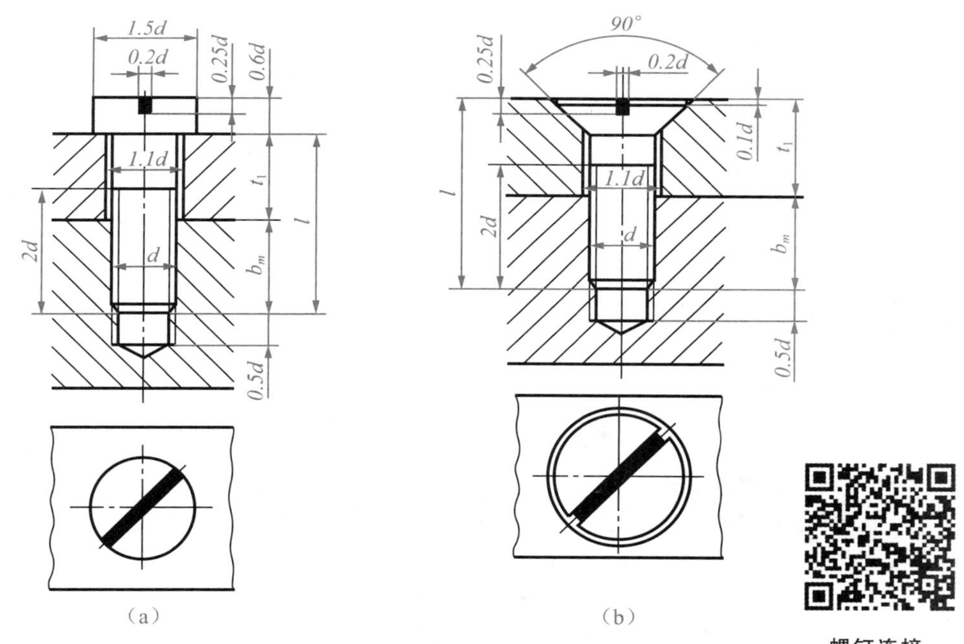

图 4-18　螺钉连接

操作训练

1）双头螺柱的两被连接件之一是________孔，另一是________孔。

2）采用螺纹连接时，若被连接件之一厚度较大，且材料较软，强度较低，需要经常装拆，则一般宜采用（　　）。

A. 螺栓连接　　　B. 双头螺柱连接　　　C. 螺钉连接

3)在双头螺柱连接中，当被旋入端的材料为钢时，$b_m=$________；被旋入端的材料为铸铁或铜时，$b_m=$________；被连接件为铝合金等轻金属时，$b_m=$________。

4)螺栓连接的应用范围有哪些?

思考与练习

1)在绘制螺纹紧固件连接时，除应按照螺纹副的规定画法外，还应遵循的装配图画法规定有哪些?

2)已知：螺栓 M13(GB/T 5780—2000)，螺母 M12(GB/T 41—2000)，平垫圈 12(GB/T 97.1—2002)，被连接件厚 $t_1=20$mm，$t_2=25$mm，用近似画法作出连接后的主、俯视图(比例 1∶1)。

任务检测

“螺纹紧固件的连接形式及装配画法”知识自我检测评分表

项目	考核要求	配分	评分细则	评分记录
三种连接方式	能熟练说出三种连接方式及各自的应用范围、连接形式	30 分	三种连接方式+10 分；各自的应用范围、连接形式+20 分	
比例画法	能正确掌握三种连接的比例画法	60 分	螺栓连接+25 分；双头螺柱连接+25 分；螺钉连接+10 分	
常见的螺纹紧固件	能熟练说出常见的螺纹紧固件	10 分	列举全面、正确+10 分	

项目 2 齿轮

1. 认识齿轮的作用、分类。
2. 掌握圆柱齿轮的计算、画法。

1. 熟练进行齿轮各部分的计算。
2. 掌握单个直齿圆柱齿轮的画法及齿轮啮合画法。

任务 1　认识齿轮的作用、分类及计算

任务描述

齿轮是传动零件，它在机器(或部件)中被广泛应用。现代齿轮制造技术已达到：齿轮模数 0.004～100 毫米；齿轮直径由 0.001～150 米；传递功率可达十万千瓦以上；转速可达几十万转/分；最高的圆周速度达 300 米/秒。本任务主要介绍齿轮的作用、分类及各部分的尺寸计算。

知识链接

1. 齿轮的作用及分类

齿轮是机器设备中应用十分广泛的传动零件，用来传递运动和动力，改变轴的旋向和转速。两个啮合的齿轮组成的基本机构，称为齿轮副。如图 4-19 所示，常见的齿轮传动有以下三类：

圆柱齿轮：用于两平行轴之间的传动，如图 4-19(a)所示。

圆锥齿轮：用于两相交轴之间的传动，如图 4-19(b)所示。

蜗轮蜗杆：用于两垂直交叉轴之间的传动，如图 4-19(c)所示。

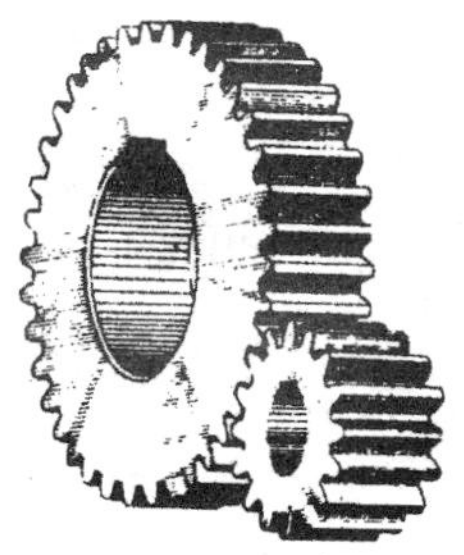

(a) 直齿圆柱齿轮

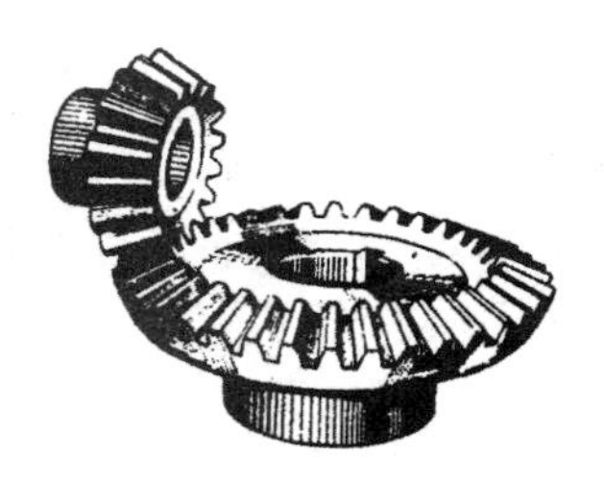

(b) 直齿圆锥齿轮

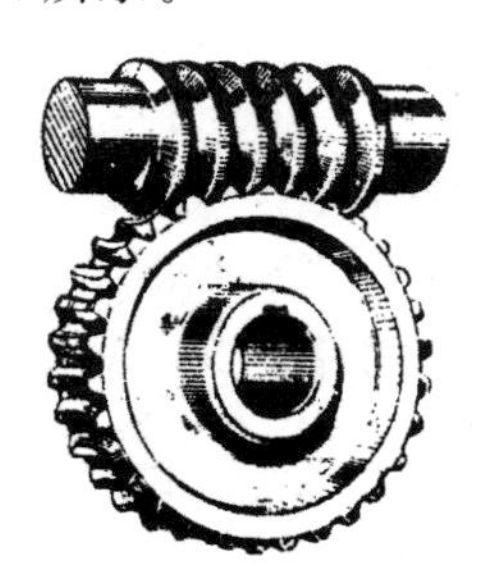

(c) 蜗轮蜗杆

图 4-19　齿轮传动的分类

圆柱齿轮按其齿形方向可分为：直齿、斜齿和人字齿等，如图 4-20 所示。这里主要介绍直齿圆柱齿轮。

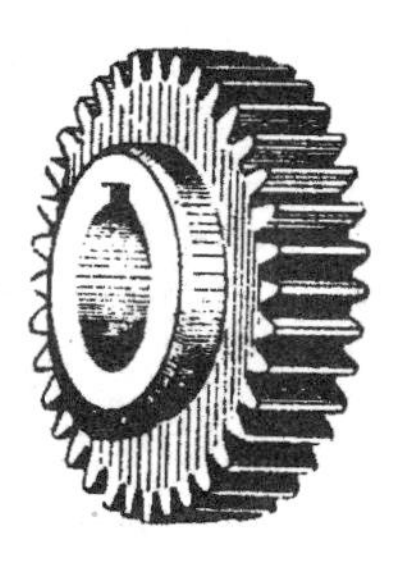

(a) 直齿轮

(b) 斜齿轮

(c) 人字齿轮

图 4-20　圆柱齿轮

2. 直齿圆柱齿轮各部分的名称及参数(图 4-21)

1)齿数 z：齿轮上轮齿的个数。

2)齿顶圆直径 d_a：通过齿顶的圆柱面直径。

3)齿根圆直径 d_f：通过齿根的圆柱面直径。

4)分度圆直径 d：分度圆直径是齿轮设计和加工时的重要参数。分度圆是一个假想的圆，在该圆上齿厚 s 与槽宽 e 相等，它的直径称为分度圆直径。

5)齿高 h：齿顶圆和齿根圆之间的径向距离。

6)齿顶高 h_a：齿顶圆和分度圆之间的径向距离。

7)齿根高 h_f：分度圆与齿根圆之间的径向距离。

8)齿距 p：在分度圆上，相邻两齿对应齿廓之间的弧长。

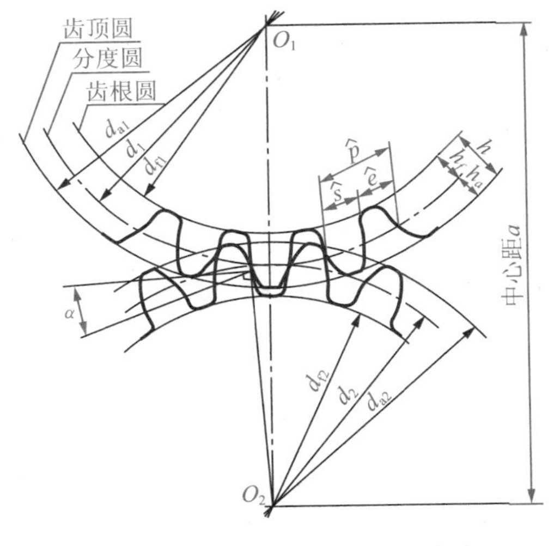

图 4-21　直齿圆柱齿轮各部分的名称

9)齿厚 s：在分度圆上，一个齿的两侧对应齿廓之间的弧长。

10)槽宽 e：在分度圆上，一个齿槽的两侧相应齿廓之间的弧长。

11)模数 m：由于分度圆的周长 $\pi d=pz$，即 $d=zp/\pi$。令 $p/\pi=m$，则 $d=mz$。式中 m 称为齿轮的模数。模数以 mm 为单位，它是齿轮设计和制造的重要参数。为便于齿轮的设计和制造，减少齿轮成形刀具的规格及数量，国家标准对模数规定了标准值。渐开线齿轮的模数如表 4-2 所示。

表 4-2　标准模数(GB/T 1357—1987)

第一系列	1　1.25　1.5　2　2.5　3　4　5　6 8　10　12　16　20　25　32　40　50
第二系列	1.75　2.25　2.75　(3.25)　3.5　(3.75)　4.5　5.5 (6.5)　7　9　(11)　14　18　22　28　(30)　36　45

注：选用模数时应首选第一系列；其次选用第二系列；括号内的模数尽可能不用。

12)压力角 α：相互啮合的一对齿轮，其受力方向(齿廓曲线的公法线方向)与运动方向之间所夹的锐角，称为压力角。同一齿廓的不同点上的压力角是不同的，在分度圆上的压力角，称为标准压力角。国家标准规定，标准压力角为 20°。

一对齿轮啮合时，必须满足以下条件：$m_1=m_2$，$\alpha_1=\alpha_2$。

13)中心距 a：两啮合齿轮轴线之间的距离。

3. 直齿圆柱齿轮的尺寸计算

在已知模数 m 和齿数 z 时，齿轮轮齿的其他参数均可按表 4-3 中的公式计算出来。

表 4-3　标准直齿圆柱齿轮各基本尺寸计算公式

基本参数：模数 m 和齿数 z			
序号	名称	代号	计算公式
1	齿距	p	$p=\pi m$
2	齿顶高	h_a	$h_a=m$
3	齿根高	h_f	$h_f=1.25m$
4	齿高	h	$h=2.25m$
5	分度圆直径	d	$d=mz$
6	齿顶圆直径	d_a	$d_a=m(z+2)$
7	齿根圆直径	d_f	$d_f=m(z-2.5)$
8	中心距	a	$a=m(z_1+z_2)/2$

注：z_1、z_2 为一对齿轮啮合时的齿数。

操作训练

1)常见的齿轮传动有________传动、________传动和________ 传动。

2)模数的单位为________，代号为________。标准压力角为________。

3)齿顶圆直径的代号为________，齿根圆直径的代号为________，分度圆直径的代号为 ________。

4)一外啮合标准直齿圆柱齿轮机构，已知 $z_1=20$，$z_2=40$，$m=2$，求：d_1，d_2，a。

思考与练习

1)齿顶高、齿根高、齿高的符号各是什么？三者有何关系？

2)齿厚、槽宽、齿距的代号各是什么？三者有何关系？

3)一外啮合标准直齿圆柱齿轮机构，已知：$z_1=30$，$z_2=70$，$a=310$mm，试确定两齿轮的模数。

4)相互啮合的一对标准直齿圆柱齿轮，已知 $a=225$mm，$m=2$mm，$z_1=50$

求：①z_2 是多少？

②齿轮 1 的分度圆直径，齿轮 2 的齿根圆直径。

任务检测

"齿轮的作用、分类及计算"知识自我检测评分表

项目	考核要求	配分	评分细则	评分记录
齿轮的作用、分类	能熟练说出齿轮的作用、分类	30 分	叙述准确无误+30 分	
齿轮各部分的名称及计算	掌握齿轮各部分的名称、代号及计算公式	70 分	名称、代号+30 分；计算公式+40 分	

任务2 绘制标准直齿圆柱齿轮的视图

任务描述

齿轮的轮齿曲线是渐开线，如按投影绘制齿轮的图形难度较大，且费时费力。为了设计方便，特采用规定法。本任务将介绍单个齿轮和齿轮啮合的标准直齿圆柱齿轮的规定画法。

知识链接

1. 单个齿轮的画法

1)齿轮轮齿部分在外形视图中的画法，如图4-22(a)所示，分度圆和分度线用细点画线表示；齿顶圆和齿顶线用粗实线表示；齿根圆和齿根线用细实线表示(也可省略不画)。

2)在剖视图中，当剖切平面通过齿轮轴线时，轮齿部分按不剖处理；齿根线用粗实线表示，如图4-22(b)所示；若为斜齿或人字齿时，可画成半剖视或局部剖视，并在未剖切部分，画三条与齿形方向一致的细实线，如图4-22(c)所示。

2. 两齿轮啮合的画法

1)绘制两齿轮啮合图时，一般采用两个视图。在投影为圆的视图上，相切的分度圆用细点画线绘出，两齿根圆省略不画，啮合区内的齿顶圆用粗实线绘制，如图4-23(b)所示。也可省略不画，如图4-23(c)所示。

2)在剖视图中，啮合区内一个齿轮的轮齿用粗实线绘制，另一个齿轮的轮齿被遮挡的部分用虚线绘制，如图4-23(a)所示。

3)在表示齿轮外形的视图中，啮合区的节线用粗实线绘制(齿顶线不画)，非啮合区的节线用细点画线绘制，齿根线省略，如图4-23(d)所示。

实践操作

1. 单个直齿圆柱齿轮的画法(图4-22)

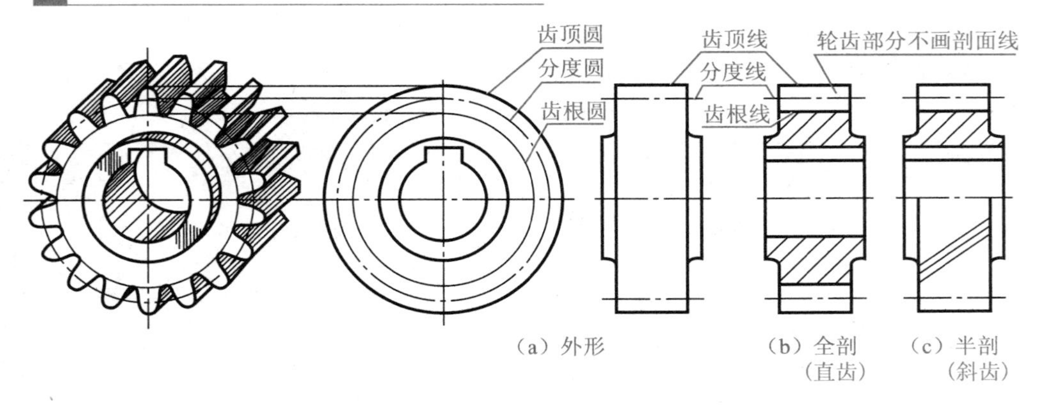

图 4-22 单个齿轮的画法

2. 两齿轮啮合的画法(图 4-23)

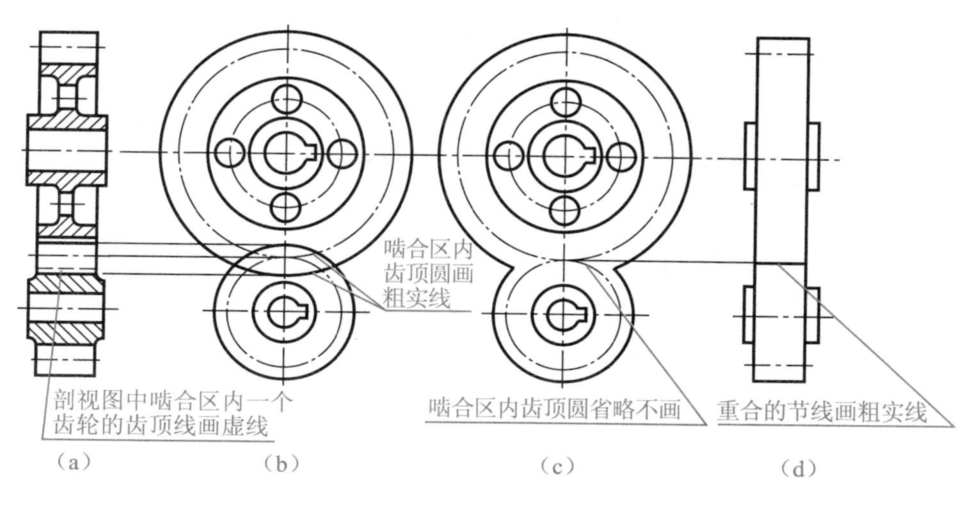

图 4-23　齿轮啮合的画法

操作训练

1)齿顶圆和齿顶线用________线画出，分度圆和分度线用________线画出，齿根圆和齿根线用________线画出或者省略不画。

2)在图 4-24 左侧作出齿轮的全剖主视图，齿宽 20mm。

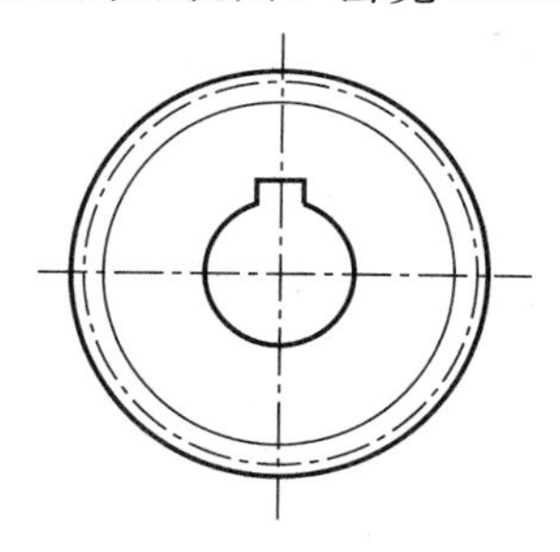

图 4-24　齿轮画法练习(一)

思考与练习

1)已知：$m=2$，$z=25$，求 d，d_a，d_f，并补全图 4-25。

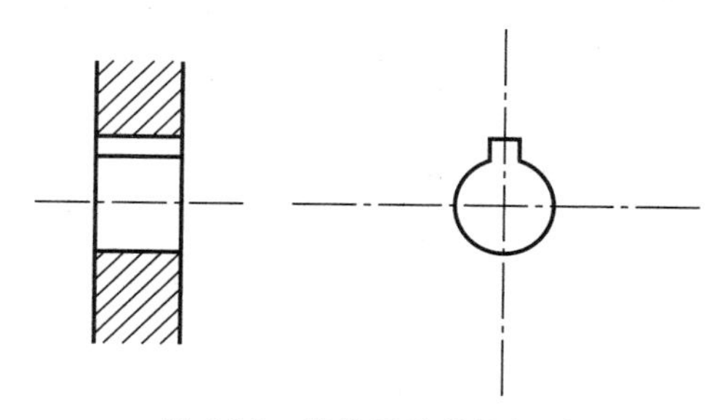

图 4-25　齿轮画法练习(二)

2)已知 $z_1=20$，$z_2=80$，$a=100$，完成图 4-26。

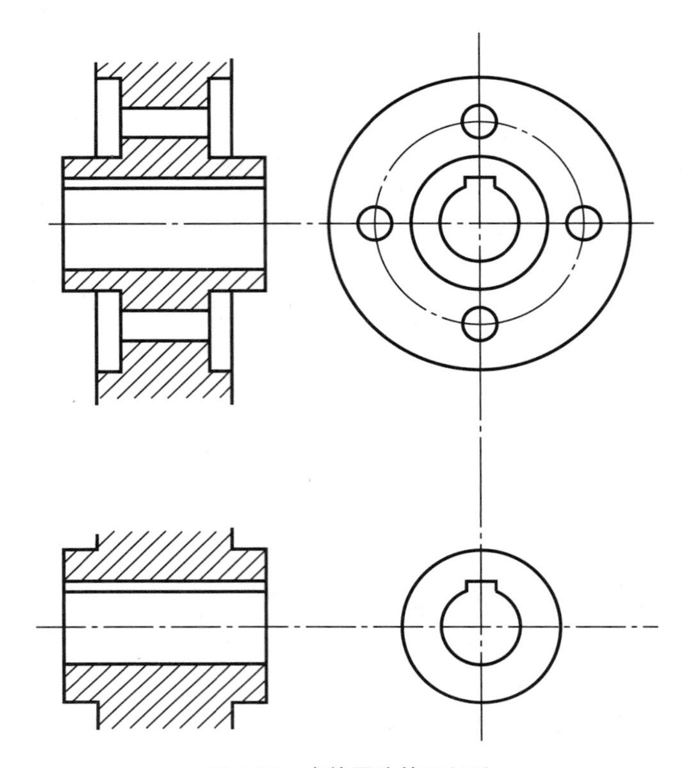

图 **4-26**　齿轮画法练习(三)

任务检测

“圆柱齿轮的画法”知识自我检测评分表

项目	考核要求	配分	评分细则	评分记录
齿轮画法的规定	理解并掌握齿轮的画法规定	10 分	叙述准确无误＋10 分	
单个齿轮的画法	计算齿轮的相关数据并画出图形	40 分	计算正确＋10 分；画出图形＋30 分	
齿轮啮合的画法	计算相关数据并画出齿轮啮合图	50 分	计算正确＋15 分；画出图形＋35 分	

项目 3　键连接和销连接

1. 认识键和销的功用、种类和标记。
2. 了解键连接和销连接的画法。

能查表并熟悉在装配图中绘制键连接和销连接。

任务 1　认识键连接，了解其规定画法

任务描述

如图 4-27 所示，为了把齿轮和轴装在一起并使其同时转动，通常在齿轮轮毂孔和轴的表面分别加工出键槽，然后把键放入轴的键槽内，再将带键的轴装入齿轮孔中，这种连接称键连接。本任务将介绍键的功用、种类和标记。

图 4-27　键连接

知识链接

1. 键连接的功用

键主要用于轴和轴上的零件(如带轮、齿轮等)之间的连接，起着传递扭矩的作用。如图 4-27 所示，将键嵌入轴上的键槽中，再将带有键槽的齿轮装在轴上，当轴转动时，因为键的存在，齿轮就与轴同步转动，达到传递动力的目的。

2. 键连接的分类、标记

键的种类很多，常用的有普通平键、半圆键和钩头楔键三种。

(1)普通平键

普通平键根据其头部结构的不同可以分为圆头普通平键(A 型)、平头普通平键(B 型)和单圆头普通平键(C 型)三种形式，如图 4-28(a)所示。平键的两侧面是工作面，上表面与轮毂槽底之间留有间隙，这种键定心性较好，装拆方便。

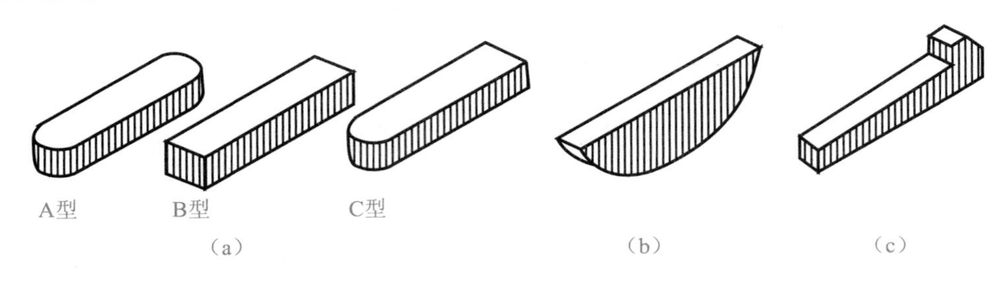

图 4-28 键的种类

普通平键的标记格式和内容为：

标准编号 键 键宽×键长(其中 A 型可省略型式代号)

例如：

1)GB/T 1096—2003 键 18×100

表示：宽度 b =18mm，高度 h =11mm，长度 L =100mm 的圆头普通平键(A 型)。

2)GB/T 1096—2003 键 B 18×100

表示：宽度 b =18mm，高度 h =11mm，长度 L =100mm 的平头普通平键(B 型)。

3)GB/T 1096—2003 键 C 18×100

表示：宽度 b =18mm，高度 h =11mm，长度 L =100mm 的单圆头普通平键(C 型)。

(2)半圆键

半圆键也是以两侧面为工作面，它与平键一样具有定心较好的优点。半圆键能在轴槽中摆动以适应毂槽底面，装配方便，它的缺点是键槽对轴的削弱较大，只适用于轻载连接，如图 4-28(b)所示。锥形轴端采用半圆键连接在工艺上较为方便。

(3)钩头楔键

楔键的上下面是工作面，键的上表面有 1∶100 的斜度，轮毂键槽的底面也有 1∶100 的斜度，把楔键打入轴和毂槽槽内时，其工作表面上产生很大的预紧力。工作时，主要靠摩擦力传递转矩，并能承受单方向的轴向力，如图 4-28(c)所示。由于楔键打入时，迫使轴和轮毂产生偏心，因此楔键仅适用于定心精度要求不高，载荷平稳和低速的连接。

3. 键连接的画法

采用键连接时，键的长度和宽度 b 要根据轴的直径 d 和传递的扭矩大小从标准中选取适当值，键以及键槽的各部分尺寸也要根据国家标准查表得到，见第 287 页附录附表 9。

实践操作

当沿着键的纵向剖切时，按不剖画；当沿着键的横向剖切时，则要画上剖面线。通常用局部剖视图表示轴上键槽的深度及零件之间的连接关系，接触面画一条线。

1）普通平键：键的顶端与孔上的键槽顶面之间有间隙，应画两条线。t 为轴上键槽深度，t_1 为轮毂上键槽深度。b、t、t_1 可按轴径 d 从标准中查出。如图 4-29、图 4-30 所示。

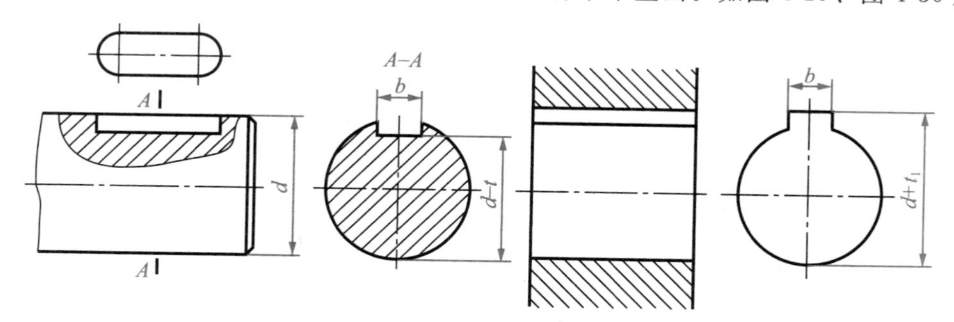

图 **4-29**　轴和轮毂上的键槽

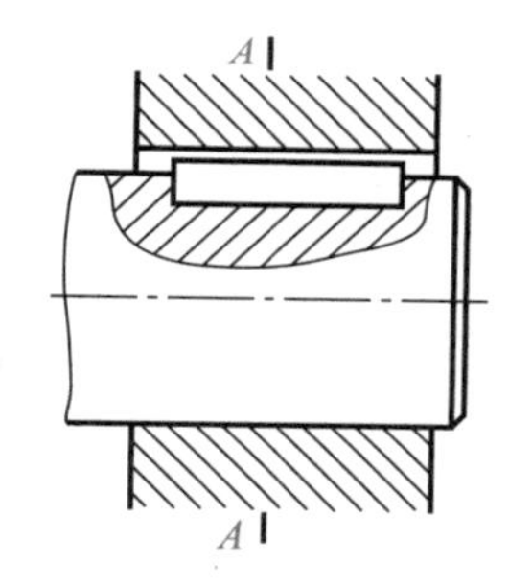

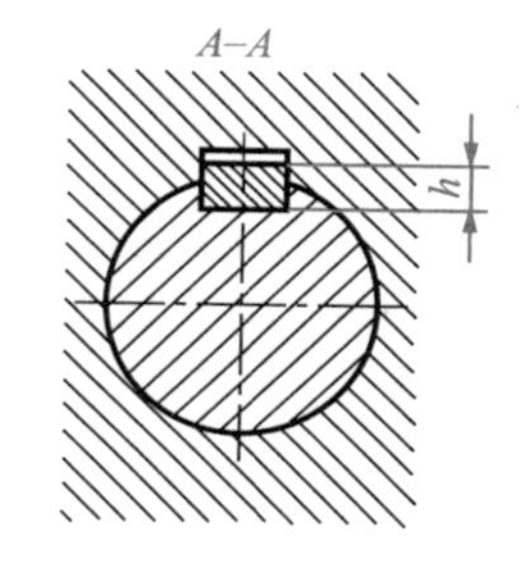

图 **4-30**　普通平键连接的画法

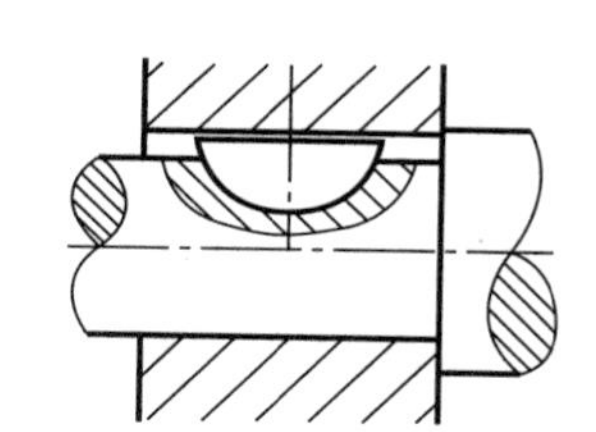

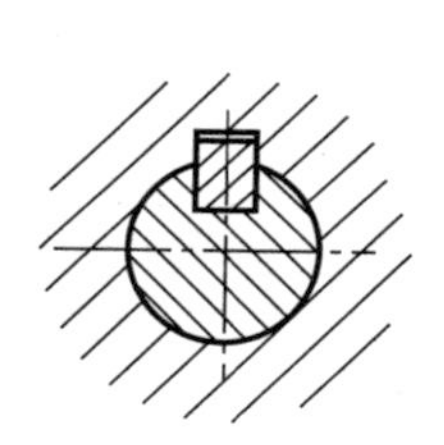

图 **4-31**　半圆键连接的画法

2）半圆键：如图 4-31 所示。

3）钩头楔键：如图 4-32 所示。

键与槽的顶面、底面同时接触，均无间隙，侧面有间隙，用公差保证，公称尺寸相同，只画一条线，如图 4-32 所示。

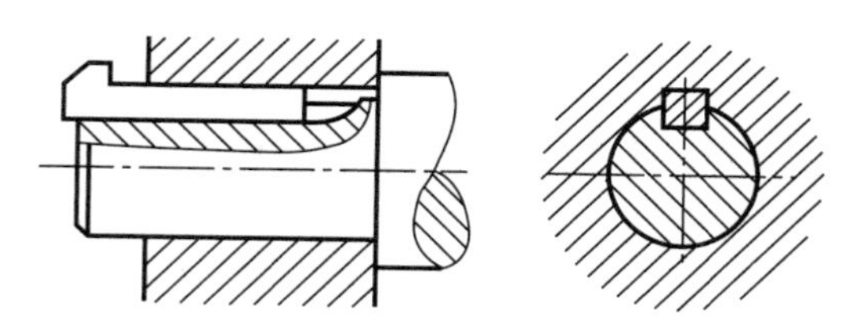

图 **4-32**　钩头楔键连接的画法

操作训练

1)解释含义：

GB/T 1096—2003　键 16×120

GB/T 1096—2003　键 B 18×160

2)键的功用有哪些?

3)常见的键有哪几类?

思考与练习

如图 4-33 所示，已知齿轮和轴用 A 型圆头普通平键连接，轴孔直径 30mm，选择合适的键。

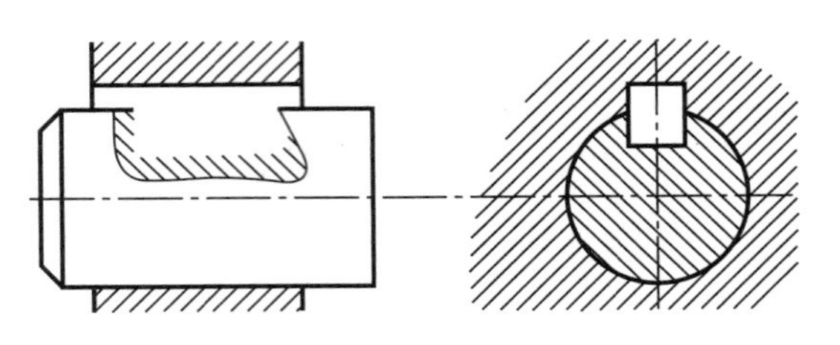

图 **4-33**　键连接

任务检测

“键连接”知识自我检测评分表

项目	考核要求	配分	评分细则	评分记录
键的功用、种类、标记	掌握键的功用、种类、标记	30 分	功用+5 分；种类+5 分；标记+20 分	
键连接的三种形式	掌握三种键连接各自的特点	20 分	熟练区分+20 分	
键连接的画法	会查表并画出图形	50 分	正确查表+20 分；图形正确+30 分	

任务 2　认识销连接，了解其规定画法

任务描述

销是标准件，主要用于零件间的连接、定位或防松等。本任务将介绍销连接的功用、种类、标记和画法。

知识链接

1. 销连接的功用、种类、标记

1)功用：销主要用于零件之间的定位，也可用于零件之间的连接，并可传递不大的扭矩。

2)种类：常用的销有圆柱销、圆锥销和开口销等。

圆柱销经过多次拆装，其定位精度会降低。

圆锥销具有 1∶50 的锥度，在受横向力时可以自锁。它安装方便，定位精度高，可多次装拆而不影响定位精度；端部带螺纹的圆锥销可用于盲孔或拆卸困难的场合。

开口销主要用于防止松脱处。

3)标记：

销 GB/T 199.1　8m6×30

表示：公称直径 d=8mm，公称长度 L=30mm，公差为 $m6$ 的圆柱销。

销 GB/T 117—2000　10×60

表示：公称直径 d=10mm，公称长度 L=60mm 的圆锥销(圆锥销的公称直径为小端直径)。

销 GB/T 91　5×50

表示：公称直径 d=5mm，公称长度 L=50mm 的开口销(销孔直径=公称直径)。

2. 销连接的画法

1)当剖切平面通过销的轴线时，销按不剖绘制。

2)由于使用销连接的两个零件上的销孔通常需要一起加工，因此，在图样中标注销孔尺寸时一定要注写“配作”字样。

实践操作

圆柱销、圆锥销和开口销连接的画法如图 4-34 所示。

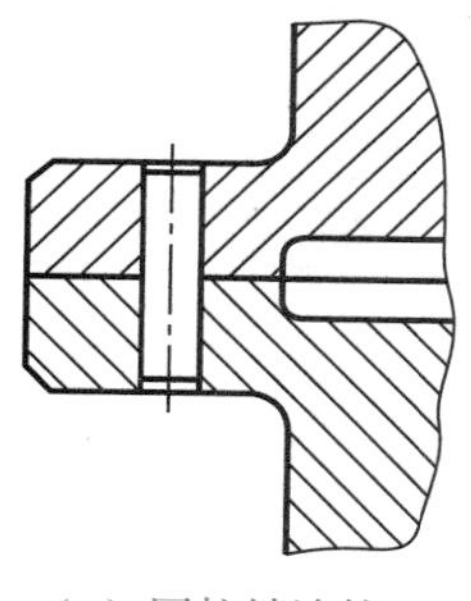

(a) 圆柱销连接

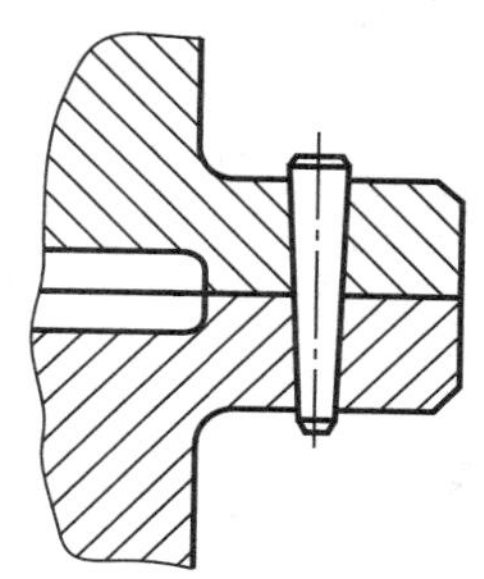

(b) 圆锥销连接

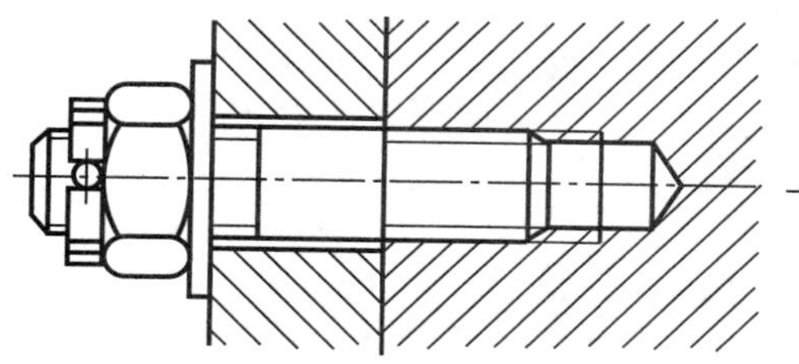

(c) 开口销连接

图 4-34　销连接的画法

操作训练

利用圆柱销 GB/T 117—2000　10×60　完成图 4-35 所示的连接。

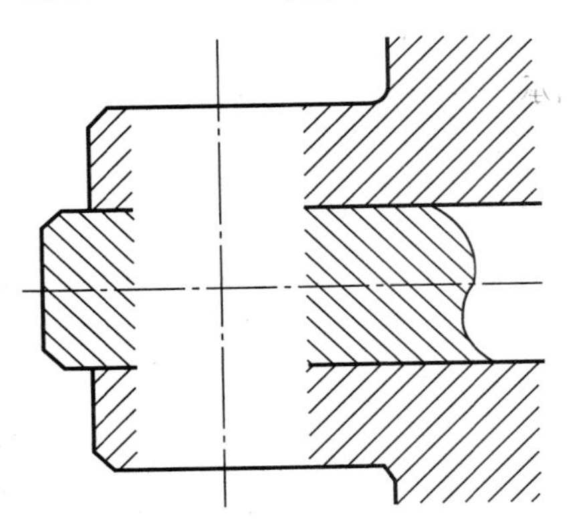

图 4-35　圆柱销连接练习

思考与练习

1)解释含义：销 GB/T 117　10×60。

2)销的功用有哪些?

3)常见的销有哪几种?

任务检测

"销连接"知识自我检测评分表

项目	考核要求	配分	评分细则	评分记录
销连接的功用及种类	掌握销连接的功用、种类	40 分	掌握功用+20 分；种类+20分	
销连接的画法	会查表并画出图形	50 分	查表+20 分；画图+30 分	

项目 4　滚动轴承

1. 了解常用滚动轴承的结构、类型和代号。
2. 了解常用滚动轴承的规定画法和简化画法。

能根据规定在装配图中绘制出滚动轴承。

任务 1　识读滚动轴承的结构、类型和代号

任务描述

如图 4-36 所示，滚动轴承是用来支承旋转轴的部件，结构紧凑，摩擦阻力小，能在较大的载荷、较高的转速下工作，转动精度较高，在工业中应用十分广泛。滚动轴承的结构及尺寸已经标准化，由专业厂家生产，选用时可查阅有关标准。本任务主要介绍常用滚动轴承的结构、类型和代号。

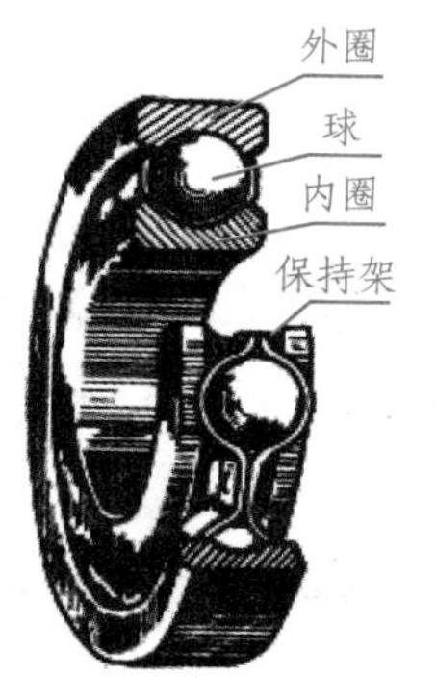

（a）深沟球轴承

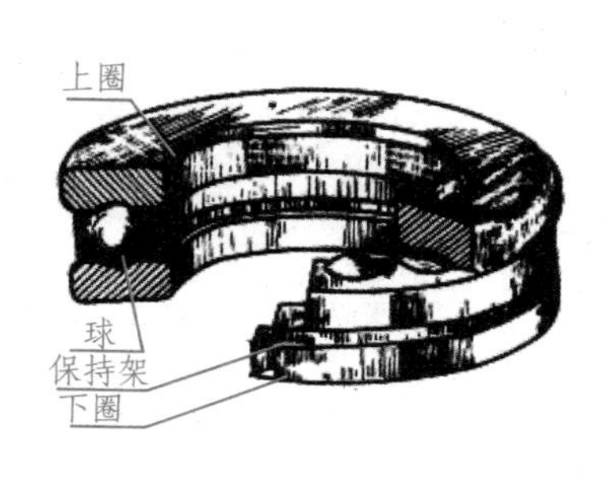

（b）推力球轴承

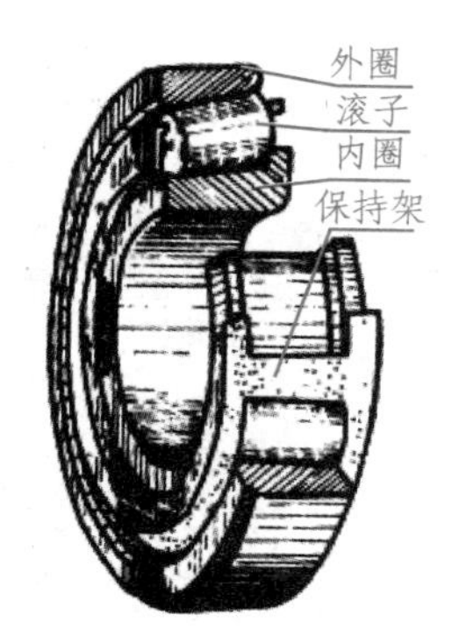

（c）圆锥滚子轴承

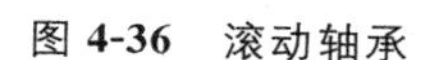

图 4-36　滚动轴承

知识链接

1. 滚动轴承的结构

如图 4-36 所示，滚动轴承种类繁多，但其结构大体相同，一般由四部分组成。

外圈：装在机体或轴承座内，一般固定不动。

内圈：装在轴上，与轴紧密配合且随轴转动。

滚动体：装在内外圈之间的滚道中，有滚珠、滚柱、滚锥等类型。

保持架：用来均匀分隔滚动体，防止滚动体之间相互摩擦与碰撞。

2. 滚动轴承的类型

滚动轴承按其承受的载荷方向不同分为三种。

1)向心轴承：主要用于承受径向载荷的轴承，如图 4-36(a)所示深沟球轴承。

2)推力轴承：只承受轴向载荷的轴承，如图 4-36(b)所示推力球轴承。

3)向心推力轴承：能同时承受径向载荷和轴向载荷的轴承，如图 4-36(c)所示圆锥滚子轴承。

3. 滚动轴承的代号

按照 GB/T 272—1993 规定，滚动轴承的结构尺寸、公差等级、技术性能等特性用滚动轴承代号来表示。代号由前置代号、基本代号和后置代号组成。其排列顺序为：

前置代号　基本代号　后置代号

(1)基本代号

基本代号表示滚动轴承的基本类型、结构及尺寸，是滚动轴承代号的基础。基本代号由轴承类型代号、尺寸系列代号和内径代号构成(滚针轴承除外)，其排列顺序如下：

类型代号　尺寸系列代号　内径代号

1)类型代号：轴承类型代号用阿拉伯数字或大写拉丁字母表示，其含义见表 4-4 所示。

表 4-4　滚动轴承的类型代号

代号	轴承类型	代号	轴承类型
0	双列角接触球轴承	6	深沟球轴承
1	调心球轴承	7	角接触球轴承
2	调心滚子轴承和推力调心滚子轴承	8	推力圆柱滚子轴承
3	圆锥滚子轴承	N	圆柱滚子轴承　双列或多列用字母 NN 表示
4	双列深沟球轴承	U	外球面球轴承
5	推力球轴承	QJ	四点接触球轴承

2)尺寸系列代号：尺寸系列代号由滚动轴承的宽(高)度系列代号和直径系列代号组合而成，用两位数字表示。它表示同一内径的轴承，其内、外圈的宽度和厚度不同，其承载能力也不同。具体可从 GB/T 272—1993 中查取。

3)内径代号：内径代号表示轴承的公称内径，其表示有两种情况，当内径不小于 20mm 时，则内径代号数字为轴承公称内径除以 5 的商数，当商数为一位数时，需在左边加“0”；当内径<20mm 时，则内径代号另有规定，见表 4-5 所示。

表 4-5　滚动轴承的内径代号及其示例

轴承内径尺寸		内径代号	举例
0.6～10mm(非整数)		用公称内径毫米数直接表示，在类型代号与尺寸系列代号之间用“/”分开	深沟球轴承 618/2.5 内径为 2.5mm
1～9mm(整数)		用公称内径毫米数直接表示，对深沟球轴承及角接触球轴承 7mm，8mm，9mm 直径系列，内径尺寸系列代号之间用“/”分开	深沟球轴承 625 或 618/5 内径为 5mm
10～17mm	10mm 12mm 15mm 17mm	00 01 02 03	深沟球轴承 6200 内径为 10mm

续表

轴承内径尺寸	内径代号	举例
20～480mm(22mm，28mm，32mm 除外)	公称内径除以 5 的商数，商数为个位数，需在商数左边加“0”，如 08 这就是那种较常见的表示方法	调心滚子轴承 23208 内径为 40mm
大于和等于 500mm 以上以及 22mm，28mm，32mm	用公称内径毫米数直接表示，但在尺寸系列之间用“/”分开	调心滚子轴承 230/500 内径为 500mm 深沟球轴承 62/22 内径为 22mm

(2)前置代号和后置代号

前置代号和后置代号是轴承在结构形状、尺寸、公差、技术要求等有改变时，在其基本代号左、右添加的补充代号。具体情况可查阅有关的国家标准。

实践操作

解释下列轴承代号的含义。

1. 轴承代号 30307

3：表示类型代号，为圆锥滚子轴承。

03：表示尺寸系列代号，宽度系列代号为 0，直径系列代号为 3。

07：表示内径代号，$d=7\times5=35$(mm)。

2. 轴承代号 6208

6：表示类型代号，为深沟球轴承。

2：表示尺寸系列代号，宽度系列代号 0 省略，直径系列代号为 2。

08：表示内径代号，$d=8\times5=40$(mm)。

操作训练

1)滚动轴承的结构由哪几部分组成？

2)滚动轴承按承受的载荷方向不同分为哪几类？试举例说明。

3)滚动轴承的代号由哪几部分组成？

4)当内径代号为 02 时，$d=$______；当内径代号为 10 时，$d=$______。

思考与练习

1)________ 不宜用来同时承受径向载荷和轴向载荷。

A. 圆锥滚子轴承　B. 角接触球轴承　C. 深沟球轴承　D. 圆柱滚子轴承

2)________只能承受轴向载荷。

A 圆锥滚子轴承　B. 推力球轴承　C. 滚针轴承　D. 调心球轴承

3)型号解释：62203。

任务检测

“滚动轴承的结构、类型和代号”知识自我检测评分表

项目	考核要求	配分	评分细则	评分记录
滚动轴承的结构，类型	能说出滚动轴承的结构并举例说明其类型	40分	叙述准确无误＋20分；举例恰当＋20分	
滚动轴承的代号	掌握滚动轴承的代号组成及各部分含义	60分	滚动轴承类型代号＋20分；尺寸系列代号＋20分；内径代号＋20分	

任务2　了解滚动轴承的规定画法和简化画法

任务描述

GB/T 4459.7—1994对滚动轴承的画法作了统一规定，有简化画法和规定画法两种，本任务主要介绍这两种画法。

知识链接

1. 简化画法

简化画法分为通用画法和特征画法两种，但在同一图样中一般只采用其中的一种画法。

(1)通用画法

在剖视图中，当不需要确切地表示滚动轴承的外形轮廓、载荷特性、结构特征时，可用矩形线框以及位于线框中央正立的十字形符号来表示。矩形线框和十字形符号均用粗实线绘制，十字形符号不应与矩形线框接触。

(2)特征画法

在剖视图中，如果需要比较形象地表示滚动轴承的结构特征时，可采用在矩形线框内画出其结构要素符号的方法表示。特征画法的矩形线框、结构要素符号均用粗实线绘制。

2. 规定画法

在滚动轴承的产品图样、产品样本及说明书等图样中，可采用规定画法绘制。规定画法一般绘制在轴的一侧，另一侧按通用画法绘制。采用规定画法绘制滚动轴承的剖视图时，轴承的滚动体不画剖面线，其各套圈等可画成方向和间隔相同的剖面线，滚动轴承的保持架及倒角等可省略不画。规定画法中各种符号、矩形线框和轮廓线均用粗实线绘制。

常用滚动轴承的画法见表4-6所示。

表 4-6　滚动轴承的通用画法、特征画法和规定画法

<table>
<tr><th rowspan="3">名称和标准号</th><th rowspan="3">查表主要数据</th><th colspan="3">画　法</th><th rowspan="3">装配示意图</th></tr>
<tr><th colspan="2">简化画法</th><th rowspan="2">规定画法</th></tr>
<tr><th>通用画法</th><th>特征画法</th></tr>
<tr><td>深沟球轴承（GB/T 276—1994）</td><td>D
d
B</td><td rowspan="3">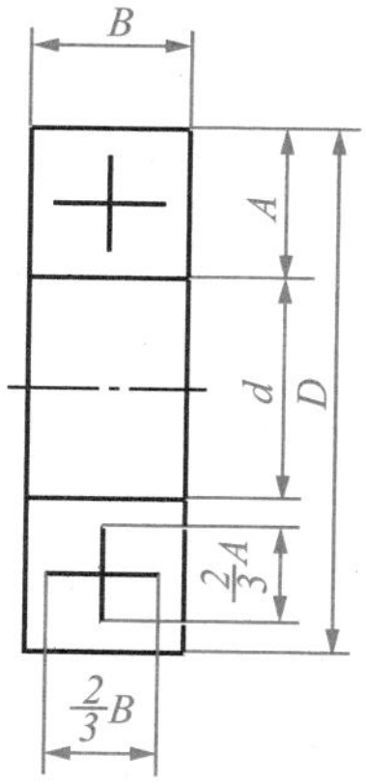</td><td>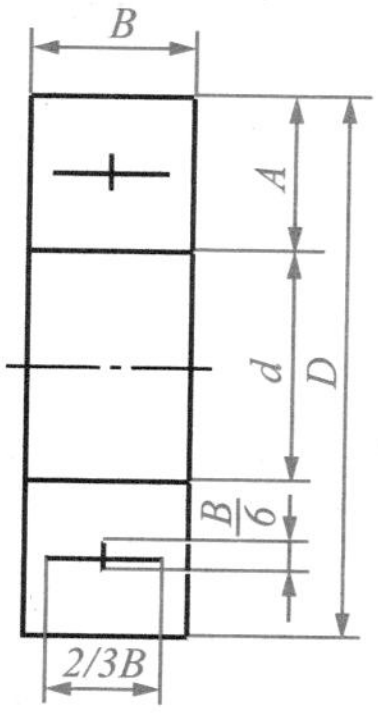</td><td>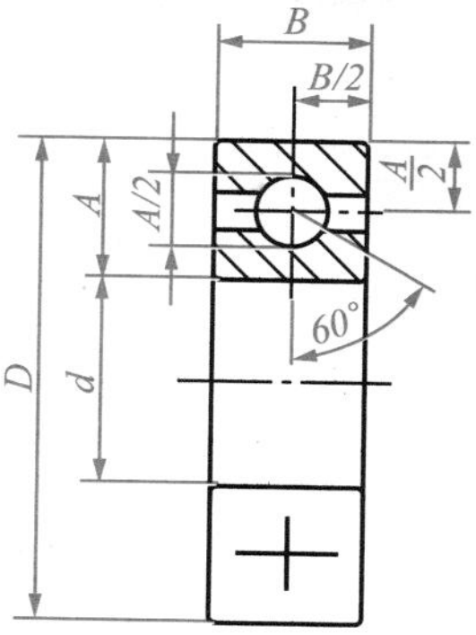</td><td>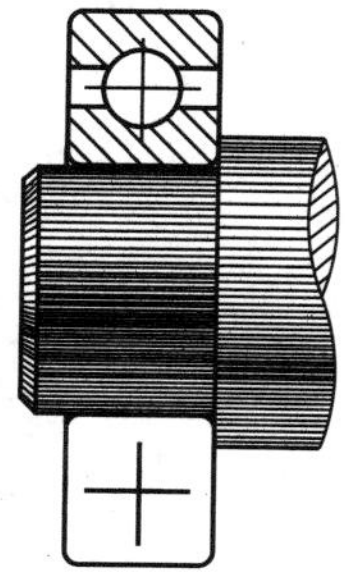</td></tr>
<tr><td>圆锥滚子轴承（GB/T 297—1994）</td><td>D
d
B
T
C</td><td>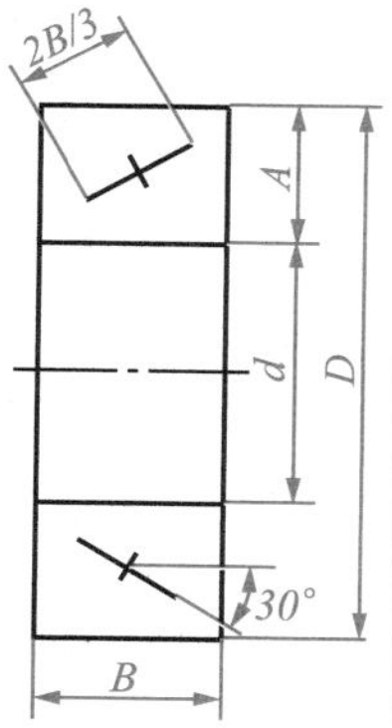</td><td>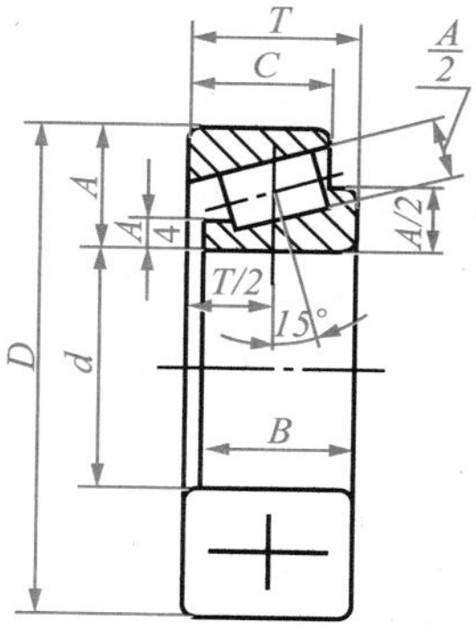</td><td>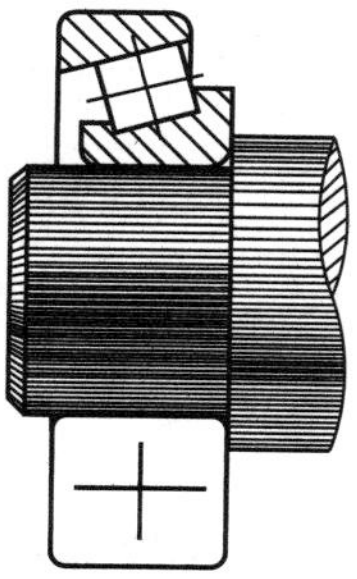</td></tr>
<tr><td>推力球轴承（GB/T 301—1995）</td><td>D
d
T</td><td>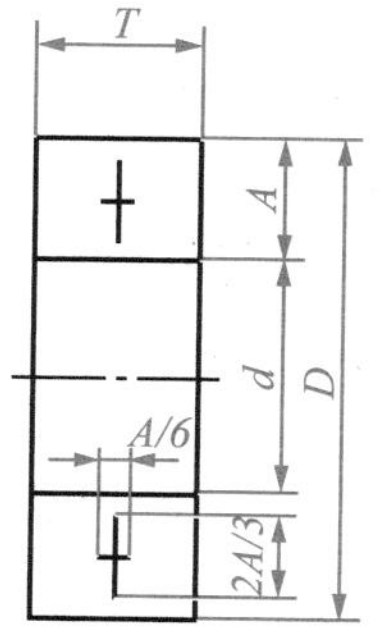</td><td>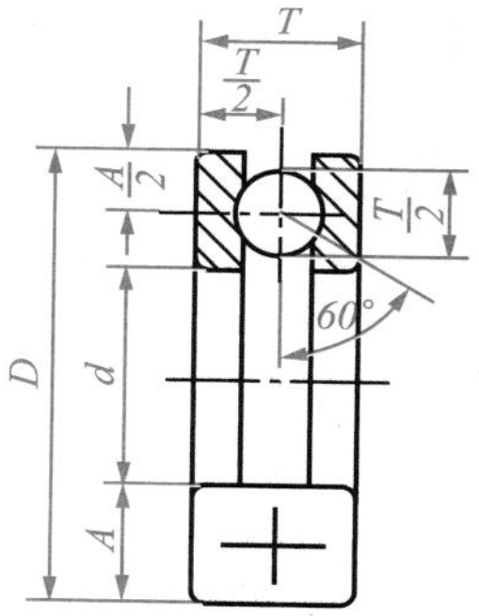</td><td>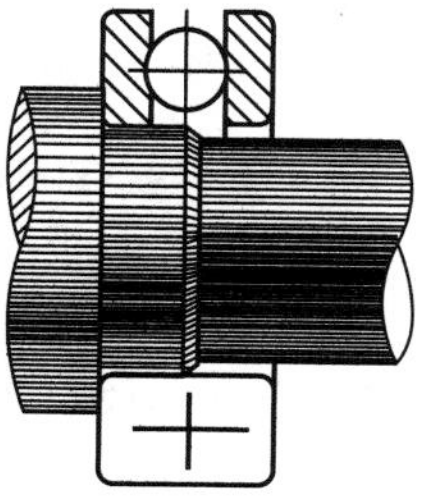</td></tr>
</table>

实践操作

主要参数：d(内径)、D(外径)、B(宽度)，d、D、B 根据轴承代号在画图前查标准确定。

1)深沟球轴承的规定画法：如图 4-37(a)所示。

2)圆锥滚子轴承的规定画法：如图 4-37(b)所示。

3)推力球轴承的规定画法：如图 4-37(c)所示。

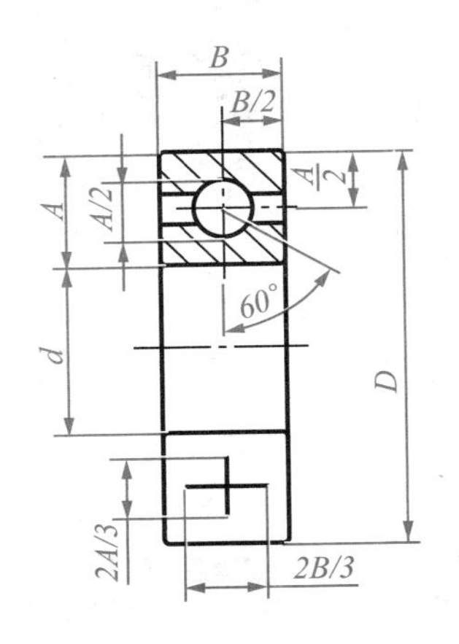

(a) 深沟球轴承

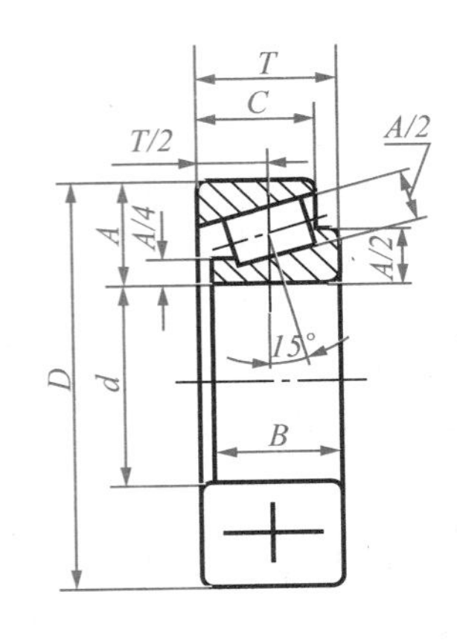

(b) 圆锥滚子轴承

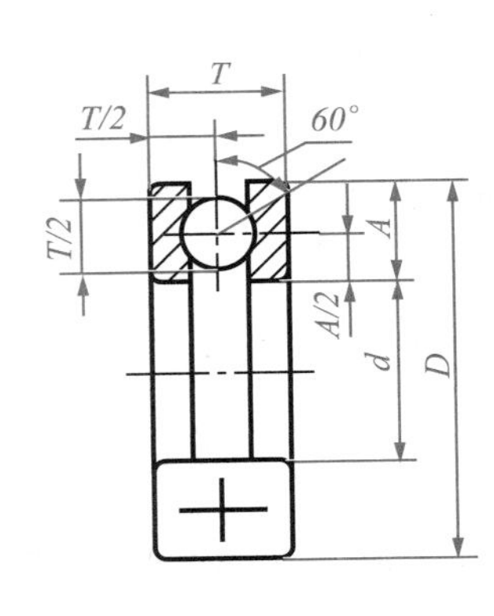

(c) 推力球轴承

图 4-37　常用滚动轴承的规定画法

操作训练

1)国标规定滚动轴承有哪几种画法?

2)规定画法、特征画法、通用画法各适用于什么场合?

3)用通用画法绘制滚动轴承：62203。

思考与练习

已知滚动轴承 6208，查表求出相关数据，并用规定画法画出图形。

任务检测

"滚动轴承的规定画法和简化画法"知识自我检测评分表

项目	考核要求	配分	评分细则	评分记录
滚动轴承的画法分类	掌握滚动轴承的画法分类	20 分	分类正确+20 分	
滚动轴承的画法	会查表得到相关数据，掌握滚动轴承的各种画法	80 分	会查表+30 分；画图正确+50 分	

项目 5 弹簧

1. 了解圆柱压缩弹簧各部分的名称及尺寸关系。
2. 了解螺旋弹簧的规定画法。

能识读弹簧的规定画法。

任务 绘制圆柱螺旋压缩弹簧

任务描述

弹簧是机械、电器设备中一种常用的零件，主要用于减震、夹紧、储存能量和测力等。弹簧的种类很多，常见的有圆柱螺旋弹簧、板弹簧、平面涡卷弹簧等，使用较多的是圆柱螺旋弹簧，如图 4-38 所示。本任务主要介绍圆柱螺旋压缩弹簧的有关名称和规定画法。

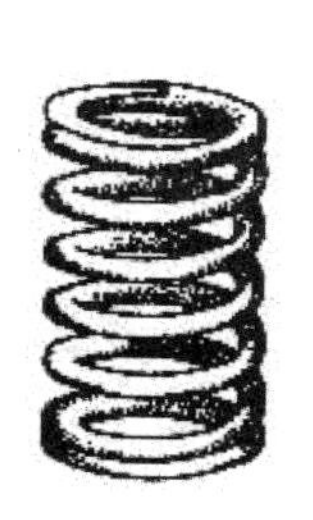

（a）压缩弹簧

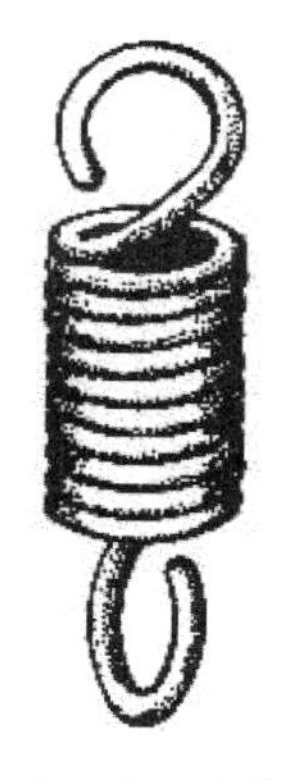

（b）拉伸弹簧

（c）扭力弹簧

图 4-38 圆柱螺旋弹簧

知识链接

1. 圆柱螺旋压缩弹簧各部分名称及尺寸计算

圆柱螺旋压缩弹簧各部分的名称和尺寸关系如下(GB/T 2089—1994)(图 4-39)。

1)材料直径 d：制造弹簧用的金属丝直径。

2)弹簧外径 D_2：弹簧的最大直径。

弹簧内径 D_1：弹簧的最小直径，$D_1 = D_2 - 2d$。

弹簧中径 D：弹簧的平均直径，$D = (D_2 + D_1)/2 = D_1 + d = D_2 - d$。

3)支承圈 n_2、有效圈 n、总圈数 n_1：为了使压缩弹簧工作平稳、端面受力均匀，制造时需将弹簧第一端 0.75～1.25 圈并紧磨平，这些并紧磨平的圈仅起支承作用，称为支承圈。支承圈数 n_2 一般为 1.5、2、2.5，常用 2.5 圈。其余保持相等节距的圈数，称为有效圈数。支承圈数与有效圈数之和称为总圈数，即 $n_1 = n_2 + n$。

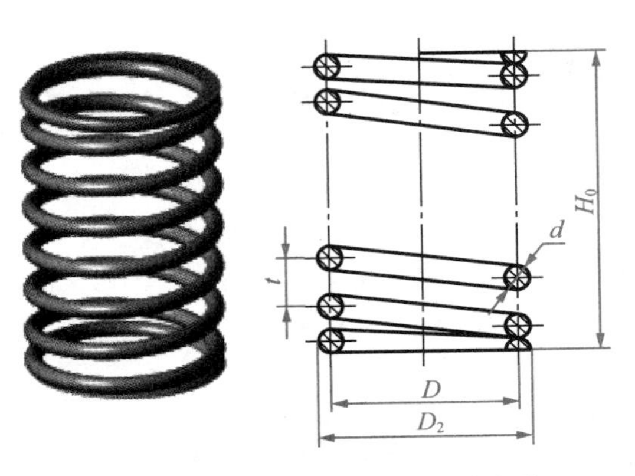

图 4-39　圆柱螺旋压缩弹簧各部分名称

4)节距 t：相邻两有效圈上对应点间的轴向距离。

5)自由高度 H_0：未受载荷时的弹簧高度(或长度)

$$H_0 = nt + (n_2 - 0.5)d$$

式中：等式右边第一项 nt 为有效圈的自由高度；第二项 $(n_2 - 0.5)d$ 为支承圈的自由高度。

6)展开长度 L：制造弹簧时所需金属丝的长度。按螺旋线展开可得：

$$L \approx n_1 \sqrt{(\pi D_2)^2 + t^2}$$

7)旋向：螺旋弹簧分为右旋和左旋两种。

国家标准已对普通圆柱螺旋压缩弹簧的结构尺寸及标记做了规定，使用时可查阅 GB/T 2089—1994。

2. 圆柱螺旋压缩弹簧的规定画法

弹簧的表示方法有剖视、视图和示意画法，如图 4-40 所示。

(1)弹簧的规定画法

GB/T 4459.4—2003 对弹簧的画法作了如下规定。

1)在平行于螺旋弹簧轴线的投影面的视图中，其各圈的轮廓应画成直线。

2)有效圈数在 4 圈以上时，可以每端只画出 1～2 圈(支承圈除外)，其余省略不画。

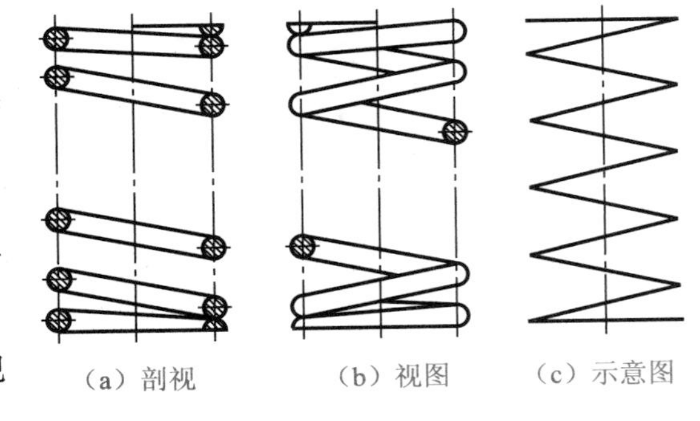

(a) 剖视　　(b) 视图　　(c) 示意图

图 4-40　圆柱螺旋压缩弹簧的表示法

3)螺旋弹簧均可画成右旋，但左旋弹簧不论画成左旋或右旋，均需注写旋向“左”字。

4)螺旋压缩弹簧如要求两端并紧且磨平时，不论支承圈多少均按支承圈 2.5 圈绘制，必要时也可按支承圈的实际结构绘制。

(2)装配图中弹簧的简化画法

在装配图中，弹簧被看作实心物体，因此，被弹簧挡住的结构一般不画出。可见部分应画至弹簧的外轮廓或弹簧的中径处，如图 4-42(a)、图 4-42(b)所示。当簧丝直径在图形上小于或等于 2mm 并被剖切时，其剖面可以涂黑表示，如图 4-42(b)所示。也可采用示意画法，如图 4-42(c)所示。

实践操作

1. 圆柱螺旋压缩弹簧的画法

圆柱螺旋压缩弹簧的画法如图 4-41 所示，其绘图步骤如下。

1)根据弹簧中径 D_2、自由高度 H_0 画矩形，如图 4-41(a)所示。

2)画出支撑圈部分的圆和半圆，直径等于簧丝直径，如图 4-41(b)所示。

3)根据节距 t 画出有效圈部分的圆，如图 4-41(c)所示。

4)按右旋方向作相应圆的公切线及剖面线，整理并加深，完成作图，如图 4-41(d)所示。

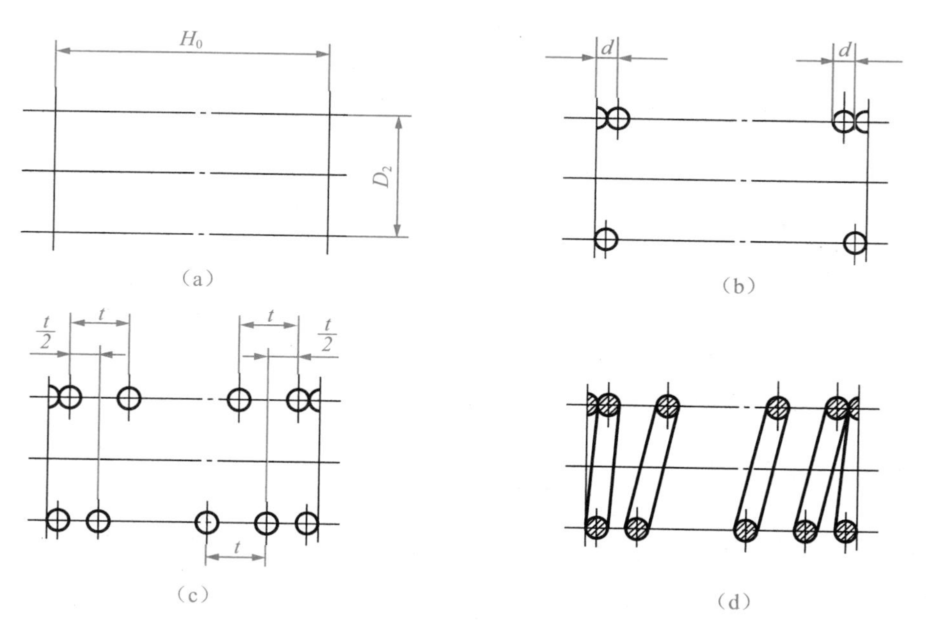

图 4-41　圆柱螺旋压缩弹簧的画图步骤

2. 装配图中弹簧的简化画法

装配图中弹簧的简化画法，如图 4-42(c)所示。

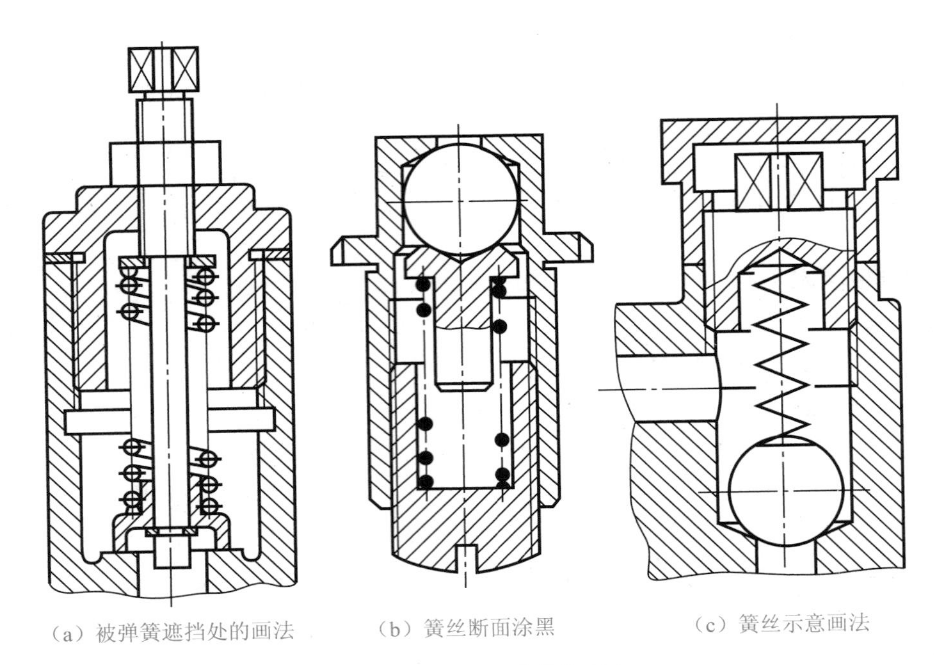

图 4-42　装配图中弹簧的画法

操作训练

已知 $H_0=98$，$D_2=37$，$d=5$，$t=11$，试画出该圆柱螺旋压缩式弹簧。

思考与练习

1)弹簧的功用有哪些?

2)举例说明有哪些常见的弹簧?

3)弹簧中 D_2、D_1、D 三者之间有何关系?

4)自由高度与节距之间有何关系?

任务检测

"弹簧"知识自我检测评分表

项目	考核要求	配分	评分细则	评分记录
弹簧各部分的名称、代号及计算	掌握弹簧各部分的名称、代号及计算	20分	掌握各部分名称、代号＋20分；相关计算公式＋20分	
弹簧的画法	了解弹簧的画法规定；掌握弹簧的画法，能正确识读弹簧在装配图中的画法	80分	熟练掌握规定＋30分；熟悉画图步骤＋20分；正确识读＋30分	

模块5 零件图

场景描述

机器是由若干零件按一定的装配关系组合而成的。如图 5-1 所示，零件图是用于表达单个零件的图样，是制造和检验的依据，是生产中的主要技术文件。

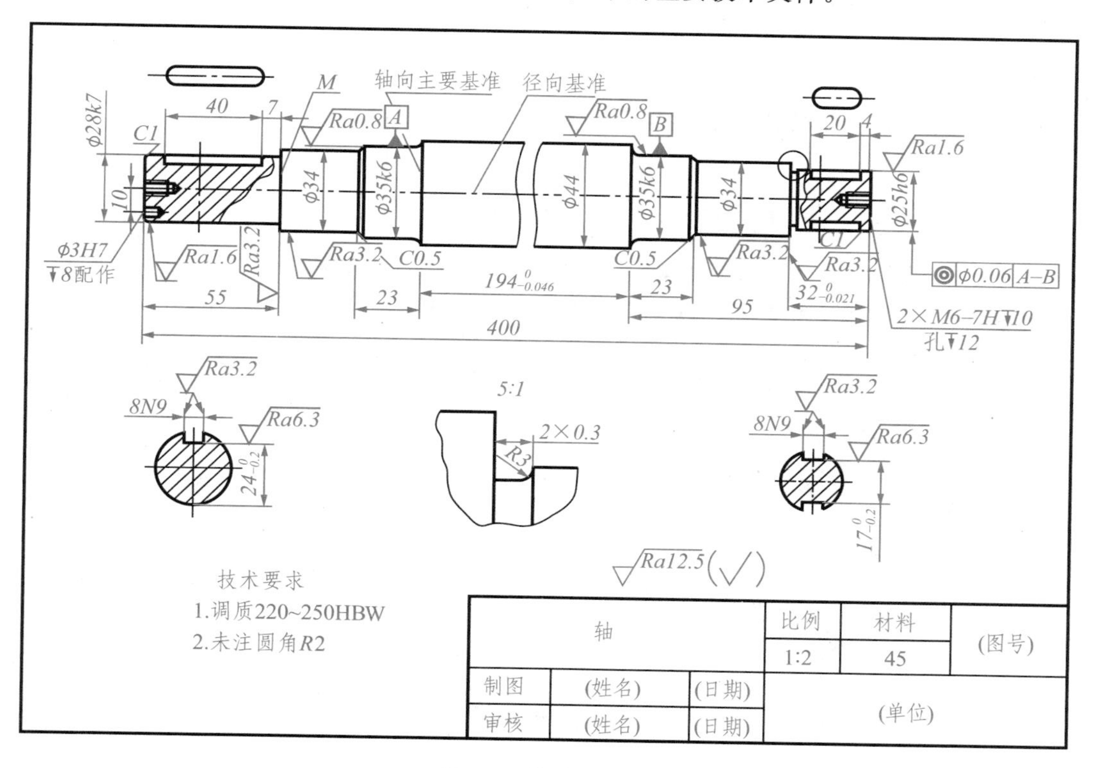

图 5-1　轴的零件图

由图可知，为了满足生产需要，一张完整的零件图应包括下列基本内容：

1)一组视图：用必要的视图、剖视图、断面图及其他表示方法等，正确、完整、清晰地表达零件各部分形状与结构。

2)完整的尺寸：用正确、完整、清晰、合理的尺寸，表示出零件各部分的大小和相对位置。

3)技术要求：用规定的符号、数字以及文字注解等表示出零件在制造和检验时技术指标上所应达到的要求。主要包括：表面粗糙度、尺寸公差、几何公差、材料、热处理及其他要求。

4)标题栏：标题栏用于填写零件的名称、材料、数量、图的编号、比例以及绘图、审核人员签字等。

本模块我们将学习零件图的绘制和识读方法，通过典型零件图的绘制和识读训练，提高专业能力，培养精益求精、求实创新的职业态度和工匠精神，为成为新时代新征程国家所需的高素质技术技能人才打下基础。

相关知识与技能点

1)零件图的作用和内容。

2)表面结构及表面粗糙度、尺寸公差、几何公差在图样上的标注与识读。

3)零件图的视图选择原则和典型零件的表达方法。

4)识读零件图的方法和步骤。

项目1 绘制轴承座零件图

1. 理解零件图的作用和内容，掌握零件图的视图选择原则。

2. 理解表面结构及表面粗糙度的概念、极限的概念，了解尺寸基准、标准公差与基本偏差系列。

3. 熟悉常用几何公差的项目、符号及其标注与识读。

1. 初步掌握零件图的尺寸标注。

2. 掌握表面结构及表面粗糙度符号、代号及其标注与识读。

3. 掌握尺寸公差、几何公差在图样上的标注与识读。

任务1 轴承座零件的视图选择原则和表达方法

任务描述

如图 5-2 所示为轴承座的立体图，本任务我们来确定其视图表达方法。

图 5-2 轴承座立体图

1. 零件的视图选择要求

零件的视图选择就是选用一组合适的图形表达零件的内、外部结构形状及其各部分的相对位置关系，以符合生产的实际要求。合理的零件视图表达方案应该做到：表达正确、完整、清晰、简练，易于看图。

2. 视图选择的原则

1）表示零件结构和形状信息量最多的那个视图应作为主视图。

2）在满足要求的前提下，使视图的数量为最少，力求制图简便。

3）尽量避免使用虚线表示零件的结构。

4）避免不必要的细节重复。

3. 视图选择的方法和步骤

零件的结构形状是多种多样的，所以在绘图前应对零件进行结构形状分析，并针对不同零件的特点选择主视图及其他视图，确定最佳表达方案。

（1）分析零件的结构及功用

1）分析零件的功能及其在部件和机器中的位置、工作状态、运动方式、定位和固定方法及它和相邻零件的关系。

2）分析零件的结构。运用形体分析法分析零件各组成部分的形状及作用，进而确定零件的主要形体。

3）分析零件的制造过程和加工方法、加工状态。从零件的材料、技术要求、毛坯制造工艺、机械加工工艺乃至于装配工艺等各个方面对零件进行分析。

（2）选择主视图

主视图是一组视图的核心，应首先选择。零件的主视图选择应综合考虑以下三个原则：

1）结构特征原则：零件主视图投影方向的选择应遵循形状特征原则，即在分析零件内外结构形状及各部分相互位置的基础上，使得主视图的投影方向能尽可能较多地显示出零件的结构形状特征，更好地反映零件整体概貌。

图 5-3 中箭头 K 所示方向的投影清楚地显示出该支座各部分的形状、大小及相互位置关系。支座由圆筒、连接板、底板、支撑肋四部分组成，所选择的主视图方向 K 较其他方向（如 Q、R 方向）更清楚地显示了零件的形状特征。因此，主视图的选择应尽量多地反映出零件各组成部分的结构特征及相互位置关系。

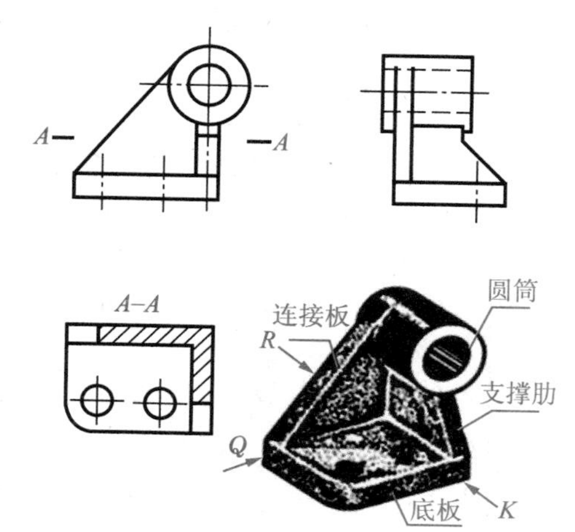

图 5-3　支座主视图的选择

2)工作位置原则：工作位置是指零件在机器或部件中的实际安装位置。

主视图与工作位置一致，便于想象出零件的工作情况，了解零件在机器或部件中的功用和工作原理，有利于画图和读图。如图5-3所示的K向和Q向。

3)加工位置原则：加工位置是指零件机械加工时在机床上的装夹位置。主视图与加工位置一致，加工时看图方便，便于加工和测量，有利于加工出合格的零件。如图5-4所示，轴类零件的主要加工工序在车床和磨床上完成，因此，零件主视图应选择其轴线水平放置，以便于看图加工。

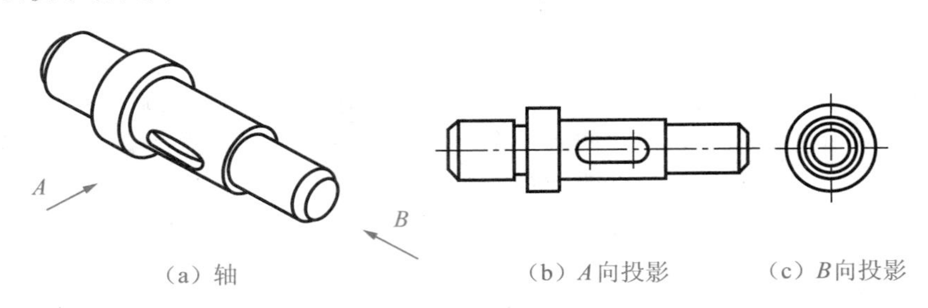

(a) 轴　(b) A向投影　(c) B向投影

图5-4　轴的主视图选择

(3)其他视图选择

其他视图应对主视图中没有表达清楚的结构形状特征和相对位置进行补充表达。确定其他视图应遵循以下原则：

1)对于主视图中尚未表达清楚的主要结构形状，应优先选用俯视图、左视图等基本视图，并在基本视图上作剖视。

2)次要的局部结构可采用局部视图、局部剖视、断面图、局部放大图及简化画法等表示法，并尽可能按投影关系配置视图，以利于画图和读图。

3)避免重复表达。每个视图应有表达重点。

实践操作

1. 分析轴承座零件

1)轴承座的功能是用来支撑轴承和轴类零件的。

2)轴承座的主体结构包括圆筒、支撑板、肋板和底板四个形体。圆筒用来包容和支撑轴(轴在轴孔中旋转)，为轴承座的工作部分；支撑板用来支撑圆筒和轴，连接圆筒和底板；肋板连接圆筒和底板，加强支撑，增加强度和刚度；底板是整个零件的基础，与机座连接，确定轴承座的位置。

轴承座的局部结构有顶部的凸台及其上的螺孔，底板的两个凸台及其上的光孔。螺孔的功能是装油杯用来加油润滑，光孔的功能是穿螺栓用来与机座固定。

3)轴承座的制造方法是先铸造成毛坯，再进行切削加工。轴孔及两端面、底板的底面及各凸台顶面、螺孔、光孔均需要切削加工。要求最高的表面为轴孔表面，在车床或铣床上加工。

轴承座上主要的局部工艺结构是铸造圆角、底板上的凸台和底部的凹槽。

2. 选择主视图

1)轴承座属于叉架类零件，按工作位置选择主视图。图 5-5(a)和图 5-5(b)都反映了轴承座的工作位置。虽然图 5-5(b)在取剖视后，可以对最主要形体圆筒的结构形状表达得更清楚，但从总体分析看，还是图 5-5(a)对各主、次结构的形状、相对位置和连接关系表达的更多、更清楚，所以确定图 5-5(a)为主视图。

2)从主体结构考虑，主视图画外形图即可。

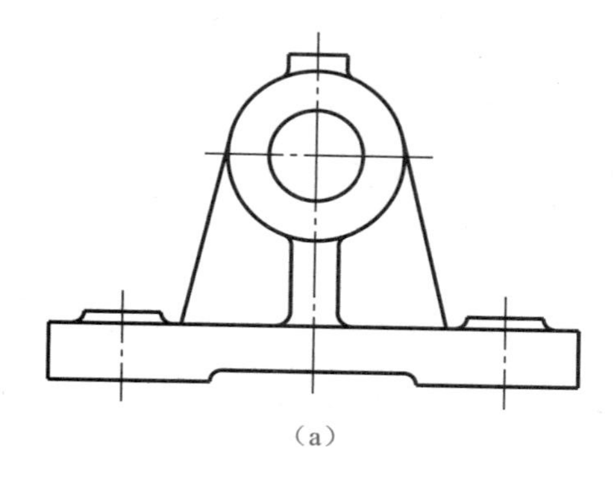

(a)

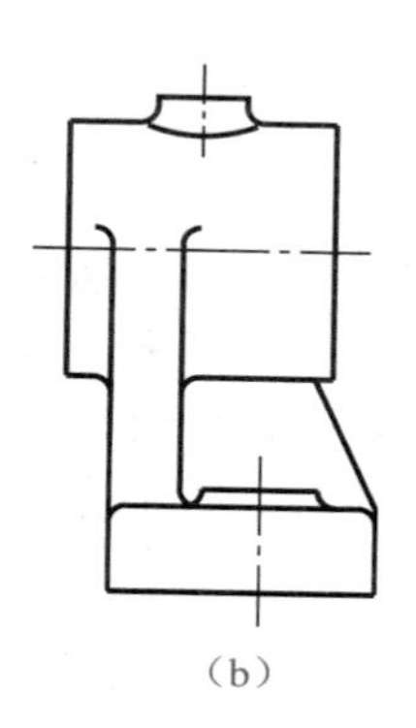

(b)

图 5-5　轴承座主视图

3. 选择其他基本视图，完成主体结构表达

逐个检查主体结构，分析、选择基本视图表达。

1)圆柱筒长度和轴孔是否相通的情况在主视图中均未表达，可用左视图或俯视图表达(均需采用剖视)。用左视图能反映轴承座的加工状态，还能清晰表达轴孔与螺纹孔的相对关系和连接情况，如图 5-6 所示。

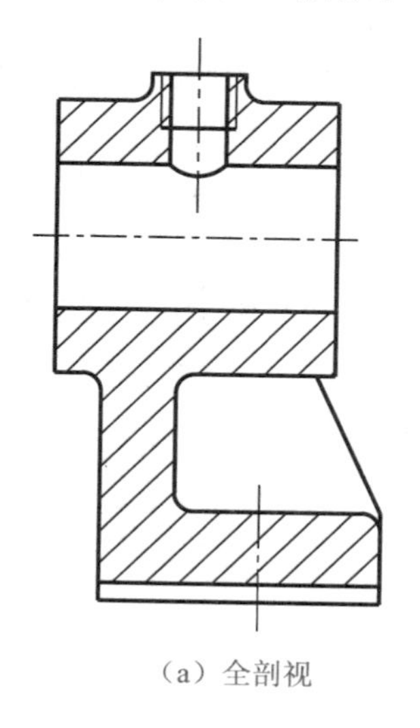

(a) 全剖视

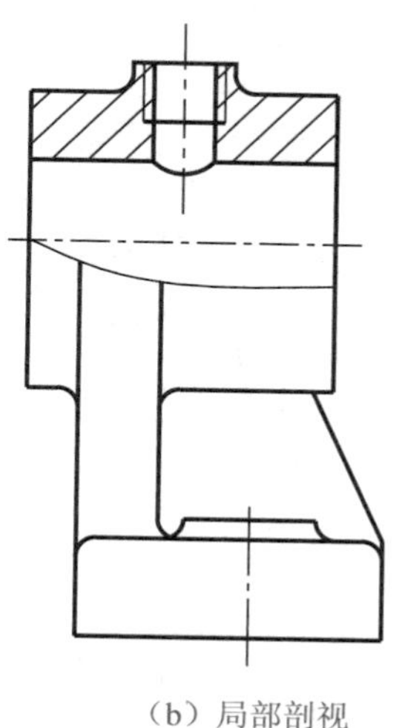

(b) 局部剖视

图 5-6　轴承座的左视图

2)支撑板厚度主视图未能表达，采用左视图表达更为清晰，如图 5-6 所示。

3)梯形肋板在主视图上只表达了厚度，采用左视图可以表达其形状，如图 5-6 所示。

4)底板的宽度、形状在主视图中均未表达清楚，虽然左视图可以表达其宽度，但确定它的形状需要俯视图或仰视图，优先选用俯视图。

4. 选择辅助视图，表达其余局部结构

三个凸台、一个螺纹孔的形状、位置以及它们与主体结构的关系等都已经表达清楚。两个光孔是通孔，可在主视图中采用局部剖视的方法表达。

5. 检查、比较、调整、修改

检查刚才确定的表达方案，不难发现支撑板与肋板的垂直关系虽然可以从主、俯、左三个视图中分析出来，但表达不够清晰，读图困难。可考虑增加一个断面图或将俯视图画成全剖视图，如图 5-7(a)和图 5-7(b)所示。但后者同时去掉了对圆筒结构的重复表达，简化了绘图，使底板形状完整清楚，比前者还少画了一个视图，应采用后者。

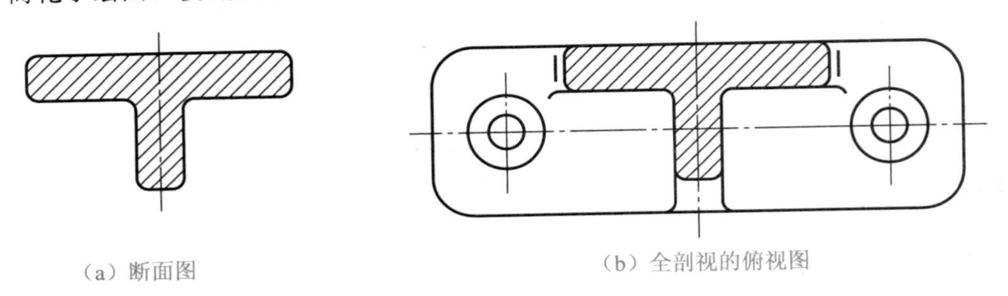

(a) 断面图　　(b) 全剖视的俯视图

图 5-7　支撑板与肋板关系的表达视图

左视图采用局部剖视虽然可以内外兼顾，但下部凸台表达重复，增加了绘图量，采用全剖视将更为清晰，且绘图量少，对底面的凹槽表达有利。

至此，形成如图 5-8 所示的最终方案，完成轴承座零件的视图选择。

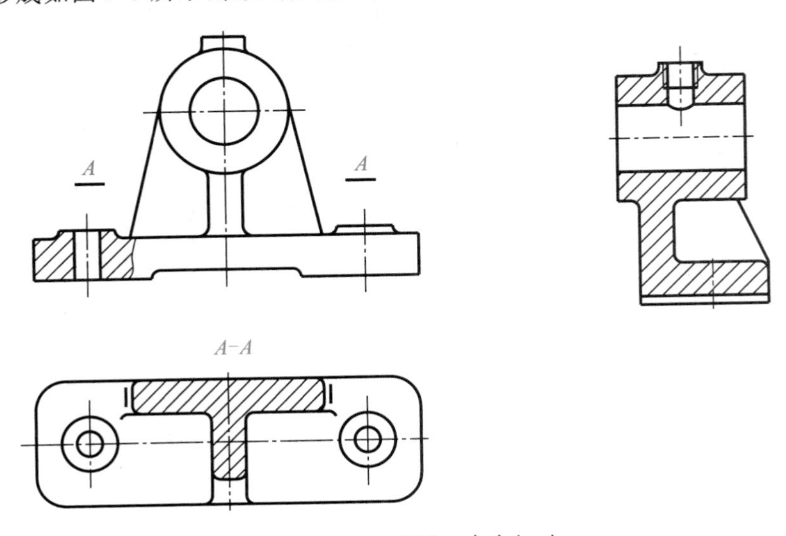

图 5-8　轴承座的视图方案(一)

操作训练

如图 5-9 是轴承座的另一视图表达方案，试与图 5-8 所示方案进行比较，指出其不当之处。

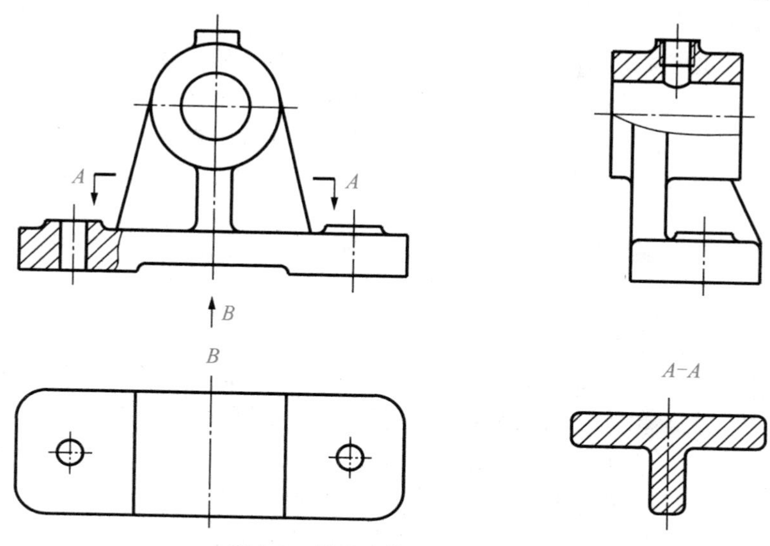

图 5-9　轴承座的视图方案(二)

思考与练习

1)选择零件图的视图表达方案时应注意哪些问题?

2)请你开动脑筋想一想，如图 5-10 所示支架零件可采用哪些视图表达方案？它们各有什么优缺点?

图 5-10　支架

任务检测

"零件的视图选择"知识自我检测评分表

项目	考核要求	配分	评分细则	评分记录
视图的选择原则	能说出零件视图选择的要求和原则	10 分	叙述准确无误+10 分	
视图选择的方法和步骤	掌握选择视图的分析方法和步骤	50 分	思路清晰+20 分，方法得当，结果合理+30 分	
知识应用	能够灵活运用所学知识解决问题，拟订常见零件的视图方案	40 分	分析正确+10 分；方案合理+30 分	

任务2　完成轴承座零件图的尺寸标注

任务描述

零件图中的尺寸是加工和检验零件的重要依据。零件图的尺寸标注是一件非常严格而又细致的工作，任何微小的疏忽、遗漏或错误都可能给生产带来严重的损失。因此，零件的尺寸标注必须做到正确、完整、清晰、合理，为此我们必须养成严谨认真、专心细致的制图习惯。本任务将学习零件图的尺寸标注方法，完成第186页图5-8所示轴承座零件图的尺寸标注。

知识链接

1. 合理选择尺寸基准

任何零件都有长、宽、高三个方向的尺寸，每个方向至少要选择一个尺寸基准。一般要选择零件结构的对称面、回转轴线、主要加工面、重要支承面或结合面作为尺寸基准。根据作用的不同，基准可分为两种：

1)设计基准：设计时确定零件表面在机器中位置所给定的点、线、面。

根据零件在机器中的位置和作用所选定的基准称为设计基准，设计基准通常是主要基准。如图5-11所示，支座的底面为安装面，圆柱孔ϕ20的中心高应根据这一平面来确定，因此底面是高度方向的设计基准。底板和立板的左右对称面为长度方向尺寸基准，确定两板和圆柱孔的对中关系。宽度方向以底板后端面作基准来标注立板的定位尺寸8。

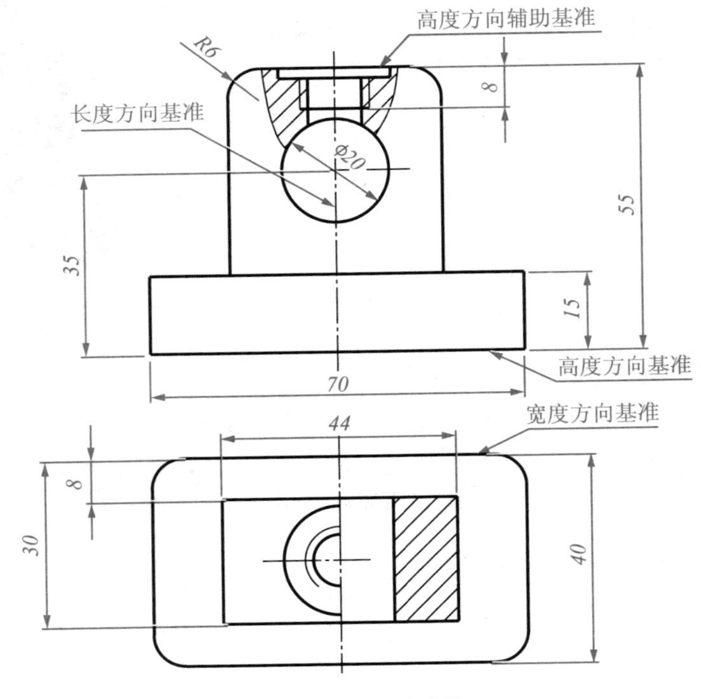

图5-11　基准的选择

2)工艺基准：零件加工和测量时所选定的基准称为工艺基准。

零件上有些结构以设计基准为起点标注尺寸，不方便加工和测量，必须增加一些辅助基准作为标注这些尺寸的起点。如图 5-11 中螺纹孔的深度，以支座的顶面为基准标注深度尺寸 8，便于控制加工和测量。

选择基准时，尽可能使工艺基准与设计基准重合，保证设计要求的前提下满足工艺要求。

2. 合理标注尺寸的原则

(1)主要尺寸(设计、测量、装配尺寸)要从基准直接标注

主要尺寸是指直接影响零件在机器中的工作性能和位置关系的尺寸，如零件之间的配合尺寸、重要的安装定位尺寸等，如图 5-12 所示，圆柱孔中心高尺寸 C 和安装孔中心距尺寸 L，如果标注成图 5-12(b)上的 E 和 L_1 是错误的。

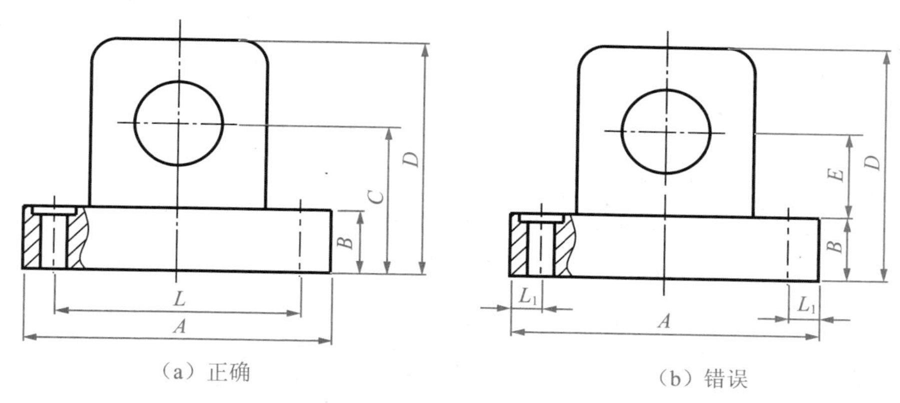

(a) 正确　　(b) 错误

图 5-12　主要尺寸直接标注

(2)避免出现封闭尺寸链

封闭尺寸链是指尺寸线首尾相接，绕成一整圈的一组尺寸。在几个尺寸构成的尺寸链中，应选一个不重要的尺寸空出不注或标注带括号的尺寸作为参考尺寸，以便使所有的尺寸误差都累积到这一段，保证重要尺寸的精度要求，如图 5-13 所示尺寸(C)。由于该轴段不标注尺寸，使尺寸链留有开口，故称为开口环。开口环尺寸在加工中自然形成。

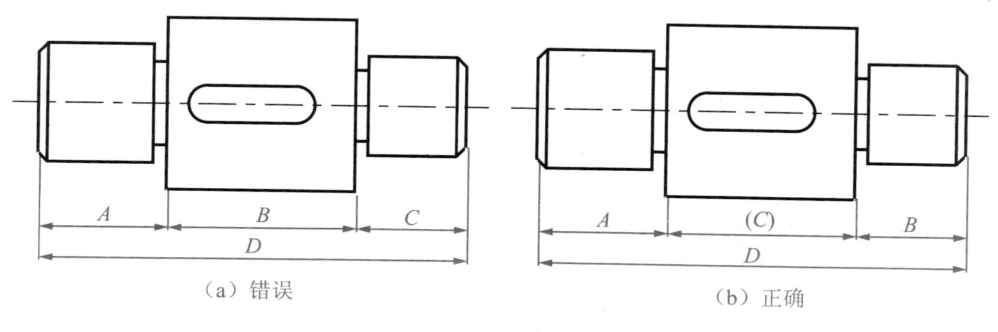

(a) 错误　　(b) 正确

图 5-13　封闭尺寸链

小提示：封闭尺寸链在机械加工中是不允许的，因为加工的尺寸误差是不可避免的，不可能达到每一段尺寸都能满足要求，所以必须留出开口环。

(3)考虑加工的顺序和加工方法，从工艺基准出发标注尺寸

如图 5-14(a)所示，轴向尺寸是考虑到轴的加工顺序。因此选择右端面为工艺基准标注尺寸。为方便不同工种的工人识图，将同一工种的加工尺寸适当集中，以便加工时查找方便。如图 5-14(b)所示，轴线上方尺寸为铣削工序尺寸，轴线下方尺寸为车削工序尺寸。

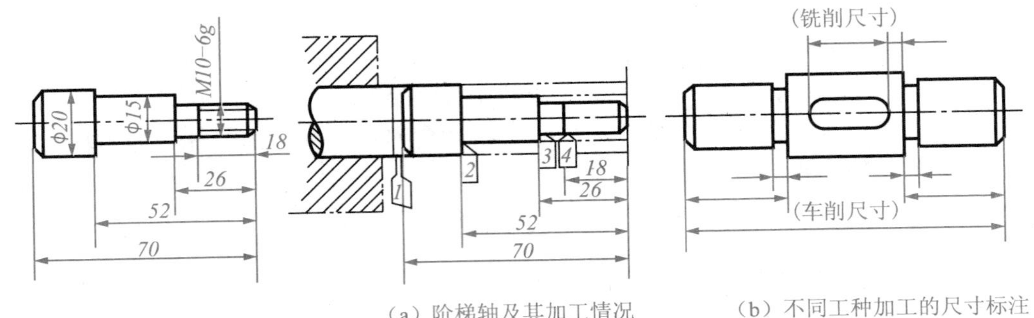

(a) 阶梯轴及其加工情况　　(b) 不同工种加工的尺寸标注

图 5-14　标注尺寸应便于加工和测量

(4)按测量要求，从测量基准出发标注尺寸

如图 5-15(a)、图 5-15(b)所示为套筒轴向尺寸的标注。按图 5-15(a)标注尺寸 A、C 便于测量，若按图 5-15(b)标注尺寸 B，则不便于测量。图 5-15(c)中的几何中心点是无法实际测量到的，不能这样标注。

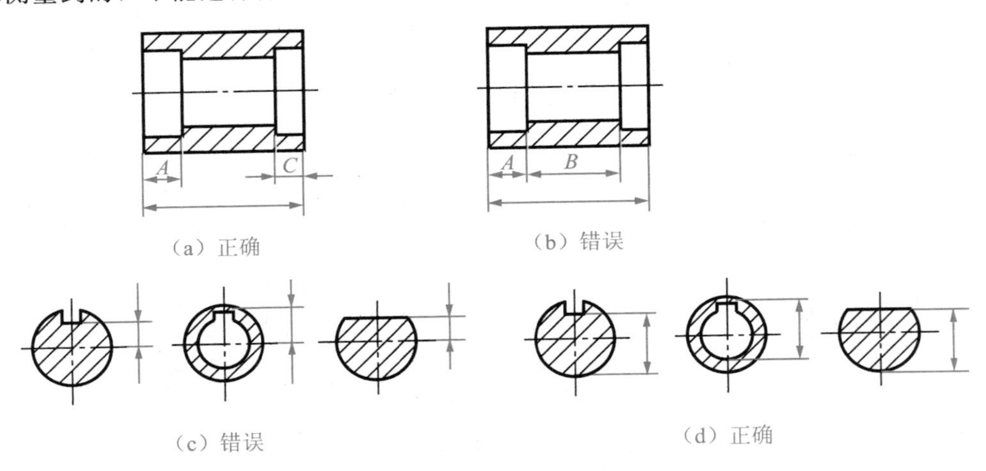

(a) 正确　　(b) 错误

(c) 错误　　(d) 正确

图 5-15　标注尺寸要便于测量

3. 零件上常见结构的尺寸注法

(1)零件上常见孔的尺寸注法

零件上常见孔的尺寸注法见表 5-1 所示。

如果是标准结构要素，其尺寸应查阅有关标准手册来标注。

表 5-1 零件上常见孔的尺寸注法

结构类型			简化注法	一般注法
螺孔	通孔		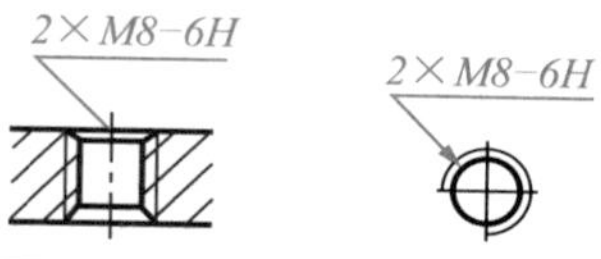 2×M8-6H；2×M8-6H	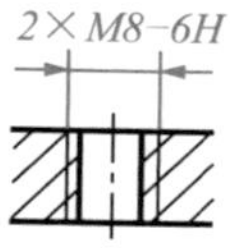 2×M8-6H
	不通孔		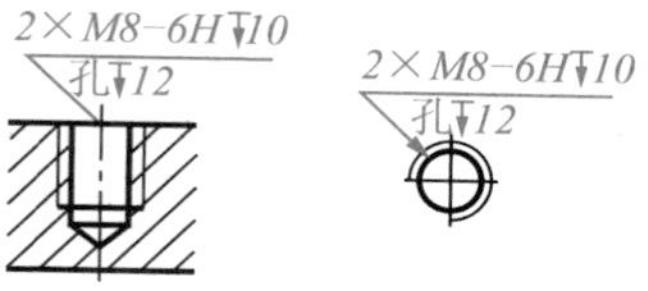 2×M8-6H↧10 孔↧12；2×M8-6H↧10 孔↧12	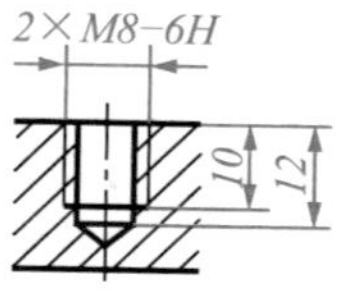 2×M8-6H，10，12
光孔	圆柱孔	一般孔	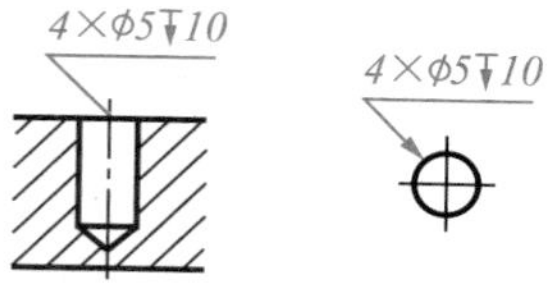 4×φ5↧10；4×φ5↧10	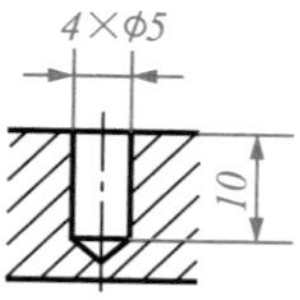 4×φ5，10
		精加工孔	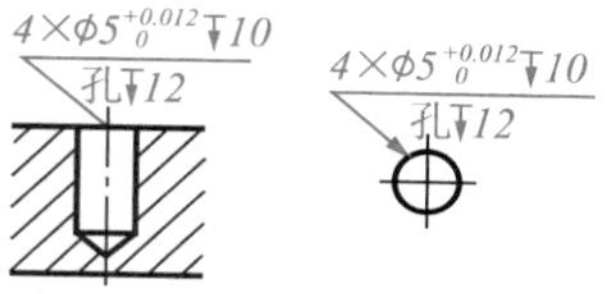 $4\times\phi5^{+0.012}_{0}$↧10 孔↧12；$4\times\phi5^{+0.012}_{0}$↧10 孔↧12	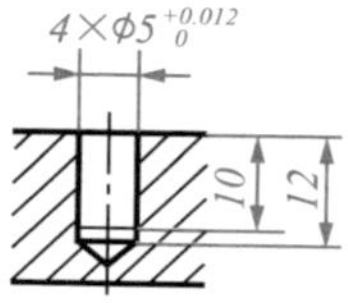 $4\times\phi5^{+0.012}_{0}$，10，12
	锥孔		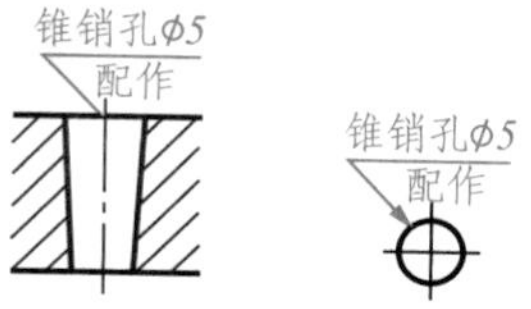 锥销孔φ5 配作；锥销孔φ5 配作	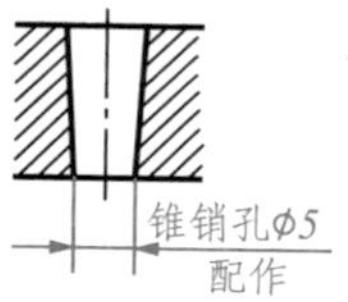 锥销孔φ5 配作
沉孔	锥形沉孔		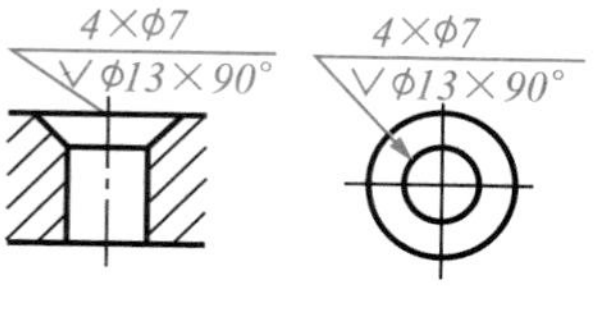 4×φ7 ⌵φ13×90°；4×φ7 ⌵φ13×90°	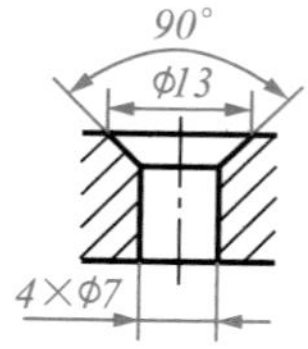 90°，φ13，4×φ7
	柱形锥孔		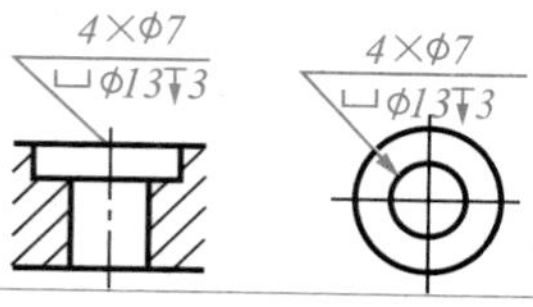 4×φ7 ⌴φ13↧3；4×φ7 ⌴φ13↧3	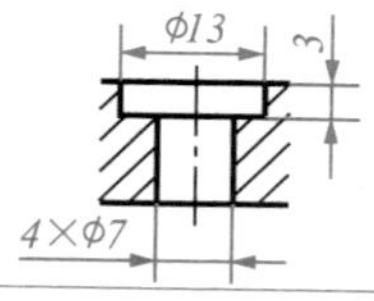 φ13，3，4×φ7
	锪平沉孔		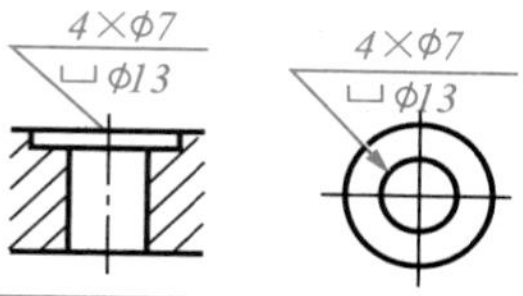 4×φ7 ⌴φ13；4×φ7 ⌴φ13	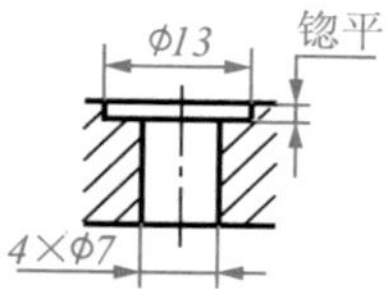 φ13，锪平，4×φ7

(2)零件上常见工艺结构的尺寸注法

1)圆角和倒角：为了装配零件，阶梯轴和孔的端部常加工出倒角。通常，轴和孔的端面上加工成45°倒角，其目的是为了便于安装和操作安全。轴、孔的标准倒角和圆角的尺寸可由标准查得。其尺寸标注方法如图5-16所示。零件上倒角尺寸全部相同时，可在图样上注明“全部倒角 $C\,x$(x 为倒角的轴向尺寸)”；当零件倒角尺寸无一定要求时，则可在技术要求中注明“锐边倒钝”。为了在轴肩、孔肩处避免应力集中，常以圆角过渡，称为倒圆。

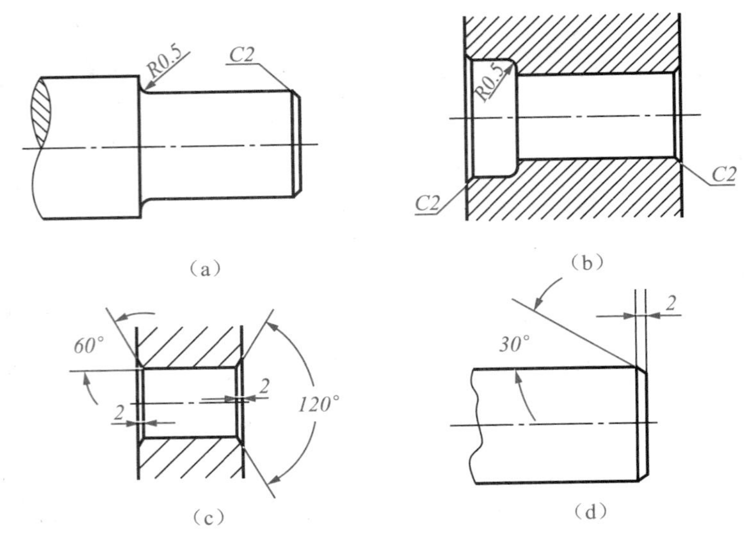

图 5-16　倒角和圆角

2)退刀槽和越程槽：在切削加工中，为了使刀具易于退出，并在装配时容易与有关零件靠紧，常在加工表面的台肩处先加工出退刀槽或越程槽。常见的有螺纹退刀槽、砂轮越程槽、刨削越程槽等，其尺寸数值可在相关国家标准中查取。退刀槽的尺寸标注形式，一般可按“槽宽×直径”或“槽宽×槽深”标注。越程槽一般用局部放大图画出，如图5-17所示。

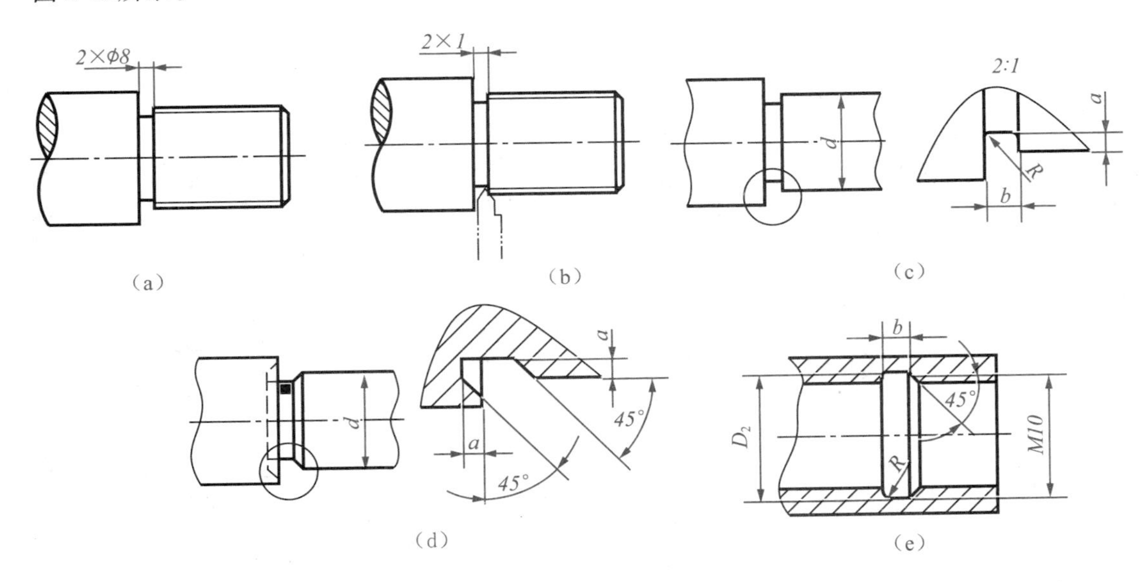

图 5-17　退刀槽和越程槽

4. 零件图尺寸标注的方法和步骤

标注零件图尺寸的方法是形体分析法，其具体步骤如下：

1)对零件进行功能、工艺分析。

2)按形体分析法，将零件分解成若干个基本形体。

3)合理选择零件长、宽、高三个方向的主要尺寸基准。

4)标注各基本形体之间的相对位置尺寸。

5)标注各基本形体的定形尺寸。

6)检查，调整。

实践操作

1. 对轴承座零件进行功能、结构和加工工艺分析

在本项目的任务 1 中我们已经就轴承座零件的功能、结构和加工工艺做过分析，此处不再赘述。

2. 选定尺寸基准

如图 5-18 所示，轴承座长、宽、高三个方向的主要尺寸基准分别选对称中心平面 B、圆筒后端面 C、安装底面 E。

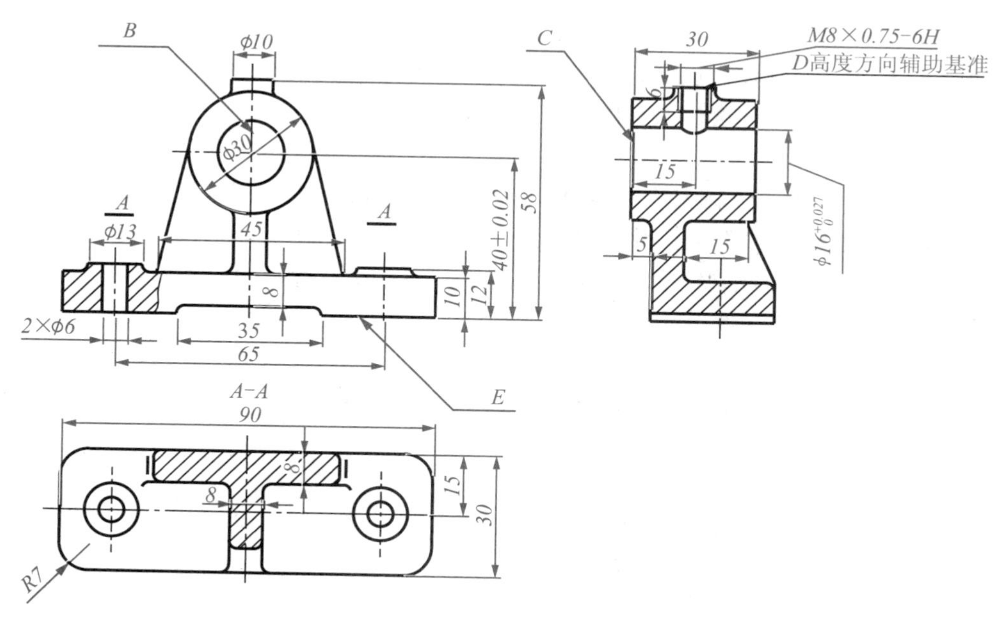

图 5-18　轴承座的尺寸标注

3. 标注各基本体的定位尺寸

(1)底板的定位尺寸分析与标注

底板的底面和对称平面分别为高度、长度方向的尺寸基准，所以底板的长度、高度定位尺寸不需要标注。底板的前后位置必须由宽度基准 C 标注定位尺寸 5，如图 5-18 左视图所示。底板上的两个凸台及圆柱孔结构，应标注左右定位尺寸 65(如图 5-18 主视图所示)和前后定位尺寸 15(如图 5-18 俯视图所示)。

(2)圆筒的定位尺寸分析与标注

圆筒的左右对称轴线为长度方向基准，后端面为宽度方向的基准，故圆筒的定位尺寸只需标注出中心轴线距高度基准 E 的高度定位尺寸 40 ± 0.02 即可。对于圆筒上工艺凸台，由于在圆筒的正上方，左右位置与圆筒对称，故只需标注前后定位尺寸 15 即可，如图 5-18 左视图所示。

(3)立板定位尺寸分析

立板在零件中左右对称，位于底板之上，后端面与底板后端面共面，故不需要再标注定位尺寸。

(4)肋板定位尺寸分析

肋板在零件中左右对称，位于底板之上，后端面与立板贴合，不需要再标注定位尺寸。

4. 标注各基本体的定形尺寸

(1)底板

如图 5-18 所示，标注出底板长度尺寸 90，宽度尺寸 30，高度尺寸 10，圆角半径 $R7$，凹槽长度尺寸 35，凹槽深度尺寸 8 以及凸台直径 $\phi13$，两圆柱通孔尺寸 $2\times\phi6$。

(2)圆筒

如图 5-18 所示，标注圆柱外径 $\phi30$，圆柱轴线方向长度尺寸 30，圆柱通孔直径 $\phi16^{+0.027}_{0}$。为方便测量螺纹孔的尺寸，选择凸台顶面 D 作为高度方向的辅助基准，标注轴承座的总高尺寸 58，由此确定了凸台的高度尺寸，再注出凸台直径 $\phi10$，螺纹孔规格尺寸 M8×0.75－6H 及螺孔深度尺寸 6。

(3)立板

如图 5-18 所示，根据立板的形状和各部分的位置关系及表面关系，仅注出长度尺寸 45，厚度尺寸 8 即可。

(4)肋板

如图 5-18 所示，肋板的定形尺寸只需标注厚度尺寸 8 和顶部宽度尺寸 15 即可。肋板底部宽度尺寸由底板宽度尺寸 30 减去立板厚度尺寸 8 获得，不再重复标注。肋板两侧面与圆柱筒的截交线由作图决定，不应标注高度尺寸。

(5)检查，调整

按正确、完整、清晰的要求对已标注的尺寸进行检查，最终获得轴承座零件图的尺寸标注如图 5-18 所示。

注意：要逐个形体尺寸标注，一个形体尺寸完毕后再标注另一个形体，不能把主视图的全部形体尺寸一次全部注出。

操作训练

如图 5-19 所示零件为滑动轴承盖，它是与轴承座相配合的零件，试根据尺寸标注的要求，选择合适的基准，标注完整的零件尺寸(尺寸数值从图中按 1∶1 量取，取整数)。

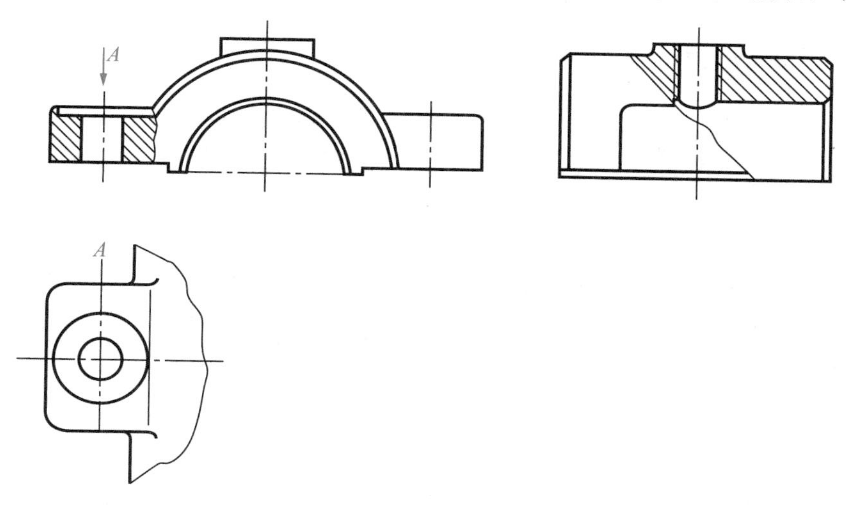

图 5-19　轴承盖

思考与练习

1)分析如图 5-20 所示传动轴的尺寸标注步骤(提示：按加工顺序标注)。

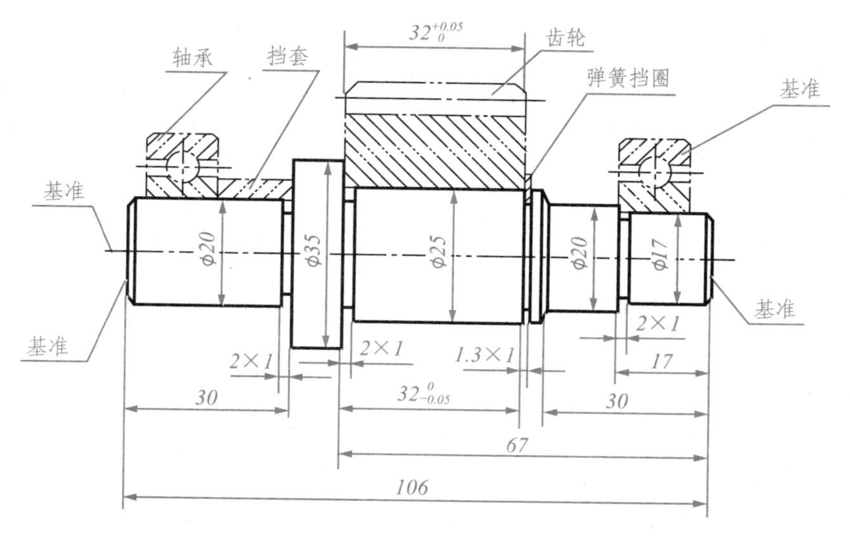

图 5-20　传动轴

2)通过本任务的学习，你是否对绘制机械图样有了更深的认识？请同学们课下组织交流一下心得体会。

任务检测

"零件图的尺寸标注"知识自我检测评分表

项目	考核要求	配分	评分细则	评分记录
尺寸基准的分类	能说出基准的概念及分类	10 分	叙述正确＋10 分	
尺寸标注	知道尺寸标注的原则、方法和步骤，了解常见结构的注法，能正确标注零件尺寸	50 分	能解读标注原则＋10 分；知道常见结构注法＋10 分；合理、正确标注零件，无尺寸遗漏与重复＋30 分	
综合运用	能灵活运用所学知识完成练习，能正确进行零件的分析及尺寸标注	40 分	积极参与互动学习＋10 分；能正确分析和标注零件＋30 分	

任务 3　完成轴承座零件图中技术要求的标注

任务描述

零件图不仅要把零件的形状和结构表达清楚，还要在图上用一些规定的符号、代号和文字，简明、准确地给出零件在制造、检验和使用时应达到的技术要求。

本任务我们将学习技术要求的标注方法，完成第 193 页图 5-18 所示轴承座零件图的技术要求标注。

知识链接

零件图的技术要求主要指零件几何精度方面的要求，如表面粗糙度、尺寸公差、几何公差，还包括对零件材料的热处理以及其他特殊要求等。技术要求通常用符号、代号或标记标注在图形上，或注写在标题栏附近。

1. 表面结构

表面结构是表面粗糙度、表面波纹度、表面缺陷、表面纹理等的总称。这里主要介绍常用的表面粗糙度表示法。

(1)表面粗糙度

表面粗糙度是指加工后零件表面上具有的较小间距和峰谷所组成的微观不平程度。它是评定零件表面质量的重要技术指标之一，对零件的使用寿命、零件之间的配合以及外观质量都有一定的影响。

(2)表面粗糙度的评定参数

国家标准《表面粗糙度　参数及其数值》(GB/T 1031—1995 2009)中规定了表面粗糙

度参数及其数值。表面粗糙度常用轮廓算数平均偏差 Ra 和轮廓最大高度 Rz 来评定，Ra 较为常用。常用 Ra 偏差值有：0.8μm、1.6μm、3.2μm、6.3μm、12.5μm 和 25μm。

(3)表面结构的图形符号

表面结构用表面结构符号、评定参数和具体数值表示，如图 5-21 所示，图中 h 表示字高。

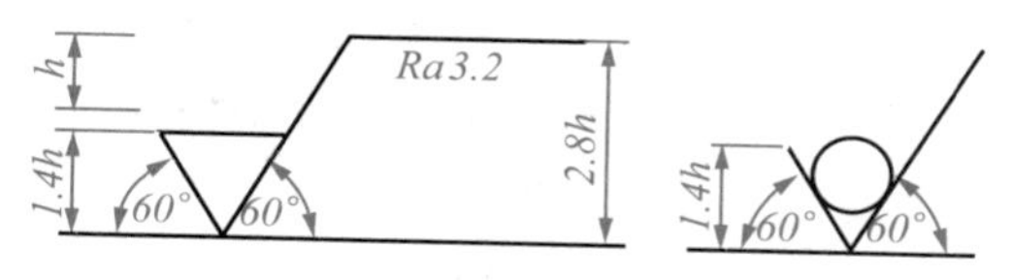

图 5-21　表面结构代号

在表面结构符号上注写所要求的表面特征参数后，即构成表面结构代号。常见的表面结构代号及含义见表 5-2 所示。

表 5-2　常见的表面结构代号及其含义

代　号	含义及说明
Ra0.8	表示不允许去除材料，单向上限值，Ra 轮廓，算数平均偏差 0.8μm
Rzmax0.2	表示去除材料，单向上限值，Rz 轮廓，粗糙度最大高度的最大值 0.2μm
0.008–0.8/Ra3.2	表示去除材料，单向上限值，0.008～0.8mm，Ra 轮廓，算数平均偏差 3.2μm
U Ramax3.2 L Ra0.8	表示不允许去除材料，双向极限值，Ra 轮廓，上限值：算数平均偏差 3.2μm，下限值：算数平均偏差 0.8μm

(4)表面结构要求在图样中的注法(GB/T 131—2006)

表面结构代号的标注和识读方向与尺寸的标注和识读方向一致。每一表面的表面结构要求一般只标注一次，并尽可能标注在相应的尺寸及其公差的同一视图上。表面结构代号可以标注在轮廓线上。其符号尖端应从材料外指向材料并与表面接触，也可以用带箭头或黑点的指引线引出标注，如图 5-22(a)所示；还可以标注在给定的尺寸线上，如图 5-22(b)所示。

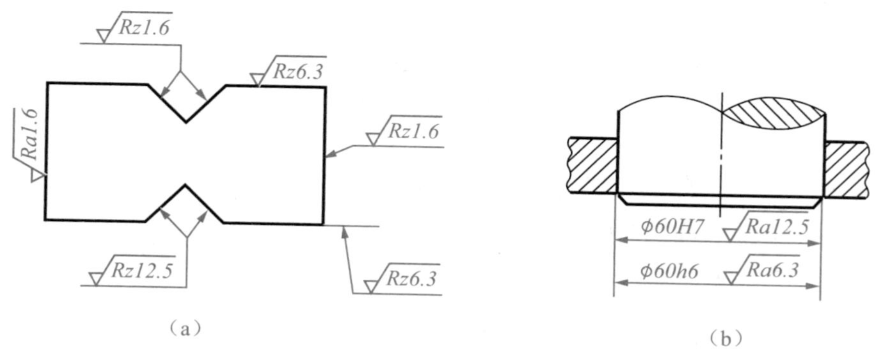

图 5-22　表面结构要求的一般标注

2. 尺寸公差

零件的互换性是批量化生产的基础，即同一规格的零件中任取一件，不需要再经过修配就能安装到机器上，并保证使用的要求。而零件在生产加工中尺寸不可能绝对准确，必须给予一个合理的范围，这个允许的变动量称为尺寸公差，简称公差。

(1)公称尺寸与极限尺寸

如图 5-23 所示的孔和轴的公称尺寸均为 50mm，其上角标注为上极限偏差，下角标注为下极限偏差，表示加工时实际尺寸的变动范围分别为 0mm 至 ＋0.039mm 和 －0.060mm至－0.030mm。

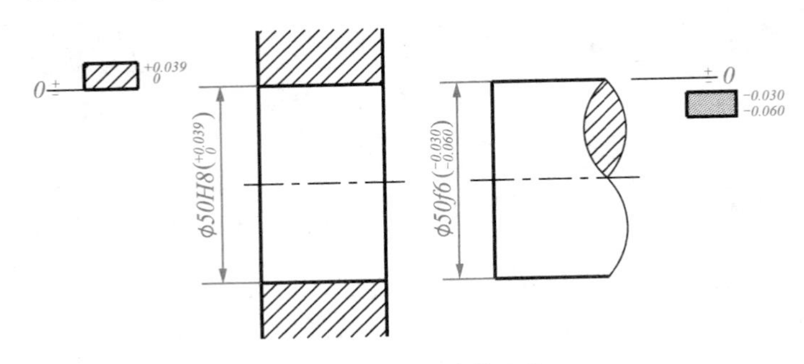

图 5-23　孔与轴的公差

公称尺寸：设计时给定的尺寸，如图 5-23 中轴、孔的基本尺寸ϕ50。

极限尺寸：允许尺寸变动的两个极限值。

上极限尺寸：加工时允许的最大尺寸。

孔为：50mm＋0.039mm＝50.039mm

轴为：50mm－0.030mm＝49.970mm

下极限尺寸：加工时允许的最小尺寸。

孔为：50mm－0mm＝50mm

轴为：50mm－0.060mm＝49.940mm

(2)极限偏差与尺寸公差

极限偏差：极限尺寸与公称尺寸之差。

上极限偏差：上极限尺寸减去公称尺寸的代数差。

孔为：50.039mm－50mm＝＋0.039mm

轴为：49.970mm－50mm＝－0.030mm

下极限偏差：下极限尺寸减去公称尺寸的代数差。

孔为：50mm－50mm＝0mm

轴为：49.940mm－50mm＝－0.060mm

尺寸公差：零件尺寸允许的变动量。

尺寸公差＝上极限尺寸－下极限尺寸＝上极限偏差－下极限偏差

孔的公差＝50.039mm－50mm＝＋0.039mm－0mm＝0.039mm

轴的公差=49.970mm−49.940mm=(−0.030mm)−(−0.060mm)=0.030mm

公差值必须为正值，不会为 0 或负值。

(3)公差带

以公称尺寸为基准零线，用两条直线表示上、下极限偏差，上、下极限偏差所限定的区域称为公差带，如图 5-23 所示。

(4)标准公差与基本偏差

标准公差分为 20 级，用 IT 表示，后面的数字表示公差的等级，常用的有 IT6～IT9，等级数越大，其公差值越大，精度越低。标准公差值可见第 290 页附表 13。

基本偏差是用以确定公差带相对于零线位置的上极限偏差或下极限偏差，一般指公差带中靠近零线的那个偏差，如图 5-23 中孔的基本偏差为 0mm，轴的基本偏差为 −0.030mm。基本偏差分为 28 种，用 A～ZC 表示，其中大写字母表示孔，小写字母表示轴。如图 5-23 中，孔的尺寸ϕ50H8 表示其标准公差为 8 级，基本偏差为 H；其值可查第 293 页附表 15。轴的尺寸ϕ50f6表示标准公差为 6 级，基本偏差为 f，其值可查第 291 页附表 14。

(5)尺寸公差在图样中的注法

在零件图上标注公差有三种形式：

1)只标注公差带代号：如图 5-24(a)所示，用于大批量生产中。

2)只标注极限偏差：如图 5-24(b)所示，用于小批量或单件生产。

3)同时标注公差带代号和极限偏差：即在基本尺寸后面标注出公差带代号，并在后面的括弧中同时注出上、下偏差数值，如图 5-24(c)所示，常用于产品转产较频繁的生产。

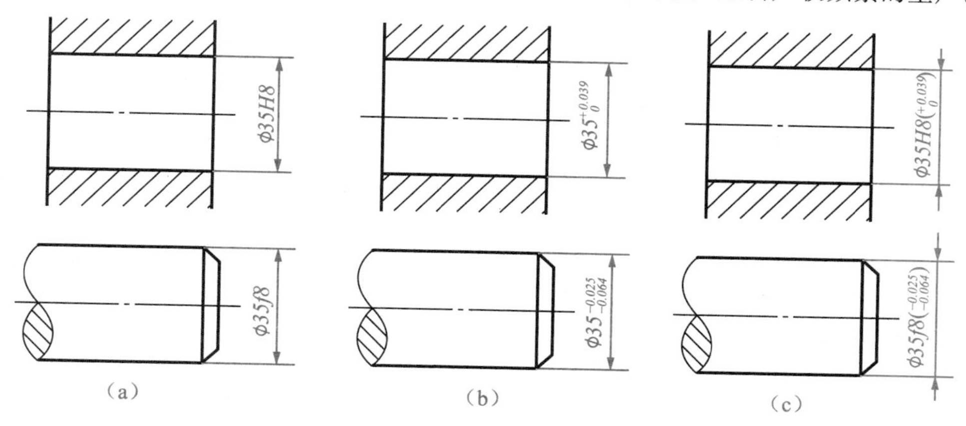

图 5-24　极限偏差在零件图上的标注

小提示：

标注极限偏差数值时应注意以下几点：

1)上、下偏差数值不相同时，上偏差注在基本尺寸的右上方，下偏差注在基本尺寸的右下方并与基本尺寸在同一底线上，且上、下偏差的小数点必须对齐，小数点后的位数必须相同。

2)偏差数值应比基本尺寸小一号，小数点前的整数位对齐，后边的小数位数应相同。

若有一个偏差为零，仍应注出零，零前不加正、负号，并与下偏差或上偏差小数点前的个位数对齐。

3)若上、下偏差数值绝对值相等，则在基本尺寸后加注“±”号，只填写一个偏差数值，其数值的数字大小与基本尺寸数字大小相同。

3. 几何公差

(1)几何公差的基本概念

零件在加工过程中，不仅会产生尺寸误差，也会产生几何误差。如轴的直径大小符合尺寸要求，但其轴线弯曲时仍然是不合格产品。所以要保证产品质量，还要对零件的几何形状和相对位置公差加以限制。

形状、方向、位置和跳动公差简称为几何公差，是指零件的实际形状和实际位置对其理想形状和理想位置所允许的最大变动量。

(2)几何公差几何特征符号

几何公差几何特征符号见表5-3所示。

表 5-3　几何公差几何特征符号

公差类型	几何特征	符号	有无基准
形状公差	直线度	—	无
	平面度	⏥	无
	圆度	○	无
	圆柱度	⌭	无
形状或位置公差	线轮廓度	⌒	无或有
	面轮廓度	⌓	无或有
方向公差	平行度	//	有
	垂直度	⊥	有
	倾斜度	∠	有
位置公差	位置度	⌖	有或无
	同轴(同心)度	◎	有
	对称度	⌯	有
跳动公差	圆跳动	↗	有
	全跳动	⌰	有

(3)几何公差的代号

国家标准(GB/T 1182—2008)规定用代号来标注几何公差。几何公差代号包括：几何公差特征项目符号(表 5-3)、公差框格及指引线、公差数值、其他有关符号和基准代号等，如图 5-25 所示。框格内字体的高度 h 与图样中的尺寸数字等高。

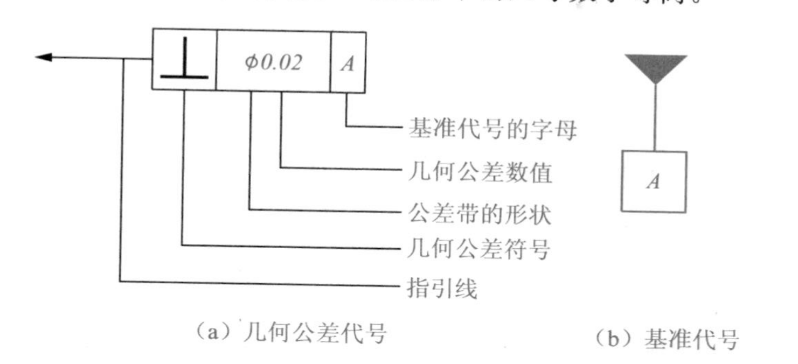

图 5-25　几何公差代号和基准代号

(4)几何公差标注示例

几何公差标注示例如图 5-26 所示。

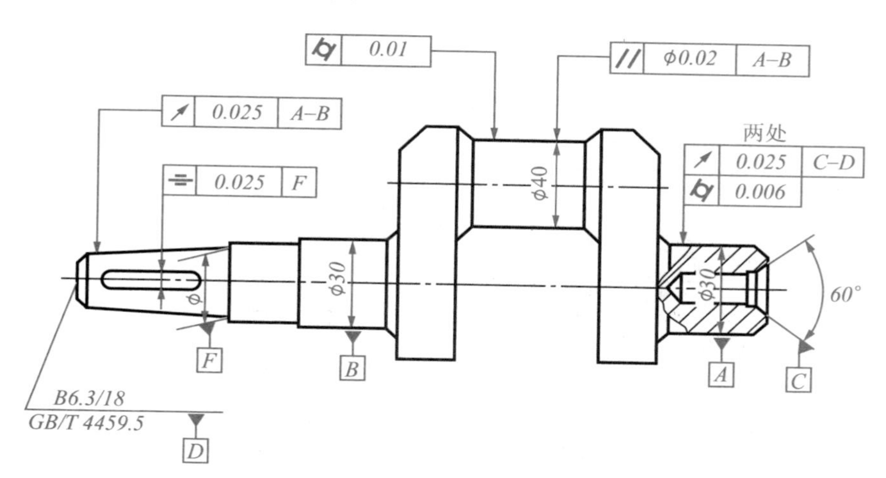

图 5-26　几何公差标注综合示例

[⌭ | 0.01] ϕ40 的外圆柱面的圆柱度公差为 0.01mm。

[⌯ | 0.025 | F] 键槽中心平面对基准 F(左端圆台部分的轴线)的对称度公差为 0.025mm。

[// | ϕ0.02 | A–B] ϕ40 的轴线对公共基准轴线 $A-B$ 的平行度公差为 0.02mm。

[↗ | 0.025 | C–D]
[⌭ | 0.006] ϕ30 的外圆表面对公共基准线 $C-D$ 的径向圆跳动公差为 0.025mm；圆柱度公差为 0.006mm。

4. 零件的材料及热处理

机械零件经过热处理后，可使材料获得较好的使用性能和工艺性能，常用的热处理方法有退火、正火、淬火、回火及表面热处理等。一般在图样的技术要求中加以说明，或在图样上给予标注。

实践操作

如图 5-27 所示，根据轴承座零件的功能要求，我们选择标注其表面粗糙度和尺寸公差。几何公差及热处理要求视具体情况而定，一般情况下不予标注。

(1)标注表面粗糙度

凡是经机械加工过的表面，都必须注明表面粗糙度的要求，其参数值的大小，应根据表面的重要程度合理确定，如图 5-27 中各加工表面的粗糙度代号标注所示。非加工表面也要注出表面粗糙度代号，如图 5-27 中标题栏上方空白处标注的粗糙度代号。

(2)标注尺寸公差

凡是有配合要求的尺寸及尺寸精度要求较高的尺寸，必须标注出尺寸公差，如图 5-27中所示尺寸$\phi 16_{0}^{+0.027}$。

(3)其他

省略几何公差和热处理的标注；轴承座的材料在标题栏中加以注明；文字性的技术要求，给出“未注铸造圆角 $R2\sim R3$”的说明。

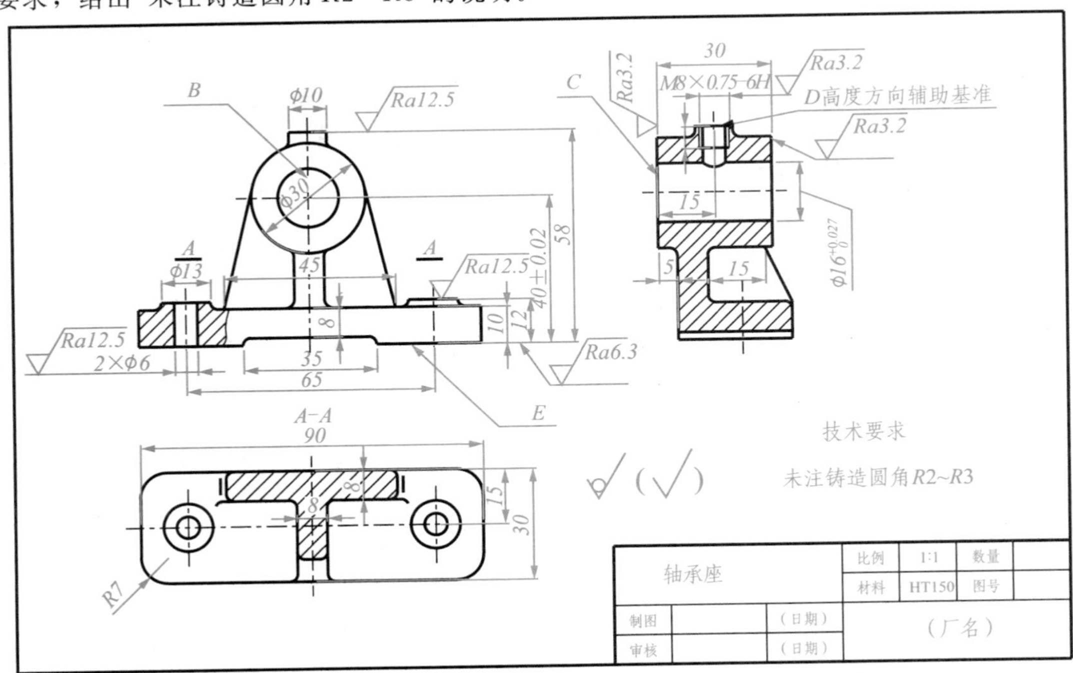

图 5-27　轴承座零件的技术要求标注

操作训练

将下列几何公差的要求标注在图 5-28 所示的图样上。

1)ϕ160 圆柱表面对ϕ85 圆柱孔轴线 A 的径向圆跳动公差为 0.03mm。

2)ϕ150 圆柱表面对轴线 A 的径向圆跳动公差为 0.02mm。

3)厚度为 20 的安装板左端面对ϕ150 圆柱面轴线 B 的垂直度公差为 0.03mm。

4)安装板的右端面对ϕ160 圆柱面轴线 C 的垂直度公差为 0.03mm。

5)ϕ125 圆柱孔的轴线对轴线 A 的同轴度公差为 0.02mm。

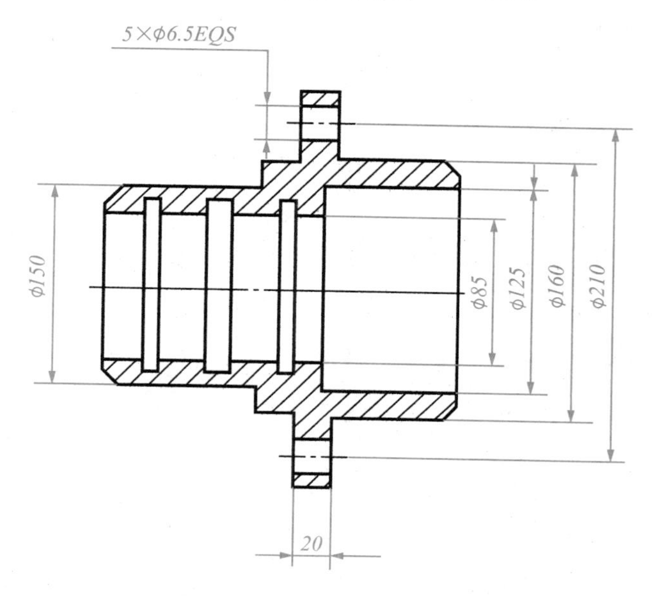

图 5-28　几何公差标注练习

思考与练习

1)解释轴套零件图中公差带代号的含义，如图 5-29 所示。

轴套内孔：基本尺寸________，基本偏差________，公差等级________；

轴套外径：基本尺寸________，基本偏差________，公差等级________。

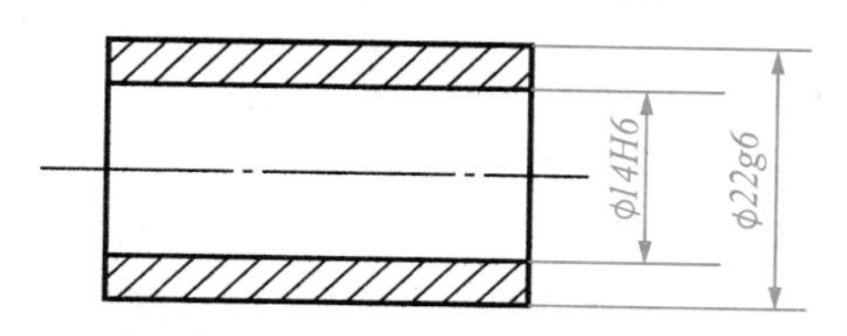

图 5-29　轴套的零件图

2)零件的几何特征符号有哪些？形状公差和位置公差的识读内容有什么不同？

任务检测

“零件图的技术要求”知识自我检测评分表

项目	考核要求	配分	评分细则	评分记录
表面粗糙度	能理解基本概念，能标注和识读	25分	能正确描述概念+5分；能正确标注+10分；能正确识读+10分	
尺寸公差	理解极限、标准公差、基本偏差，会标注和识读	40分	能正确判读+20分；能正确查表+10分；能正确标注+10分	
几何公差	知道特征项目、符号及其标注和识读	25分	能正确判读+15分；能正确标注+10分	
材料及热处理等	了解材料和热处理等的表达	10分	能正确判读+5分；能正确书写，字体规范+5分	

项目2 典型零件分析及其零件图绘制

知识目标

1. 理解零件图的作用和内容，熟悉典型零件的视图选择原则和表达方法。
2. 熟悉典型零件图的尺寸标注。
3. 了解典型零件上常见工艺结构的画法和尺寸注法。

技能目标

1. 掌握典型零件在结构、视图表达、尺寸标注和技术要求等方面的特点。
2. 熟悉典型零件的零件图绘制过程，积累识读该类零件的知识和能力。

任务1 轴套类零件分析及其零件图绘制

任务描述

机器零件形状千差万别，它们既有共同之处，又各有特点，每一类零件应根据自身结构特点来确定表达方法。轴类零件和套类零件的形体特征都多是同轴回转体表面，本任务，我们以图5-30所示铣刀头中的主动轴为例，学习轴套类零件的分析和绘制方法。

图5-30 铣刀头中轴的立体图

知识链接

在机器中，轴的主要作用是支承传动零件(如齿轮、带轮)和传递转矩，套一般是装在轴上支承和保护传动零件或起轴向定位等作用。

1. 结构分析

轴套类零件包括各种转轴、销轴、衬套、轴套等。其主体结构为直径不同的同轴回转体，常有轴肩、倒角、键槽、销孔、退刀槽、砂轮越程槽、螺纹等局部结构，如图 5-30所示轴上的各种结构。

2. 表达方案分析

轴套类零件一般在车床上加工，主视图应按加工位置确定，将轴线水平放置。轴套类零件主要结构形状是回转体，一般只绘制一个主视图。实心轴不必剖视，对于轴上的键槽、孔等结构，可以作移出断面图。砂轮越程槽、退刀槽等小结构若在主视图上表达不够清楚或不便于标注尺寸时，可采用局部放大图表达，过长的轴可采用断开画法。对空心轴或套，则用全剖或局部剖表示。

3. 尺寸分析

1)轴套类零件主要是轴向和径向尺寸，径向尺寸的主要基准是轴线，轴向尺寸的主要基准是重要端面。

2)重要尺寸必须直接注出，其余尺寸多按加工顺序注出。

3)为了清晰和便于测量，在剖视图上，内外结构形状尺寸应分开标注。

4)零件上的标准结构，应查阅国家标准注出。

4. 技术要求分析

1)有配合要求的表面，其表面粗糙度的参数值较小，无配合要求的表面，其表面粗糙度的参数值较大。

2)有配合要求的轴颈，其尺寸公差等级较高，公差较小，无配合要求的轴颈，其尺寸公差等级较低，或不需标注。

3)有配合要求的轴颈或重要的端面，应有几何公差要求。

实践操作

铣刀头主轴的分析过程如前所述。其零件图绘制步骤如下。

1. 选择图幅、确定比例

为使零件的图样大小和实际大小一致，有真实的感觉，方便生产加工和检验，应根据零件的大小、形状和结构，尽可能选择较大的图幅和比例，尽可能选用 1∶1 的比例。

若零件尺寸过小，应作放大图，保证内外部结构形状清晰。选择图幅和比例时，还应算出标注尺寸、技术要求和标题栏的空间。

2. 画底稿

1)在图幅内确定各个视图的位置，画出各视图的基准线和中心线。

该轴总长 400mm，最大直径为 40mm，选用 1∶2 的比例，为节约图幅，突出两端结构，轴的中间采用断开画法。主视图放在主要位置。先画出轴心线，再画出其主要轮廓，如图 5-31 所示。

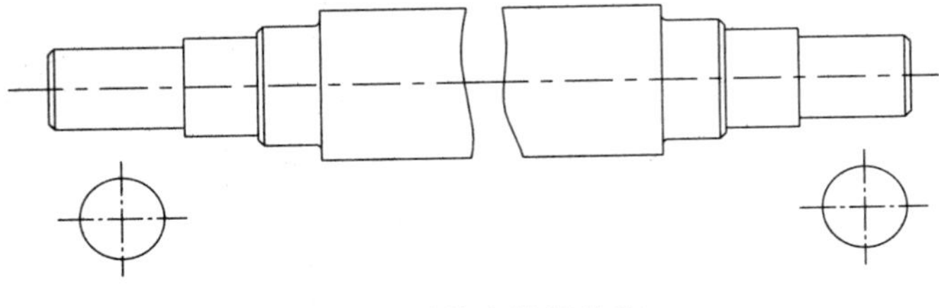

图 5-31　轴的主视图轮廓

2)详细画出轴上各处的结构形状，分别采用移出断面图、局部放大图和局部剖视图表达键槽、越程槽和中心孔结构。

3)检查底稿，加深。

4)标注尺寸、注写技术要求、填写标题栏。

轴心线是轴的径向尺寸基准，轴的两端面是轴向长度尺寸基准，而轴的中段 194mm 的两端也是基准，在铣刀头中，此处安装支轴承，起定位作用，所以应当是轴向长度尺寸的主要基准。

完成整张零件图，如图 5-32 所示。

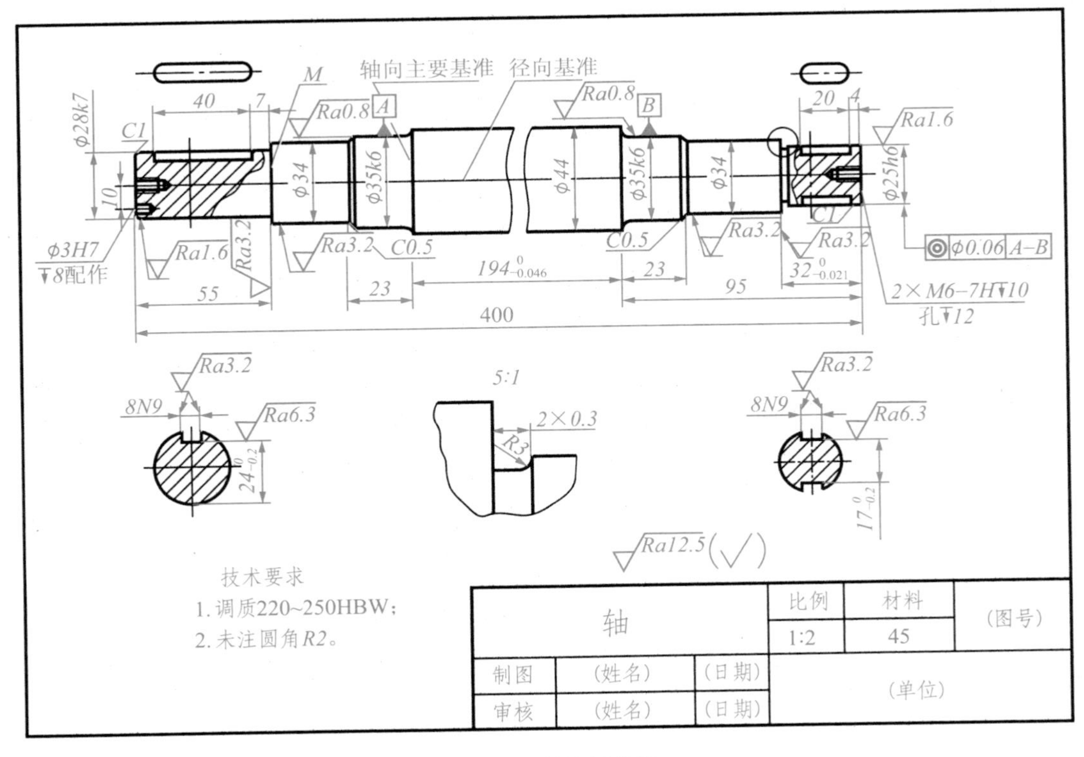

图 5-32　轴的零件图

操作训练

如图 5-33 所示，读零件工作图，回答下面的问题。

1)此图样由________、________、________和________四项内容组成。

2)该零件的名称为________，材料为________，绘图比例为________。

3)该零件的主视图是采用________的剖切平面绘出的________图，左视图为________剖视图。

4)小孔$\phi 4$ 的定位尺寸是________和________，定形尺寸是________。

5)孔$\phi 24^{+0.072}_{+0.020}$mm 的基本尺寸是________，最大极限尺寸是________，下偏差是________，上偏差是________，尺寸公差是________。

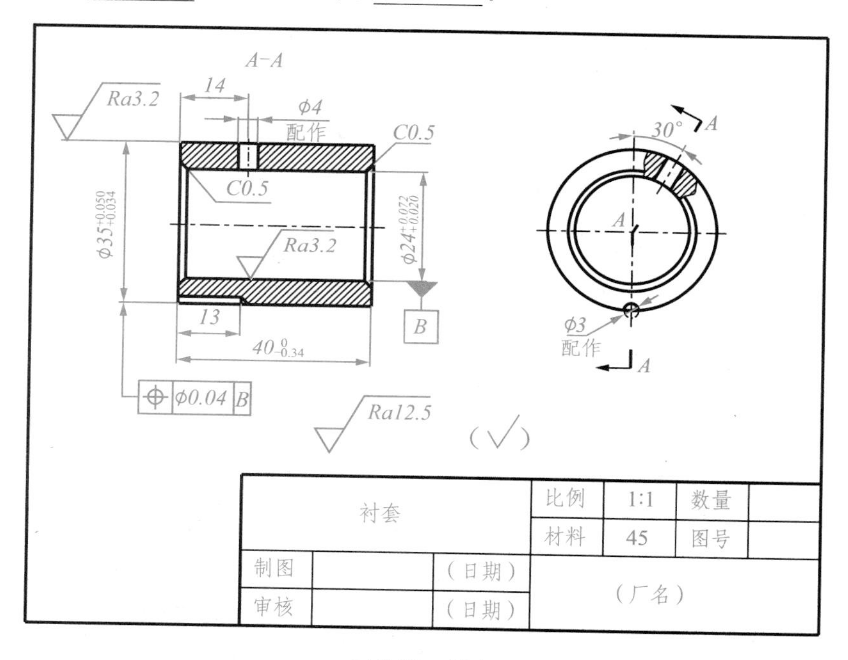

图 5-33　衬套

思考与练习

轴套类零件是车工接触最多的一类零件，掌握其结构、视图表达、尺寸标注和技术要求等特点，可以有效地指导识读同类零件图，提高读图能力，为实习和工作打下良好基础。通过本任务的学习，希望你认真归纳总结，按要求完成表 5-4。

表 5-4　轴套类零件的特点

结构特点	
加工方法	

续表

视图表达	
尺寸标注	
技术要求	

任务检测

"轴套类零件"知识自我检测评分表

项目	考核要求	配分	评分细则	评分记录
轴套类零件	能说出其结构特点和加工方法	10分	描述准确+10分	
	能确定其视图表达方案、正确绘图	50分	方案合理+10分；视图正确+30分；布图、图线规范+10分	
	能正确标注其表面粗糙度、尺寸公差和几何公差等，规范填写标题栏	40分	标注合理、规范、清晰+30分；整体效果+10分	

任务2　轮盘类零件分析及其零件图绘制

任务描述

机器零件形状千差万别，同样是回转体，其形状和功能可能存在较大差异，如图5-34所示，本任务，我们学习另一类回转体零件——轮盘类零件的分析和绘制方法。

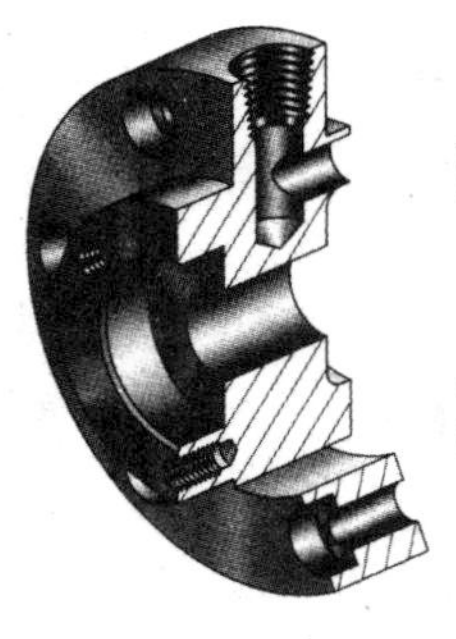

图5-34　端盖

知识链接

轮盘类零件有各种手轮、带轮、花盘、法兰、端盖及压盖等，其结构形状比较复杂，功能各异。

1）齿轮的齿宽为 14mm；齿轮工作表面的粗糙度为 $Ra1.6$；左右端面、外圆柱表面、轮毂孔及键槽的表面粗糙度为 $Ra3.2$，其余为 $Ra12.5$。

2）齿轮左右端面对基准 A 的圆跳动公差值为 0.03mm；键槽两侧面对基准 A 的对称度公差值为 0.03mm。

3）齿面采用高频感应淬火，硬度值 HRC45～50；未注倒角 $C1$。

思考与练习

轮盘类零件是车工接触较多的一类零件，掌握其结构、视图表达、尺寸标注和技术要求等特点，对识读同类零件图很有帮助，能有效地提高读图能力。通过本任务的学习，希望你认真归纳总结，按要求完成表 5-5。

表 5-5　轮盘类零件的特点

结构特点	
加工方法	
视图表达	
尺寸标注	
技术要求	

任务检测

“轮盘类零件”知识自我检测评分表

项目	考核要求	配分	评分细则	评分记录
轮盘类零件	能说出其结构特点和加工方法	10 分	描述准确＋10 分	
	能确定其视图表达方案、正确绘图	50 分	方案合理＋10 分；视图正确＋30 分；布图、图线规范＋10 分	
	能正确标注其表面粗糙度、尺寸公差和几何公差等，规范填写标题栏	40 分	标注合理、规范、清晰＋30 分；整体效果＋10 分	

任务3 叉架类零件分析及其零件图绘制

任务描述

如图5-37所示支架，是属于在机器中起支承，操纵或连接作用的一类零件，其结构形状复杂且不规则。本任务我们将分析这类零件的特点，初步了解其零件图的绘制方法。

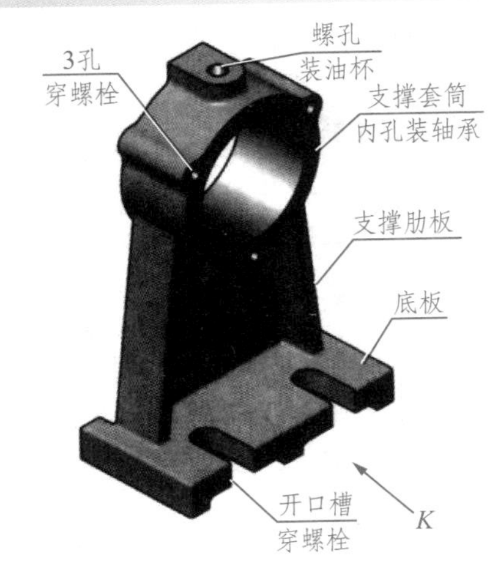

图 5-37 叉架

知识链接

叉架类零件主要包括连杆、拨叉、支架、支座等。

1. 结构分析

根据零件结构形状和作用的不同，一般叉杆类零件的结构可看成是由支承部分、工作部分和连接部分组成，而支架类零件的结构可看成是由支承部分、连接部分和安装部分组成。支承部分一般为圆筒、半圆筒或带圆弧的叉；安装部分为方形或圆形底板，其上多有光孔、沉孔、凹槽等结构；连接部分常为各种形状的肋板。它们的形状比较复杂且不规则，常有不完整和倾斜的形体，如图5-37所示。

2. 表达方案分析

叉架类零件工作位置有的固定，有的不固定，加工位置变化也较大，一般采用下列表达方法。

1)按自然摆放位置或便于画图的位置作为零件的摆放位置，按最能反映零件形状特征的方向作为主视图的投射方向。

2)除主视图外，一般还需要1～2个基本视图才能将零件的主要结构表达清楚。

3)常用局部视图或局部剖视图表达零件上的凹坑、凸台等结构。

4)肋板、杆体等连接结构常用断面图表示其断面形状。

5)一般用斜视图表达零件上的倾斜结构。

3. 尺寸分析

1)长、宽、高三个方向的主要尺寸基准一般为对称面、轴线和较大的加工平面。

2)定位尺寸较多，应注出孔轴线间、孔轴线到平面、平面到平面的距离。
3)定形尺寸多按形体分析法标注，内外结构形状要保持一致。

4. 技术要求分析

表面粗糙度、尺寸公差、几何公差等根据需要按规定注法标注即可，如图 5-38 所示。

实践操作

分析支架特点，确定其视图表达方案，完成的支架零件图如图 5-38 所示。

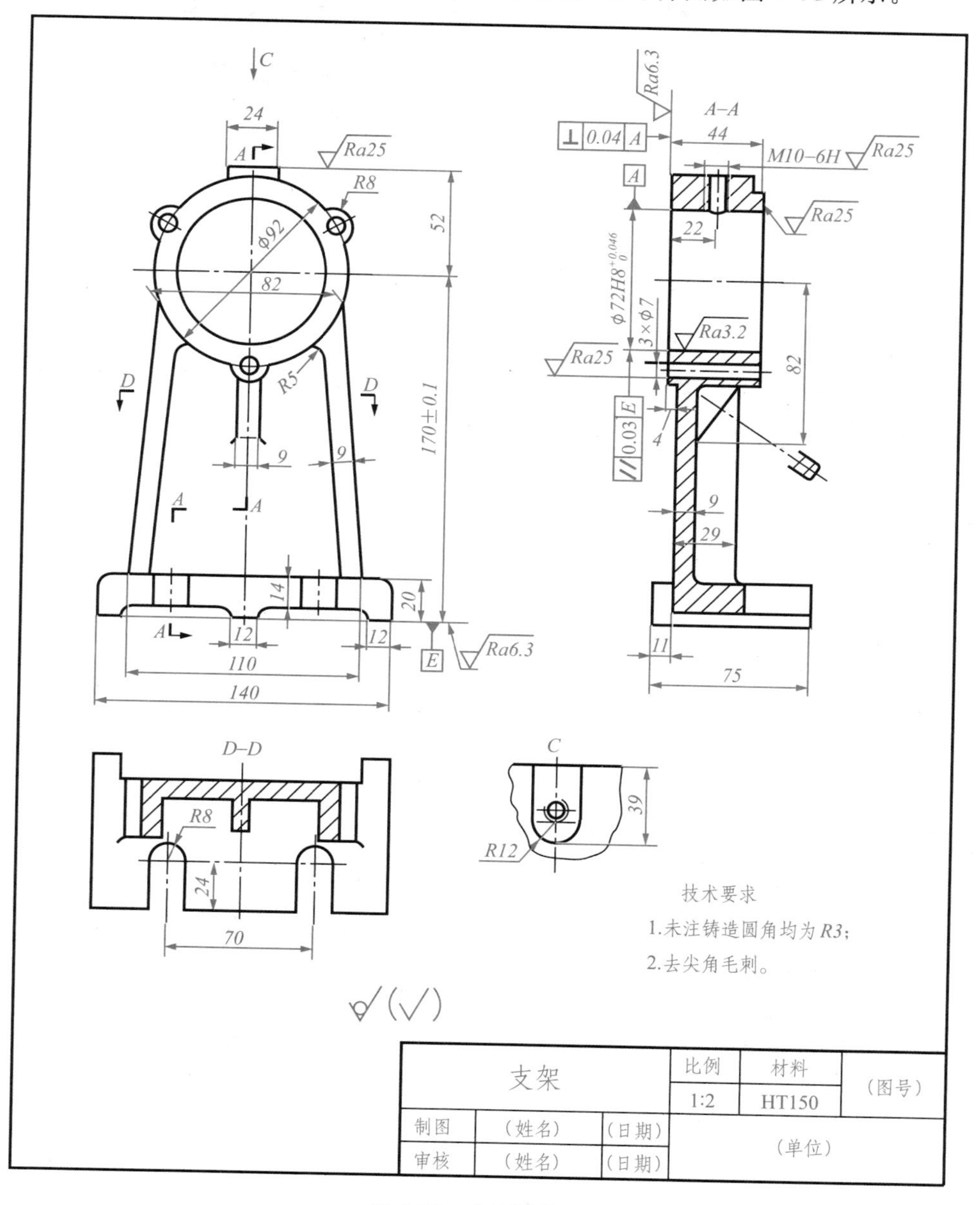

图 5-38　支架零件图

操作训练

分析如图 5-39 所示零件，拟订合理的表达方案，徒手绘制其零件草图。

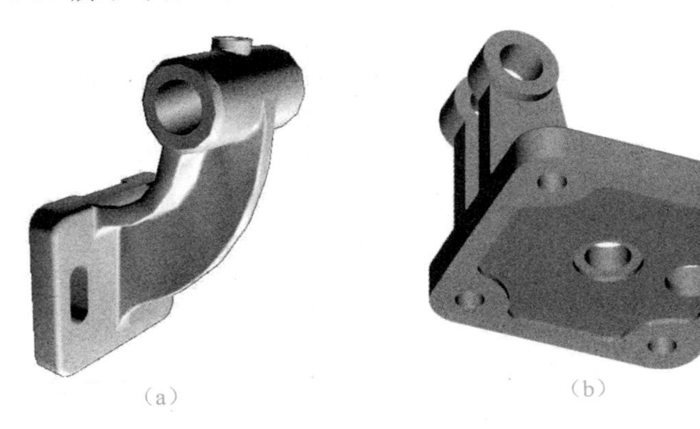

(a)　　(b)

图 5-39　叉架类零件

思考与练习

叉架类零件结构较为复杂，掌握其结构、视图表达、尺寸标注和技术要求等特点，对识读同类零件图有帮助，能有效地提高读图能力。通过本任务的学习，希望你认真归纳总结，按要求完成表 5-6。

表 5-6　叉架类零件的特点

结构特点	
加工方法	
视图表达	
尺寸标注	
技术要求	

任务检测

"叉架类零件"知识自我检测评分表

项目	考核要求	配分	评分细则	评分记录
叉架类零件	能说出其结构特点和加工方法	10 分	描述准确＋10 分	
	能确定其视图表达方案、正确绘图	50 分	方案合理＋10 分；视图正确＋30 分；布图、图线规范＋10 分	
	能正确标注其表面粗糙度、尺寸公差和几何公差等，规范填写标题栏	40 分	标注合理、规范、清晰＋30 分；整体效果＋10 分	

任务4 箱体类零件分析及其零件图绘制

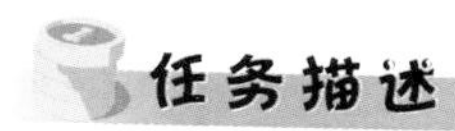

任务描述

如图5-40所示，箱体类零件是机器或部件中的主要零件，其结构复杂，在传动机构中的作用与支架类相似，主要是容纳和支承传动件，又是保护机器中其他零件的外壳，利于安全生产。本任务我们分析箱体类零件的特点，了解其零件图绘制的方法。

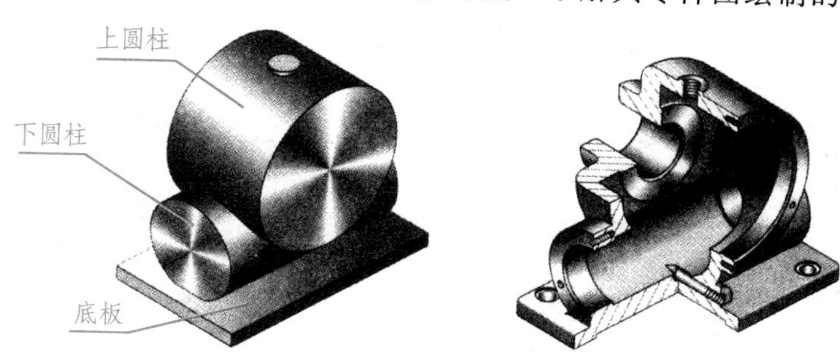

图5-40 蜗杆减速器箱体立体图

知识链接

1. 结构分析

常见的箱体类零件有减速器箱体、阀体、泵体、机座等。这类零件内外结构较为复杂，常有内腔、轴承孔、凸台、肋、安装板、光孔和螺纹孔等结构，如图5-40所示。其毛坯常为铸件，也有焊接件，主要在铣床、刨床、镗床和钻床上加工。

2. 表达方案分析

1)通常以最能反映其形状特征及结构间相对位置的一面作为主视图的投射方向。以自然安放位置或工作位置作为主视图的摆放位置(即零件的摆放位置)。

2)一般需要两个或两个以上的基本视图才能将其主要结构形状表达清楚。

3)一般要根据具体零件选择合适的视图、剖视图、断面图来表达其复杂的内外结构。

4)往往还需要局部视图、局部剖视图或局部放大图来表达尚未表达清楚的局部结构。

3. 尺寸分析

1)长、宽、高方向主要尺寸基准是对称面、大孔的轴线、中心线或较大的加工面。

2)较复杂的零件定位尺寸较多，各孔轴线或中心线间的距离要直接注出。

3)定形尺寸仍用形体分析法注出。

4. 技术要求分析

1)重要的箱体孔和重要的表面，其表面粗糙度参数值较小。

2)重要的箱体孔和重要的表面，应该有尺寸公差和几何公差要求。

实践操作

分析蜗杆减速器箱体特点，确定其视图表达方案，完成的蜗杆减速器箱体零件图如图 5-41 所示。

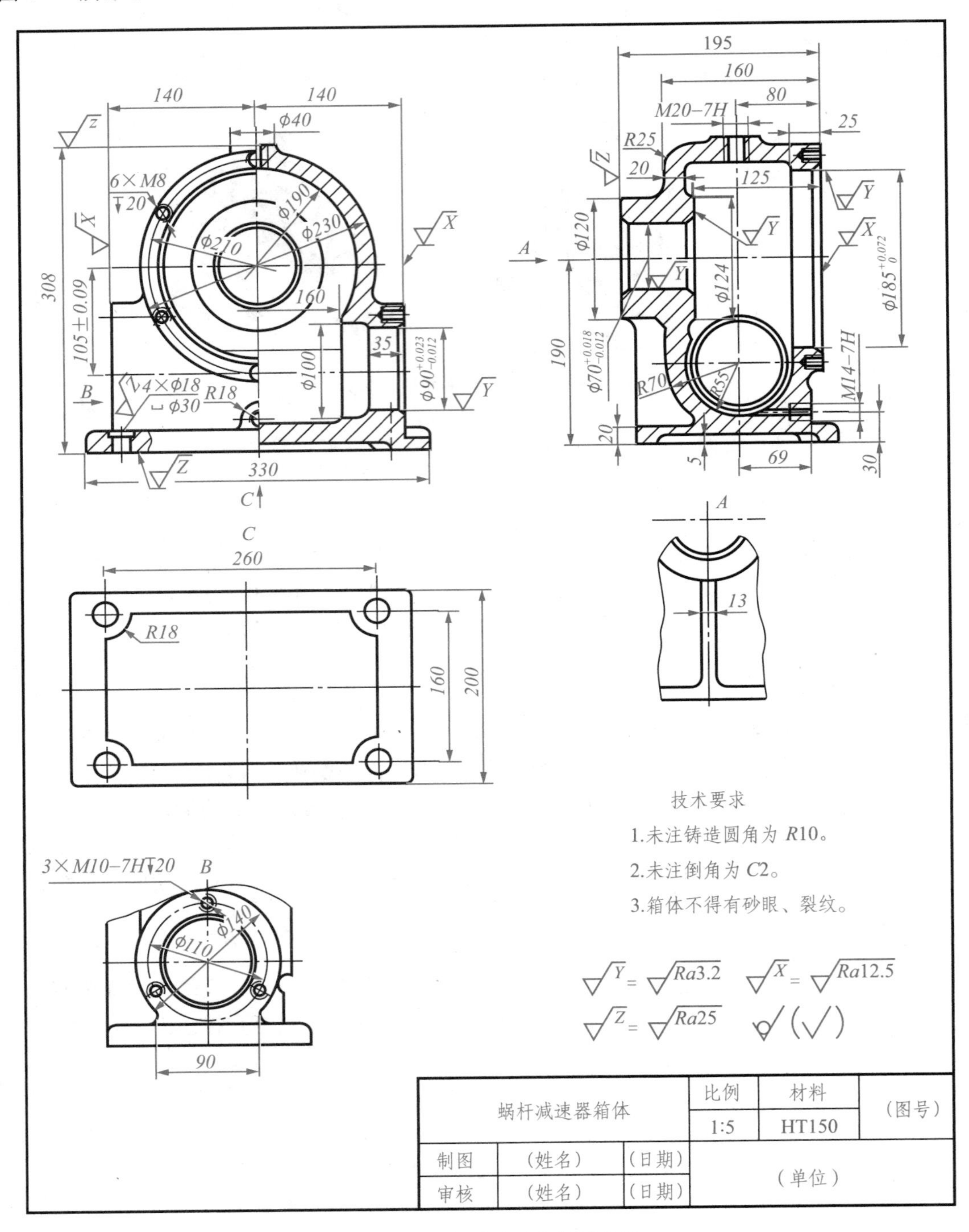

图 5-41　蜗杆减速器箱体零件图

操作训练

分析如图 5-42 所示阀体零件，试拟订其合理的视图表达方案，尝试徒手绘制其零件草图。

图 5-42　阀体立体图

思考与练习

箱体类零件一般是机器和部件的主体，其结构较复杂，通过分析其视图表达、尺寸标注和技术要求等特点，可以更好地帮助我们识读同类零件图，有效地提高读图能力。通过本任务的学习，希望你认真归纳总结，按要求完成表 5-7。

表 5-7　箱体类零件的特点

结构特点	
加工方法	
视图表达	
尺寸标注	
技术要求	

任务检测

"箱体类零件"知识自我检测评分表

项目	考核要求	配分	评分细则	评分记录
箱体类零件	能说出其结构特点和加工方法	10 分	描述准确＋10 分	
	能确定其视图表达方案、勾画其草图	50 分	方案合理＋20 分；视图正确＋30分	
	能识读和标注其表面粗糙度、尺寸公差和几何公差及标题栏内容等	40 分	识读正确＋20 分；标注合理、规范、清晰＋20 分	

项目3 识读零件图

1. 了解读零件图的基本要求。
2. 掌握读零件图的方法和步骤。

正确识读零件图。

任务1 了解识读零件图的要求

任务描述

在零件设计制造、机器安装、机器的使用和维修以及技术革新、技术交流等工作中，常常要读零件图。正确、熟练地识读零件图，是技术工人和工程技术人员必须掌握的基本功。

知识链接

读零件图的基本要求有以下几点：

1)了解零件的名称、材料和它在机器或部件中的作用(包括各组成部分的作用)。

2)分析并想象出零件各组成部分的结构形状及相对位置，从而在头脑中建立一个完整、具体的零件形象。

3)正确分析零件的尺寸基准，正确识读图上各种符号、代号的含义，理解零件图上各尺寸的注法、技术要求及文字书写的具体要求。根据零件的复杂程度，要求高低和制造方法，做到在加工和检验零件时心中有数。

任务2 掌握识读零件图的方法和步骤

任务描述

正确、熟练地识读零件图，是技术工人和工程技术人员必须掌握的基本功。本任务，我们以图5-43所示零件图为例，学习并掌握识读零件图的方法和步骤。

知识链接

1. 读零件图的方法

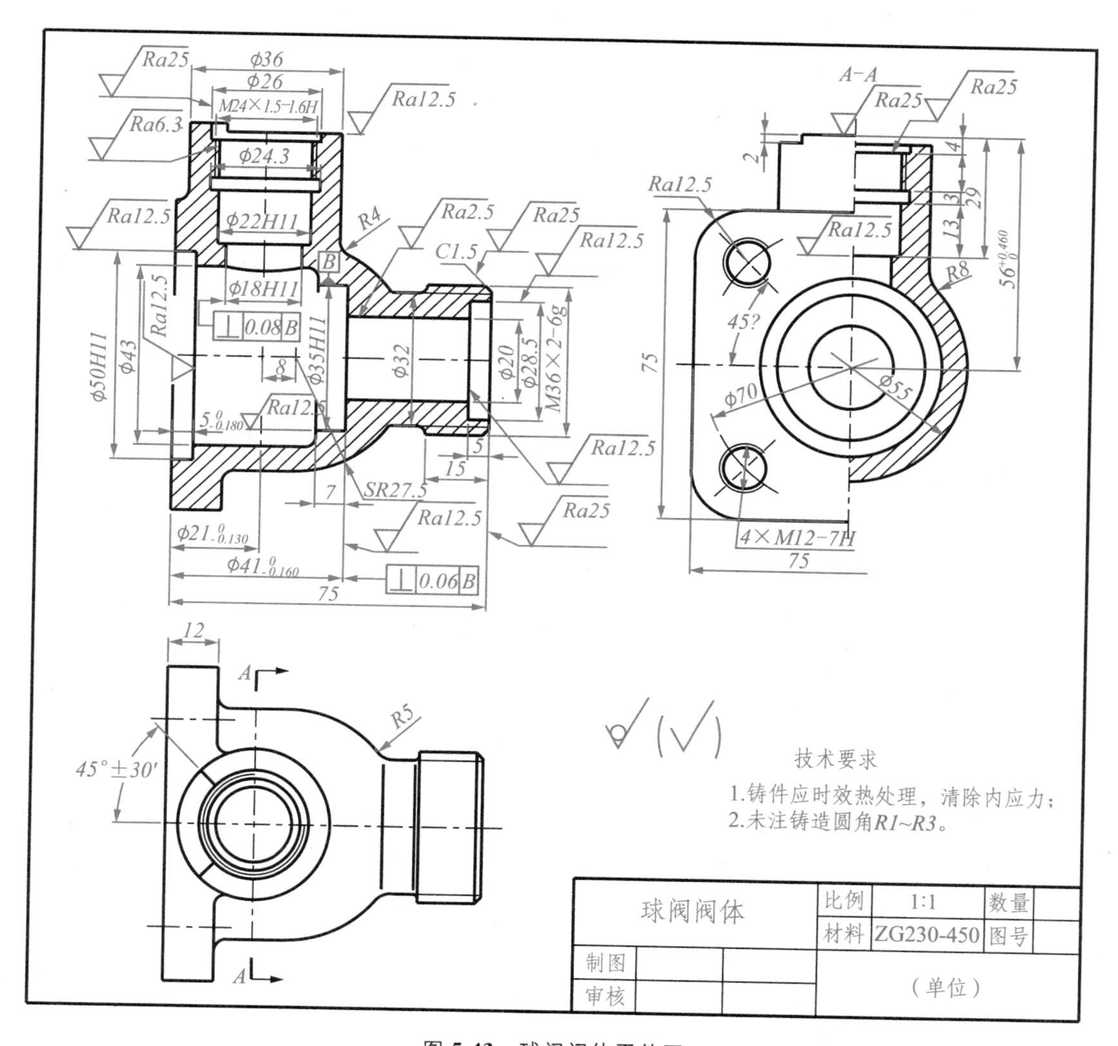

图 5-43 球阀阀体零件图

识读零件图的一般方法是由概括了解到深入细致分析，以分析视图想象形状为核心。分析图形离不开尺寸，分析尺寸的同时，又要结合技术要求。有些零件还要借助一些有关资料，才能真正看懂、理解图形。看零件图是一件非常细致的工作，马虎不得，看懂零件图不仅需要扎实的基础知识，而且需要一定的实践经验。因此，只有多看多练，结合三维软件学习打下良好的基础，培养求实的作风，才能不断提高识图能力。

2. 读零件图的步骤

(1)读标题栏，概括了解

从标题栏内了解零件的名称、材料、绘图的比例等内容。从名称可判断该零件属于哪一类零件，从材料可大致了解其加工方法，从比例可估计零件的实际大小等，从而对零件有一个初步的认识。

(2)分析视图，想象形状

分析零件的视图表达方案，纵览全图，了解所有视图的名称、剖切位置、投射方向，明确各视图之间的关系、方位等。

读懂零件的内、外形状和结构是读零件图的重点，组合体的读图方法(形体分析法、线面分析法)仍然适用于读零件图。

从基本视图看出零件的大体内外形状；结合局部视图、斜视图以及断面图等表达方法，读懂零件的局部或斜面的形状；同时，也从设计和加工方面的要求，了解零件的一些结构的作用。按“先大后小，先外后内，先粗后细”的顺序，有条不紊地进行识读。

(3)分析尺寸和技术要求

了解零件各部分的定形、定位尺寸和零件的总体尺寸，明确标注尺寸时所用的基准。了解技术要求，如表面结构要求、尺寸公差、几何公差与热处理等内容。

(4)综合归纳

把读懂的结构形状、尺寸标注和技术要求等内容综合起来，就能比较全面地读懂这张零件图。有时为了读懂比较复杂的零件图，还需参考有关的技术资料，包括零件所在的部件装配图以及与它有关的零件图。

实践操作

如图 5-43 所示球阀阀体零件图，其读图方法和步骤如下。

1. 读标题栏，概括了解

从标题栏可知，零件的名称是阀体，属于箱体类零件。材料是铸钢，该零件是铸件。阀体的内、外表面都有需要进行切削加工的部分，加工前必须先做时效处理。

2. 分析视图，想象形状

该阀体用三个基本视图表达它的内外形状。主视图采用全剖视图，主要表达阀体的内部结构形状。俯视图表达外形，左视图采用 $A—A$ 半剖视图，补充表达内部形状及安装板的形状。

阀体是球阀的主要零件之一，读图先从主视图开始，阀体左端通过螺柱和螺母与阀盖连接，形成阀体容纳阀芯的ϕ 43 空腔，左端的ϕ 50H11 圆柱形槽与阀盖的圆柱形凸缘相配合；阀体空腔右侧的ϕ 35H11 圆柱形槽用来放置球阀关闭时防止泄漏流体的密封圈；阀体右端有用于连接系统中管道的外螺纹 M36×2，内部阶梯孔ϕ28.5、ϕ20 与空腔相通；阀体上部的ϕ36圆柱体中有ϕ26、ϕ22H11、ϕ18H11 的阶梯孔与空腔相通，在阶梯孔内容纳阀杆、填料压紧套；阶梯孔顶端有 90°扇形限位凸块(参看俯视图)，用来控制扳手和阀杆的旋转角度。

通过以上分析，对阀体在球阀中与其他零件之间的装配关系就比较清楚了，然后再对照阀体的主、俯、左视图综合想象它的形状，形成阀体零件的较为清晰的形象：球形主体结构的左端是方形凸缘，右端和上部都是圆柱形凸缘，凸缘内部的阶梯孔与中间的球形空腔相通。

3. 尺寸分析

阀体的结构形状复杂，标注尺寸较多，在此我们只分析其主要尺寸，其余尺寸由读者自行分析。以阀体的水平轴线为径向尺寸(高度方向)基准，标注水平方向的径向直径尺寸ϕ50H11、ϕ35H11、ϕ20 和 M36×2 等。同时还要注出水平轴线到顶端的高度尺寸 $56^{+0.460}_{0}$。以阀体垂直孔的轴线为长度方向尺寸基准，注出铅垂方向的径向直径尺寸ϕ36、M24×1.5、ϕ22H11、ϕ18H11 等，同时还要注出铅垂孔轴线与左端面地距离 $21^{0}_{-0.130}$。

以阀体前后对称面为宽度方向尺寸基准，注出阀体的圆柱体外形尺寸ϕ55、左端面方形凸缘外形尺寸 75×75、四个螺孔的定位尺寸ϕ70，同时还要注出扇形限位块的角度定位尺寸 45°±30′。

4. 了解技术要求

通过上述尺寸分析已知，阀体中的主要尺寸多数标注了公差代号或偏差数值，如上部阶梯孔(ϕ22H11)和填料压紧套有配合关系、阶梯孔(ϕ18H11)与阀杆有配合关系，与此对应，其表面结构要求也较高，Ra 值为 6.3μm。阀体左端和空腔右端的阶梯孔ϕ50H11、ϕ35H11 分别与密封圈有配合关系，因为密封圈的材料是塑料，所以相应表面结构要求稍低，Ra 值为 12.5μm。零件上非重要的加工表面的表面粗糙度 Ra 值为 25μm。

主视图中对于阀体的几何公差要求是：空腔右端相对水平轴线的垂直度公差为 0.06mm；ϕ18H11 圆柱孔的轴线相对ϕ35H11圆柱孔轴线的垂直度公差为 0.08mm。

图中未注尺寸的铸造圆角都是 $R1$～$R3$。

5. 综合考虑

把上述各项内容综合起来，就形成了对阀体零件的全面了解。其外观形状如图 5-44 所示。

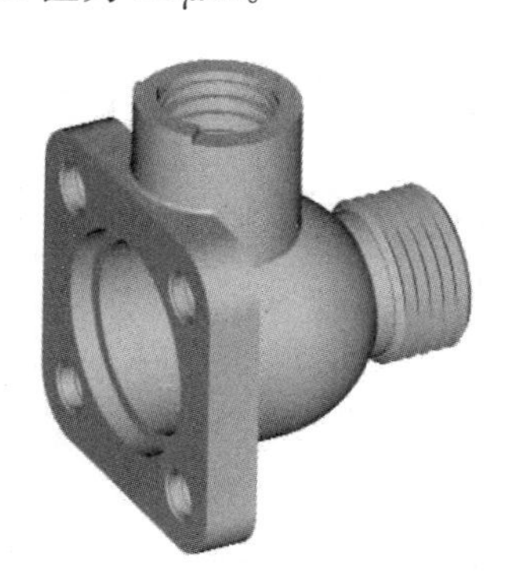

图 5-44 球阀阀体立体图

操作训练

读懂如图 5-45 所示零件图，并回答下列问题。

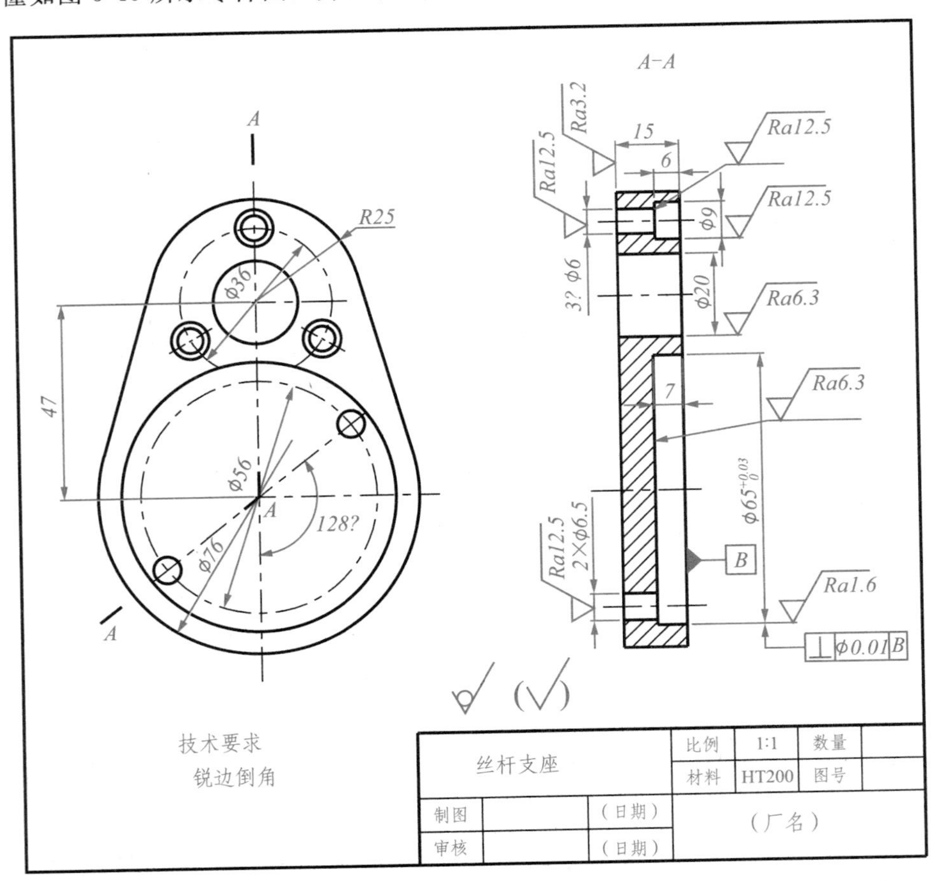

图 5-45　零件图

1)该零件的名称是________，比例是________，材料是________，其中 HT 表示________，200 表示________。

2)该零件用了________个基本视图来表达，其中 A－A 是用________剖切的________图。

3)尺寸 2×φ6.5 表示有________个基本尺寸是________的孔，其定位尺寸是________。

4)图中有 3 个沉孔，其大孔直径是________，深度是________，小孔直径是________，其定位尺寸是________。

5)尺寸φ65$^{+0.03}_{0}$ 的基本尺寸是________，最大极限尺寸是________，最小极限尺寸是________，上偏差是________，下偏差是________，公差值是________。

6)该零件加工表面粗糙度值要求最小的是________，最大的是________，其他表面粗糙度代号是 ________。

7)图中几何公差框格表示被测要素是________，基准要素是________ 公差项目是________，公差值是________。

思考与练习

1)简述读零件图的方法和步骤。

2)轴套类、轮盘类、叉架类和箱体类零件的主视图应分别按什么原则确定投射方向？为什么？

任务检测

"识读零件图"知识自我检测评分表

项目	考核要求	配分	评分细则	评分记录
读零件图	掌握读零件图的方法	20 分	叙述准确＋20 分	
	熟悉读零件图的步骤	20 分	思路清晰，步骤正确＋20 分	
	能正确识读零件图	60 分	能读懂零件图上所有信息＋60 分	

模块 6 装配图

场景描述

各种机器和部件都是由若干个零件按照一定的装配关系和技术要求装配起来的，联系小时候我们拼装航模、赛车的经验，相信装配图所讲知识会对你以后的工作产生极大帮助的。

图 6-1(a)所示齿轮油泵是机器润滑、供油系统中的一个部件，用来为机器输送润滑油，是液压系统中的动力元件，其工作原理如图 6-1(b)所示。

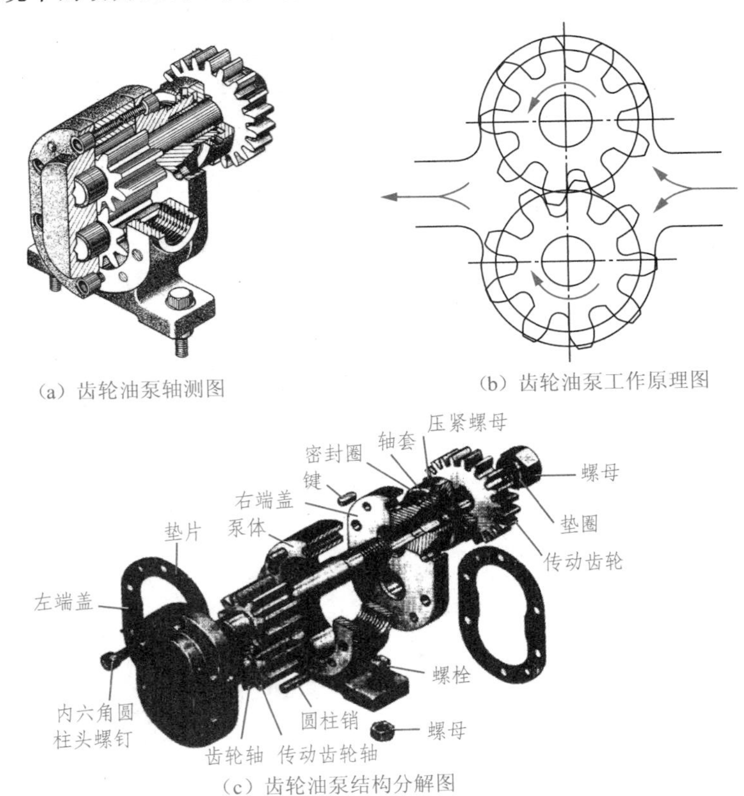

图 6-1 齿轮油泵

由图 6-1(c)可以看到，该齿轮油泵是由泵体、传动齿轮、齿轮轴、泵盖等 15 种共 28 个零件组成，其中标准件有 4 种，属于简单装配体。为保证齿轮泵能正常工作，各零件之间必须按一定的技术要求正确的连接装配。

本模块中，我们将学习表达产品及其组成部分连接装配关系的图样——装配图。

相关知识与技能点

1)装配图的作用和内容。

2)装配图的视图选择、基本画法和简化画法。

3)识读装配图。

项目　装配图

1. 了解装配图的作用和内容。
2. 理解装配图的视图选择、基本画法和简化画法。
3. 理解装配图的尺寸标注、零件序号和明细栏。
4. 理解配合的概念、种类，掌握配合在装配图上的标注和识读。

1. 熟悉识读装配图的方法和步骤，能识读简单的装配图。
2. 掌握简单装配图的画法。

任务 1　认识装配图

任务描述

本任务，我们以图 6-1 所示齿轮油泵为例，学习并了解装配图的内容和作用。

知识链接

装配图是表达装配体(机器或部件)中零件之间的装配关系、连接方式、工作原理等内容的技术图样。在机器或部件设计、仿造或改进时，一般先画出装配图，然后再根据装配图了解设计零件的具体结构，绘制零件图；制造时，先根据零件图生产零件，再根据装配图将零件装配成机器或部件。

装配图主要是为表达设计意图和为装配机器(或部件)服务的。在机器设计中，作为机器设计、制造的重要技术依据；在对现有机械设备的检修和安装工作中，作为必不可少的技术资料；在技术革新和技术协作中，作为设计思想和交流生产经验的技术文件。

由图 6-2 齿轮油泵的装配图可知，一张完整的装配图一般由以下几个方面的内容组成。

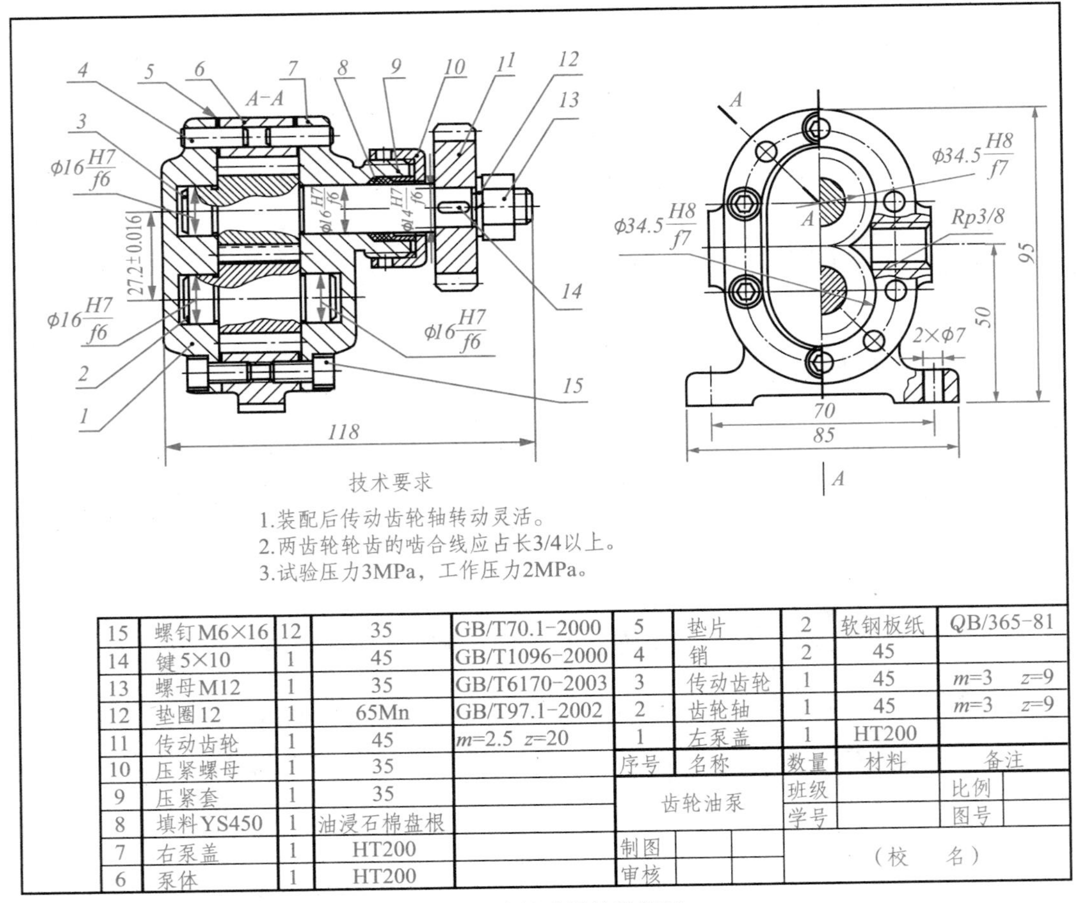

序号	名称	数量	材料	备注
15	螺钉M6×16	12	35	GB/T70.1-2000
14	键5×10	1	45	GB/T1096-2000
13	螺母M12	1	35	GB/T6170-2003
12	垫圈12	1	65Mn	GB/T97.1-2002
11	传动齿轮	1	45	m=2.5 z=20
10	压紧螺母	1	35	
9	压紧套	1	35	
8	填料YS450	1	油浸石棉盘根	
7	右泵盖	1	HT200	
6	泵体	1	HT200	
5	垫片	2	软钢板纸	QB/365-81
4	销	2	45	
3	传动齿轮	1	45	m=3 z=9
2	齿轮轴	1	45	m=3 z=9
1	左泵盖	1	HT200	

齿轮油泵	班级		比例	
	学号		图号	
制图			（校　名）	
审核				

图 6-2　齿轮油泵的装配图

1. 一组视图

要清楚地表达一台机器(或部件)，就必须用一组图形来表示，包括各种视图、剖视图、断面图及辅助视图等。这样才能清晰地表达其装配关系、工作原理和零件的主要结构形状等。

2. 必要的尺寸

装配图上要标注反映机器或部件的性能、规格、外形以及装配、检验、安装时所必需的一些尺寸，包括性能尺寸(规格尺寸)、装配尺寸、安装尺寸、外形尺寸及其他重要尺寸等。

3. 技术要求

机器的装配、试验、使用和维修，都需要有相应的技术指标来保证工作质量，因此在装配图中，应用文字或符号准确、简明地表示出装配体的装配、检验、调试和使用等方面的要求。

4. 序号、明细栏、标题栏

为了便于生产的组织和管理，在装配图上对所有零件按同一个顺序标上序号，并在明细栏中按由下向上的顺序标注零件的序号、名称、数量及材料等内容，以便看图；标题栏中注明机器或部件的名称、规格、比例、图号以及设计、制图者的姓名等。

实践操作

读图 6-2 齿轮油泵装配图，该齿轮油泵用主视图和左视图两个基本视图表达。主视图采用全剖视，表达齿轮泵的主要装配干线、工作位置及主要零件的装配关系；左视图采用半剖和局部剖，表达齿轮油泵进油口及一对传动齿轮的工作原理、齿轮泵的外形等。

该齿轮油泵由泵体、传动齿轮、齿轮轴、泵盖等 15 种共 28 个零件组成。装配图上标注了规格尺寸齿轮泵压油孔的尺寸 $Rp3/8$，配合尺寸 $\phi16H7/f6$，相对位置尺寸 27.2 ± 0.016 等；齿轮油泵的外形尺寸是总长 118mm，总宽 85mm，总高 95mm。

齿轮泵安装、调试的技术要求和明细栏、标题栏内容见图 6-2，图样上用文字说明。

思考与练习

1)什么是装配图？

2)装配图和零件图有哪些不同之处？

任务检测

"认识装配图"知识自我检测评分表

项目	考核要求	配分	评分细则	评分记录
认识装配图	了解装配图的作用	20 分	叙述准确+20 分	
	能说出装配图的内容	50 分	判读准确+30 分；条理清晰+20 分	
	能说出装配图与零件图的区别	30 分	分析确切+20 分；表达清楚+10 分	

任务 2 绘制球阀装配图

任务描述

球阀主要用于截断或接通管路中的介质，亦可用于流体的调节与控制，被广泛应用在石油炼制、长输管线、水利、钢铁等行业，是近十几年来发展最快的阀门品种之一。试绘制如图 6-3 所示球阀的装配图。

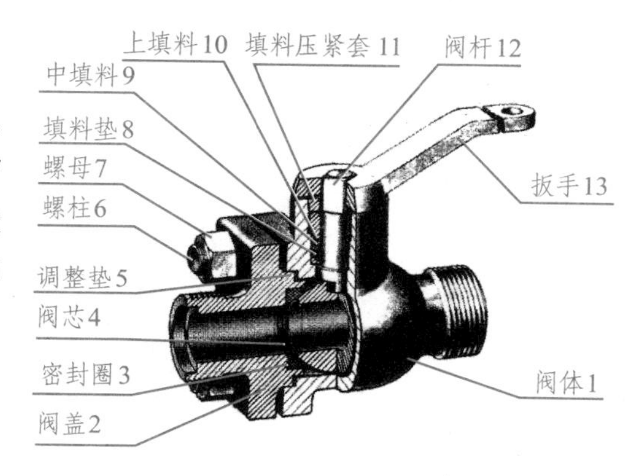

图 6-3 球阀

知识链接

1. 配合的分类与基准制度

(1)配合的分类

基本尺寸相同，相互结合的孔与轴公差带之间的关系称为配合。在机器中，由于零件的作用和工作情况不同，相互结合两零件装配后的松紧程度要求也不一样。国家标准规定将配合分为三类。

1)间隙配合：孔的实际尺寸总比轴的实际尺寸大，装配在一起后，轴与孔之间存在间隙(包括最小间隙为零的情况)，轴在孔中能相对运动。此时，孔的公差带在轴的公差带之上，这种具有间隙的配合，称为间隙配合，如图 6-4(a)所示。

2)过盈配合：孔的实际尺寸总比轴的实际尺寸小，在装配时需要一定的外力才能把轴压入孔中，所以轴与孔装配在一起后不能产生相对运动。此时，孔的公差带在轴的公差带之下，具有过盈的配合，称为过盈配合，如图 6-4(c)所示。

3)过渡配合：轴的实际尺寸比孔的实际尺寸有时小，有时大，它们装配起来后，可能出现间隙，也可能出现过盈，但间隙量或过盈量都相对较小。这种介于间隙与过盈之间的配合，称为过渡配合。此时，孔的公差带与轴的公差带将出现相互重叠部分，是可能具有间隙或过盈的配合，如图 6-4(b)所示。

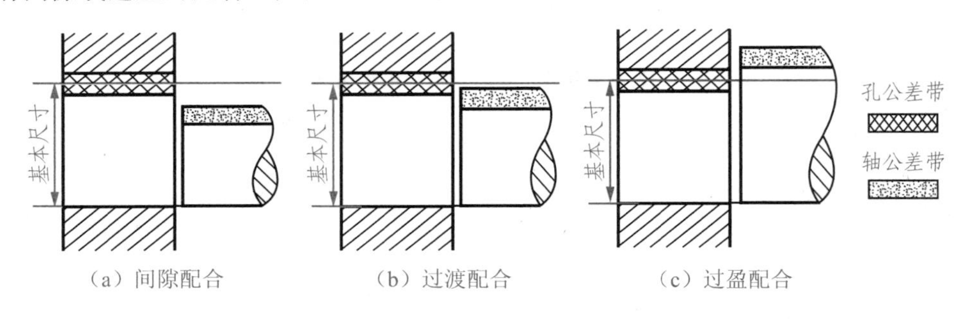

图 6-4　配合的分类

(2)配合的基准制度

在制造相互配合的零件时，将其中的一个零件作为基准件，它的基本偏差固定，通过改变另一个零件的基本偏差来获得各种不同性质配合的制度称为配合制。根据生产实际需要，国家标准规定了两种配合制度，即基孔制与基轴制。在生产中，一般情况下优先选用基孔制。

1)基孔制配合：基本偏差为一定的孔的公差带，与不同基本偏差的轴的公差带形成各种配合的一种制度，称为基孔制。基孔制配合的孔称为基准孔，其基本偏差代号为 H，国标规定基准孔的下偏差为零，即它的最小极限尺寸等于基本尺寸，如图 6-5 所示。

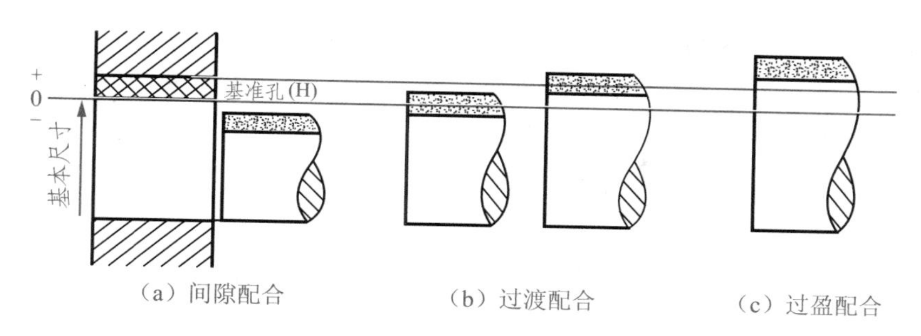

图 6-5　基孔制

2)基轴制配合：基本偏差为一定的轴的公差带，与不同基本偏差的孔的公差带形成各种配合的一种制度，称为基轴制。基轴制配合的轴称为基准轴，其基本偏差代号为 h，国标规定基准轴的上偏差为零，即它的最大极限尺寸等于基本尺寸，如图 6-6 所示。

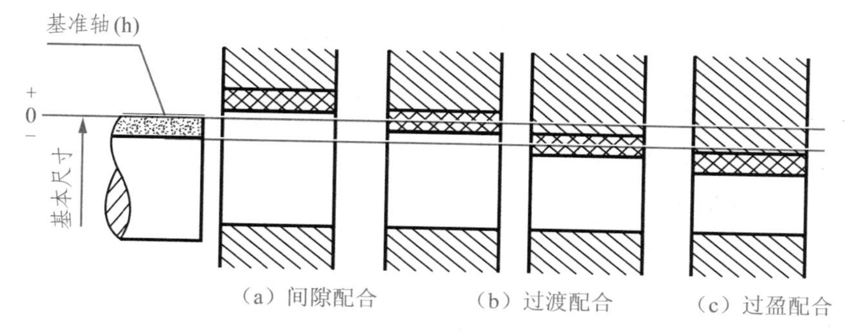

图 6-6　基轴制

(3)配合在装配图中的标注

在装配图上标注配合时，是在基本尺寸的后面用分式注出，分子为孔的公差带代号，分母为轴的公差带代号，如图 6-7 所示。

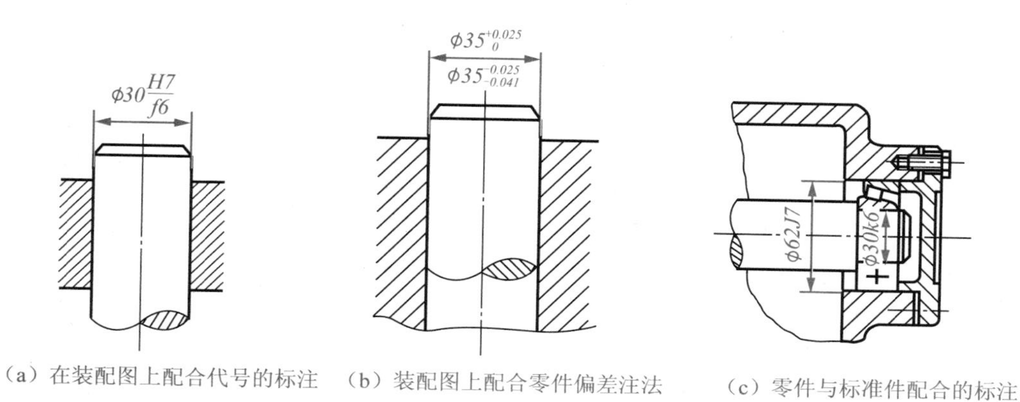

图 6-7　装配图上配合的标注

1)标注孔、轴的配合代号，如图 6-7(a)所示，这种注法应用最多。

2)标注孔、轴的极限偏差，如图 6-7(b)所示，这种注法主要用于非标准配合。

3)零件与标准件或外购件配合时，装配图中可仅标注该零件的公差带代号。如图 6-7(c)所示，轴颈与滚动轴承内圈的配合，只注出轴颈ϕ30k6；机座孔与滚动轴承外圈的配合，只注出机座孔ϕ62J7。

2. 装配图的表达方案

绘制装配图首先要选好主视图，主视图是确定装配图表达方案的核心。为使主视图能够反映装配体的大部分形状结构及主要装配关系，一般应选择工作位置或自然安放的方位，选取能够反映主要或较多装配关系的投射方向。当主视图确定后，再根据需要合理选择其他视图，采用各种表达方法使表达方案趋于完善。

(1)主视图的选择原则

1)应选择能反映该装配体的工作位置和总体结构特征的方位作为主视图的投射方向。

2)应选择能反映该装配体的工作原理和主要装配线的方位作为主视图的投射方向。

3)应选择能尽量多地反映该装配体内部零件间的相对位置关系的方位作为主视图的投射方向。

(2)其他视图的选择

主视图确定之后，若仍有某些装配关系、工作原理及其主要零件的主要结构未表达清楚，应选择其他基本视图来表达。基本视图确定后，若装配体上还有一些局部结构需要表达时，可灵活地选用局部视图、局部剖视或断面图等来补充表达。

小提示：在决定装配体的表达方案时，还应注意以下问题：

1)应从装配体的全局出发，综合进行考虑。特别是一些复杂的装配体，可能有多种表达方案，应通过比较择优选用。

2)设计过程中绘制的装配图应详细一些，以便为零件设计提供结构方面的依据。指导装配工作的装配图，则可简略一些，重点在于表达每种零件在装配体中的位置。

3. 装配图的规定画法和特殊表达方法

(1)装配图的规定画法

1)零件间接触面、配合面的画法：两相邻零件的接触面或配合面只用一条轮廓线表示，而未接触的两表面、非配合面(基本尺寸不同)需用两条轮廓线表示，如图 6-8(a)所示。

2)相邻零件剖面线的画法：相邻的两个或两个以上金属零件，剖面线的倾斜方向应相反，或者方向一致而间隔不等以示区别，同一零件在不同视图中的剖面线方向和间隔必须一致。较大面积的剖面可只沿周边画出部分剖面符号或沿周边涂色，如图 6-8(b)所示。

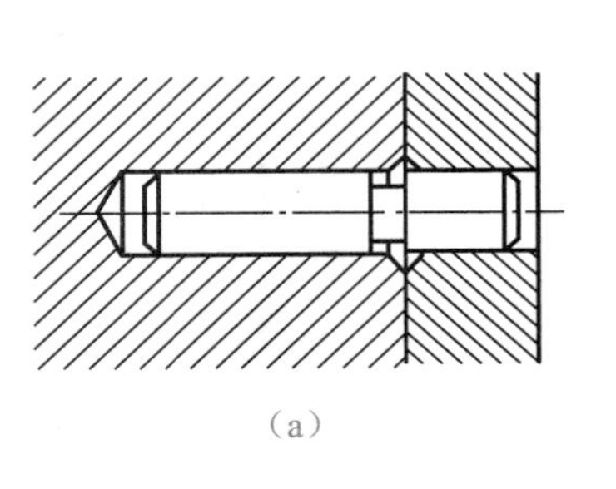
(a)

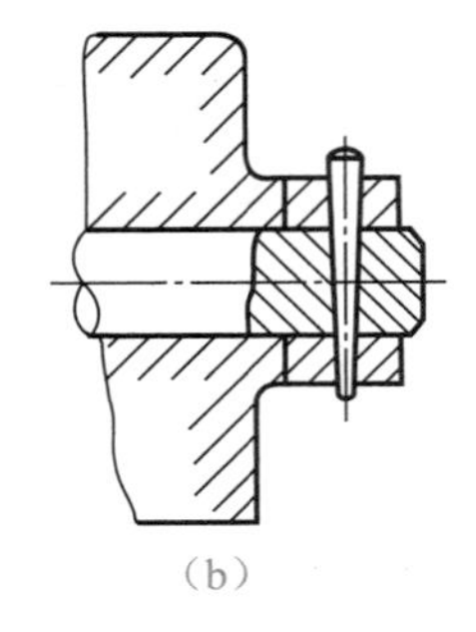
(b)

图 6-8 装配图中剖面线的画法

3)实心杆件、标准件的画法：在装配图上作剖视图时，当剖切平面通过实心杆件(如轴、连杆、拉杆、球、手柄、钩子等)及标准件(螺栓、螺钉、垫片、螺母、键、销等)的基本轴线时，这些零件按不剖绘制，如图 6-9 所示。如果需要特别表明这些零件上的局部结构，如凹槽、键槽、销孔等，可用局部剖视表示，如图 6-9 所示。

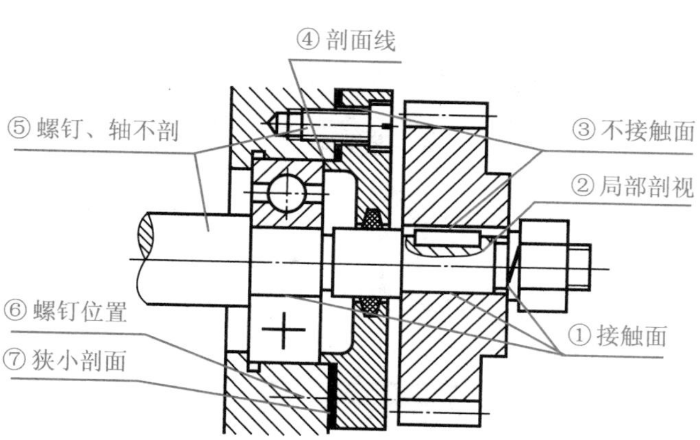

图 6-9 装配图画法的基本规定

(2)装配图的特殊表达方法

1)拆卸画法：在装配图中，当某些零件遮住了所需表达的其他部分时，可假想将某些零件拆去后绘制，可加注“拆去××”，这种表示法，允许将一些标准件或简单零件拆卸掉，将需要表达的重要零件详细绘出，这样既表达了装配关系，又突出了重点，如图 6-10所示。

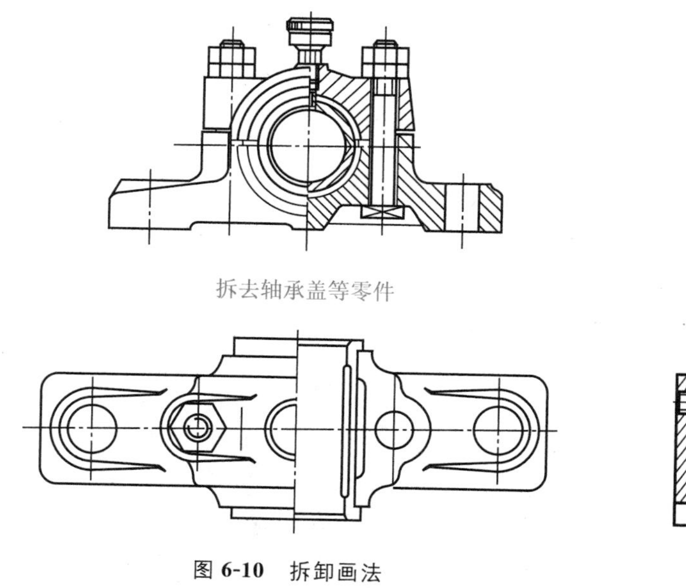

图 6-10 拆卸画法

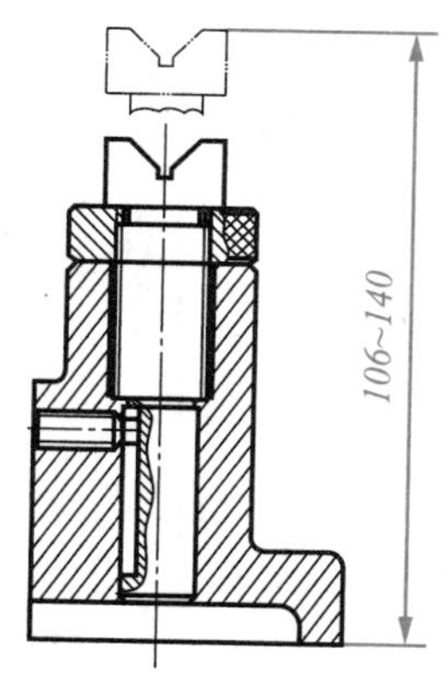

图 6-11 假想画法

2)假想画法：为了表示运动件的运动范围或极限位置，可用粗实线画出该零件的一个极限位置，另一个极限位置则用细双点画线表示，如图 6-11 所示。

3)夸大画法：在装配图中，当图形上的孔径或薄片的厚度较小($\delta \leqslant 2$mm)，以及间隙、斜度或锥度较小时，允许将该部分不按原比例而夸大画出，以增加图形表达的明显性。如第 226 页图 6-2 中的垫片 5，因厚度小，剖面符号用涂黑的方法绘制，并适当夸大了厚度画出。

4)简化画法：装配图中若干相同的零部件组，可详细地画出一处，其余的用点画线表示出中心位置或用其他符号表示，如图 6-12 所示。

在装配图中，零件的工艺结构(如圆角、倒角、退刀槽)可以省略不画，如图 6-13 所示。

在装配图中，当剖切平面通过的某个部件为标准产品，或该部件已由其他图形表达清楚时，可按不剖绘制，如图 6-13 所示。

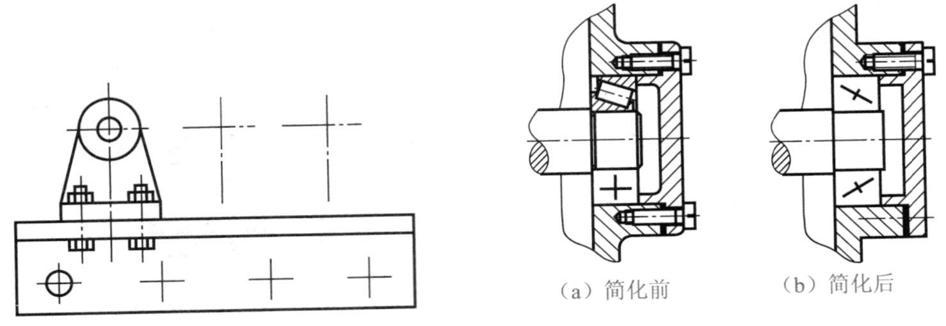

图 **6-12**　简化画法

图 **6-13**　简化画法

5)展开画法：在装配图中，为了表达较复杂传动机构的装配关系及传动路线，可按传动路线沿各轴的轴线进行剖切，然后将其展开画在同一平面上，并标注"×—×展开"，如图 6-14 所示。这种展开画法在表达机床的主轴箱、进给箱、汽车的变速箱等装置时经常运用。

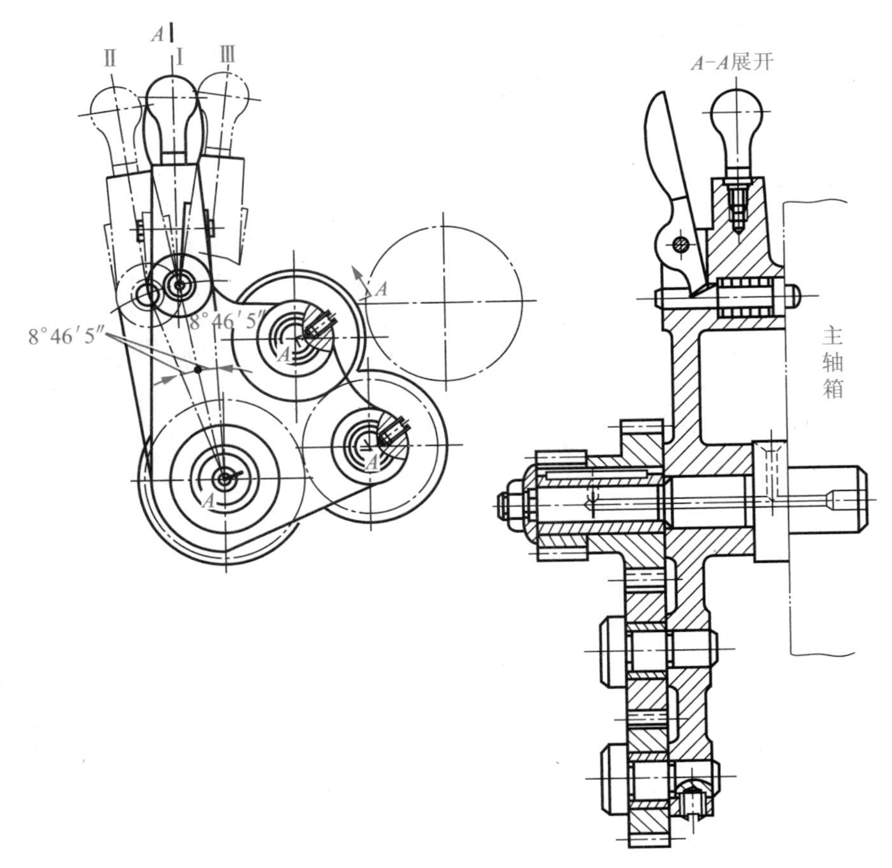

图 **6-14**　展开画法

4. 装配图的尺寸标注

装配图是用来控制装配质量、表明零(部)件间装配关系的图样，需要标注下列几类尺寸。

(1)规格(性能)尺寸

表示机器或部件规格大小或工作性能的尺寸，它既是设计机器或部件的依据，又是了解和选用机器或部件的依据。如图 6-2 所示，螺孔的螺纹标记 $Rp3/8$ 是规格尺寸，27.2±0.016 则是性能尺寸。

(2)装配尺寸

表示机器或部件中各零件之间装配关系的尺寸可分为以下两种：

1)配合尺寸：表示零件间有配合功能要求的尺寸，如图 6-2 中的$\phi 16\,\frac{H7}{f6}$、$\phi 14\,\frac{H7}{h6}$。

2)相对位置尺寸：表示零件间较重要的相对位置且必须保证的尺寸，如第 226 页图 6-2 所示齿轮油泵装配图中的尺寸 27.2±0.016。

(3)安装尺寸

表示部件安装在机器上或机器安装在设备基础上所需的尺寸。如图 6-2 所示，齿轮油泵装配图中的尺寸 70。

(4)外形尺寸

表示机器或部件整体的外形轮廓尺寸，即总长、总宽和总高尺寸。这类尺寸表明机器或部件所占空间的大小，可作为包装、运输、安装和布置的依据，如图 6-2 所示的 85，118，95 等。

(5)其他重要尺寸

不包括在上述几类尺寸中的重要尺寸。如运动零件的极限尺寸、经过计算确定的尺寸等，都属于其他重要尺寸。

5. 装配图的技术要求

用文字或符号在装配图上表述的某些注意事项、要求和条件等，统称为技术要求。一般对装配体提出技术要求时，要考虑以下几个方面的问题。

(1)装配要求

装配体在装配过程中需要注意的事项，装配后应达到的要求(如装配间隙、精确程度、润滑等)。

(2)检验和调试要求

对装配体的设计性能进行检验和调试时的要求。

(3)使用要求

在装配体使用、保养、维修时的注意事项及要求。

编制装配图中的技术要求时，可参阅同类产品的图样，根据具体情况确定。技术要求中的文字注写应准确、简练，一般写在明细栏的上方或图纸下方空白处，也可另写成技术要求文件作为图样的附件。

6. 装配图的零件序号与明细栏

为了便于看图和图样管理，对装配图中所有零部件都须编写序号。同时在标题栏上方的明细栏中与图中序号一一对应地予以列出。

(1)序号的编排方法

1)装配图中所有的零部件均应编号。

2)装配图中一个部件可以只编写一个序号；同一装配图中相同的零、部件用一个序号，一般只标注一次；多处出现的相同的零、部件，必要时也可重复标注。

3)装配图中零、部件的序号，应与明细栏(表)中的序号一致。

4)装配图中所用的指引线和基准线应按 GB/T 4457.2—2003 规定的细实线绘制，指引线可以画成折线，但只可曲折一次。

5)装配图中编写零部件序号的表示方法有以下三种：在水平的基准线(细实线)上或圆(细实线)内注写序号，序号的字号比该装配图中所注尺寸数字的字号大一号；在水平的基准线(细实线)上或圆(细实线)内注写序号，序号的字号比该装配图中所注尺寸数字的字号大一号或两号；在指引线的非零件端的附近注写序号，序号的字号比该装配图中所注尺寸数字的字号大一号或两号。

6)指引线(细实线)应自所指零件的可见轮廓内画一圆点后引出，在指引线的另一端，画水平细实线(或圆)并填写序号，若所指部分内不便画圆点，可在指引线的末端画出箭头，并指向该部分的轮廓。如图 6-15 所示。

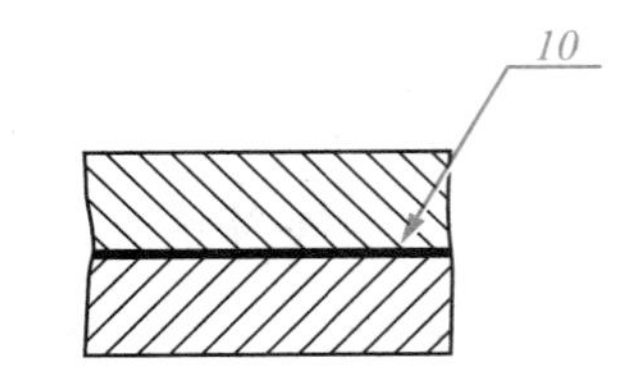

图 6-15 指引线末端采用箭头的应用场合

7)一组紧固件或装配关系明显的零件组，可采用公共指引线，如图 6-16 所示。

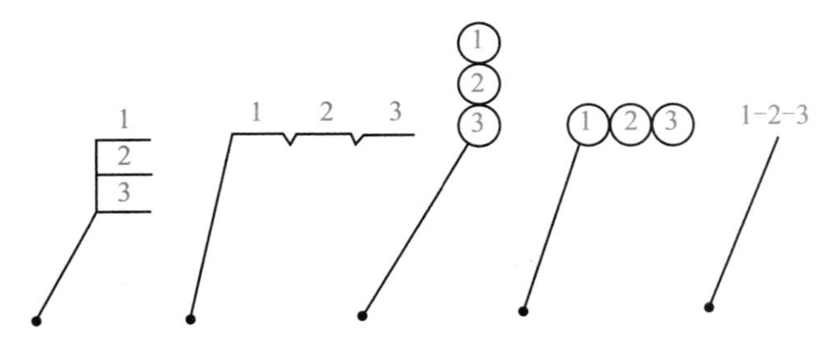

图 6-16 公共指引线的编注形式

8)零件序号应沿水平或垂直方向按顺时针(或逆时针)方向顺序均匀排列整齐。

9)同一装配图中编排序号的形式应一致。每种零件只编写一个序号，数量在明细栏内填明。

10)指引线不能相交，当指引线通过有剖面线的区域时，不应与剖面线平行。

(2)装配图的标题栏和零件的明细栏

明细栏是装配图上全部零部件的详细目录，一般配置在装配图的标题栏上方，按由下而上的顺序填写，如第 226 页图 6-2 所示。当由下而上延伸位置不够时，可靠标题栏的左边由下而上延续。

小提示：

1)明细栏和标题栏的分界线是粗实线，明细栏的竖线均为粗实线。

2)标准件的国标代号可填入备注栏。

7. 装配体的工艺结构

为使零件装配成机器(或部件)后，能达到设计的性能要求，并给零件的加工和拆装带来方便。故装配体的工艺结构要求有一定的合理性。为此，我们介绍几种常见的装配工艺结构供绘制装配图时参考。

1)两零件的接触面，在同一方向上只允许有一对平面接触，如图 6-17(a)、图 6-17(b)所示。这样既保证了零件间接触良好，又降低了零件的加工要求。若要求两对平行平面同时接触，就会造成零件加工困难，实际是不可能的，在使用上也没有必要。

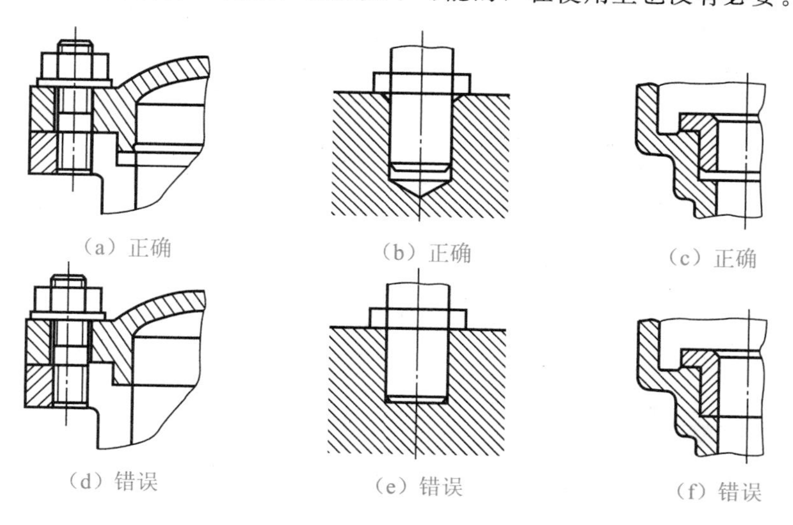

图 6-17　接触面与配合面的结构

2)孔与轴配合，同一方向上轴和孔也只允许有一对表面相配合，如图 6-17(c)所示。

3)两零件有一对直角相交的表面接触时，在转角处应加工出倒角、圆角或凹槽等，以保证接触良好，如图 6-18(b)、(c)、(d)所示。

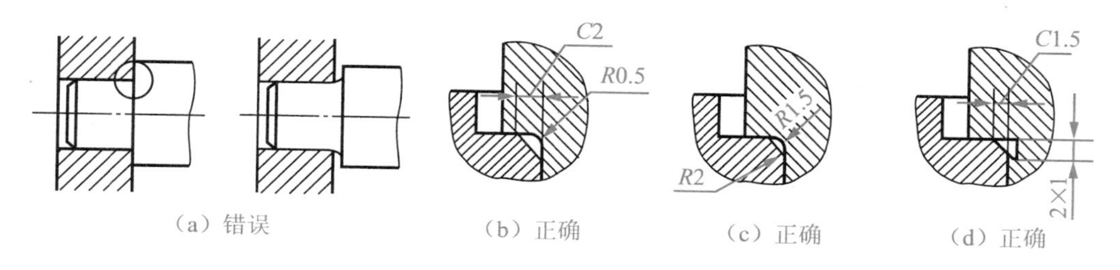

图 6-18　转角处的结构

4)部件中采用圆柱销或圆锥销定位时，为了加工销孔和拆卸销子的方便，应尽量将销孔做成通孔，如图 6-19(b)所示。

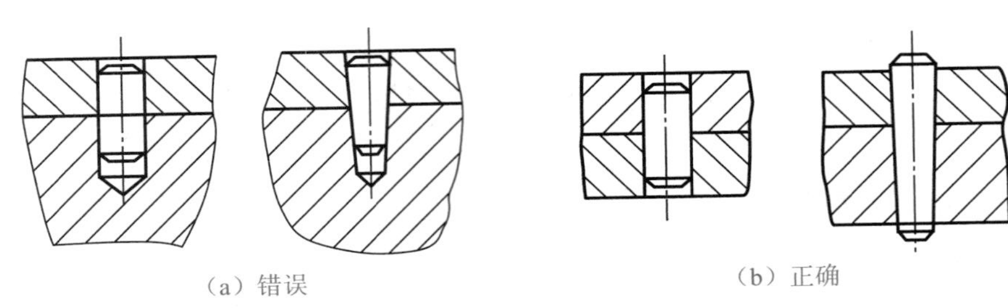

图 6-19 定位销的装配结构

5)滚动轴承若以轴肩或孔肩定位，为了维修时容易拆卸，要求轴肩或孔肩的高度必须小于轴承内圈或外圈的厚度，如图 6-20(b)、(c)、(e)所示。其尺寸可以从有关的设计手册中查出。

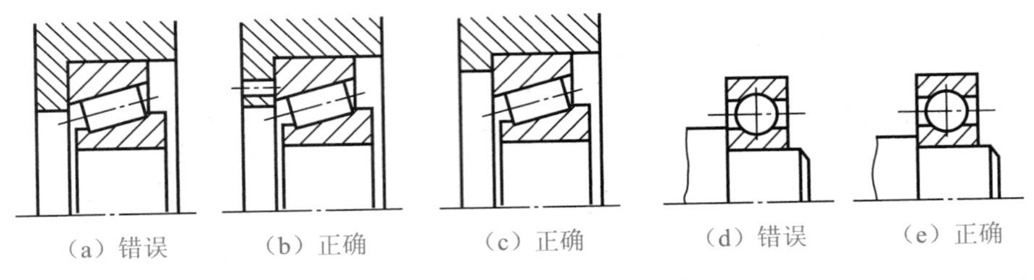

图 6-20 滚动轴承的定位方式

6)对于螺纹紧固件，其装配结构主要考虑装拆方便，要留足装拆的活动空间，如图 6-21所示。

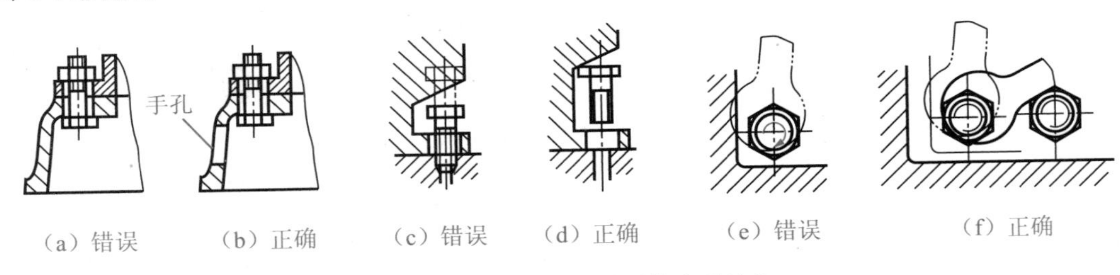

图 6-21 螺纹紧固件装配的合理结构

实践操作

1. 分析部件

由第 227 页图 6-3 球阀装配体分析可知，图示位置为工作状态，流体从左右方向的通孔中进出。转动扳手 13，阀杆 12 通过嵌入阀芯 4 上面的凹槽内的偏榫转动阀芯，流体的通道截面积变小。当扳手转动 90°后，球阀关闭。在阀体与阀芯、阀体与阀杆、阀体与阀盖之间都装有密封件，起到密封作用。

2. 确定表达方案

球阀的工作位置一般是将其流体通道的轴线水平放置，并将阀芯转至全部开启状态。

主视图选择球阀的工作位置，沿球阀的前后对称面剖切，选取全剖视图，可将其工作原理、装配关系、零件间的相互位置表示清楚。球阀左视图的投射方向为：将阀盖放在左边，使左视图能清楚地反映其端面形状。左视图主要表达球阀的外形结构、主要零件的结构形状，双头螺柱的连接部位和数量等尚未表示清楚的部分。俯视图主要表达扳手的开关位置，同时表达球阀的外形和扳手的形状。

3. 绘制球阀装配图

1)定比例，选图幅，布图，绘制每个视图的中心线和基准线，如图 6-22(a)所示。
2)画主要零件阀体，如图 6-22(b)所示。
3)画水平装配干线，确定阀盖与阀体的相对位置，如图 6-22(c)所示。
4)画垂直装配干线，确定其他各零件，如图 6-22(d)、图 6-22(e)所示。
5)检查、描深。标注尺寸和技术要求，编零件序号，填写明细栏、标题栏，完成全图。

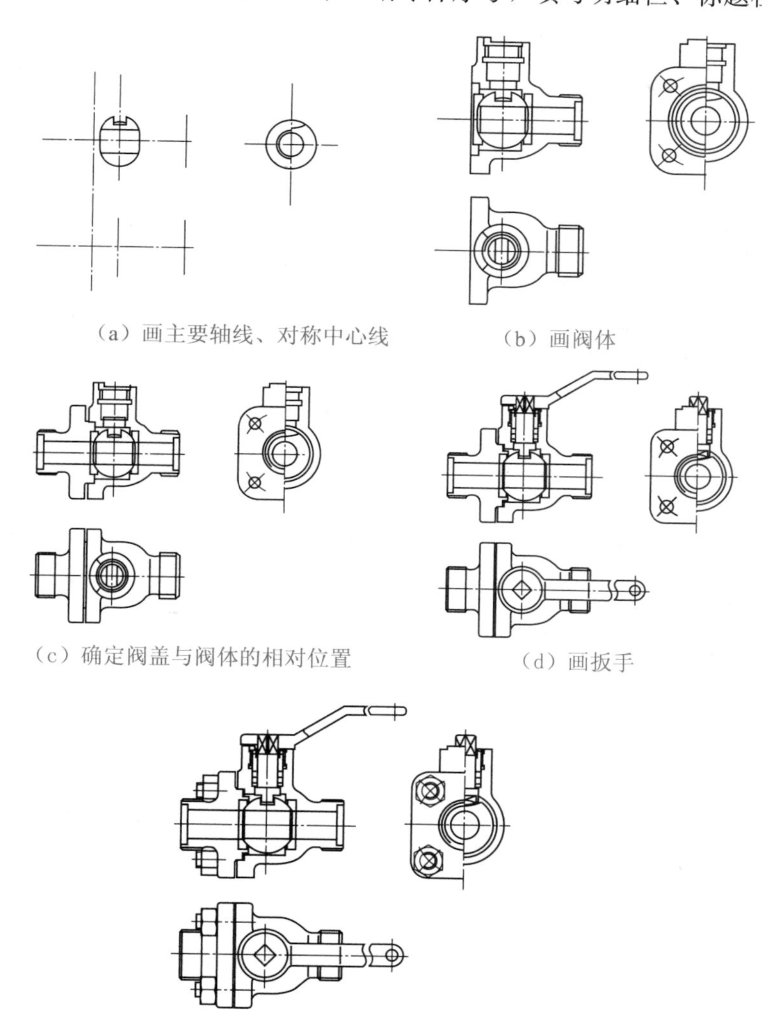
(a) 画主要轴线、对称中心线　(b) 画阀体
(c) 确定阀盖与阀体的相对位置　(d) 画扳手
(e) 画其他各零件

图 6-22 球阀装配体的绘图步骤

完成的球阀装配图如图 6-23 所示。

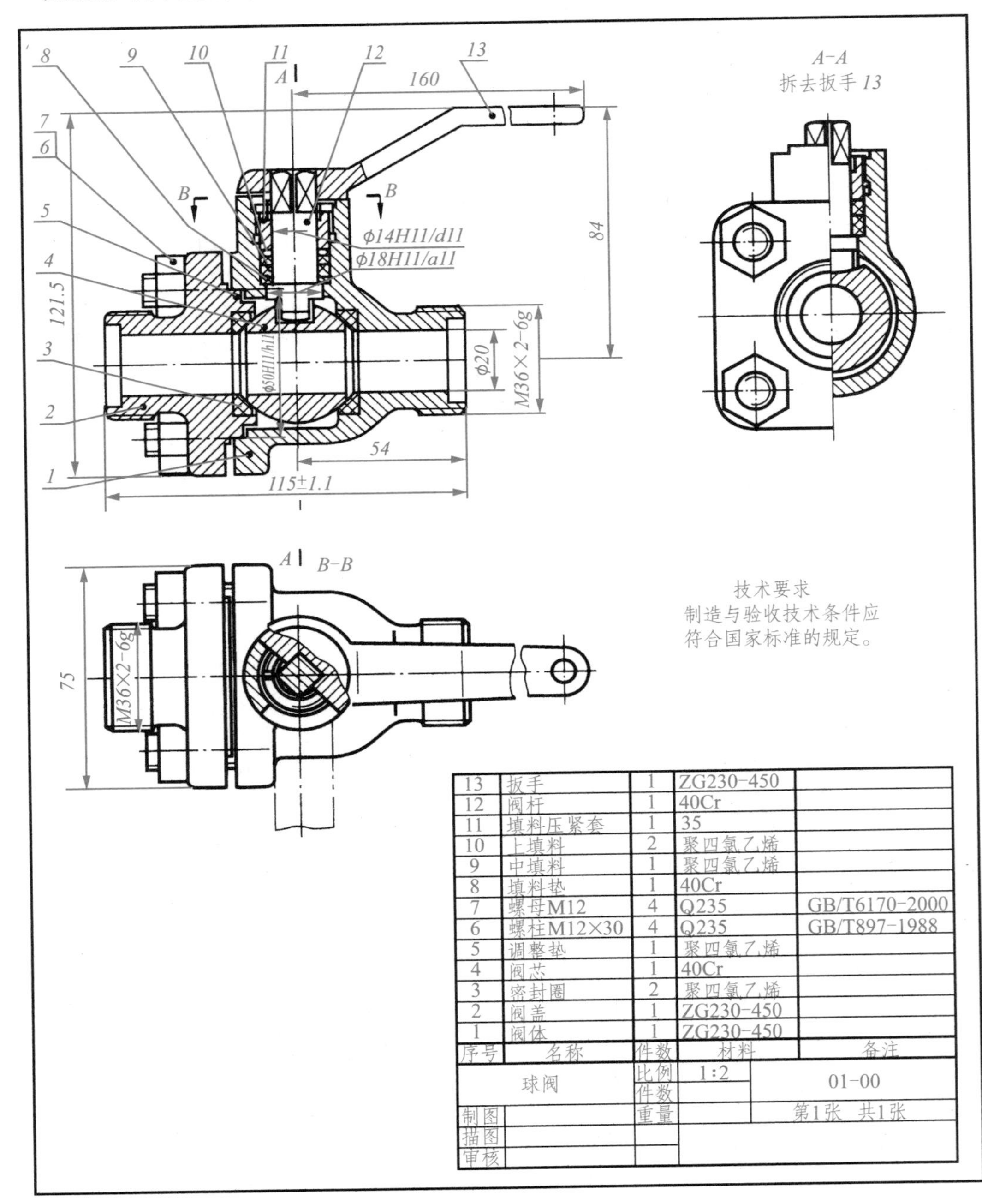

序号	名称	件数	材料	备注
13	扳手	1	ZG230-450	
12	阀杆	1	40Cr	
11	填料压紧套	1	35	
10	上填料	2	聚四氯乙烯	
9	中填料	1	聚四氯乙烯	
8	填料垫	1	40Cr	
7	螺母M12	4	Q235	GB/T6170-2000
6	螺柱M12×30	4	Q235	GB/T897-1988
5	调整垫	1	聚四氯乙烯	
4	阀芯	1	40Cr	
3	密封圈	2	聚四氯乙烯	
2	阀盖	1	ZG230-450	
1	阀体	1	ZG230-450	

球阀		比例	1:2	01-00
		件数		
制图		重量		第1张 共1张
描图				
审核				

图 6-23 球阀装配图

操作训练

看懂如图 6-24 所示装配图，按要求回答下面的问题。

1)该装配体的名称是________、共由________个零件组成，其绘图比例是________。

2)该装配图共有________个图形，主视图采用了________剖视，其中件________、________和________等紧固件或实心零件按规定均未剖视，为了表达它们与其相邻零件的装配关系，又作了________个________剖视。轴与套本不是该装配体上的零件，用________画法画出其轮廓，以体现装配体的拆卸功能。为节省图纸幅面，较长的把手 2 采用了________画法。俯视图采用了________画法，其上的局部剖视图表达了________和________的配合情况。

3)该装配体上，82 属于________尺寸，表示____________。该装配体的外形尺寸是________、________和________。尺寸$\phi 10H8/k7$ 是________和________的配合尺寸，属于________制的________配合。

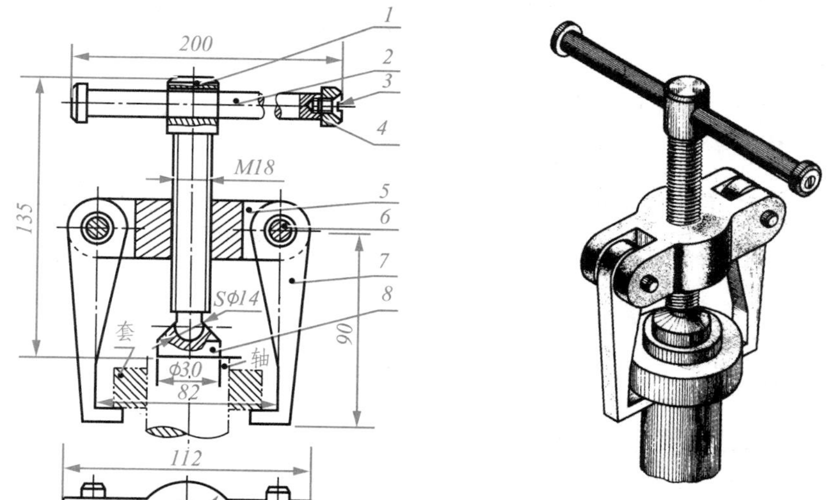

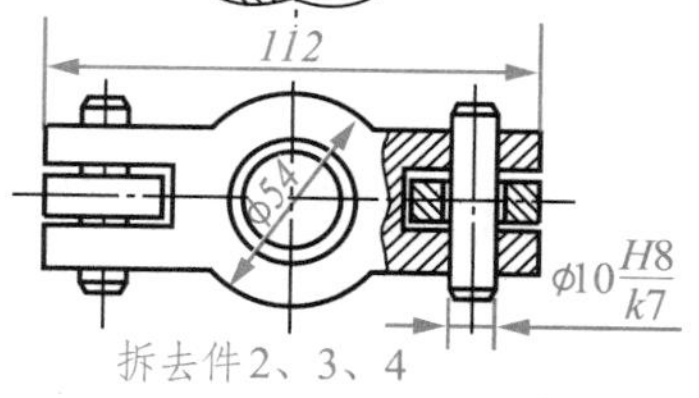

拆去件2、3、4

序号	名称	数量	材料	备注
8	压紧垫	1	45	
7	抓子	2	45	
6	轴10×60	2		GB/T 119.1-2000
5	横梁	1	Q235-A	
4	挡圈	1	Q235-A	
3	沉头螺钉 M5×8	1		GB/T 68-2000
2	把手	1	Q235-A	
1	压紧螺杆	1	45	

抓卸器	比例	1:2	共张
	质量		第张
制图			
设计			
审核			

图 6-24　装配图

思考与练习

1)装配图的规定画法有哪些?

2)装配图的特殊表达法有哪些?

任务检测

"绘制装配图"知识自我检测评分表

项目	考核要求	配分	评分细则	评分记录
配合的分类与制度	能说出配合的概念、配合的分类及配合制度，能识读并标注配合代号	15分	概念准确，条理清晰+5分；判读正确+5分；能正确标注+5分	
视图选择	能理解视图选择的原则和方法	10分	能正确判读和确定视图+10分	
装配图的画法	理解并掌握装配图的规定画法和特殊表达方法	40分	掌握各种画法规定+20分；能正确判读各种画法+20分	
尺寸标注及技术要求	能正确识读、标注装配体。理解装配图的技术要求	15分	判读正确+10分；标注合理+5分	
零件序号及明细栏	理解并掌握装配图的零件序号和明细栏编写规则	10分	判读正确+5分；能编写简单装配体的零件序号和明细栏+5分	
装配工艺结构	了解各种装配工艺结构的画法及规定	10分	判读正确+5分；绘图正确+5分	

任务3　识读机用虎钳装配图

任务描述

读装配图是工程技术人员必备的一种能力。本任务我们识读机用虎钳装配图，如图6-25所示。

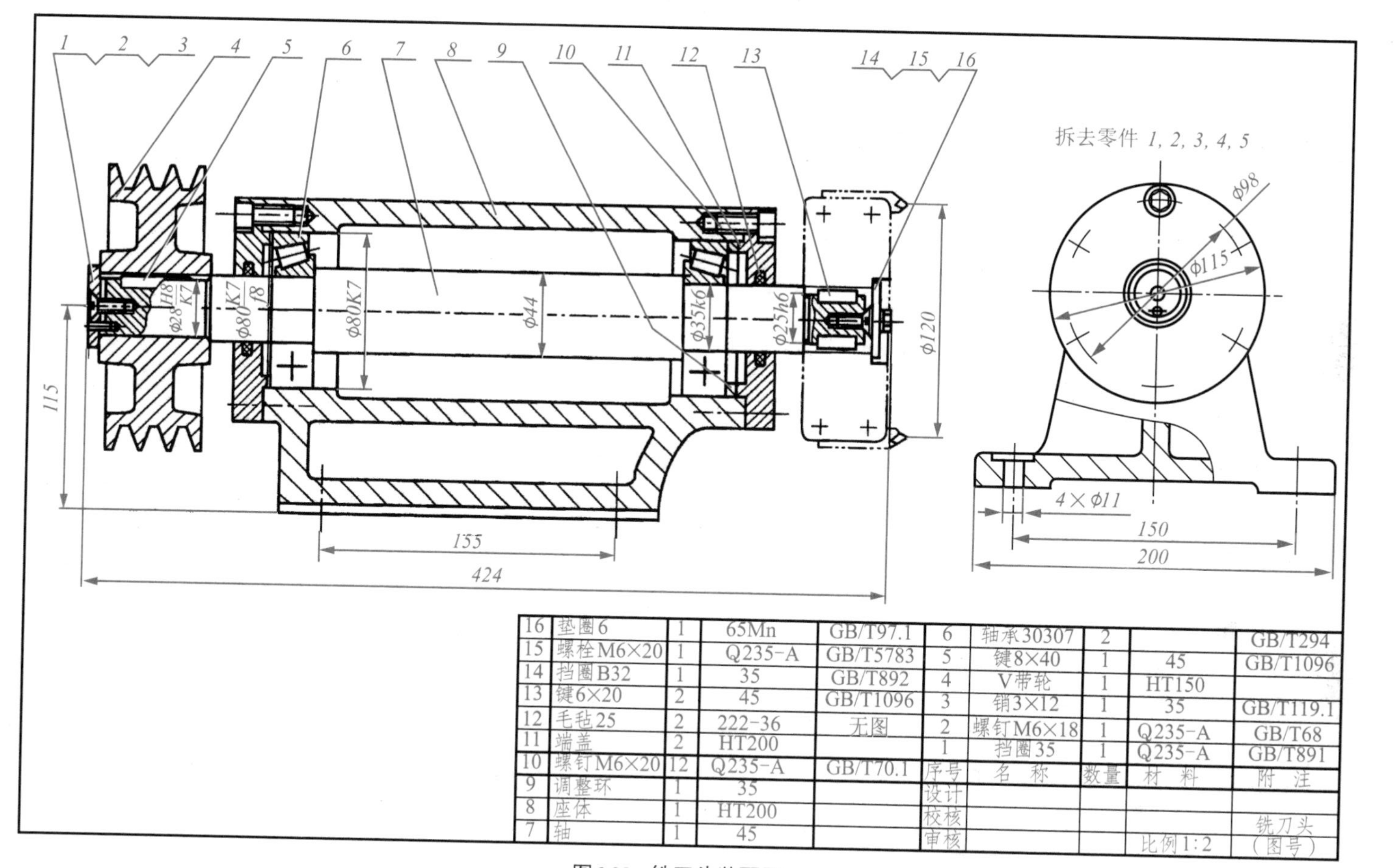

序号	名称	数量	材料	附注
16	垫圈6	1	65Mn	GB/T97.1
15	螺栓M6×20	1	Q235-A	GB/T5783
14	挡圈B32	1	35	GB/T892
13	键6×20	2	45	GB/T1096
12	毛毡25	2	222-36	无图
11	端盖	2	HT200	
10	螺钉M6×20	12	Q235-A	GB/T70.1
9	调整环	1	35	
8	座体	1	HT200	
7	轴	1	45	
6	轴承30307	2		GB/T294
5	键8×40	1	45	GB/T1096
4	V带轮	1	HT150	
3	销3×12	1	35	GB/T119.1
2	螺钉M6×18	1	Q235-A	GB/T68
1	挡圈35	1	Q235-A	GB/T891

设计			
校核			铣刀头
审核		比例1:2	（图号）

图6-28　铣刀头装配图

思考与练习

1)识读装配图的方法和步骤是什么？

2)识读如第226页图6-2所示齿轮油泵装配图，回答下列问题。

①齿轮油泵由________种零件组成，其中标准件有________种。

②主视图采用________图，左视图采用________图。

③传动齿轮11与传动齿轮轴3之间的配合尺寸是________，它属于________配合。

④$\phi 27 \pm 0.016$是件________与件________的________尺寸。

⑤吸、压油口的尺寸$Rp3/8$和泵体上的两个光孔$2\times\phi 7$之间的尺寸70，属于________尺寸和________尺寸。

任务检测

"识读装配图"知识自我检测评分表

项目	考核要求	配分	评分细则	评分记录
识读装配图	能说出识读装配图的方法和步骤	40分	描述准确＋20分；条理清晰＋20分	
	能识读简单装配体的装配图	60分	能正确判读＋50分；条理清晰，思维敏捷＋10分	

任务4　根据机用虎钳装配图拆画零件图

任务描述

根据装配图拆画零件图的过程简称"拆图"，拆图是产品设计过程中的一项重要工作。如第241页图6-25所示，本任务，我们根据机用虎钳装配图绘制其固定钳座的零件图。

知识链接

1. 拆画零件图的步骤

拆画零件图一般可分成以下几个步骤。

1)看懂装配图，并将要拆画的零件轮廓在装配图的各个投影中分离出来。

2)分析零件的结构形状。

3)选择零件图的表达方案，先确定主视图，再确定其他表达方法。

4)按要求画出零件图。

2. 拆画零件图时应注意的事项

(1)零件的视图和结构处理

1)主视图的选择和视图数量的确定：拆图时，应根据零件图的主视图选择原则进行分析，来确定每个零件的主视图。对于视图数量不能简单地照搬装配图上的表达方式，而应以能完整、清晰地表达零件各组成部分的形状和相对位置为原则。

2)补充设计装配图上未确定的结构形状：拆图时，对未表达清楚的结构，要根据零件的作用和工艺要求进行合理地补充设计。

3)增补装配图上省略的零件工艺结构：拆图时，必须将装配图上省略的倒角、退刀槽、圆角、拔模斜度等工艺结构在零件图上完整、清楚地表达出来。

(2)零件的尺寸处理

零件图上的尺寸标注包括以下几项：

1)抄尺寸，将装配图上注出的与画图有关的尺寸直接抄到零件图上，不得随意改变。对注有配合代号的尺寸，还应在零件图上注出其上、下偏差或公差代号。

2)查尺寸，对于零件上凡已标准化和规格化的结构，如螺纹、键槽、倒角、退刀槽等的尺寸，应从有关标准和手册中查出数值。

3)计算尺寸，有些尺寸需要通过计算确定。如齿轮的分度圆直径，应根据已知的模数、齿数等有关数值来计算确定后标注。

4)测量尺寸，对零件上的一般结构尺寸，可以按装配图的画图比例直接从图中量取，将数值取为整数或取相近的标准数值(如标准直径、长度等)。

5)统一尺寸，对有装配关系的零件，应特别注意使其有关尺寸和基准协调一致，以保证它们之间的装配。

(3)技术要求和材料的确定

对于零件图上的表面粗糙度、形状和位置公差、材料、热处理和其他技术要求，可根据零件的工作条件、加工方法、检验和装配要求，查阅手册或参考有关图纸资料确定。

在拆图过程中，必须加强图纸的校核，特别要把相关零件图联系起来校核，以检查它们的有关结构形状和尺寸是否协调一致。

实践操作

1. 分析识读机用虎钳装配图

在本项目的任务 3 中我们已经对机用虎钳装配图做过分析识读，在此不再赘述。机用虎钳的组成及各部分形状如图 6-29 所示。

2. 完成固定钳座零件图

从装配图中分离出固定钳座 1 的轮廓，想象固定钳座的立体图，进一步确定零件图的视图表达方案。主视图按装配图中主视图的投射方向，采用全剖视图表达，左视图采用半剖视，俯视图主要表达固定钳座 1 的外形，采用局部剖视表达螺孔的结构。按零件图的要求，标注固定钳座的完整尺寸、尺寸公差、技术要求等，填写标题栏，完成后的零件图如图 6-30 所示。

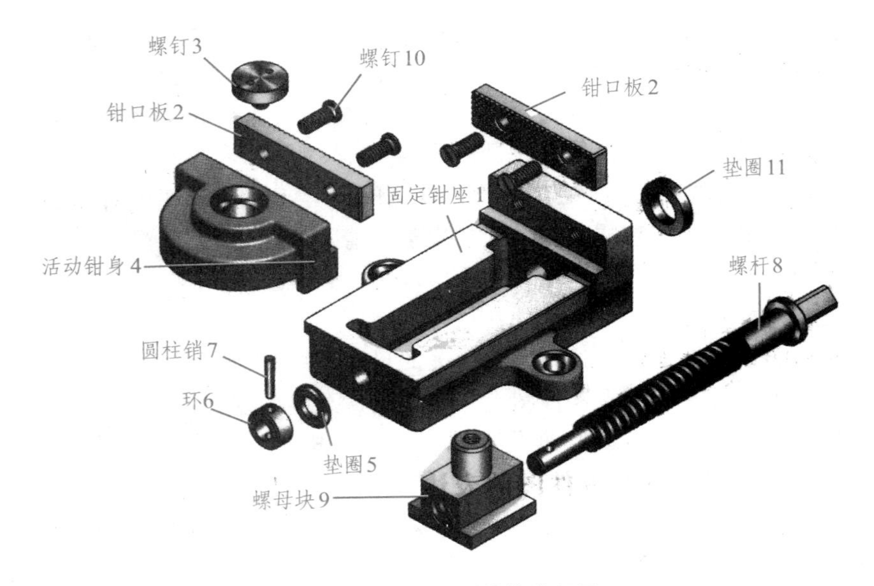

图 6-29　机用虎钳结构分解图

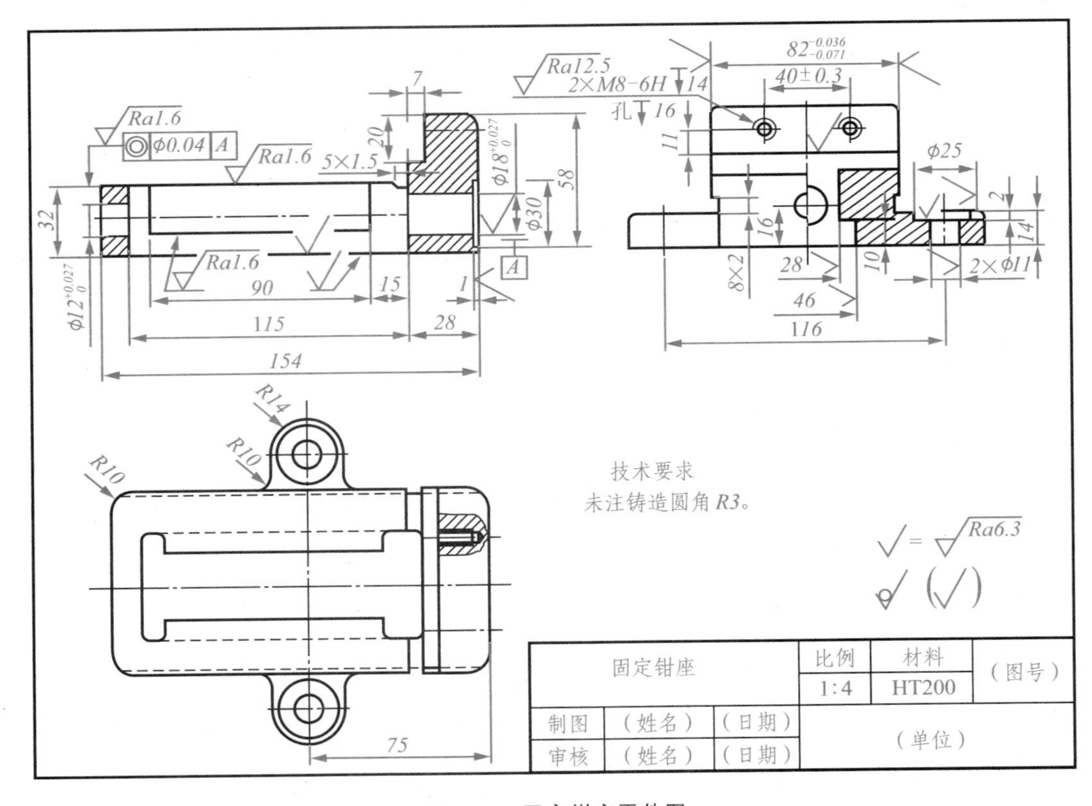

图 6-30　固定钳座零件图

操作训练

由第 241 页图 6-25 拆画螺杆 8 的零件图。

思考与练习

1)拆画零件图时，获得零件的正确尺寸和结构的方法是什么？

2)由装配图拆画的零件，其技术要求受哪些因素影响？如何标注？

3)试述“拆图”的方法和步骤。

任务检测

“拆画零件图”知识自我检测评分表

项目	考核要求	配分	评分细则	评分记录
拆图的方法	了解拆图的方法	10 分	能正确说出拆图的方法＋10 分	
拆图的步骤	知道拆图的正确步骤和注意事项	50 分	能正确叙述拆图的步骤＋20 分；明确知道拆图的注意事项＋30分	
零件图的绘制	能够正确绘制简单零件的零件图	40 分	判读无误＋10 分；图样表达正确＋20 分；图样规范、图面＋10 分	

模块 7 其他图样

场景描述

如图 7-1 所示，在生产实践和实际生活中，如造船、锅炉制造、建筑工程及民用品生产时，我们经常会遇到一些金属薄板制成的机件。加工制作这类机件时，通常要根据设计图样画出展开图(也称放样)，再经下料，弯卷、焊接或铆接而成。掌握钣金制件的展开图和焊接图上焊缝符号表示法的读画是工程素质的重要组成部分，本模块主要介绍机械制造中经常用到的展开图和焊接图的基本知识。

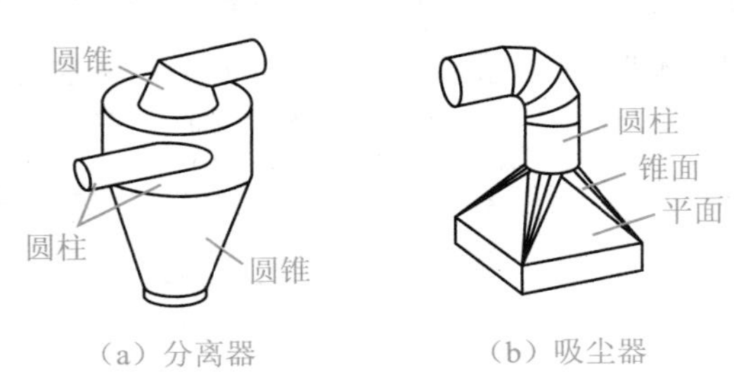

图 7-1 薄板制件

相关知识与技能点

1)常见展开图的画法。

2)焊接图的识读。

项目 钣金展开图和焊接图

知识目标

1. 了解钣金展开图的画法。
2. 了解焊接图的规定画法、焊缝代号及标注。

技能目标

1. 能正确识读钣金展开图。
2. 能正确识读焊接图。

任务 1　表面展开图画法

任务描述

薄板制件的表面展开图是将其表面展开，按实际形状和大小依次摊平在一个平面上所得到的图形。因此，画表面展开图实质上是画出物体表面的实形。本任务，我们以几种常用的可展表面立体为例，学习钣金展开图的画法，绘制如图 7-2 所示方圆过渡管的展开图。

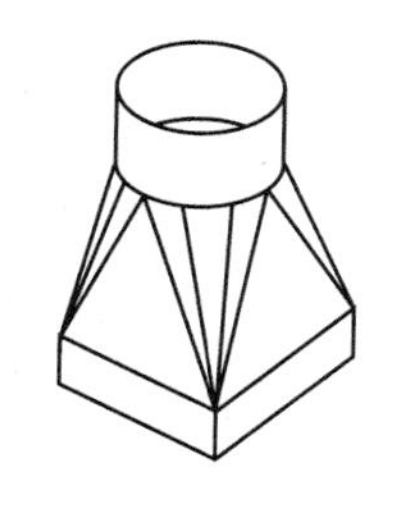

图 7-2　方圆过渡管

知识链接

根据薄板制件表面结构形状的不同，表面展开图常采用三种展开方法：平行线展开法、放射线展开法和三角形展开法。

1. 平行线展开法

平行线展开法适用于棱柱体和圆柱体的表面展开。

(1)棱柱体的表面展开

直棱柱体的棱线互相平行且垂直于底面，展开后的棱线间和棱线与底面间的关系保持不变，画其展开图时可先将棱柱底边展开成一条直线，并在直线上标出底面的各顶点，然后过各顶点作垂线，在其上截取长度(等于棱线长)，并用直线连接所有垂线的另一端点即为该直棱柱体的表面展开图。

如图 7-3 所示为斜截四棱柱管的表面展开。斜棱柱体的表面展开与直棱柱体相同，具体操作时首先作垂直棱线的辅助平面，截斜棱柱成上、下两直棱柱，求出截面的实形后按直棱柱展开即可。

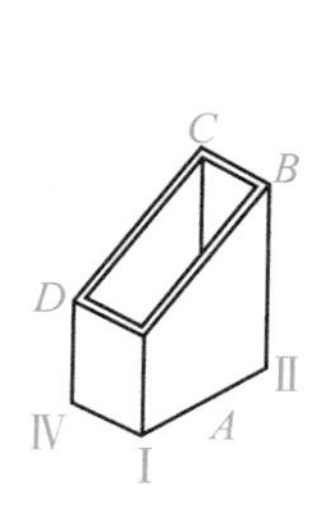

(a) 斜四棱柱管

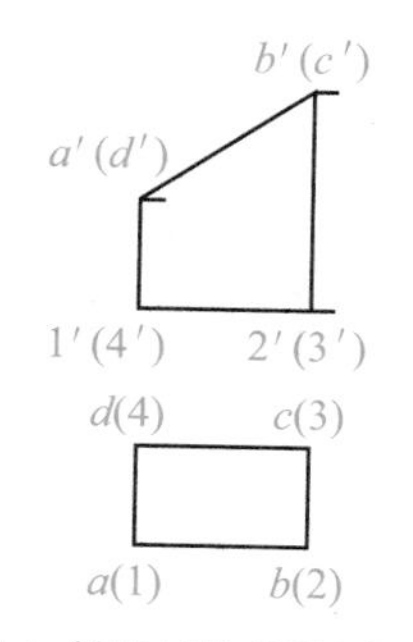

(b) 斜四棱柱管的两面投影

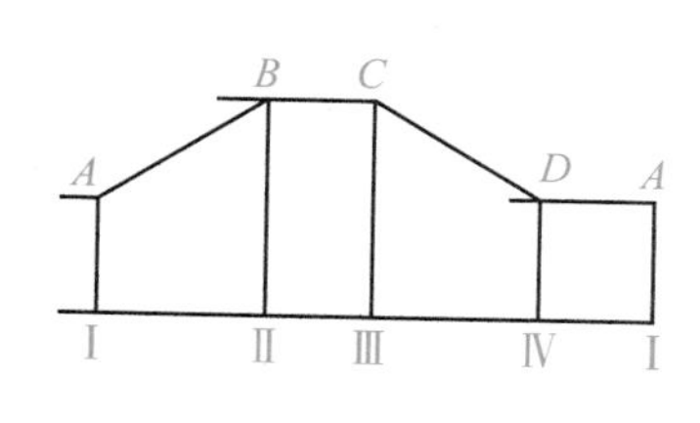

(c) 斜四棱柱管的表面展开图

图 7-3　斜截四棱柱管的展开

(2)圆柱体的表面展开

圆柱体曲面上相邻两素线是互相平行的，作展开图时可把相邻两素线间的曲面当作近似平面展开，如图 7-4 所示。可以看出，圆柱体的表面展开图是一个矩形，矩形的高即为圆柱体的高度，矩形的长为圆柱体的底圆周长。

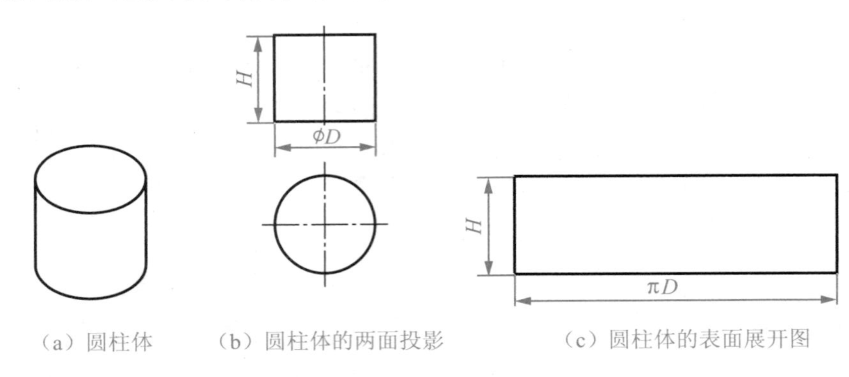

(a) 圆柱体　(b) 圆柱体的两面投影　(c) 圆柱体的表面展开图

图 7-4　圆柱体的表面展开

如图 7-5 所示为斜口圆筒的展开图。圆筒被斜切以后，表面每条素线的高度有了差异，但仍互相平行并与底面垂直，其正面投影反映实长，斜口展开后成为曲线。其具体绘图步骤如下：

1)在俯视图上，将圆周分成若干等份(图 7-5 中分为 12 等份)，得分点 1，2，3，…，7，…；过各分点在主视图上绘制相应素线投影 $1'a'$，$2'b'$，$3'c'$，…，$7'g'$，…，如图 7-5(b)所示。

2)将底圆在左视图位置展开成一条直线，其长度等于 πD，然后将其分成 12 等份，得分点Ⅰ，Ⅱ，Ⅲ，…，Ⅶ，…。

3)过Ⅰ，Ⅱ，Ⅲ，…，Ⅶ，…各分点绘制铅垂线，并截取相应素线高度(实长)Ⅰ$A=1'a'$，Ⅱ$B=2'b'$，…，Ⅶ$G=7'g'$，…，这样就求得了展开图中斜口上的点 A、B、C、…、G、…。

4)光滑连接 A、B、C、…、G、…各端点，即可得到斜口圆筒表面的展开图，如图 7-5(c)所示。

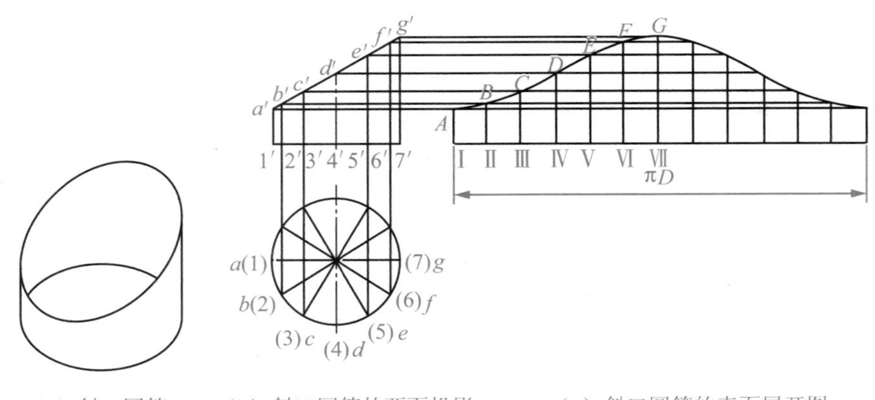

(a) 斜口圆筒　(b) 斜口圆筒的两面投影　(c) 斜口圆筒的表面展开图

图 7-5　斜口圆筒的表面展开图画法

2. 放射线展开法

放射线展开法适用于棱锥体和圆锥体的表面展开。

(1)棱锥体的表面展开

棱锥体各棱线相交于一点(顶点)，相邻两棱是相交直线，以顶点为中心将棱锥依次翻转开来，即可得到其表面展开图。如图 7-6 所示为正棱锥的表面展开图，其作图步骤如下：

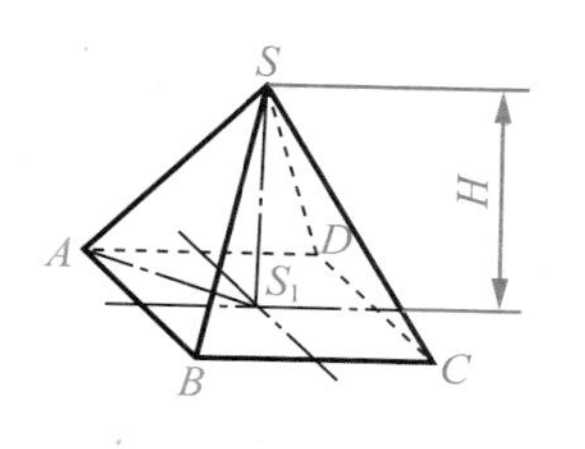

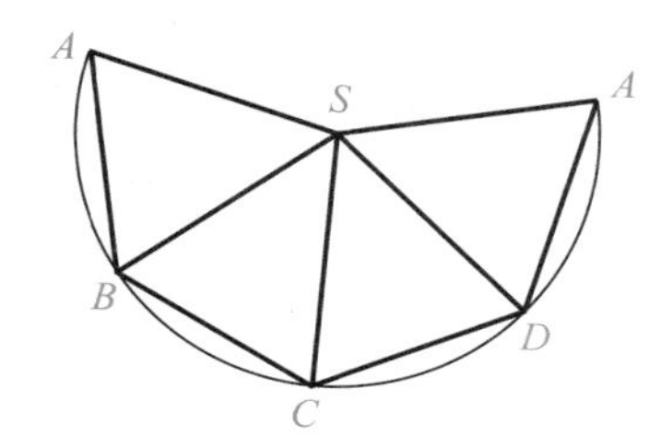

图 7-6　正棱锥的表面展开图画法

1)求棱线长度 AS。

棱线 AS 长度的计算公式为：$AS=\sqrt{H^2+(AS_1)^2}$

公式中 H 为正棱锥的高。

2)以棱线 AS 为半径，以 S 为圆心画弧。

3)以棱锥的底边长为弦，在圆弧上依次截取数次(此四棱锥截取 4 次)，用直线连接所截各点，即得棱锥的表面展开图。

(2)圆锥体的表面展开

如图 7-7 所示的正圆锥，其表面展开图是一个扇形。该扇形的半径等于主视图中轮廓素线 $s'7'$ 的实长，而扇形的弧长则等于俯视图上的圆周长 πD。其作图步骤如下：

1)画出正圆锥的主、俯视图，如图 7-7 所示。

2)将俯视图的圆周分成 12 等份，按投影关系在主视图上找出 1、2、3、…、7 的对应投影 1′、2′、3′、…、7′。过锥顶连接 1′s′、2′s′、3′s′、…、7′s′，其中 1′s′、7′s′ 反映素线的实长。

3)以 s′为圆心，以 7′s′长为半径画弧，然后近似的以弦长代替弧长，在圆弧上量取Ⅰ、Ⅱ、Ⅲ、…、Ⅻ、Ⅰ等 12 段弦长，使其均等于底圆上相邻等分点之间的距离；最后，连接两起、止线 s′Ⅰ，得一扇形，如图 7-7 所示，即为正圆锥的表面展开图。

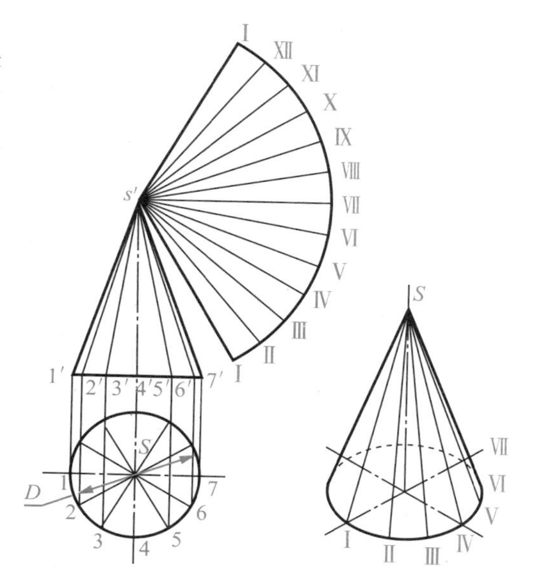

图 7-7　正圆锥的表面展开图画法

想一想：

平行线展开法和放射线展开法分别应用于圆柱体和圆锥体的表面展开，两种方法能否互换？你能用一张软纸板剪出 30°夹角的圆柱展开图吗？

3. 三角形展开法

三角形展开法适用于平面锥台体和不规则变形接头的表面展开。

(1)平面锥台体的表面展开

如图 7-8(a)所示，该四棱锥台管由四个相同的等腰梯形平面围成，其前后、左右对应相等，在其投影图上并不反映实形。为求梯形平面实形，可将梯形分成两个三角形，然后求三角形三边的实长，就可以绘出三角形实形。具体绘图步骤如下：

(a) 四棱锥台管　(b) 四棱锥台管的两面投影　(c) 三角形法　(d) 四棱锥台管的表面展开图

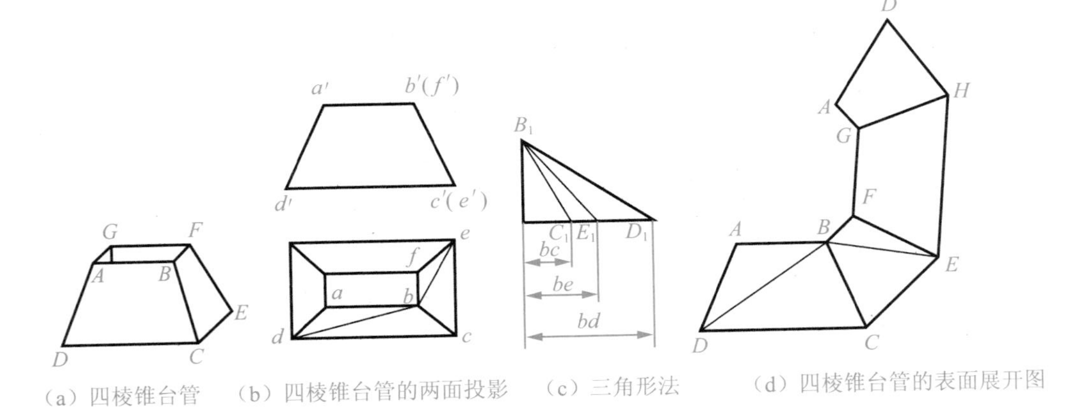

图 7-8　四棱锥台管的表面展开图画法

1)在图 7-8(b)所示的俯视图上，把前面的梯形分成 abd 和 bcd 两个三角形，右边梯形分成 bef 和 bec 两个三角形。注意其中 ab、dc、bf、ce 分别为相应线段实长。

2)如图 7-8(c)所示，用直角三角形法求出三角形在投影图上不反映实长的边 BC、BD、BE 的实长 B_1C_1、B_1D_1、B_1E_1。

3)如图 7-8(d)所示，取 $AB=ab$，$BD=B_1D_1$，$AD=BC=B_1C_1$，$DC=dc$，绘出三角形 ABD 和三角形 BDC，得前面梯形 $ABCD$。同理可绘制出右面梯形 $BCEF$。由于后面和左面两个梯形分别是前面和右面的全等图形，故可同样绘制出它们的实形，由此即可得四棱锥台管的展开图。

(2)不规则变形接头的表面展开

如图 7-9 所示为上圆下方变形接头的线框模型，为准确地绘制出这种接头的展开图，必须正确分析它的表面组成。由图 7-9 可知，它是由四个相同的等腰三角形和四个相同的 1/4 斜圆锥面组成，将这些组成部分依次展开绘制在同一平面上，即得其表面展开图。其绘图步骤如下：

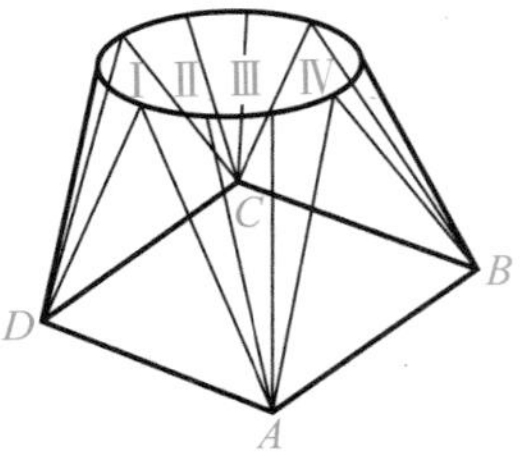

图 7-9　上圆下方变形接头的线框模型

1)如图 7-10(a)所示，在水平投影上，将圆口的1/4圆弧分成三等份，得分点 2、3。由图 7-10(b)可知，连接 $a1$、$a2$、$a3$、$a4$ 分别为斜圆锥面上素线 AⅠ、AⅡ、AⅢ、AⅣ的 H 面投影，其中素线 AⅠ = AⅣ，AⅡ =AⅢ。

2)用直角三角形法求作素线 AⅠ、AⅡ的实长，绘制在 V 面投影的右方，如图 7-10(a)中的 OⅠ＝a1、OⅡ＝a2，实长为 AⅠ(AⅣ)、AⅡ(AⅢ)。

3)如图 7-10(b)所示，在展开图上，取 AB＝ab，分别以 A、B 为圆心，AⅠ为半径画圆弧，交于点Ⅳ，得三角形 ABⅣ即为实形。再分别以Ⅳ、A 为圆心，以 34 的弧长(近似作图用弦长代替)和 AⅡ为半径画弧，交于Ⅲ点，得三角形 AⅢⅣ。同理依次绘出三角形 AⅡⅢ、AⅠⅡ，光滑连接Ⅰ、Ⅱ、Ⅲ、Ⅳ各点，即得 1/4 斜圆锥面的展开图。

4)以完全相同的方法继续绘图，即得上圆下方接头的展开图。实际绘图时，可用步骤 3 中所得 1/4 斜圆锥面的展开图作样板，绘其余部分。下料时，为了便于接合，应从平面部分截开，可以是整块，也可以做成对称的两块。

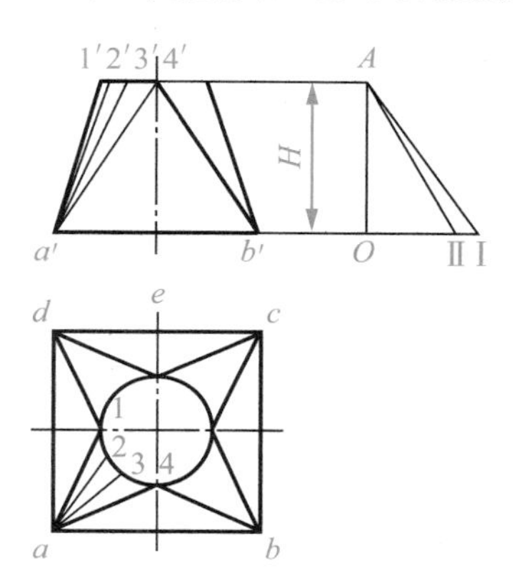

(a) 上圆下方变形接头的投影图

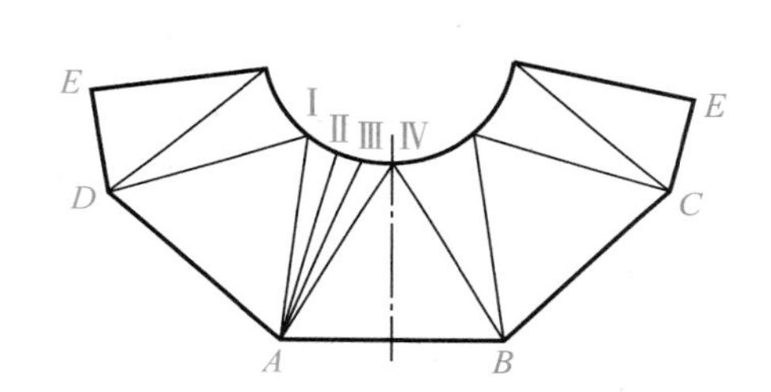

(b) 上圆下方变形接头的展开图

图 7-10　上圆下方变形接头的表面展开图画法

实践操作

1. 分析机件结构形状

如第 251 页图 7-2 所示方圆过渡管，其上端为圆柱形管口，下端为方形管口，中间部分为上圆下方的变形接头。

2. 绘制机件的展开图

(1)圆柱形管口展开

采用平行线展开法，如图 7-11(a)所示。

(2)上圆下方变形接头展开

采用三角形展开法，如图 7-11(b)所示。

(3)方形管口展开

采用平行线展开法，如图 7-11(c)所示。

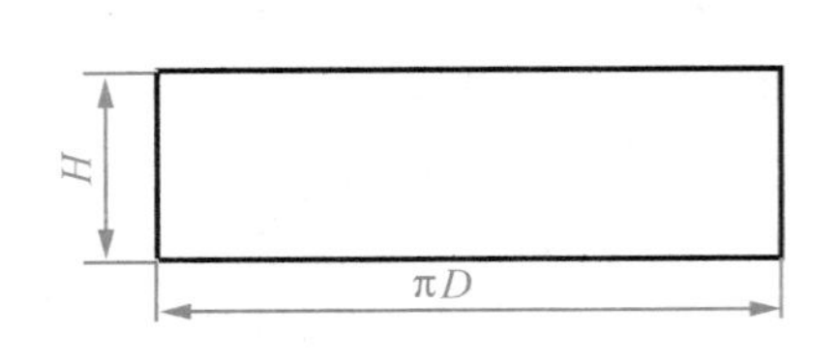

(a) 圆柱形管口展开图

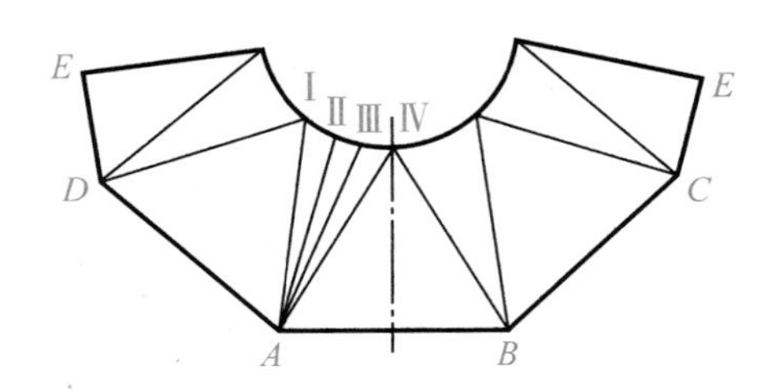

(b) 上圆下方变形接头的展开图

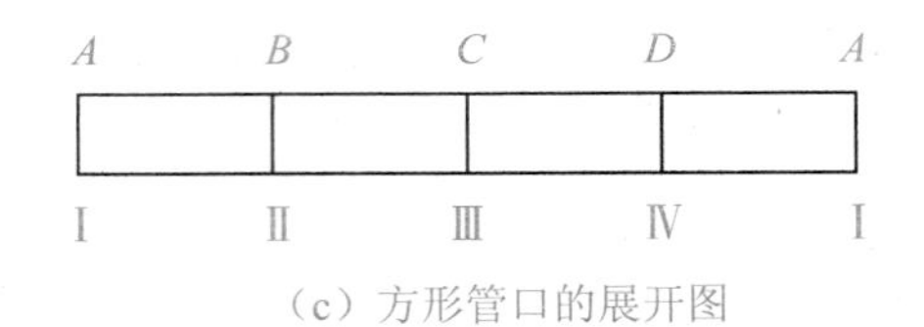

(c) 方形管口的展开图

图 7-11 方圆过渡管展开图

操作训练

绘制如图 7-12 所示机件的展开图。

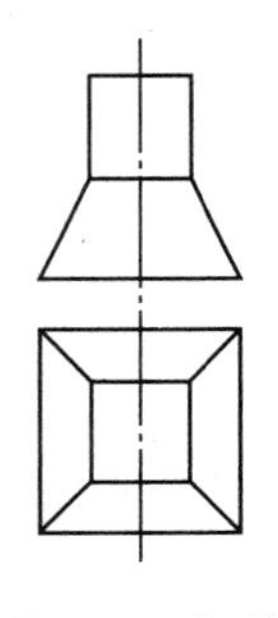

图 7-12 机件

思考与练习

1)什么是放样?

2)展开图的常用作图方法有哪几种?适用范围是什么?

任务检测

"表面展开图"知识自我检测评分表

项目	考核要求	配分	评分细则	评分记录
基本概念	了解表面展开图概念	10 分	能说出什么是表面展开图+10分	
表面展开法	熟悉平行线展开法、放射线展开法和三角形展开法	40 分	熟悉三种展开法的适用范围+10 分;能正确使用三种基本展开法绘制展开图+30 分	
表面展开图	能正确绘制和识读几种常用的可展表面立体的展开图	50 分	能正确绘图+30 分;能正确识读表面展开图+20 分	

表 7-4　常用的焊缝尺寸符号

名　称	符　号	名　称	符　号
工件厚度	δ	焊缝间距	e
坡口角度	a	焊角尺寸	K
根部间隙	b	熔核直径	d
钝边	p	焊缝宽度	c
焊缝长度	l	余高	h
焊缝段数	n		

(6)焊接方法及数字代号

常用的焊接方法有电弧焊、电渣焊、点焊和钎焊等，其中电弧焊的应用最广。焊接方法可用文字在技术要求中说明，也可用数字代号直接注写在指引线的尾部。常用焊接方法的数字代号见表 7-5 所示。

表 7-5　常用的焊接方法及数字代号

焊接方法	数字代号	焊接方法	数字代号
手工电弧焊	111	激光焊	751
埋弧焊	12	氧-乙炔焊	311
电渣焊	72	硬钎焊	91
电子束焊	76	点焊	21

焊缝尺寸符号及数据的标注位置，如图 7-17 所示。

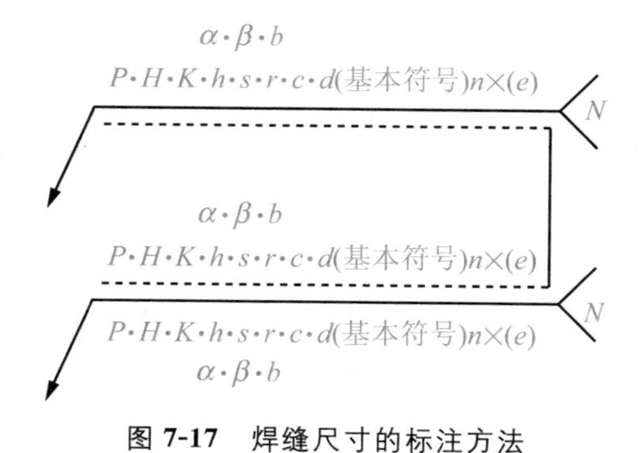

图 7-17　焊缝尺寸的标注方法

(7)焊缝代号标注示例

常用的焊缝代号标注示例见表 7-6 所示。

表 7-6　焊缝代号标注示例

接头形式	焊缝形式	标注示例	说明
对接接头	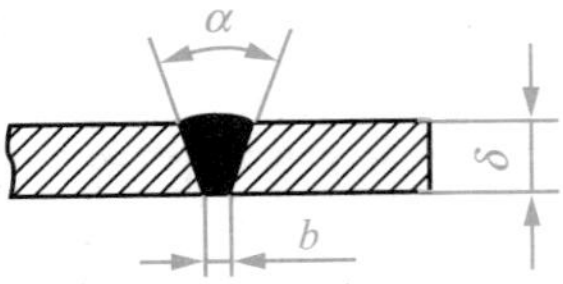	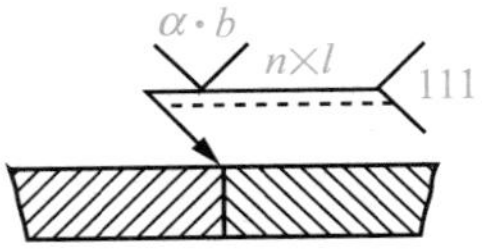	111 表示用手工电弧焊，V形坡口，坡口角度为 α，根部间隙为 b、有 n 段焊缝，焊缝长度为 l
T形接头	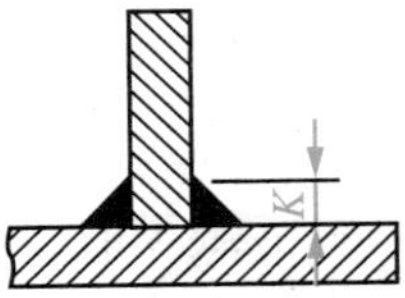	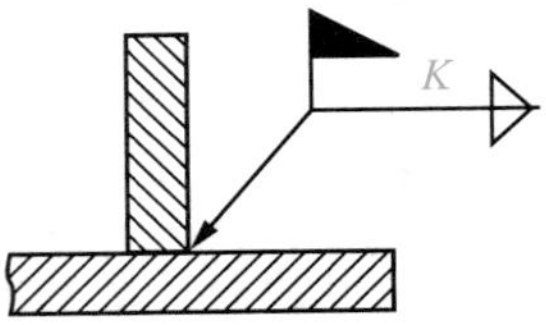	 表示在现场装配时进行焊接 表示双面角焊缝，焊角尺寸为 K
	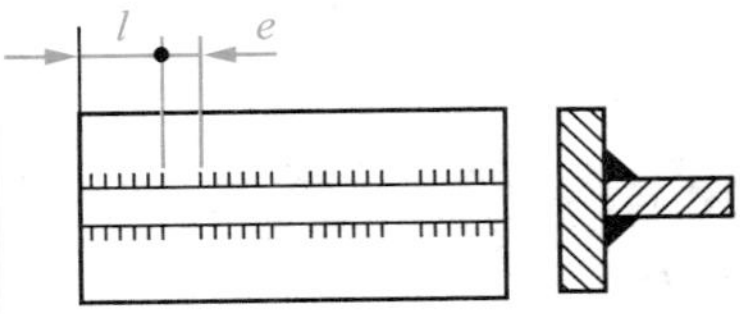	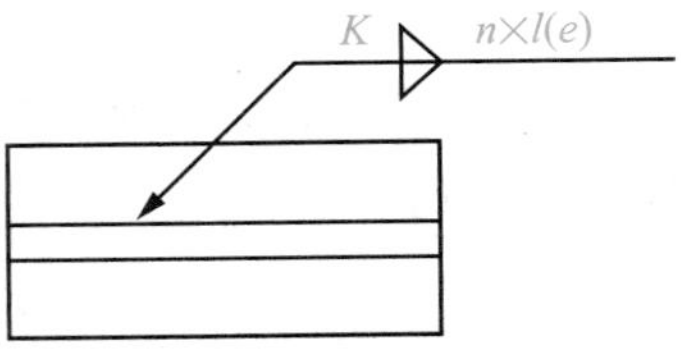	 K $n\times l(e)$ 表示有 n 段断续双面角焊缝，l 表示焊缝长度，e 表示断续焊缝的间距
	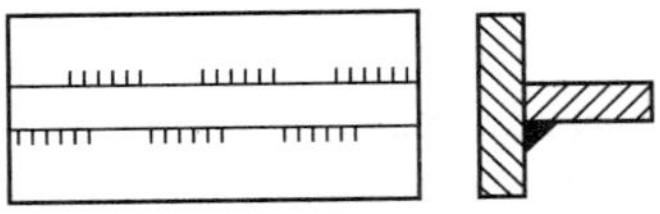	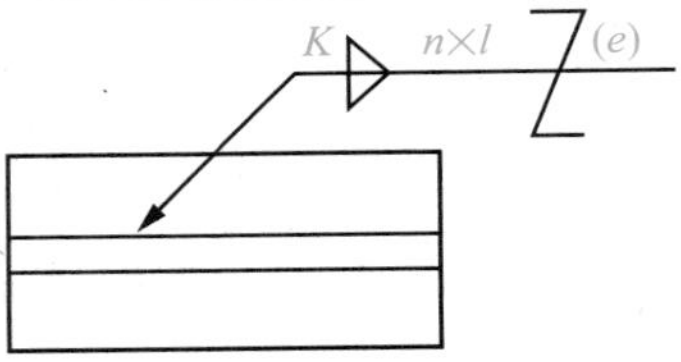	 表示交错断续角焊缝
角接接头	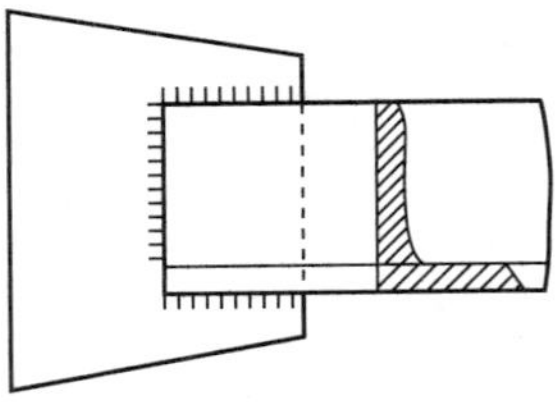	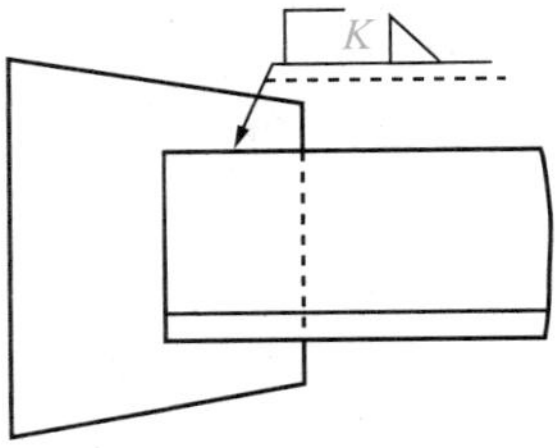	表示三面焊缝 表示单面角焊缝
	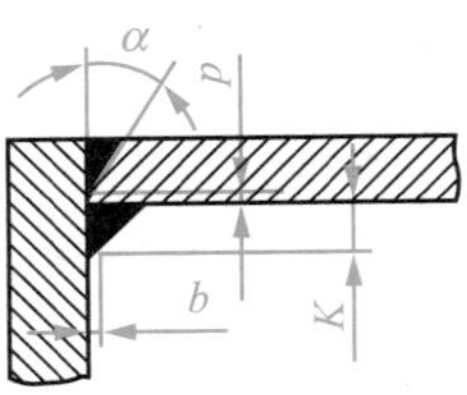	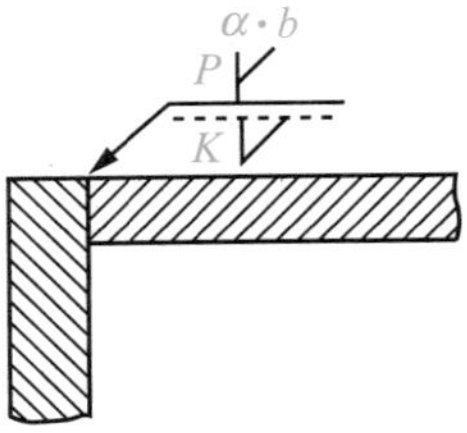	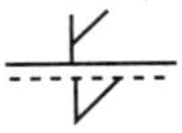 表示双面焊缝，上面为带钝边单边V形焊缝，下面为角焊缝

续表

接头形式	焊缝形式	标注示例	说明
搭接接头	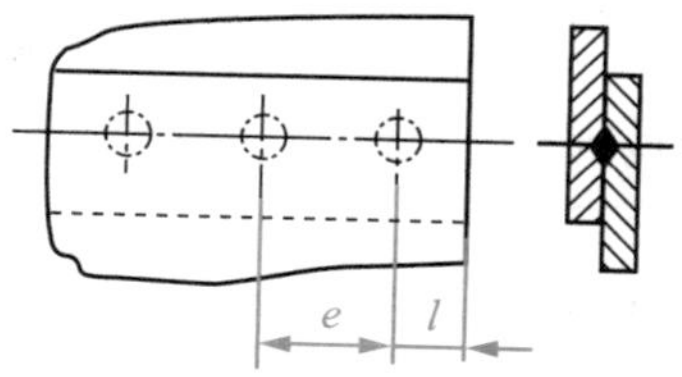	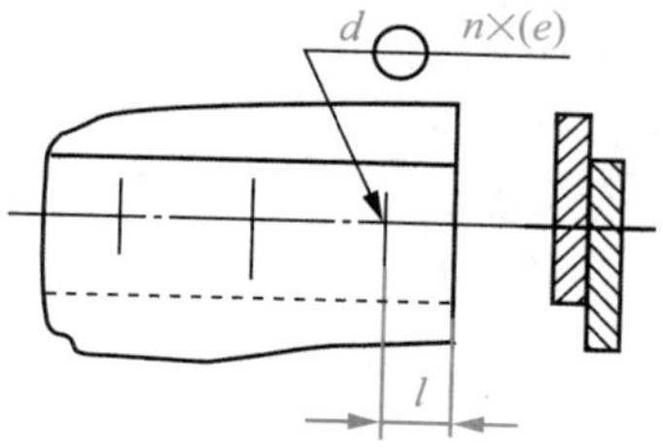	○表示点焊缝，d 表示焊点直径，e 表示焊点的间距，n 为点焊数量，l 表示起始焊点中心至板边的间距

实践操作

识读第 257 页图 7-13 所示支架零件图，其包含以下焊接信息。

1)主视图上有一处焊缝符号，表示支撑板下面与底面之间为角焊缝，焊角高为 6mm。

2)俯视图上有两处焊缝符号，一处表示圆筒与支撑板之间为双面角焊缝，焊缝的焊角高为 6mm，环绕圆筒进行焊接；一处表示支撑板与底板之间为双面角焊缝，焊缝的焊角高为 6mm。

3)技术要求中提出了有关焊接工艺的要求。

操作训练

解释下列焊缝符号的含义，写出它们的名称。

序号	焊缝符号	含 义	名称
1	V		
2	⊖		
3	⊓		
4	○		

思考与练习

1)焊接接头主要有哪些形式？

2)焊缝符号由哪几部分组成？

3)焊缝的常用基本符号有哪些？

任务检测

"焊接图"知识自我检测评分表

项目	考核要求	配分	评分细则	评分记录
基本概念	了解焊接图的内容	10分	能说出焊接图的内容+10分	
焊缝规定画法	知道焊缝的规定画法	15分	判读正确+10分；常用焊缝规定画法+5分	
焊缝代号及注法	能正确判读和标注焊缝代号	35分	判读正确+25分；标注正确+10分	
焊接图	能正确识读焊接图	40分	判读正确+40分	

模块8 综合实践

场景描述

如图 8-1 所示，对已有的零部件进行实际测量，确定其形状、大小和其他技术参数，然后绘制出图样的过程，称为零部件测绘。测绘是在机器设备维修、仿制以及技术革新中经常遇到的一项工作，也是学习制图过程中理论联系实际的重要环节。

本模块中，我们以典型案例讲述零部件的实际测绘过程，通过小组合作进行工程实践训练，培养团队协作的意识和能力，提高责任和主人翁意识，培养工匠精神。

图 **8-1**　零部件的测绘

相关知识与技能点

1)掌握典型零部件测绘的方法和步骤。

2)能绘制典型零件的零件图。

3)能绘制装配草图。

项目　零部件的测绘

知识目标

1. 了解零部件测绘的内容、过程及要求。
2. 掌握典型零部件测绘的方法和步骤。

技能目标

1. 能绘制典型零件的零件图。
2. 能绘制装配草图。

任务1 阶梯轴零件的测绘

任务描述

本任务是测绘如图8-2所示阶梯轴，掌握测绘过程中的基本知识，绘制阶梯轴的零件图。

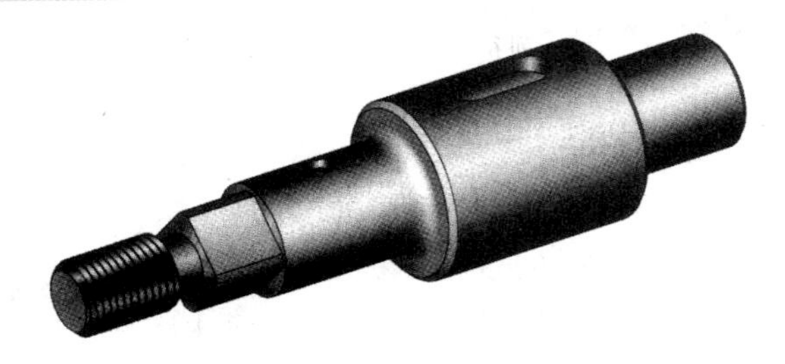

图 8-2 阶梯轴

知识链接

零件测绘是在机器设备维修、仿制以及技术革新中经常遇到的一项工作。在生产中使用的零件图，其来源有二：一是新设计而绘制出的图样；二是按实际零件进行测绘而产生的图样。

测绘一般在现场进行，绘图条件受到限制，通过目测比例徒手绘图，测量所有尺寸，将技术要求等标注清楚，绘制出零件草图。然后再进行整理，绘制成正式的零件图。零件草图是绘制正式零件图的原始文件，因此，零件工作图所应有的内容，零件草图也必须具备。

1. 零件测绘的一般过程

(1)了解和分析零件

在测绘时，首先要了解零件的名称、材料及其在装配体中的作用，与其他零件之间的关系，然后对零件的结构形状、制造工艺过程、技术要求及热处理方法等进行全面的了解和分析。

(2)确定表达方案

根据零件的形状特征，判断属于哪一类典型零件(轴套类、轮盘类、叉架类、箱体类等)，然后根据零件的结构形状特征、工作位置及加工位置等选择主视图，再根据需要确定其他视图。

(3)根据已选定的表达方案，绘制零件草图

零件草图是绘制零件图的重要依据，一般是在车间或机器旁徒手绘制的。测绘的重点在于画好零件草图，这就必须掌握徒手画图的技巧，正确的画图步骤和尺寸测量方法等。

1)绘制零件草图的要求：零件草图的内容和零件图相同，零件草图的绘制要求做到：图形基本正确，线型分明，尺寸完整，图面整洁，字体不潦草，技术要求等相关内容表达清楚。零件草图一般凭目测或利用工具粗略地进行测量，得出零件各部分的比例关系，再根据比例徒手在白纸或方格纸上绘出零件草图。标注尺寸时，先绘制尺寸线，再用量

具测量零件，最后填写尺寸数字。

2)绘制草图有以下步骤：

①根据零件的总体尺寸和大致比例确定图幅，定出各视图的位置，画主要轴线、中心线等作图基准线。

②以目测比例徒手画出各视图、剖视图、断面图等。

③选择长、宽、高各方向的尺寸基准，绘出尺寸线、尺寸界线。

④逐个测量尺寸，填写尺寸数值。标注表面粗糙度、形位公差等必要的技术要求，填写标题栏中的相关内容，完成零件草图的绘制。

小提示：绘制草图时的注意事项：

1)被测绘零件制造中所存在的缺陷，如沙眼、气孔、刀痕、创伤以及长期使用所造成的磨损、破损等不应画出。

2)不应忽略零件上制造、装配必要的工艺结构。如铸造圆角、倒角、退刀槽、凸台、凹坑、工艺孔等都必须画出。

3)有配合关系的尺寸，一般只要测出它的基本尺寸就可以了。其配合关系和相应的公差值，应在分析后，再查阅有关资料确定。对非配合尺寸或不重要的尺寸，应将已测得的尺寸进行圆整处理。

4)对于螺纹、键槽、齿轮等已经标准化的结构尺寸，应查阅手册，把已测得的结果与标准值进行核对，采用标准化的尺寸。

(4)结合实物，对零件草图进行认真校对、检查和修改

(5)根据零件草图绘制零件图

2. 零件尺寸的测量方法

测量零件尺寸是测绘工作的重要内容之一。测量尺寸要做到：测量基准合理，使用测量工具适当，测量方法正确，测量结果准确。测量零件尺寸应集中进行，以避免遗漏和错误，提高工作效率。

测量时，应根据尺寸精度的要求不同，选用不同的测量工具。常用的量具有钢尺、外卡钳、内卡钳等。精密的量具有游标卡尺、千分尺等。此外，还有专用量具，如螺纹规、圆角规等。常用的测量工具及测量方法，见表 8-1 所示。

表 8-1　常用的测量工具及测量方法

测量方法	测量实例一	测量实例二
长度尺寸的测量	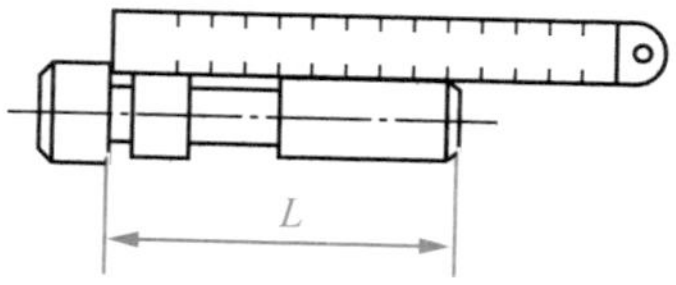 L	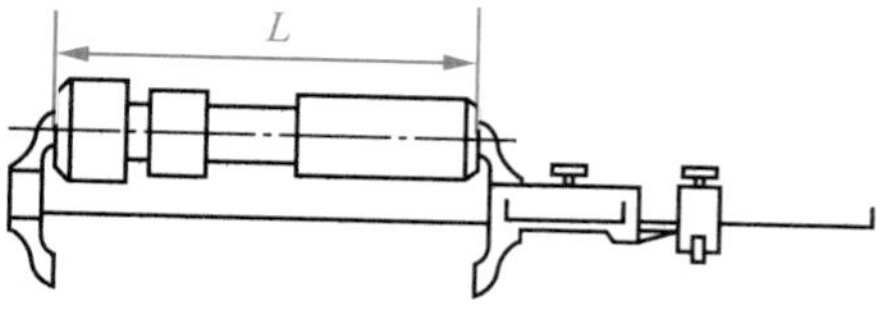 L

续表

测量方法		测量实例一	测量实例二
测量直径	一般测量	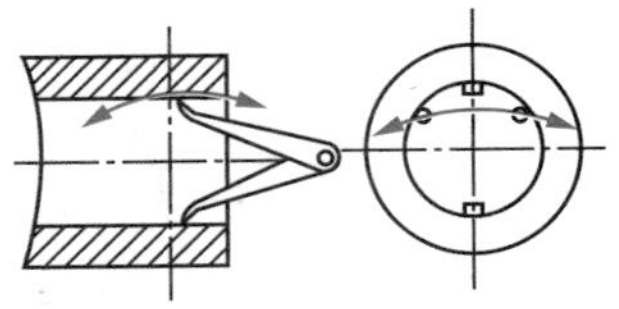	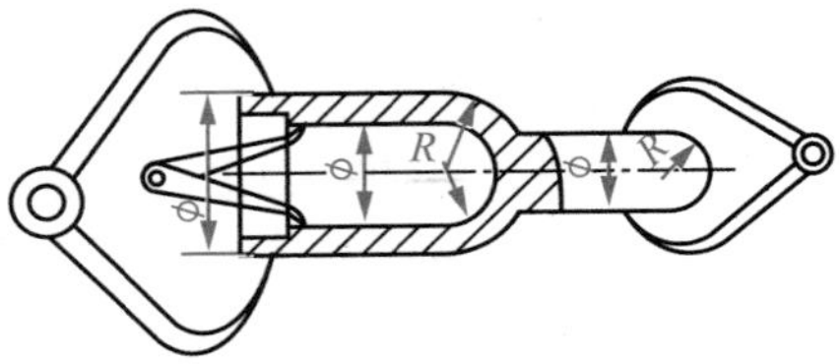
	较精密的测量	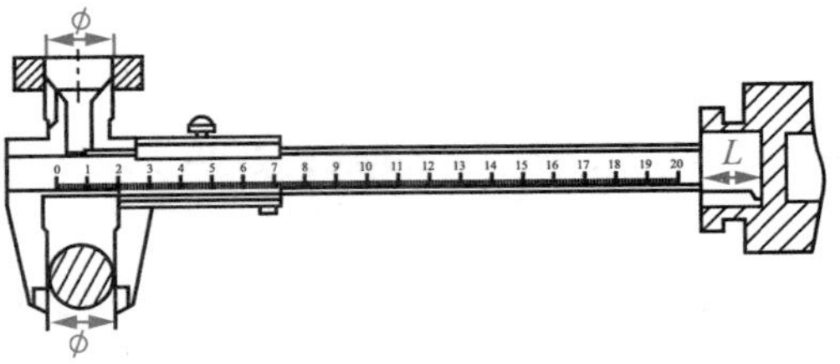	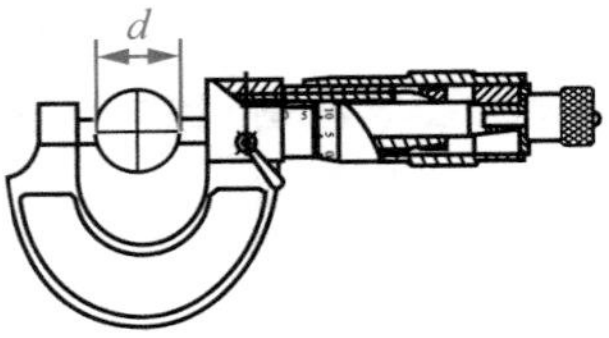
测量壁厚		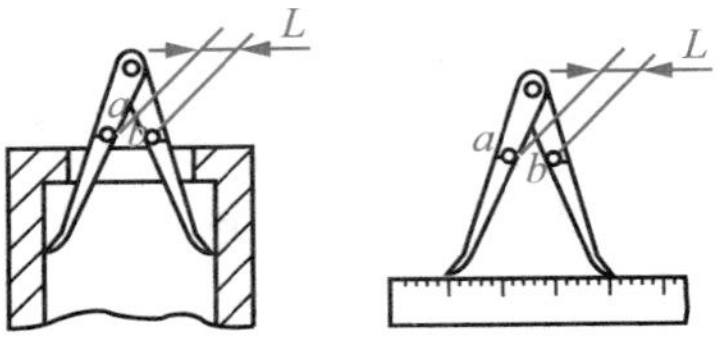	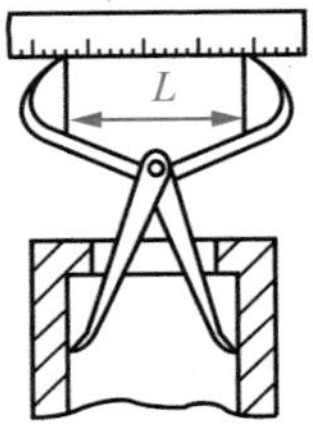
测量深度		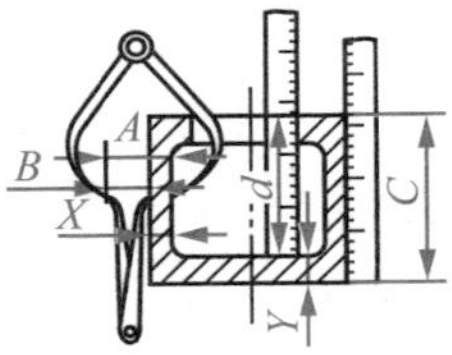 $X=A-B$ $Y=C-b$	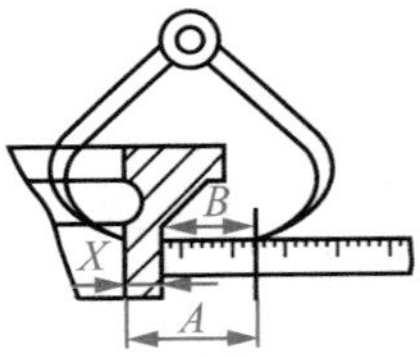 $X=A-B$
测量孔距		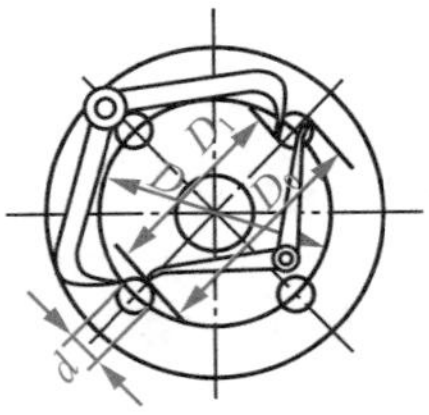 $D=D_0=D_1+d$ 用内外卡钳测孔距	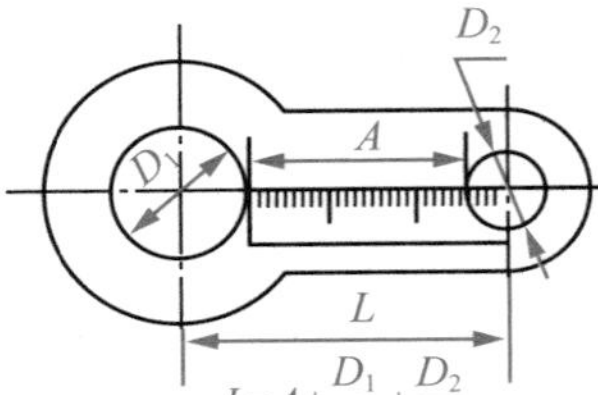 $L=A+\frac{D_1}{2}+\frac{D_2}{2}$ 用直尺测孔距

续表

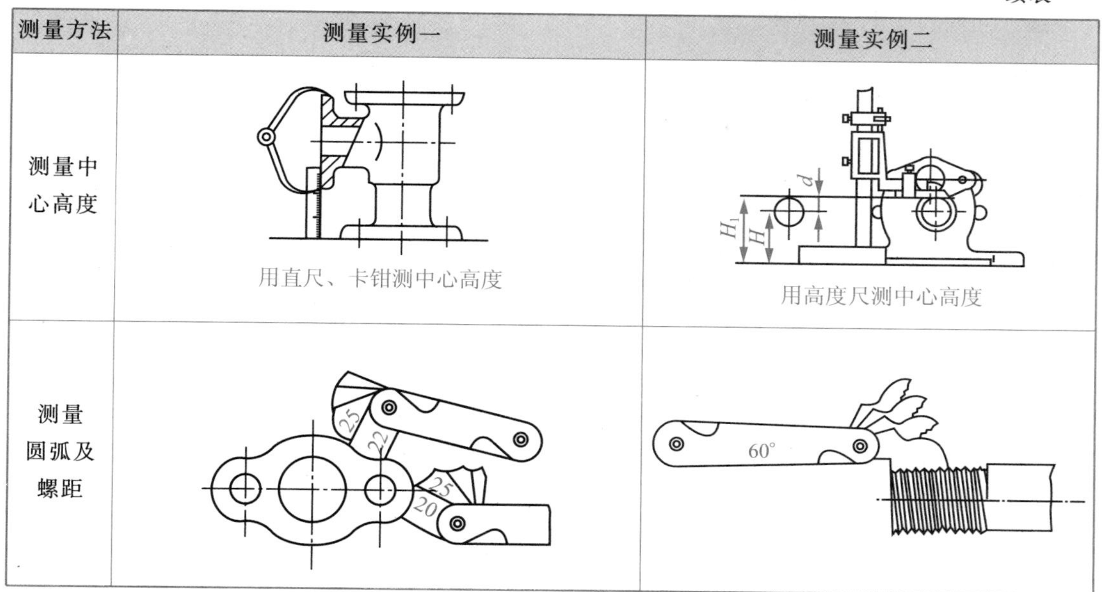

测量方法	测量实例一	测量实例二
测量中心高度	用直尺、卡钳测中心高度	用高度尺测中心高度
测量圆弧及螺距		

小提示：测量注意事项：

1)重要的尺寸，如中心距、齿轮模数、零件表面的斜度和锥度等，必要时可通过计算确定。

2)孔、轴配合尺寸一般只测量轴的直径；相互旋合的内外螺纹，一般只测量外螺纹尺寸。

3)非重要尺寸的测量值应圆整。

4)对缺陷、损坏部位的尺寸，应按设计要求予以更正。

实践操作

1. 分析零件的结构

该阶梯轴在机器中的主要作用是支撑传动零件(如齿轮、带轮)和传递转矩。其主体结构为直径不同的同轴回转体，并有轴肩、倒角、键槽、销孔、退刀槽、砂轮越程槽、螺纹等局部结构。

2. 确定表达方案

阶梯轴零件一般在车床上加工，主视图应按加工位置确定，将轴线水平放置。对于轴上的键槽、孔等结构，可以作移出断面图。砂轮越程槽、退刀槽等小结构若在主视图上表达不够清楚或不便于标注尺寸时，可采用局部放大图表达。

3. 绘制零件草图

绘制零件草图与绘制正规零件图的步骤相同。如图 8-3 所示，阶梯轴零件草图的绘图步骤如下：

1)根据零件的总体尺寸和大致比例确定图幅，绘制中心线等作图基准线，如图 8-3(a)所示。

2)绘制主要轮廓线，如图 8-3(b)所示。

3)绘制局部结构，如图 8-3(c)所示。

4)标注尺寸、注写技术要求、标题栏等，完成测绘草图，如图 8-3(d)所示。

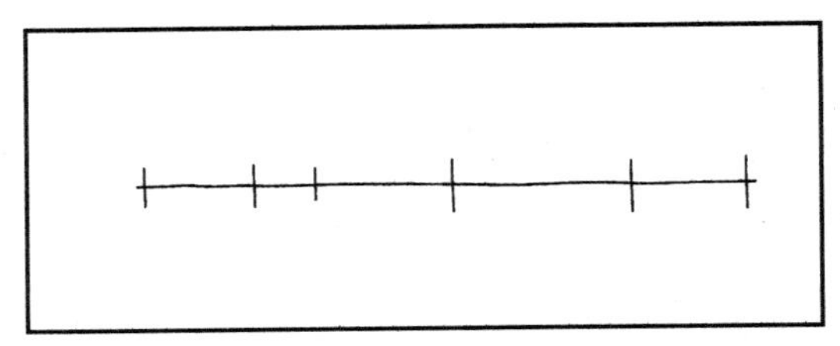

(a) 绘制中心线

(b) 绘制主要轮廓线

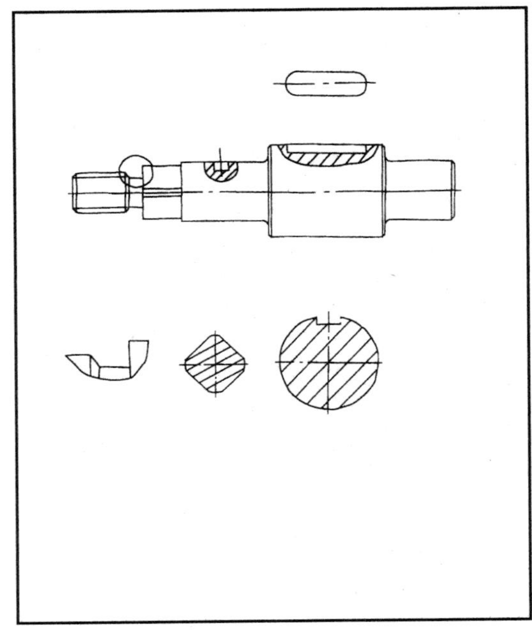

(c) 绘制局部结构

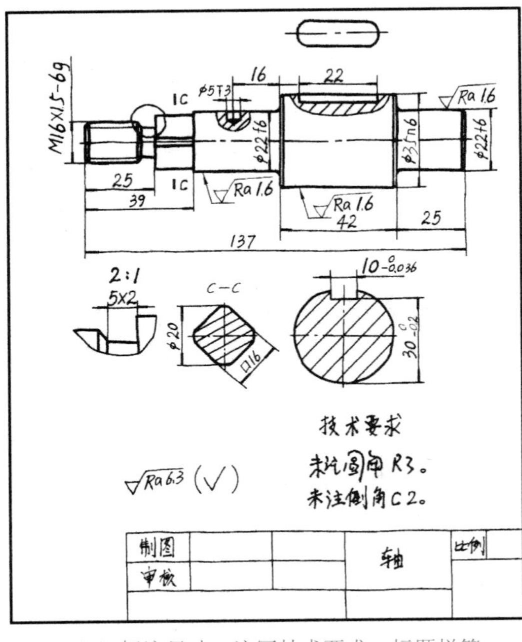

(d) 标注尺寸、注写技术要求、标题栏等

图 8-3　阶梯轴零件草图的绘制步骤

4. 根据零件草图绘制阶梯轴零件图

完成后的阶梯轴零件图如图 8-4 所示。

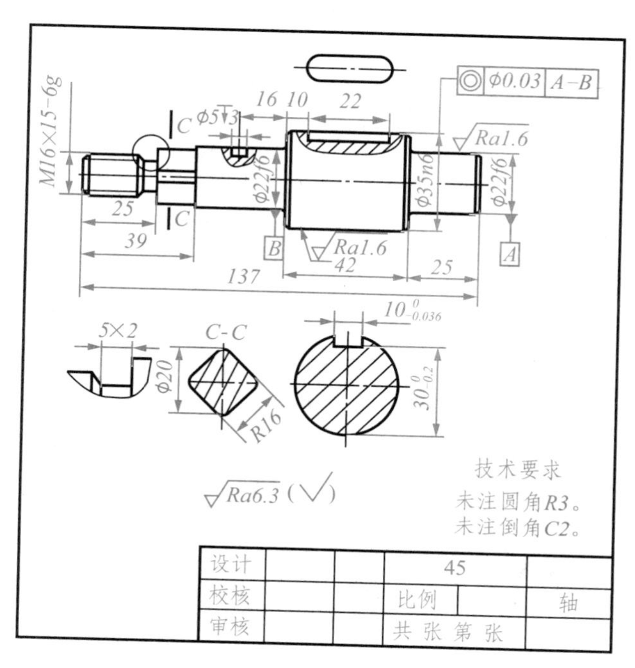

图 8-4　阶梯轴零件图

操作训练

完成如第 265 页图 8-1 所示端盖零件的测绘，绘制其零件图。

思考与练习

1）常用零件测绘的工具有哪些？如何正确使用？

2）零件测绘的一般步骤是什么？

任务检测

“典型零件测绘”知识自我检测评分表

项目	考核要求	配分	评分细则	评分记录
测量工具的使用	会正确使用常用测量工具	20 分	操作规范＋10 分；测量结果正确＋10分	
零件的测绘	知道零件测绘的方法、步骤	30 分	能叙述零件测绘的方法＋10 分；能合理确定零件的测绘步骤＋20 分	
绘制零件图	能正确绘制零件草图和零件图	50 分	草图绘制规范＋20 分；零件图正确无误＋20 分；图面＋10 分	

任务2　铣刀头部件的测绘

任务描述

装配体测绘是以装配体为对象，通过测量和分析，绘制其装配图和零件图的过程。如图 8-5 所示，本任务是铣刀头部件的测绘。

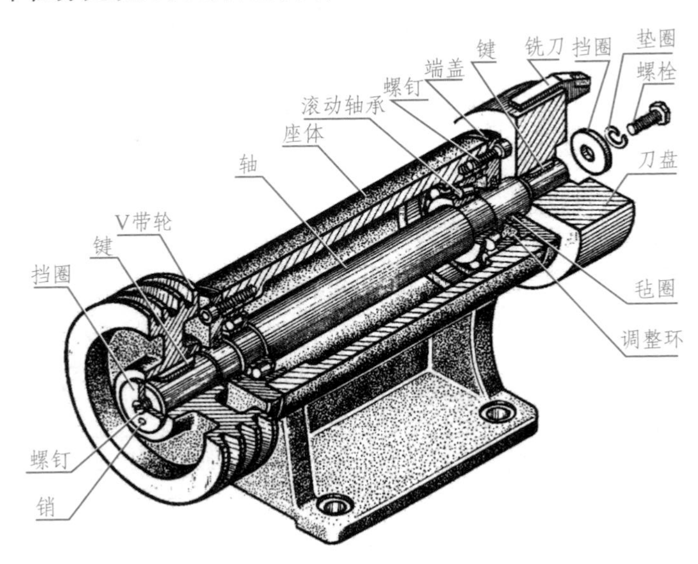

图 8-5　铣刀头部件轴测图

知识链接

对装配体进行测量、绘制草图，然后绘制装配图和零件图的过程是装配体的测绘。它是工程技术人员应该掌握的基本技能。装配体测绘的一般步骤如下：

1. 了解和分析装配体结构

装配体测绘时，首先要对装配体进行研究分析，在查阅有关技术文件、资料和同类产品图样的基础上，了解其工作原理、结构特点和装配体中各零件的装配关系。

2. 拆卸装配体

在了解装配体的基础上，研究拆卸路线、制订拆卸计划。部件拆卸一般按由外到内，由上到下的顺序进行。拆卸下来的零件应马上命名和进行编号，做好标记，并作相应拆卸记录。必要时在零件上打号，然后分区分组放置在规定的地方，避免损坏和丢失，以便测绘后重新装配时，保证装配体的性能和要求。拆卸过程中应进一步了解部件的装配关系，弄清零件间的配合关系。

拆卸过程中应选择合理的拆卸工具及正确的拆卸方法，保证顺利拆卸。对不可拆卸连接和过盈配合的零件尽量不拆，以免损坏零件。

5. 绘制铣刀头各零件的零件图

选择合适的图幅和绘图比例，绘制铣刀头座体、轴及端盖的零件图。铣刀轴的零件图如图 8-9 所示。

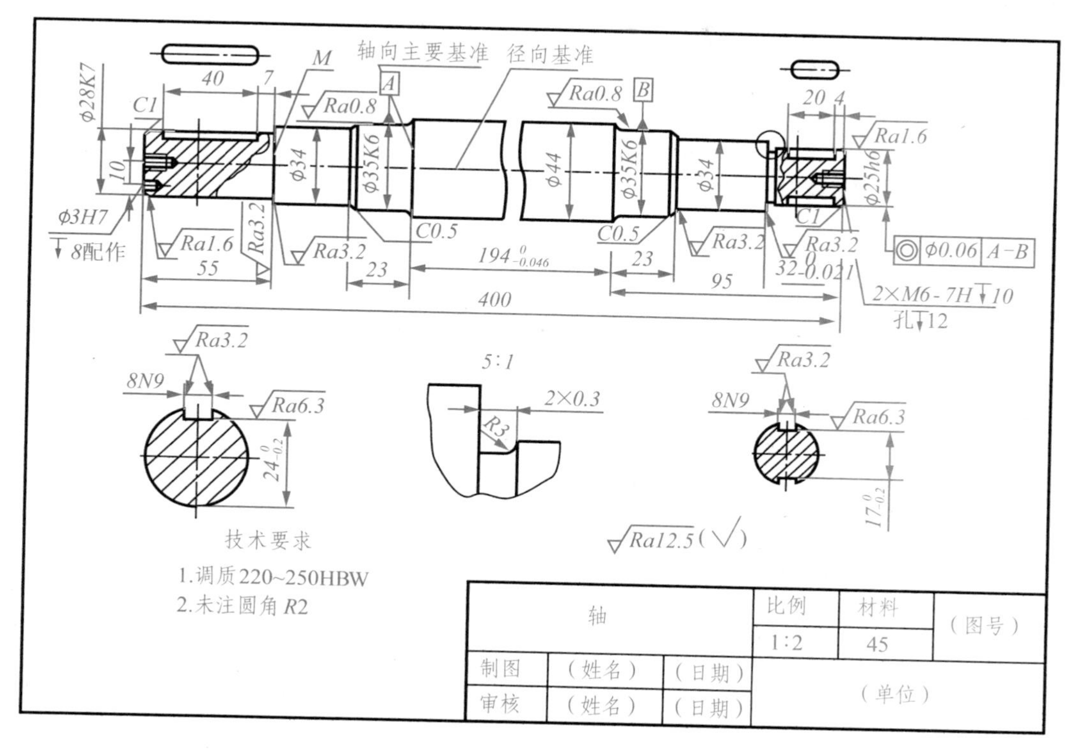

图 8-9 铣刀轴零件图

操作训练

测绘一级圆柱齿轮减速器。

思考与练习

1）拆卸装配体的顺序是什么？有哪些注意事项？

2）装配示意图有什么作用？怎样绘制装配示意图？

3）装配体测绘的步骤是什么？

任务检测

"装配体测绘"知识自我检测评分表

项目	考核要求	配分	评分细则	评分记录
测量工具使用	会正确使用常用测量工具	20分	操作规范+10分；测量结果正确+10分	
装配体的测绘及装配示意图	知道装配体测绘的方法、步骤；掌握装配示意图的画法	30分	能说出装配体测绘的步骤+10分；能画出装配示意图+20分；	
绘制装配图	能正确绘制简单装配体的装配图	50分	装配图正确无误+40分；图面+10分	

附　　录

1. 螺纹

附表 1　普通螺纹直径、螺距和公称尺寸(摘自 GB/T 193—2003，GB/T 196—2003)

标记示例

普通粗牙螺纹，公称直径 10mm，中径公差带代号 5g，顶径公差带代号 6g，中等旋合长度标记为 M10－5g6g

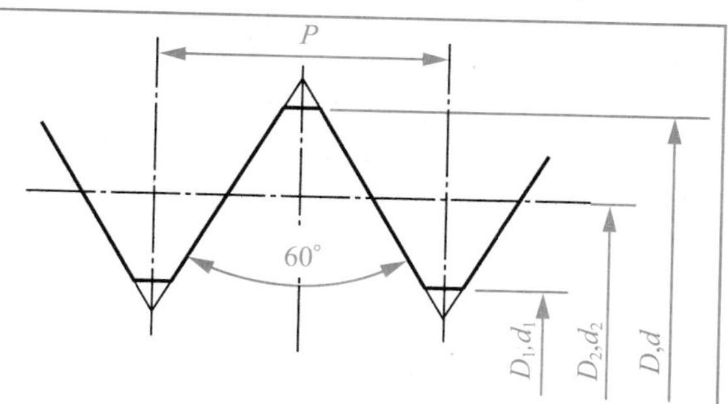

mm

公称直径 D、d		螺距 P		粗牙小径 D_1，d_1	公称直径 D，d		螺距 P		粗牙小径 D_1，d_1
第一系列	第二系列	粗牙	细牙		第一系列	第二系列	粗牙	细牙	
5		0.8	0.5	4.134		18	2.5	2、1.5、1	15.294
6		1	0.75	4.917	20		2.5	2、1.5、1	17.294
	7	1		5.917		22	2.5		19.294
8		1.25	1、0.75	6.647	24		3		20.752
10		1.5	1.25、1、0.75	8.376		27	3		23.752
12		1.75	1.25、1	10.106	30		3.5	(3)、2、1.5、1	26.211
	14	2	1.5、1.25、1	11.835		33	3.5	(3)、2、1.5	29.211
16		2	1.5、1	13.835	36		4	3、2、1.5	31.670

附表 2　55°非密封管螺纹(摘自 GB/T 7307—2001)

标记示例

55°非密封管螺纹，尺寸代号为 3/4，左旋

标记为：G3/4－LH

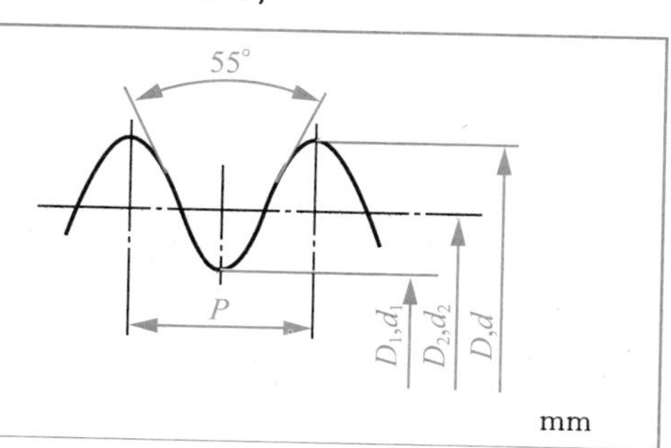

mm

续表

尺寸代号	每 25.4mm 内所包含的行数 n	螺距 P	基本直径	
			大径 D，d	小径 D_1，d_1
3/8	19	1.337	16.662	14.950
1/2	14	1.814	20.955	18.631
1	11	2.309	33.249	30.291
1½	11	2.309	47.83	44.845
2	11	2.309	59.614	56.656
2½	11	2.309	75.184	72.226
3	11	2.309	87.884	84.926

2. 螺栓

附表 3　六角头螺栓(摘自 GB/T 5782—2000、GB/T 5783—2000)

六角头螺栓(GB/T 5782—2000)　　六角头螺栓　全螺纹(GB/T 5783—2000)

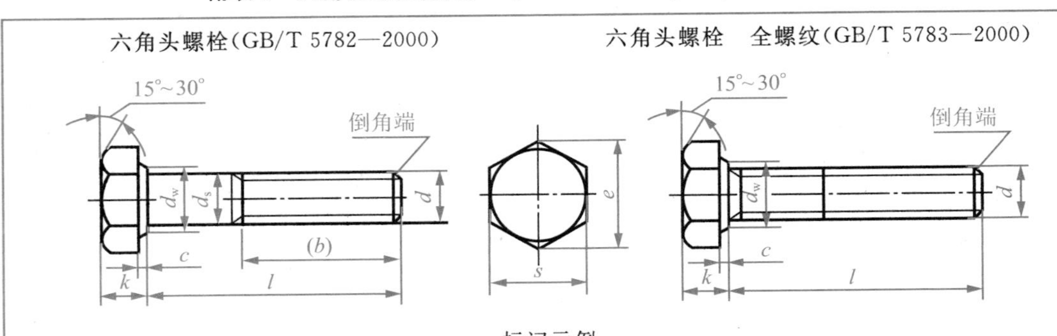

标记示例

螺纹规格 d=M12、公称长度 l=80mm、性能等级为 8.8 级、表面氧化、产品等级为 A 级的六角头螺栓：螺栓　GB/T 5782　M12×80

螺纹规格 d=M12、公称长度 l=80mm、性能等级为 8.8 级、表面氧化、全螺纹、产品等级为 A 级的六角头螺栓：螺栓　GB/T 5783　M12×80

mm

螺纹规格	d	M5	M6	M8	M10	M12	M16	M20	M24	M30	M36
b 参考	$l \leqslant 125$	16	18	22	26	30	38	46	54	66	—
	$125 < l \leqslant 200$	22	24	28	32	36	44	52	60	72	84
	$l > 200$	35	37	41	45	49	57	65	73	85	97
c_{max}		0.5		0.6			0.8				
k_{max}	A	3.65	4.15	5.45	6.58	7.68	10.18	12.715	15.215	—	—
	B	3.74	4.24	5.54	6.69	7.79	10.29	12.85	15.35	19.12	22.92

续表

螺纹规格	d	M5	M6	M8	M10	M12	M16	M20	M24	M30	M36
d_{smax}		5	6	8	10	12	16	20	24	30	36
s_{max}		8	10	13	16	18	24	30	36	46	55
e_{min}	A	8.79	11.05	14.38	17.77	20.03	26.75	33.53	39.98	—	—
	B	8.63	10.89	14.2	17.59	19.85	26.17	32.95	39.55	50.85	60.79
d_{wmin}	A	6.88	8.88	11.63	14.63	16.63	22.49	28.19	33.61	—	—
	B	6.74	8.74	11.47	14.47	16.47	22	27.7	33.25	42.75	51.11
l 范围	GB/T 5782	25～50	30～60	40～80	45～100	50～120	65～160	80～200	90～240	110～300	140～360
	GB/T 5783	10～50	12～60	16～80	20～100	25～120	30～150	40～150	50～150	60～200	70～200
l 系列	GB/T 5782	20～65(5 进位)、70～160(10 进位)、180～500(20 进位)									
	GB/T 5783	8、10、12、16、20～65(5 进位)、70～160(10 进位)、180、200									

注：1. P—螺距；

2. 螺纹公差带：6g；

3. 产品等级：A 级应用于 $d=1.6$～24mm 和 $l\leqslant 10d$ 或 $\leqslant$150mm(按最小值)；

B 级用于 $d>24$mm 或 $l>10d$ 或 $>$150mm(按较小值)的螺栓。

3. 螺柱

附表 4　双头螺柱

$b_m=1d$(GB/T 897—1988)；$b_m=1.25d$(GB/T 898—1988)；$b_m=1.5d$(GB/T 899—1988)；$b_m=2d$(GB/T 900—1988)

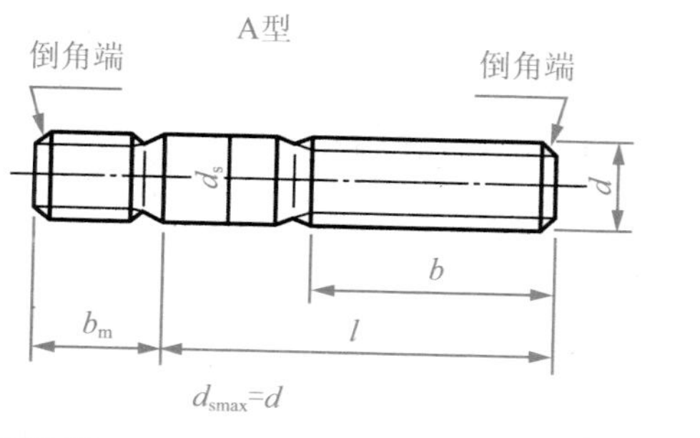

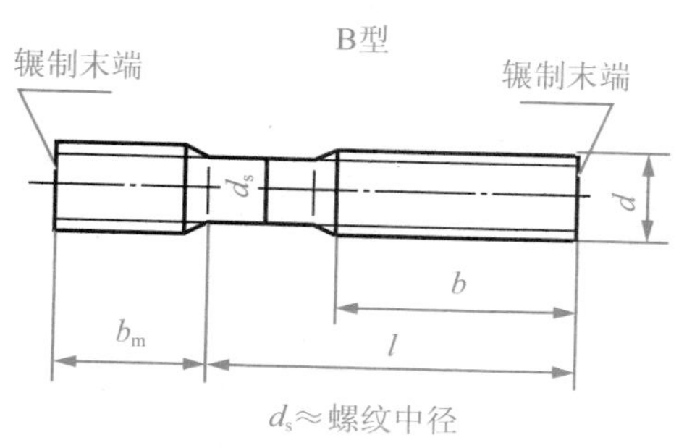

标记示例：

螺柱　GB/T 900—1988　M10×50

(两端均为粗牙普通螺纹、$d=10$、$l=50$、性能等级为 4.8 级、不经表面处理、B 型、$b_m=2d$ 的双头螺柱)

螺柱　GB/T 900—1988A　M10—10×1×50

(旋入机体一端为粗牙普通螺纹、旋螺母端为螺距 $P=1$ 的细牙普通螺纹、$d=10$、$l=50$、性能等级为 4.8 级、不经表面处理、A 型、$b_m=2d$ 的双头螺柱)

续表

螺纹规格 d	b_m(旋入机体端长度)				l/b(螺柱长度/旋螺母端长度)
	GB/T 897	GB/T 898	GB/T 899	GB/T 900	
M4	—	—	6	8	$\frac{16\sim22}{8}$ $\frac{25\sim40}{14}$
M5	5	6	8	10	$\frac{16\sim22}{10}$ $\frac{25\sim50}{16}$
M6	6	8	10	12	$\frac{20\sim22}{10}$ $\frac{25\sim30}{14}$ $\frac{32\sim75}{18}$
M8	8	10	12	16	$\frac{20\sim22}{12}$ $\frac{25\sim30}{16}$ $\frac{32\sim90}{22}$
M10	10	12	15	20	$\frac{25\sim28}{14}$ $\frac{30\sim38}{16}$ $\frac{40\sim120}{26}$ $\frac{130}{32}$
M12	12	15	18	24	$\frac{25\sim30}{14}$ $\frac{32\sim40}{16}$ $\frac{45\sim120}{26}$ $\frac{130\sim180}{32}$
M16	16	20	24	32	$\frac{30\sim38}{16}$ $\frac{40\sim55}{20}$ $\frac{60\sim120}{30}$ $\frac{130\sim200}{36}$
M20	20	25	30	40	$\frac{35\sim40}{20}$ $\frac{45\sim65}{30}$ $\frac{70\sim120}{38}$ $\frac{130\sim200}{44}$
(M24)	24	30	36	48	$\frac{45\sim50}{25}$ $\frac{55\sim75}{35}$ $\frac{80\sim120}{46}$ $\frac{130\sim200}{52}$
(M30)	30	38	45	60	$\frac{60\sim65}{40}$ $\frac{70\sim90}{50}$ $\frac{95\sim120}{66}$ $\frac{130\sim200}{72}$ $\frac{210\sim250}{85}$
M36	36	45	54	72	$\frac{65\sim75}{45}$ $\frac{80\sim110}{60}$ $\frac{120}{78}$ $\frac{130\sim200}{84}$ $\frac{210\sim300}{97}$
M42	42	52	63	84	$\frac{70\sim80}{50}$ $\frac{85\sim110}{70}$ $\frac{120}{90}$ $\frac{130\sim200}{96}$ $\frac{210\sim300}{109}$
M48	48	60	72	96	$\frac{80\sim90}{60}$ $\frac{95\sim110}{80}$ $\frac{120}{102}$ $\frac{130\sim200}{108}$ $\frac{210\sim300}{121}$
$l_{系列}$	12、(14)、16、(18)、20、(22)、25、(28)、30、(32)、35、(38)、40、45、50、55、60、(65)、70、75、80、(85)、90、(95)、100～260(10进位)、280、300				

注：1. 尽可能不采用括号内的规格。末端按GB/T2—2000规定。

2. $b_m=1d$，一般用于钢对钢；$b_m=(1.25\sim1.5)d$，一般用于钢对铸铁；$b_m=2d$，一般用于钢对铝合金。

4. 螺钉

附表 5　开槽螺钉(摘自 GB/T 67—2000、GB/T 68—2000、GB/T 69—2000)

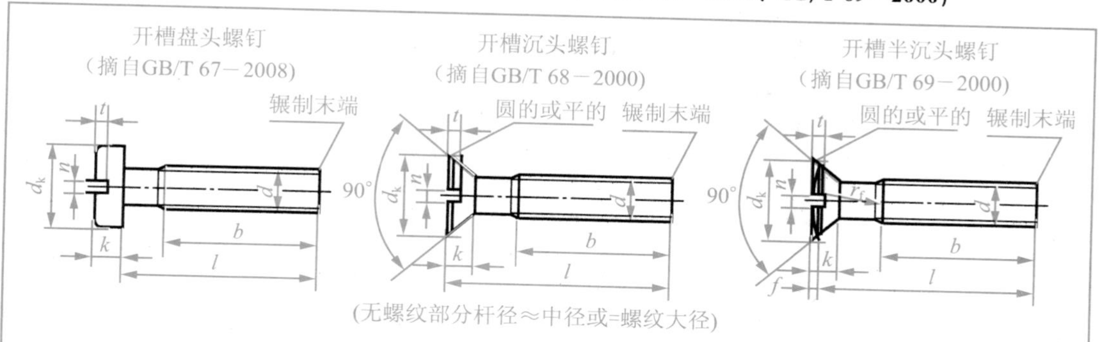

标记示例：

螺钉　GB/T 67—2000　M5×60

(螺纹规格 d=M5、l=60、性能等级为 4.8 级、不经表面处理的开槽盘点螺钉)

螺纹规格 d	P	b_{min}	n 公称	f	r_f	k_{max}		d_{max}		t_{max}			$l_{范围}$		全螺纹时最大长度	
				GB/T69	GB/T69	GB/T67	GB/T68 GB/T69	GB/T67	GB/T68 GB/T69	GB/T67	GB/T68	GB/T69	GB/T67	GB/T68 GB/T69	GB/T67	GB/T68 GB/T69
M2	0.4	25	0.5	4	0.5	1.3	1.2	4	3.8	0.5	0.4	0.8	2.5～20	3～20	30	
M3	0.5		0.8	6	0.7	1.8	1.65	5.6	5.5	0.7	0.6	1.2	4～30	5～30		
M4	0.7	38	1.2	9.5	1	2.4	2.7	8	8.4	1	1	1.6	5～40	6～40	40	45
M5	0.8				1.2	3		9.5	9.3	1.2	1.1	2	6～50	8～50		
M6	1		1.6	12	1.4	3.6	3.3	12	12	1.4	1.2	2.4	8～60	8～60		
M8	1.25		2	16.5	2	4.8	4.65	16	16	1.9	1.8	3.2	10～80			
M10	1.5		2.5	19.5	2.3	6	5	20	20	2.4	2	3.8				
$l_{系列}$	2、2.5、3、4、5、6、8、10、12、(14)、16、20～50(5 进位)、(55)、60、(65)、70、(75)、80															

注：螺纹公差：6g；机械性能等级：4.8、5.8；产品等级：A。

附表 6　内六角圆柱头螺钉(摘自 GB/T 70.1—2008)

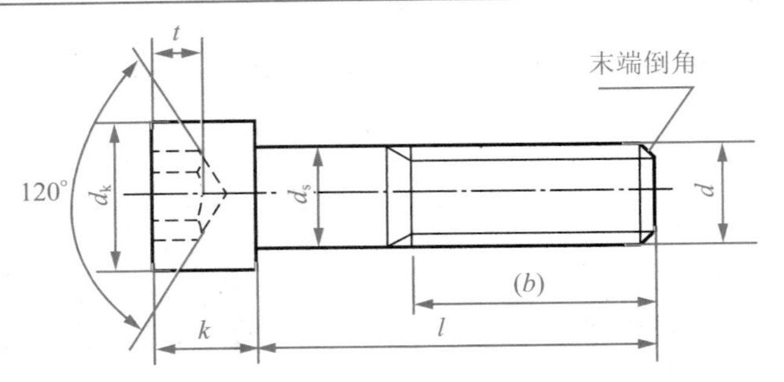

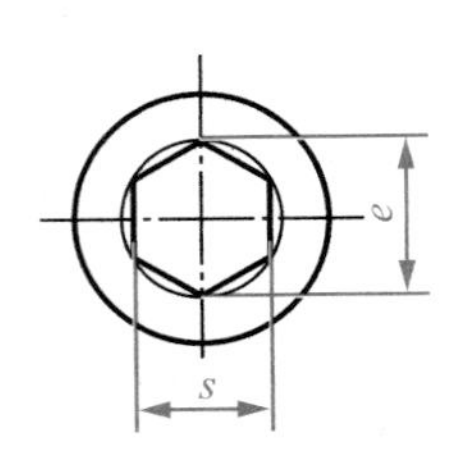

标记示例：

螺钉　GB/T 70.1—2008　M5×20

(螺纹规格 d=M5、公称长度 l=20、性能等级为 8.8 级、表面氧化的内六角圆柱角螺钉)

mm

螺纹规格 d		M4	M5	M6	M8	M10	M12	(M14)	M16	M20	M24	M30	M36
螺距 P		0.7	0.8	1	1.25	1.5	1.75	2	2	2.5	3	3.5	4
$b_{参考}$		20	22	24	28	32	36	40	44	52	60	72	84
d_{kmax}	光滑头部	7	8.5	10	13	16	18	21	24	30	36	45	54
	滚花头部	7.22	8.72	10.22	13.27	16.27	18.27	21.33	24.33	30.33	36.39	45.39	54.46
k_{max}		4	5	6	8	10	12	14	16	20	24	30	36
t_{min}		2	2.5	3	4	5	6	7	8	10	12	15.5	19
$S_{公称}$		3	4	5	6	8	10	12	14	17	19	22	27
e_{min}		3.44	4.58	5.72	6.86	9.15	11.43	13.72	16	19.44	21.73	25.15	30.35
d_{smax}		4	5	6	8	10	12	14	16	20	24	30	36
$l_{范围}$		6～40	8～50	10～60	12～80	16～100	20～120	25～140	25～160	30～200	40～200	45～200	55～200
全螺纹时最大长度		25	25	30	35	40	45	55	55	65	80	90	100
$l_{系列}$		6、8、10、12、(14)、(16)、20～50(5 进位)、(55)、60、(65)、70～160(10 进位)、180、200											

注：1. 括号内的规格尽可能不用。末端按 GB/T 2—2001 规定。

2. 机械性能等级：8.8、12.9。

3. 螺纹公差：机械性能等级 8.8 级时为 6g，12.9 级时为 5g、6g。

4. 产品等级：A。

5. 螺母

附表 7　六角螺母(摘自 GB/T 6170—2000、GB/T 41—2000)

Ⅰ型六角螺母(GB/T 6170—2000)　六角螺母　C 级(GB/T 41—2000)

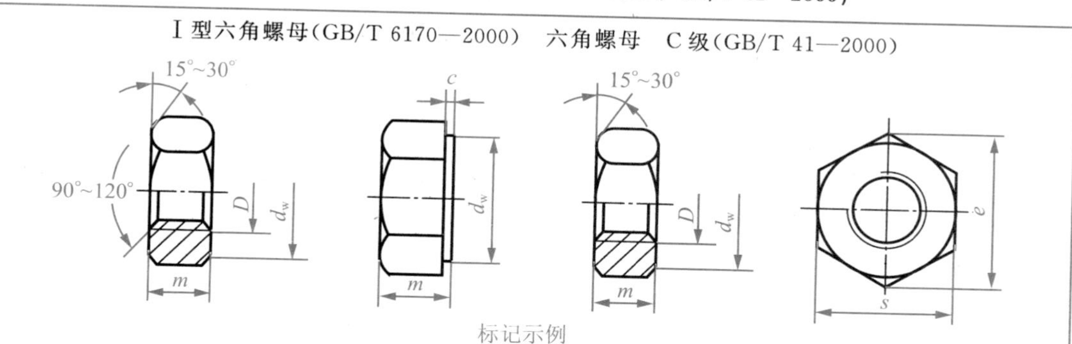

标记示例

螺纹规格 D=M12、性能等级为 10 级、不经表面处理、产品等级为 A 级的Ⅰ型六角螺母：
螺母　GB/T 6170　M12

螺纹规格 D=M12、性能等级为 5 级、不经表面处理、产品等级为 C 级的六角螺母：
螺母　GB/T41　M12

mm

螺纹规格 D		M5	M6	M8	M10	M12	M16	M20	M24	M30	M36
c_{max}		0.5		0.6			0.8				
$s_{公称}$=max		8	10	13	16	18	24	30	36	46	55
e_{min}	A、B 级	8.79	11.05	14.38	17.77	20.03	26.75	32.95	39.55	50.85	60.79
	C 级	8.63	10.89	14.2	17.59	19.85	26.17	32.95	39.55	50.85	60.79
m_{min}	A、B 级	4.7	5.2	6.8	8.4	10.8	14.8	18	21.5	25.6	31
	C 级	5.6	64	7.9	9.5	12.2	15.9	19.0	22.3	26.4	31.9
$d_{w\ min}$	A、B 级	6.9	89	11.6	14.6	16.6	22.5	27.7	33.3	42.8	51.1
	C 级	6.7	87	11.5	14.5	16.5	22	27.7	33.3	42.8	51.1

6. 垫圈

附表 8　平垫圈(摘自 GB/T 97.1～97.2—2002)

平垫圈　A 级(GB/T 97.1—2002)　平垫圈　倒角型　A 级(GB/T 97.2—2002)

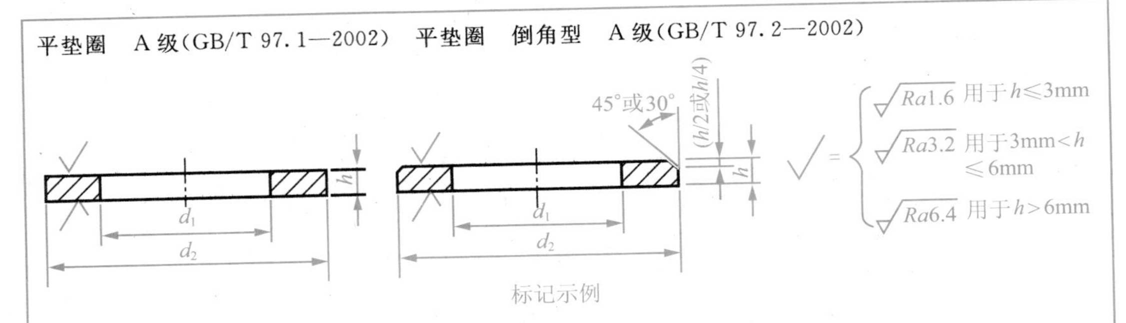

标记示例

标准系列、公称尺寸 d=8mm、性能等级为 140HV 级、不经表面处理的平垫圈：垫圈　GB/T 97.1　8

mm

公称规格(螺纹大径 d)	内径 d_1 公称(min)	内径 d_1 max	外径 d_2 公称(max)	外径 d_2 min	厚度 h 公称	厚度 h max
5	5.3	5.48	10	9.64	1	1.1	0.9
6	6.4	6.62	12	11.57	1.6	1.8	1.4
8	8.4	8.62	16	15.57	1.6	1.8	1.4
10	10.5	10.77	20	19.48	2	2.2	1.8
12	13	13.27	24	23.48	2.5	2.7	2.3
16	17	17.27	30	29.48	3	2.3	2.7
20	21	21.33	37	36.38	3	3.3	2.7
24	25	25.33	44	43.38	4	4.3	3.7
30	31	31.39	56	55.26	4	4.3	3.7
36	37	37.62	66	64.8	5	5.6	4.4

7. 键

附表 9　平键　键和键槽的剖面尺寸(GB/T 1095—2003)、普通平键的形式及尺寸(GB/T 1096—2003)

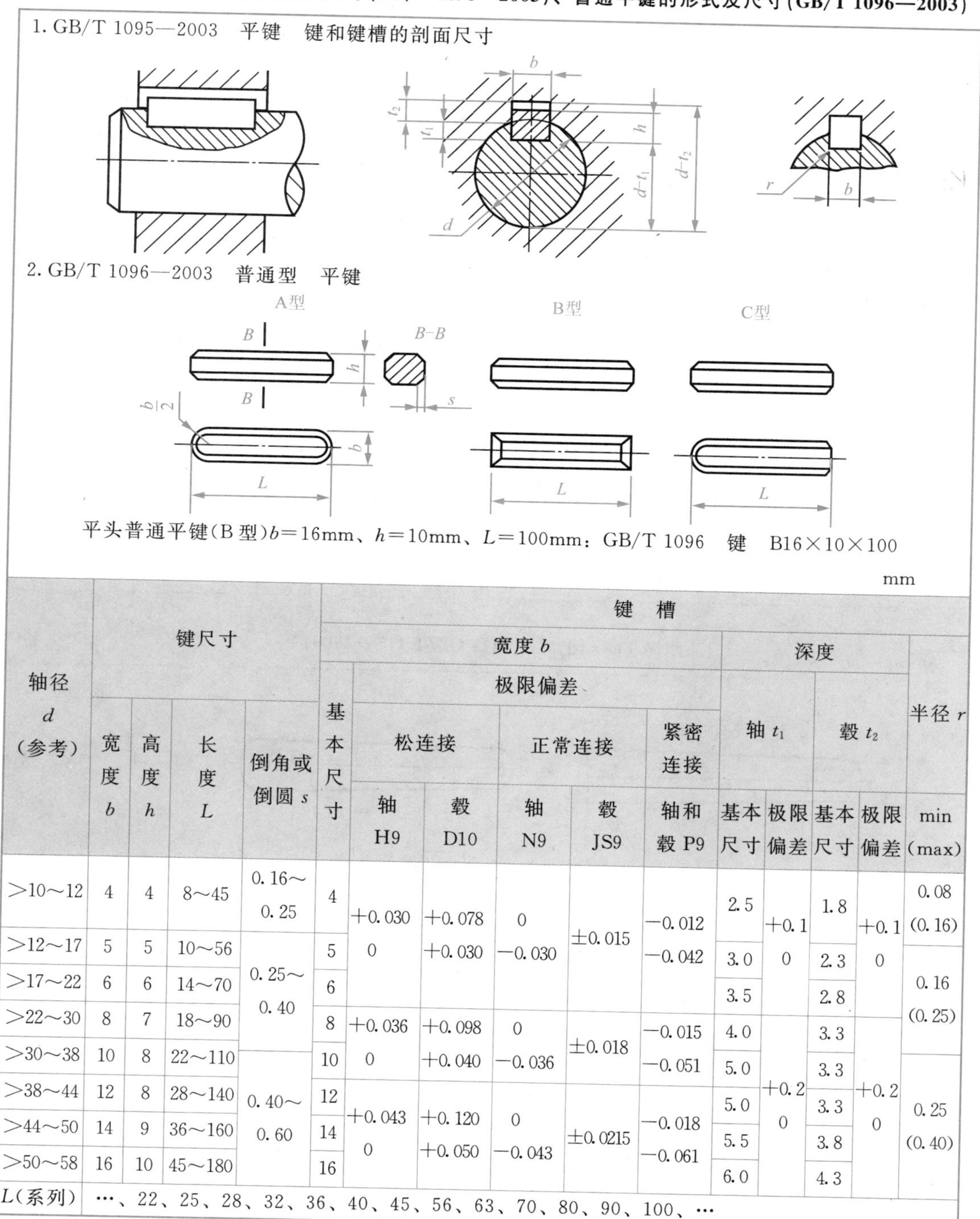

mm

轴径 d（参考）	键尺寸				键槽										
					宽度 b						深度				半径 r
					基本尺寸	极限偏差					轴 t_1		毂 t_2		
						松连接		正常连接		紧密连接					
	宽度 b	高度 h	长度 L	倒角或倒圆 s		轴 H9	毂 D10	轴 N9	毂 JS9	轴和毂 P9	基本尺寸	极限偏差	基本尺寸	极限偏差	min (max)
>10~12	4	4	8~45	0.16~0.25	4	+0.030 0	+0.078 +0.030	0 −0.030	±0.015	−0.012 −0.042	2.5	+0.1 0	1.8	+0.1 0	0.08 (0.16)
>12~17	5	5	10~56	0.25~0.40	5						3.0		2.3		0.16 (0.25)
>17~22	6	6	14~70		6						3.5		2.8		
>22~30	8	7	18~90		8	+0.036 0	+0.098 +0.040	0 −0.036	±0.018	−0.015 −0.051	4.0	+0.2 0	3.3	+0.2 0	
>30~38	10	8	22~110	0.40~0.60	10						5.0		3.3		0.25 (0.40)
>38~44	12	8	28~140		12	+0.043 0	+0.120 +0.050	0 −0.043	±0.0215	−0.018 −0.061	5.0		3.3		
>44~50	14	9	36~160		14						5.5		3.8		
>50~58	16	10	45~180		16						6.0		4.3		
L(系列)	…、22、25、28、32、36、40、45、56、63、70、80、90、100、…														

注：GB/T 1095—2003 已将表中轴径 d 列取消，此处列出仅作为选用键尺寸的一项参考内容。

8. 销

附表 10 普通圆柱销(摘自 GB/T 119.1—2000)

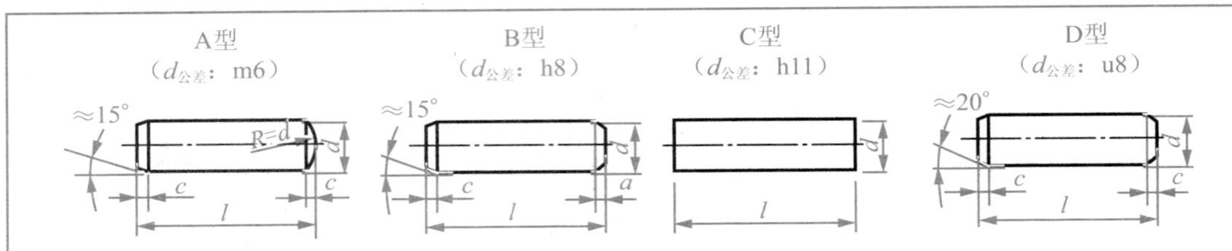

标记示例:

销 GB/T 119—2000 A10×90

(公称直径 d=10、长度 l=90、材料为 35 钢、热处理硬度 28～38HRC、表面氧化处理的 A 型圆柱销)

销 GB/T 119—2000 10×90

(公称直径 d=10、长度 l=90、材料为 35 钢、热处理硬度 28～38HRC、表面氧化处理的 B 型圆柱销)

mm

$d_{公称}$	2	3	4	5	6	8	10	12	16	20	25
a≈	0.25	0.4	0.5	0.63	0.8	1.0	1.2	1.6	2.0	2.5	3.0
c≈	0.35	0.5	0.63	0.8	1.2	1.6	2.0	2.5	3.0	3.5	4.0
$l_{范围}$	6～20	8～30	8～40	10～50	12～60	14～80	18～95	22～140	26～180	35～200	50～200
$l_{系列}$	2、3、4、5、6～32(2 进位)、35～100(5 进位)、120～200(20 进位)										

附表 11 圆锥销(摘自 GB/T 117—2000)

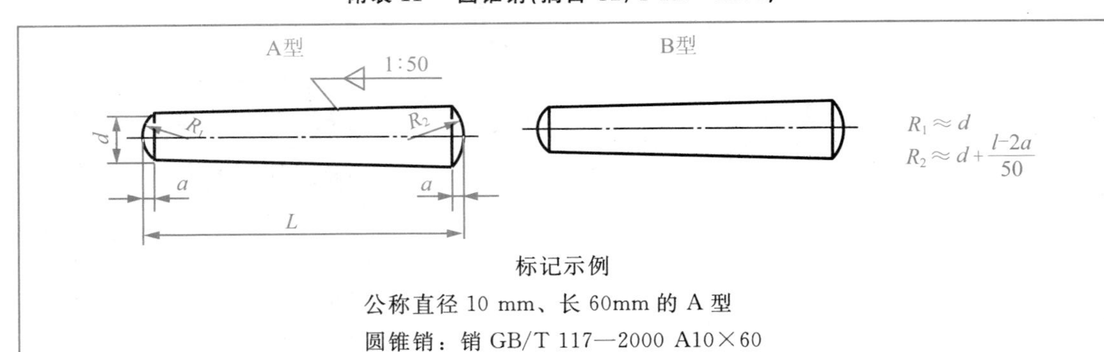

标记示例

公称直径 10 mm、长 60mm 的 A 型

圆锥销:销 GB/T 117—2000 A10×60

mm

d	4	5	6	8	10	12	16	20	25	30	40	50
a≈	0.5	0.63	0.8	1	1.2	1.6	2	2.5	3	4	5	6.3
长度范围 l	14～55	18～60	22～90	22～120	26～160	32～180	40～200	45～200	50～200	55～200	60～200	65～200
$l_{系列}$	14, 16, 18, 20, 22, 24, 26, 28, 30, 32, 35, 40, 45, 50, 55, 60, 65, 70, 75, 80, 85, 90, 95, 100, 120, 140, 160, 180, 200											

9. 轴承

附表 12　滚动轴承(摘自 GB/T 276—1994、GB/T 297—1994、GB/T 301—1995)

深沟球轴承
（摘自GB/T 276— 1994）

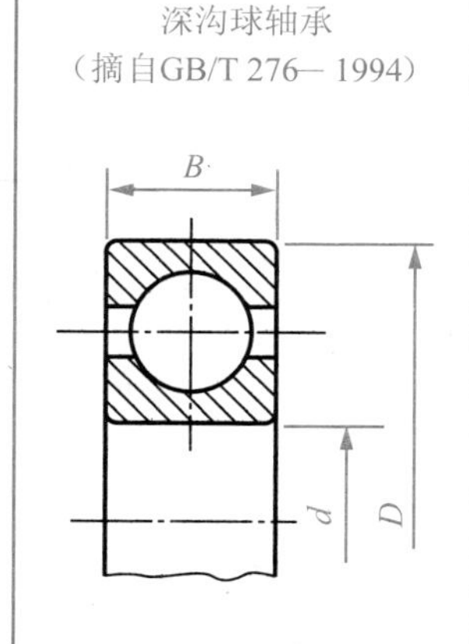

标记示例：
滚动轴承　6310 GB/T 276—1994

轴承型号	尺寸/mm		
	d	*D*	*B*
尺寸系列〔(0)2〕			
6202	15	35	11
6203	17	40	12
6204	20	47	14
6205	25	52	15
6206	30	62	16
6207	35	72	17
6208	40	80	18
6209	45	85	19
6210	50	90	20
6211	55	100	21
6212	60	110	22
尺寸系列〔(0)3〕			
6302	15	42	13
6303	17	47	14

圆锥滚子轴承
（摘自GB/T 297— 1994）

C　B　T　d　D

标记示例：
滚动轴承　3012 GB/T 297—1994

轴承型号	尺寸/mm				
	d	*D*	*B*	*C*	*T*
尺寸系列〔02〕					
30203	17	40	12	11	13.25
30204	20	47	14	12	15.25
30205	25	52	15	13	16.25
30206	30	62	16	14	17.25
30207	35	72	17	15	18.25
30208	40	80	18	16	19.75
30209	45	85	19	16	20.75
30210	50	90	20	17	21.75
30211	55	100	21	18	22.75
30212	60	110	22	19	23.75
30213	65	120	23	20	24.75
尺寸系列〔03〕					
30302	15	42	13	11	14.25
30303	17	47	14	12	15 25

推力球轴承
（摘自GB/T 301— 1995）

d　T　d_1　D

标记示例：
滚动轴承　51305 GB/T 301—1995

轴承型号	尺寸/mm			
	d	*D*	*T*	d_1
尺寸系列〔12〕				
51202	15	32	12	17
51203	17	35	12	19
51204	20	40	14	22
51205	25	47	15	27
51206	30	52	16	32
51207	35	62	18	37
51208	40	68	19	42
51209	45	73	20	47
51210	50	78	22	52
51211	55	90	25	57
51212	60	95	26	62
尺寸系列〔13〕				
51304	20	47	18	22
51305	25	52	18	27

续表

尺寸系列〔(0)3〕				尺寸系列〔03〕						尺寸系列〔13〕				
6304	20	52	15	30304	20	52	15	13	16 25	51306	30	60	21	32
6305	25	62	17	30305	25	62	17	15	18 25	51307	35	68	24	37
6306	30	72	19	30306	30	72	19	16	20 75	51308	40	78	26	42
6307	35	80	21	30307	35	80	21	18	22 75	51309	45	85	28	47
6308	40	90	23	30308	40	90	23	20	25 25	51310	50	95	31	52
6309	45	100	25	30309	45	100	25	22	27. 25	51311	55	105	35	57
6310	50	110	27	30310	50	110	27	23	29. 25	51312	60	110	35	62
6311	55	120	29	30311	55	120	29	25	31. 50	51313	65	115	36	67
6312	60	130	31	30312	60	130	31	26	33. 50	51314	70	125	40	72

注：圆括号中的尺寸系列代号在轴承代号中省略。

10. 标准公差数值

附表 13　标准公差数值(摘自 GB/T 1800. 2—2009)

基本尺寸 mm		标准公差等级																	
		μm										mm							
大于	至	IT1	IT2	IT3	IT4	IT5	IT6	IT7	IT8	IT9	IT10	IT11	IT12	IT13	IT14	IT15	IT16	IT17	IT18
6	10	1	1. 5	2. 5	4	6	9	15	22	36	58	90	0. 15	0. 22	0. 36	0. 58	0. 90	1. 5	2. 2
10	18	1. 2	2	3	5	8	11	18	27	43	70	110	0. 18	0. 27	0. 43	0. 70	1. 10	1. 8	2. 7
18	30	1. 5	2. 5	4	6	9	13	21	33	52	84	130	0. 21	0. 33	0. 52	0. 84	1. 30	2. 1	3. 3
30	50	1. 5	2. 5	4	7	11	16	25	39	62	100	160	0. 25	0. 39	0. 62	1. 00	1. 60	2. 5	3. 9
50	80	2	3	5	8	13	19	30	46	74	120	190	0. 30	0. 46	0. 74	1. 20	1. 90	3. 0	4. 6
80	120	2. 5	4	6	10	15	22	35	54	87	140	220	0. 35	0. 54	0. 87	1. 40	2. 20	3. 5	5. 4
120	180	3. 5	5	8	12	18	25	40	63	100	160	250	0. 40	0. 63	1. 00	1. 60	2. 50	4. 0	6. 3

注：尺寸小于或等于 1mm 时，无 IT14 至 IT18。

11. 轴的极限偏差

附表 14　轴的极限偏差表(摘自 GB/T 1800. 2—2009)

μm

代号	c	d		e		f		g		h							js
基本尺寸mm	等级																
	11	8	9	7	8	7	8	6	7	5	6	7	8	9	10	11	6
>10~14	−95	−50	−50	−32	−32	−16	−16	−6	−6	−0	0	0	0	0	0	0	±5.5
>14~18	−205	−77	−93	−50	−59	−34	−43	−17	−24	−8	−11	−18	−27	−13	−70	−110	
>18~24	−110	−65	−65	−40	−40	−20	−20	−7	−7	0	0	0	0	0	0	0	±6.5
>24~30	−240	−98	−117	−61	−73	−41	−53	−20	−28	−9	−13	−21	−33	−52	−84	−130	
>30~40	−120 −280	−80	−80	−50	−50	−25	−25	−9	−9	0	0	0	0	0	0	0	±8
>40~50	−130 −290	−119	−142	−75	−89	−50	−64	−25	−34	−11	−16	−25	−39	−62	−100	−160	
>50~65	−140 −330	−100	−100	−60	−60	−30	−30	−10	−10	0	0	0	0	0	0	0	±9.5
>65~80	−150 −340	−146	−174	−90	−106	−60	−76	−29	−40	−13	−19	−30	−46	−74	−120	−190	
>80~100	−170 −390	−120	−120	−72	−72	−36	−36	−12	−12	0	0	0	0	0	0	0	±11
>100~120	−180 −400	−174	−207	−107	−126	−71	−90	−34	−47	−15	−22	−35	−54	−87	−140	−220	
>120~140	−200 −450	−145	−145	−85	−85	−43	−43	−14	−14	0	0	0	0	0	0	0	±12.5
>140~160	−210 −460																
>160~180	−230 −480	−208	−245	−125	−148	−83	−106	−39	−54	−18	−25	−40	−63	−100	−160	−250	

续表

k		m		n		p		r		s		t		u	v	x	y	z
等级																		
6	7	6	7	5	6	6	7	6	7	5	6	6	7	6	6	6	6	6
+12 +1	+19 +1	+18 +7	+25 +7	+20 +12	+23 +12	+29 +18	+36 +18	+34 +23	+41 +23	+36 +28	+39 +28	—	—	+44 +33	—	+51 +40	—	+61 +50
															+50 +39	+56 +45	—	+71 +60
+15 +2	+23 +2	+21 +8	+29 +8	+24 +15	+28 +15	+35 +22	+43 +22	+41 +28	+49 +28	+44 +35	+48 +35	—	—	+54 +41	+60 +47	+67 +54	+76 +63	+86 +73
												+54 +41	+62 +41	+61 +48	+68 +55	+77 +64	+88 +75	+101 +88
+18 +2	+27 +2	+25 +9	+34 +9	+28 +17	+33 +17	+42 +26	+51 +26	+50 +34	+59 +34	+54 +43	+59 +43	+64 +48	+73 +48	+76 +60	+84 +68	+96 +80	+110 +94	+128 +112
												+70 +54	+79 +54	+86 +70	+97 +81	+113 +97	+130 +114	+152 +136
+21 +2	+32 +2	+30 +11	+41 +11	+33 +20	+39 +20	+51 +32	+62 +32	+60 +41	+70 +41	+66 +53	+72 +53	+85 +66	+96 +66	+106 +87	+121 +102	+141 +122	+163 +144	+191 +172
								+62 +43	+72 +43	+72 +59	+78 +59	+94 +75	+105 +75	+121 +102	+139 +120	+165 +146	+193 +174	+229 +210
+25 +3	+38 +3	+35 +13	+48 +13	+38 +23	+45 +23	+59 +37	+72 +37	+73 +51	+86 +51	+86 +71	+93 +71	+113 +91	+126 +91	+146 +124	+168 +146	+200 +178	+236 +214	+280 +258
								+76 +54	+89 +54	+94 +79	+101 +79	+126 +104	+139 +104	+166 +144	+194 +172	+232 +210	+276 +254	+332 +310
+28 +3	+43 +3	+40 +15	+55 +15	+45 +27	+52 +27	+68 +43	+83 +43	+88 +63	+103 +63	+110 +92	+117 +92	+147 +122	+162 +122	+195 +170	+227 +202	+273 +248	+325 +300	+390 +365
								+90 +65	+105 +65	+118 +100	+125 +100	+159 +134	+174 +134	+215 +190	+253 +228	+305 +280	+365 +340	+440 +415
								+93 +68	+108 +68	+126 +108	+133 +108	+171 +146	+186 +146	+235 +210	277 +252	+335 +310	+405 +380	+490 +465

12. 孔的极限偏差

附表 15 孔的极限偏差表(摘自 GB/T 1800.2—2009)

μm

代号	C	D		E		F		G		H						
基本尺寸 mm	等级															
	11	9	10	8	9	8	9	6	7	6	7	8	9	10	11	12
>10~14	+205	+93	+120	+59	+75	+43	+59	+17	+24	+11	+18	+27	+43	+70	+110	+180
>14~18	+95	+50	+50	+32	+32	+16	+16	+6	+6	0	0	0	0	0	0	0
>18~24	+240	+117	+149	+73	+92	+53	+72	+20	+28	+13	+21	+33	+52	+84	+130	+210
>24~30	+110	+65	+65	+40	+40	+20	+20	+7	+7	0	0	0	0	0	0	0
>30~40	+280 +120	+142	+180	+89	+112	+64	+87	+25	+34	+16	+25	+39	+62	+100	+160	+250
>40~50	+290 +130	+80	+80	+50	+50	+25	+25	+9	+9	0	0	0	0	0	0	0
>50~65	+330 +140	+174	+220	+106	+134	+76	+104	+29	+40	+19	+30	+46	+74	+120	+190	+300
>65~80	+340 +150	+100	+100	+60	+60	+30	+30	+10	+10	0	0	0	0	0	0	0
>80~100	+390 +170	+207	+260	+125	+159	+90	+123	+34	+47	+22	+35	+54	+87	+140	+220	+350
>100~120	+400 +180	+120	+120	+72	+72	+36	+36	+12	+12	0	0	0	0	0	0	0
>120~140	+450 +200	+245	+305	+148	+185	+106	+143	+39	+54	+25	+40	+63	+100	+160	+250	+400
>140~160	+460 +210															
>160~180	+480 +230	+145	+145	+85	+85	+43	+43	+14	+14	0	0	0	0	0	0	0

续表

JS		K		M		N		P		R		S		T		U
等级																
7	8	6	7	7	8	6	7	6	7	6	7	6	7	6	7	6
±9	±13	+2 -9	+6 -12	0 -18	+2 -25	-9 -20	-5 -23	-15 -26	-11 -29	-20 -31	-16 -34	-25 -36	-21 -39	—	—	-30 -41
±10	±16	+2 -11	+6 -15	0 -21	+4 -29	-11 -24	-7 -28	-18 -31	-14 -35	-24 -37	-20 -41	-31 -44	-27 -48	—	—	-37 -50
														-37 -50	-33 -54	-44 -57
±12	±19	+3 -13	+7 -18	0 -25	+5 -34	-12 -28	-8 -33	-21 -37	-17 -42	-29 -45	-25 -50	-38 -54	-34 -59	-43 -59	-39 -64	-55 -71
														-49 -65	-45 -70	-65 -81
±15	±23	+4 -15	+9 -21	0 -30	+5 -41	-14 -33	-9 -39	-26 -45	-21 -51	-35 -54	-30 -60	-47 -66	-42 -72	-60 -79	-55 -85	-81 -100
										-37 -56	-32 -62	-53 -72	-48 -78	-69 -88	-64 -94	-96 -115
±17	±27	+4 -18	+10 -25	0 -35	+6 -48	-16 -38	-10 -45	-30 -52	-24 -59	-44 -66	-38 -73	-64 -86	-58 -93	-84 -106	-78 -113	-117 -139
										-47 -69	-41 -76	-72 -94	-66 -101	-97 -119	-91 -126	-137 -159
±20	±31	+4 -21	+12 -28	0 -40	+8 -55	-20 -45	-12 -52	-36 -61	-28 -68	-56 -81	-48 -88	-85 -110	-77 -117	-115 -140	-107 -147	-163 -188
										-58 -33	-50 -90	-93 -118	-85 -125	-127 -152	-119 -159	-183 -208
										-61 -86	-53 -93	-101 -126	-93 -133	-139 -164	-131 -171	-203 -228

参考文献

[1] 金大鹰. 机械制图. 北京：机械工业出版社，2004
[2] 杨惠英. 机械制图. 北京：清华大学出版社，2002
[3] 王幼龙. 机械制图. 北京：高等教育出版社，2002
[4] 周明贵. 机械制图与识图实例教程. 北京：化学工业出版社，2009
[5] 夏华生，王梓森. 机械制图. 北京：高等教育出版社，1998
[6] 李文，林若森. 机械制图教程. 北京：清华大学出版社，2004
[7] 刘小年. 机械制图. 北京：机械工业出版社，2005
[8] 胡敬佩. 工程制图基础. 北京：清华大学出版社，2004
[9] 江会保，管文华. 机械制图. 北京：机械工业出版社，2005
[10] 左晓明. 机械制图. 北京：机械工业出版社，2004
[11] 孙焕利，胡学新. 机械制图. 北京：机械工业出版社，2006
[12] 王谟金. 机械制图. 北京：清华大学出版社，2004
[13] 吕守祥，王一廷. 机械制图. 重庆：重庆大学出版社，2004
[14] 冯秋官. 机械制图. 北京：高等教育出版社，2000
[15] 钱志芳. 机械制图. 南京：江苏教育出版社，2010
[16] 胡建生，江会保. 化工制图. 北京：化学工业出版社，2001
[17] 辜东莲，李同军，于光明. 北京：高等教育出版社，2010
[18] 王桂莲. 工程制图与 AutoCAD. 北京：电子工业出版社，2006
[19] 刘力. 机械制图. 北京：高等教育出版社，2004